KB001775

근대과학 형성과 가내성

과학사에서의 가족생활과
가내 장소에 대한 연구

근대과학 형성과 가내성

과학사에서의 가족생활과
가내 장소에 대한 연구

Domesticity in the Making of Modern Science

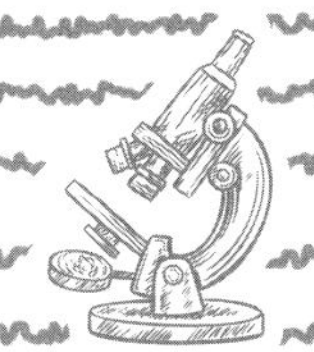

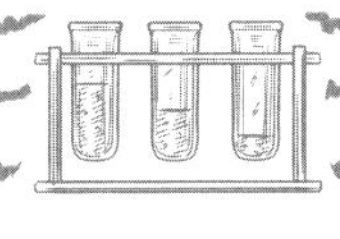

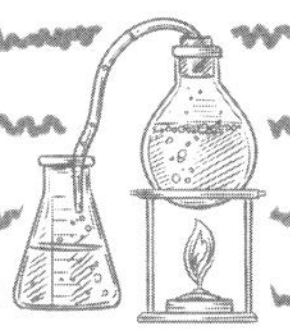

도널드 오피츠 Donald L. Opitz · 스타판 베리비크 Staffan Bergwik · 브리지트 반 티겔렌 Brigitte Van Tiggelen 엮음 | 한정라 옮김

한울
아카데미

Domesticity in the Making of Modern Science
edited by Donald L. Opitz, Staffan Bergwik and Brigitte Van Tiggelen

First published in English by Palgrave Macmillan, a division of Macmillan Publishers Limited under the title Domesticity in the Making of Modern Science by D. Opitz, S. Bergwik and B. Van Tiggelen. This edition has been translated and published under licence from Palgrave Macmillan. The authors have asserted their right to be identified as the author of this Work.

차 례

제3부 가족과학: 세대와 거리를 뛰어넘어 존속하는 지식

제4부 후기

감사의 글

이 책은 "홈메이드 과학: 가내의 장소들과 지식의 젠더화Homemade Science: Domestic Sites and the Gendering of Knowledge" 심포지엄에 참여한 편집자들 간의 대화에서 출발했다. 이 심포지엄은 과학사·기술사·의학사의 여성과 젠더에 관한 국제위원회International Commission on Women and Gender Studies in the History of Science, Technology, and Medicine가 후원하고 맨체스터 대학교University of Manchester가 주최한 제24차 과학사·기술사·의학사 국제회의International Congress of History of Science, Technology, and Medicine(iCHSTM)로 2013년 7월에 개최되었다. 이 심포지엄에 참여했던 이 책의 여러 필자와 관련된 주제인 '과학가족scientific families'을 연구하는 다른 저자들은 우리가 초청하자 기꺼이 프로젝트에 동참했다. 가내의 장소와 가족이라는 두 초점의 결합은 그 둘이 불가분하게 얽혀 있다는 것을 깨닫도록 도우면서 우리의 생각을 자극했다. 무엇보다 먼저 이 프로젝트에 참여해 달라는 우리의 요구에 의욕적으로 응답하고, 이후에 가내 공간, 가내성, 가족, 가구·가정household 등의 주제를 다루면 좋겠다는, 민감하기도 하고 아니기도 한 우리의 권유에 응해준 저자들에게 감사드린다. 그리고 이에 앞서 과학가족이라는 주제를 발전시키는 데 협력해 준 스벤 비드말름Sven Widmalm과 헬레나 페테르손Helena Pettersson에게 특별히 감사드린다. iCHSTM 심포지엄에 위원회의 후원을 제공해 준 아네테 보그트Annette Vogt에게도 감사드리며, 심포지엄에 참석하여 그때와 그 이후에도 계속 조언해 준 동료들에게도 큰 빚을 지고 있다. 또한 모든 단계에서 우리를 격려해 준 폴그레이브 맥밀런Palgrave Macmillan의 몇몇 편집자들, 특히 이 책이 최종적으로 출간되기까지 핵심적으로 안내해 준 제이드 몰드Jade Moulds에게 감사드린다. 색인을 능숙하게 편집해 준 지니 산케Jeannie Sanke에게도 감사드린다. 우리는 드폴 대학교 연구위원회DePaul University's Research Council로부터 보조금을 지원받았다.

Domesticity and the Historiography of Science

서론

가내성과 과학사학

도널드 오피츠, 스타판 베리비크, 브리지트 반 티겔렌
Donald L. Opitz, Staffan Bergwik, and Brigitte Van Tiggelen

거의 30년 전에 스티븐 샤핀Steven Shapin은 17세기 영국에서 유의미한 장소로는 약제상과 악기 제작자의 상점, 커피하우스, 왕궁, 대학 강의실 등이 있지만, 그중 '우리가 알고 있는 대다수의 실험, 전시, 토론'이 행해졌던 신사들의 사택private residences이 '가장 뜻깊다'고 주장했다.[1] 단지 이 맥락을 훨씬 뛰어넘어 이 평가를 광범위하게 적용할 수 있다고 다른 사람들이 인정했음에도 불구하고, 앨릭스 쿠퍼Alix Cooper는 초기 근대의 과학 가정과 가구들에 대한 그녀의 설문 조사에서 "이런 종류의 '사적' 공간에 주목한 과학사학자는 거의 없었다"라고 언급했다.[2] 이 책은 과학사학historiography of science에서 지속적으로 등한시된 가내공간과 관련된 주제들, 즉 가내성domesticity, 가구households, 가족families에 초점을 맞추어 과학지식 생산에 가내의 상황이 기여한 중요한 역사적 의의를 탐구한다.

저자들은 인류학, 젠더학, 지리학, 사회학, 과학사를 비롯한 여러 학문 분야에 대한 풍부한 관점을 가지고 이 작업에 공헌한다. 주로 근대 유럽의 다양한 맥락을 고찰하지만, 식민지와 식민지 이후 사회문화적 환경의 맥락도 고찰한다. 엘리트 일가와 그 가장을 상징한다고 할 찰스 다윈Charles Darwin과 그의 다운하우스Down House의 가족, 그리고 21세기 아마추어, 뒷마당 기후데이터 기록자들도 분석한다. 이 책은 다양한 활동과 맥락들 간의 역사적 연관성과 구별적 특성을 고찰할 수 있게 하는 통일된 주제를 제공한다. 그 다양한 활동과 맥락은 후기 계몽주의의 신사답고 숙녀다운 아마추어들의 '고급과학high science', 영국과 미국의 중산층 여성 농민들의 '가정과학domestic science', 이주 과학자와 공학자들의 유사 친족관계fictive kinships, 현재 우리 시대 '시민 과학자들'의 크라우드소싱crowdsourcing 추구 등을 포함한다.

가내 영역domestic sphere은 지식 형성knowledge making에 외부적이지 않으며 연구를 위한 조건이자 귀결이라는 게 우리의 출발점이다. 가내성에 초점을 맞추면서, 과학학에서 몇 가지 근본적인 질문들이 제기될 수 있다. 가내의 과학문화는 공간적·시간적으로 어떻게 형성되어 왔는가? 가내성은 지식 형성의 실천에서 젠더, 계급, 섹슈얼리티와 어떻게 교차하는가? 가구·가정의 안과 밖에 존재하는 역사적으로 다양한 과학적 협력의 형태는 어떤 것들인가? 과학적 생활양식이 사적인 환경과 그 환경의 위계 안에서, 그리고 이와 관련해 실천되고 인식될 때, 과학의 인식론적 권위는 이 생활양식의 정통성legitimacy과 어떻게 연관되는가? 개인성privacy과 공공성publicity은 가내의 문턱을 가로질러 어떻게 배치되는가?

'공적인' 제도적 장소가 연구의 주요 장소로서의 '사적인' 가정을 대체했다는 통상적인 역사서술의 가정에도 불구하고, 사실상 가내영역은 연구 공간의 지형이 극적으로 변화하는 중에도 과학지식의 생산에 여전히 결정적으로 중요했다고 우리는 주장한다.[3] 그렇지만 가구·가정이 여전히 결정적이었다고 말할 수 있어도, 가구·가정의 역할, 의미, 점유 공간들은 실제로 맥락에 따라 변화했다. 예를 들어, 폴 화이트Paul White와 알록 칸데카르Aalok Khandekar의 글들에서 분명히 드러났듯이, 가정과 가족은 그것이 찰스 다윈에게 의미했던 바와 현재 인도 '기술이주자들technomigrants'에게 의미하는 바가 다르다. 그럼에도, 가내성은 이렇게 구별되는 맥락에서의 지식생산과 지식을 이해하는 데서 결정적인 패러다임을 제공한다. 가내 영역의 규범과 실천의 변화는 인식론, 과학적 생활양식, 과학자들의 공적인 겉모습public personae의 변형과 연관될 수 있다. 그리고 화이트와 다른 이들이 주장하는 바와 같이, 가내성 자체는 다윈과 같은 과학자들의 진화론적 이념으로 형성되는 역사적 발전으로 이해될 수 있다.

비록 과학, 가족, 사적 생활에 대한 연구가 계속 방대하게 증가하고 있지만, 역사학은—지리적 공간과 그 공간과 연관된 사회적 정체성과 지식 면에서—과학적 권위와 가내성 사이의 확고한 구획을 계속 유지하고 있다. 전문적 및 제도적 대對 아마추어적 및 가내적이라는 대립 용어로 정립되는 이러한 선긋기는 공적인 것과 사적인 것, 전문적인 것과 아마추어적인 것, 시민적인 것과 가내적인 것이 사실상 혼합되는 더 복잡한 방식을 놓친다. 역사가들도 마찬가지이다. 그들은 문화적 이데올로기로서의 가내성이—가구·가정의 물리적·사회적 차원에 기반하고 또한 그 차원을 초월하면서—다양한 지리적 및 시간적 맥락에서 여러 과학의 제도, 전문직, 개념적 조망의 형성을 어느 정도로 구체화했는지를 간과했다.

이 책은 역사학historiography에서 여러 가닥을 확장했다. 한 훌륭한 문헌은 특히 협력적인 커플의 한 부분으로 여성들의 연구와 관련해, 과학, 사적 생활, 젠더 규범 간의 상호작용을 분석했다. 상당한 몫인 여성들의 '보이지 않는' 작업은 학문적 및 전문적 과학기관 바깥에서 수행되었다.[4] 때때로 지식 형성은 가족사업family business의 성격을 지녔는데, 대부분의 경우 남편이 '무대에서' 가족의 집단적인 작업을 대표했고, 아내, 자매, 자녀들은 '무대 밖'에서 대체로 지루한 관측과 계산 작업을 수행하면서 가끔은 독창적인 발견도 했고 또 가끔은 공적으로 유통되는 지식의 형태를 정교하게 매만졌다.[5] 따라서 과학여성에 관한 연구는 자연히 과학과 사적 생활에 관한 질문으로 이어진다. 게다가 이러한 연구들은 젠더에 대한 연구, 그리고 사적인 것과 공적인 것 간의 유동적이고 역사적으로 변하는 경계에 대한 역사적 연구에 반향을 일으킨다.[6] 총체적으로, 이러한 다수의 문헌을 가지고 우리는 가내성을 과학사의 진지한 연구 초점으로 구상할 수 있었다. 그리고 협력적인 커플의 경우와 마찬가지로, 우리는 가구·가정을 젠더가 그 안에서 관계적 범주로 출현하는 영역으로 개념화한다.[7] 이 책의 여러 장들은 지식 생산자로서의 남성의 정체성이, 여성의 정체성이 그러하듯, 가내 영역의 수사와 실천에 의해 얼마나 깊게 영향 받으면서 형성되었는지를 보여주며, 몇몇 장들은 특히 이렇게 젠더화된 정체성 또는 젠더화된 몸들이 서로 어떻게 관계하며 형성되었는가에 초점을 맞추고 있다. 가내 공간은 그저 여러 과학에서의 여성성 형성을 연구할 수 있는 장소에 그치지 않는다. 분명히 이 공간들은 과학적 남성성의 표현에도 깊이 영향을 주었다.[8]

이 책은 지식 공간들에 대한 역사학의 관심이 증가한 데에도 기반한다. 1980년대 이래 과학사에서는 사회적 및 문화적으로 내재된 실천embedded practice으로서의 지식 형성을 물질적·공간적 환경에 초점을 맞추어 연구하는 문헌들이 증가하고 있다. 이 연구 분야의 성장은 인문학과 사회과학에서 공간성spatiality에 대한 관심이 높아진 데서 기인한다. 공간적 관점을 채택한 학자들은 지식의 장소가 단지 사실 형성fact making을 위한 그릇을 제공하는 것 이상으로 지식 생산에 유효한 성분이라고 주장했다.[9] 특정 공간과 관련된 이념과 실천들은 그 안에서 생산된 지식의 권위와 정당성에 필수적인 부분이 된다. 공간은 지식 형성을 위한 장소, 그 이상의 것들을 제공한다. 즉, 바로 그 공간의 물질성materiality이 그 공간 거주자들의 협력, 실천, 지식 결과물의 형태를 형성한다. 그런데 역사지리학historical geography의 방법을 이용하는 연구는 거의 예외 없이 주로 '박물관, 정원, 실험실, 현장 기지들'에 초점을 맞추고 있다.[10] 이 책은 이 의제에 여러 가구와 가정을 추가한다. 사적인 가정의 거주자들은 대개 세계관을 공유하고 과학적인 권력을 축적했다. 이 책의 여러 장이 보여주는 것처럼, 가구는 과학적 데이터, 표본, 기구들이 축적되고 개발되며 분배되는 하나의 공간으로 이루어졌다.[11]

과학사가 과학적 지식의 국지적 상황성local situatedness을 파악하는 데 힘쓴 만큼, 새로운 연구도 과학적 지식과 대규모 네트워크를 매핑mapping하는 데 주의를 기울였다. 과학적 실천과 과학 문화는 실험실과 학문기관의 벽을 넘어 훨씬 멀리 나아갔기 때문에, 네트워크 접근법network approach은 제도적 환경을 포함하면서 또한 초월하는 다수의 상호작용과 지식 형성 과정을 이해하기 위한 방법을 제공한다.[12] 이 방법론은 가내의 장소들에도 새로운 빛을 던진다. 즉, 이 책의 여러 장들이 밝히듯이, 가내의 장소들은 분산된 장소, 물질, 행위자들을 연결하는 과학적 네트워크의 거점hub 역할을 할 수 있다.[13] 네트워크 접근법이 과학에 대한 공간적 관점을 보완하기 때문에, 가정은 (전형적으로) 소규모 협업의 장소로 간주될 수 있는 동시에 광범위하고 다층적인 지식 네트워크를 위한 기반을 제공한다고 간주될 수 있다. 이 책에 실린 역사적 사례들은 사적 관계가 보다 공식화된, 전문가로서의 제휴와 관련해 어떻게 기능했는지를 보여주며, 또한 가정이 더 넓은 지식의 지형에서 어떻게 공간적 교점nodes으로 자리했는지를 보여준다. 근대과학의 역사를 통틀어, 혈연관계나 친밀한 사회적 유대를 지닌 가구는 동료 간의 협력, 신뢰, 지위에 기반한 네트워크를 생성하고 유지하는 데 토대가 되었다.[14]

저자들은 다양한 주제를 다루면서 이 책의 구조를 제공하는 세 개의 주요 주제에 응답한다. 제1부에서는 가정을 지식 생산의 가내 장소로 고찰하면서, 특히 가내성이 어떻게 과학적 권위를 확립하거나 약화시켰는지에 주목한다. 제2부에서는 가내의 실천 공간과 그 공간의 가내 이데올로기가 과학과 기술의 담론과 병행하여, 또한 그 안에서, 어떻게 구성되었는지를 고찰함으로써 바로 그 가내의 실천 공간들을 문제화한다. 그다음 제3부는 혈연관계 또는 '유사 친족관계'로 개념화된 과학가족에 초점을 맞춘다. 제3부의 여러 장들은 협업, 상속, 친족관계, 이동성의 가족 역학을 다양한 각도에서 살피며, 총체적으로 이것들이 과학적 삶과 지식 형성을 어떻게 구체화했는지를 고찰한다. 이 서론의 나머지는 이 세 개의 주요 주제를 논하는 각 장들을 조명한다.

지식 단지: 가내의 장소들과 과학적 권위

'홈메이드homemade'는 현대 전기 작가와 역사가들이 자주 사용하는 용어로, 과학 작업을 위해 자신의 가정을 활용했다고 알려진 연구자들의 환경과 장비를 묘사하기 위해 회고적으로 적용되었다. 예스럽고 낭만적인 뜻이 담긴 '홈메이드'는 무미건조하고 표준화된 20세기의 제도적인 실험실과 대조된다.[15] 제1부의 여러 장에서 알 수 있듯이 가내의 연구 장소는 대개 젠더화된 관습에 동조하며, 과학적 연구자들의 정체성과 그들의 과학적 결과에 대한 신뢰성을 확립하기도 했지만 문제화하기도 했다. 가구·가정은 지식을 인가하는 학문기관과 관련된 계산 싱크탱크, 관측소, 실험작업장으로 배치되는 방식으로 더 넓은 과학의 지형 안에 위치할 수 있었지만, 신뢰할 만한 지식 형성의 자격을 놓고 새로운 연구 현장과 겨루는 경쟁자가 될 수도 있었다.

여러 장들이 총체적으로 보여주듯이 사회적 지위는 가계과학산업household scientific industry을 수용하는 데서 중요하다. 귀족 신분은 그 가구·가정의 귀족이나 귀부인이 선두적인 과학적 권위자로 자리 잡게 하는 자원과 사회적 인맥을 과학가정에 가져왔다. 줄리 데이비스Julie Davies는 보퍼트 공작부인 메리 서머싯Mary Somerset, Duchess of Beaufort에 관한 글에서 17세기 말 영국 귀족 가정은 수집된 식물들이 집결되고, 정리되고, 가공되고, 삽화로 그려지고, 카탈로그로 만들어지고, 공표되는 곳이었을 뿐만 아니라 광범위한 국제적 네트워크가 퍼져나가는 토대를 제공했음을 보여준다. 초기 런던왕립학회Royal Society of London 상황에서 교양 있고 학식 있는 숙녀로서 서머싯과 뉴캐슬 공작부인 마거릿 캐번디시Margaret Cavendish, Duchess of Newcastle를 포함한 그녀의 여성 동료들은 실험적인 새로운 자연철학의 동성사회적homosocial 공간에 접촉할 기회와 그 안에서의 명성을 즐겼다. 그렇지만, 여성으로서, 이것은 그녀 집안의 남성들과 폭넓은 사교를 통해 구축된 인맥에 의존했다. 데이비스가 자세히 설명하듯이, 서머싯의 배드민턴 하우스Badminton House와 그 주변은 영지 소속의 정원사들, 가족, 그 밖의 자원봉사자를 활용해 식물원을 유지했고, 그 결과 서머싯은 주목할 만한 열두 권의 식물표본집을 제작하게 되었다. 교양 있는 숙녀로서 '배드민턴 하우스에서의 식물연구'를 감독하는 그녀의 일에는 그녀의 뛰어난 분류 기술과 예술적인 삽화 기술로 석학들을 도와주는 일과 그들에게 그녀의 수집품을 이용할 기회를 주는 것도 포함되었다. 그럼에도 그녀의 가내 경험을 정의하고, 그녀를 한바탕의 우울감에 시달리게 하고, 그녀가 동시대 과학자들과 그 후 역사적 기록으로부터 편협하게 인정받는 모양새를 만든 것은 그녀의 젠더였다.

이자벨 레모농Isabelle Lémonon은 '마리 뒤피에리Marie Dupiéry의 과학 작업과 네트워크'라는 제목으로 유사한 이야기를 들려준다. 뒤피에리는 프랑스 계몽주의 상황에서 처음에는 파리에서, 그다음에는 파리 북쪽의 마헤이-엉-프랑스Mareil-en-France의 가내 공간에서 천문학과 화학을 추구했다. 뒤피에리도 보퍼트 공작부인 메리 서머싯처럼 과학아카데미들, 특히 파리 과학아카데미Académie des sciences of Paris와 접촉하며 지낼 수 있었지만, 여성이었기에 선출 회원으로서의 정식 지위를 누릴 수 없었다. 레모농이 지금까지 손대지 않은 보관 원본들을 세심히 분석해 뒤피에리를 상세히 묘사하듯이, 아마추어들의 과학가정은 달력과 항해표 제작에 전념하는 대규모 산업에서 계산작업장으로 기능했으며, 그러한 가정은 보통 여성이 관리하는 보조팀들로 구성되었다. 레모농은 그러한 여성들을 그저 '보이지 않는 기술자invisible technicians'로 분류하지 않도록 조심하며, 비록 동시대인들이 '동료 자매fellow sister'와 같은 표현으로 그 호칭에 자격을 부여했더라도 그들을 연구 동료research associates나 '석학savant' 정도로 고려하자고 촉구한다.[16] 나아가 레모농은 뒤피에리의 재정상태를 세심하게 분석해, 여성의 과학 참여가 대부분 임의적이며 학문적/전문적 영역과 거리가 멀다는 일반적인 역사학적 가정에 도전한다. 즉, 유급 연구와 설명 보조, 개인지도, 강연 등을 통해 뒤피에리와 그녀의 여성 동료들이 창출한 수입은 더 복잡한 상황을 암시한다는 것이다. 최근 메리 테럴Mary Terrall은 르네 앙투안 페르쇼 드 레오뮈르René-Antoine Ferchault de Réaumur (1683~1757)에 관한 그녀의 저서에서, 가계과학산업은 과학아카데미의 프로젝트 및 공식 지침과 관련해 기능했다고 강조했는데, 레모농은 뒤피에리와 그녀의 남성 동료 제롬 랄랑드Jérôme Lalande의 사례들을 추가해 이 연구를 확장한다.[17]

폴 화이트는 과학사에서 가장 유명한 19세기 신사적 가정gentlemanly homes 중 하나인, 영국 켄트Kent에 있는 찰스 다윈의 다운하우스를 연대순으로 분석한다. 화이트의 글은 일가족의 협업적 연구에 대한 생생한 사례를 통해 다운하우스에서 자연지식natural knowledge 생산의 가내적 상황성domestic situatedness을 보여주면서, 가족과 연구가 어떻게 얽혀서 다윈 관행의 본성을 특징짓는지, 그리고 연구 대상인 가내성의 형태를 어떻게 구성하는지를 설명한다. 화이트는 가내의 다윈을 '제도institution'로 해석한다. 즉, 그는 다른 이들의 연구를 지휘하는 권위의 중심이다. 다윈의 확대 공동체와 동료적 유대는 비인격적인 관료주의적 충성이나 전문직의 의무에서 비롯된 것이 아니라, 그의 가구·가정 안에서 형성된, 그리고 이를 넘어 형성된 보다 정서적이고 감정적인 상호작용에서 비롯되었다. 이를테면, 다윈의 과학 이론에 반대하는 불화와 상관없이, 가내의 사회적 관습이 친구와 적을 구분했다. 다윈은 가내성에 대한 젠더화된 빅토리아 시대의 관습에 젖어 있었고, 자신의 가정과 그 거주자들을 관찰 영역으로 삼아 그로부터 가내화domestication의 영향을 연구했으며 가정적 유대domestic bonds의 기원, 성별 노동 분업, 진화와 인간 문화에서의 가족의 역할에 대한 자신의 생각을 발전시켰다.

한편 화이트는 율리우스 작스Julius Sachs가 다윈이 했던 '코르크와 카드로 행한 소박한 실험들'이 기관의 실험실 공간에서 전문화되고 표준화된 장비로 하는 실험과 달리 명백히 '통제control'를 결여하고 있다는 것을 악명 높게 겨냥했던 방식에 주목한다.[18] 반면, 클레어 G. 존스Claire G. Jones는 고古식물학자인 헨데리나 스콧Henderina Scott과 물리학자 허사 에어턴Hertha Ayrton의 가내 실험들에 대한 묘사와 평판을 분석하면서, '홈메이드 과학homemade science'의 가치 평가에 젠더의 차원을 도입한다. 이 두 영국 여성 과학자는 1900년 전후로 수십 년 동안 활동했는데, 존스는 그녀들을 비교 분석하면서 그녀들이 겪은 경험 간의 유사성에 주목한다. 즉, 둘 다 남성 과학자와 결혼했으며, 가내 공간에 의존해 연구했고, 그녀들의 연구는 가내성의 산물로 재단되어 저평가되었으며, 생물학적 성에 따라 경멸조로 여성화되었고, 과학기관들에 접근할 기회도 제한되었다. 그러나 존스가 보여주듯이, 스콧과 에어턴은 자신들이 직면한 장벽에도 불구하고 독자적으로 연구 의제들을 발전시켰고 각자의 분야에서 중대한 공헌을 했다. 스콧은 식물의 생장과 운동을 기록하기 위해 초기 시네마토그래프cinematograph 기술을 활용했으며, 에어턴은 모래 물결sand ripples에 대한 연구로 조지 다윈George Darwin의 설명을 뒤집으면서 런던왕립학회Royal Society of London에서 훈장을 수여받았는데, 그렇지 않았더라면 학회에서 회원들과 교제할 기회도 막혔을 것이다.[19] 이러한 사례들은 이 과학전문화 시기 동안에 작용한 성차별을 분명히 드러내 보이지만, 또한 가내의 장소를 열외로 취급한 결과인 여성들의 '부수적이고 동시적인 배제'에 대한 질문을 제기하기도 한다. 앞서 말했듯이, 가내 영역은 여성들의 과학 추구를 위해 공간과 자원을 계속 제공하면서 중요한 성과를 산출했다.[20]

가내 과학과 기술의 구축

가내성을 여성들의 과학 연구를 장려하기 위한 방편으로 활용하는 것은 개인적 실천의 경우에서뿐만 아니라 보다 광범위한 운동에서도 공통적인 전략이 되었다. 스콧과 에어턴과 동시대 독일 사람인 아그네스 포켈스Agnes Pockels의 경우는 전자의 면에서 상징적일 것이다. 즉, 스스로를 '가정주부hausfrau'라고 밝힌 포켈스는, 대학의 실험실 공간 제의를 거절하고 브라운슈바이크Braunschweig에 있는 그녀의 집에서 계속 연구하면서, 노부모를 돌보는 일과 표면막surface films의 성질에 대한 지속적인 탐구 사이에서 균형을 맞추었다. 부엌 싱크대라고 알려진, 출처가 미심쩍은 그녀의 표면장력surface tension 발견은 그녀의 정교한 실험장치와 기구의 실상은 물론, 그녀가 한 발견의 특별함도 종종 덮어버렸지만, 그럼에도 그녀는 연구의 가내성에 대한 부당한 비판 없이—사실상, 정확히는 경의를 받으며—그녀의 독자적인 연구로 국제적인 명성을 얻었다. 최근 브리지트 반 티겔렌Britgitte Van Tiggelen이 지적한 바와 같이, 아그네스는 하이델베르크 대학교의 이론물리학 학과장인 남동생 프리드리히 포켈스Friedrich Pockels가 갈망했던 과학적 삶의 양식을 가정에서 누렸다. 전직 교사이자 전문가 동료인 그의 아내가 관찰한 바와 같이, 프리드리히는 직업 생활에서 실망으로 괴로워했지만 자신의 집에서만큼은 가장 큰 기쁨을 누렸다. 포켈스 남매의 경우, 전문직업적인 생활과 가정생활의 젠더화는 가내성이 학문적 의무를 채워야 하는 부담 속에서는 얻을 수 없는 상당한 자유와 융통성을 어떻게 제공할 수 있었는지를 보여준다.[21]

그럼에도 불구하고, 아그네스 포켈스의 사례에서 제시된 바와 같이, 여성들이 제도적인 기관의 자원을 이용할 수 있는 기회는 여전히 예외적이고 매우 우연적이어서, 개혁론자들은 보다 구조적인 변화를 원했다. 어떤 이들은 가내성의 이데올로기적인 힘을 전략적 방편으로 인식했으며, 유럽과 미국의 교육 운동은 가내 영역에서 인정받은 여성들의 기술을 활용하고 발전시키면서 '가정과학domestic science'을 학문의 한 분야로 확립하려고 했다.[22] 그 결과, 공약의 범위는 여성에게 관련된 과학적 주제들을 추구할 수 있는 기회를 창출하면서, 어떤 때에는 여성을 위한 '틈새' 분야를 만들었고 또 다른 때에는 뜻밖의 방법으로 여성의 경력을 추진했다. 도널드 오피츠Donald L. Opitz는 여성 농업인을 교육하고 고용하자는 영국과 미국의 운동에 초점을 맞춘 그의 글에서 이러한 주제들을 자세히 탐구한다. 그러면서 '분리된 영역separate spheres' 이데올로기에 대한 규명과 적용도 추적하는데, 오피츠는 이 이데올로기가 여성들의 과학적 훈련을 좌절시킨 게 아니라 추진시켰다고 주장한다. 여성들이 (낙농이나 원예 같은 분야를 망라하는) '더 가벼운(덜 힘든) 농업 부문'의 과학과 실천을 배울 수 있는 대학 수준의 새로운 기관에서, 가내성은 그 체계의 이론적 근거, 커리큘럼, 직업 배치전략, 물리적 공간, 상징적 특징에 스며들었다. 영국과 미국이 추진했던 이러한 '농업과학 교육의 가내화'는 19세기 후반 내내, 그리고 제1차 세계대전 중에, 특히 여성을 전시 '향토군land armies'으로 모집하려는 캠페인이 진행되는 가운데 수행되었다. 가정과 국가 차원에서 국내 경제domestic economies에 기여하는 훈련생들의 잠재력은 농업과학에서의 여성 고등교육을 옹호하는 초기 내내 줄곧 주장되었다. 오피츠가 언급하듯이, 비록 더 많은 전통적 경로는 여전히 금지되었더라도 여성들의 과학교육을 위한 농업적 맥락은 여성이 여러 과학에 입문하는 중요한 방편을 제공했다.

케이티 프라이스Katy Price는 가내성 개념을 구성하는 다른 형태의 젠더화된 담론을 엄밀히 조사했다. 특히 새로운 무선기술wireless technologies과 관련해 미국과 영국의 1920년대 싸구려 펄프 잡지pulp magazines에 실린 허구적 이야기와 광고를 분석함으로써, 젠더화된 정체성이 어떻게 가정의 과학기술 환경과 활발하게 협상되었는지를 밝힌다. 프라이스의 글은 대중문화에 나타난 젠더화된 몸과 가내의 장소들에 대한 구성과 배치에 초점을 맞춤으로써, 라디오(무선) 기술radio technologies[여기서 라디오는 라디오 방송을 포함한 무선통신 전체를 일컫는다_옮긴이]에 대한 청취자들의 젠더화된 경험을 다루는 표준적인 사회학적 분석을 넘어선다. 프라이스가 보여주듯이 싸구려 통속소설인 펄프 픽션pulp fiction은 라디오(무선) 기술을 가정을 파괴하거나 평온하게 하는 힘으로 묘사할 수 있었던 반면, 무선 문학wireless literature은 여성스럽지 않은 '마르코니 여전사들Marconi amazons'의 탄생 가능성에 대한 공포를 내비추면서 여성들의 무선기사wireless operators 역할을 조심스럽게 홍보했다. 실제로 프라이스의 글은 삼촌 같은 내레이터, 평시 라디오 판매원, 라디오 아내, '무선 미망인wireless widows' 등과 같은 남성적 및 여성적 몸의 구성을 세심하게 다룬다. 이를 통해 라디오 여성성과 남성성은 사회학적 문헌이나 역사적 문헌이 설명하는 것보다 훨씬 더 다양할 수 있다고 제안한다.

캐럴 모리스Carol Morris와 조지나 엔드필드Georgina Endfield는 훨씬 더 나아간 맥락에서 적극적인 가내성 협상active negotiation of domesticity이라는 주제를 탐구하는데, 특히 영국의 개인 가정과 정원에서 행해진 당대의 아마추어 기상학 관행을 탐구한다. 화이트가 다윈이 어떻게 그의 가내 환경을 활용하고 구축했는지에 주목했듯이, 모리스와 엔드필드도 기후관측자링크Climatological Observers Link(COL)에 속한 아마추어 기상학자들이 그들의 기상학을 가내에 설치했음에도 그러한 설치환경의 공간, 일상적인 일, 의미를 협상한 방법들을 분석한다. 그 기상학자들에 대한 연구에서 얻은 중요한 발견은, 살고 있는 집이 기상 사실을 관측하고 기록하기 위한 장소 중에 으뜸임에도 불구하고 가정에서는 기후 지식을 생산하는 데 장애가 많았다는 것이다. 동시에 가내 환경의 특성들이 바로 그 지식을 형성한다. 즉, 모리스와 엔드필드가 강조하듯이 "집home은 날씨가 있는 곳이다." 이와 같이 그들은 이 기상학 사례에서, '홈메이드 기상과학'의 개념을 가내성과 과학이 공동 구축한 것으로 전개한다. 가정에서 행해진 또 다른 아마추어 과학 추구와 마찬가지로 COL 회원들도 보통 자신들의 모든 가족을 작업에 참여시켰는데, 이는 그 작업의 진전에 가족의 협력과 역학이 중요하다는 것을 또다시 보여준다.

가족과학: 세대와 거리를 뛰어넘어 존속하는 지식

그런데 가족 기반시설에 과학이 긴밀하게 의존했는지가 항상 명백하지는 않다. 덕망 있는 수도사를 비롯한 금욕적인 학문 연구의 전통에서는 (동성) 사회적 유대와 위계적 충성이 규범이었으며, 아이를 낳는 가족은 창조적 작업과 상반된다고 보는 경향이 있었다. 그러나 19세기와 20세기 초에 여성들이 전문적인 연구에 진출하면서 협력 단위로서의 남편과 아내 팀이 더 흔해졌는데, 이는 육체적 출산력과 지적 출산력이 더 이상 대립하지 않는, 사회적으로 진보적인 보통 가정생활의 모형을 보여주었다. 1900년경 우생학 운동은 (완전히 가부장적 체계 안에서) 영재아의 출산이 갖는 중요성에 중점을 두면서 이와 통합했고, 이제 과학가족 자체가 사회적 이상이 되었다. 과학가족들에 대한 역사적 연구는 주로 함께 작업한 기혼부부를 다루었지만, 가족이 여러 세대에 걸쳐 학문적 권력을 창조하

고 유지하고 분배했던 방식에 대해서는 거의 언급하지 않았다.[23]

이 부문의 글들은 광범위한 질문을 제기하면서 20세기 초부터 현재에 이르기까지 이상이자 실천으로서의 과학가족을 탐구한다. 가족, 지식의 이동, 지식 생산자들의 관계는 무엇인가? 가족은 과학적 협력에 대한 은유로서 어떻게 그렇게 지속적으로 기능했는가? 문화적 및 사회적 체제로서의 가족은 여러 세대에 걸친 과학적 분투와 추구를 어떻게 관리했는가? 가족과 가구는 과학의 재생산에서 어떻게 기능했는가? 과학과 관련된 가족의 가치는 여러 맥락을 거치며 어떻게 바뀌었는가?

콘스탄티노스 탬파키스Konstantinos Tampakis와 조지 블라하키스George Vlahakis는 19세기 그리스에서 영향력 있는 가문들과 과학 분야가 동시에 형성된 현상을 탐구한다. 그들은 오르파니디스Orfanidis 가족과 크리스토마노스Christomanos 가족에 대한 연구를 통해, 어떻게 사적 관계가 피에르 부르디외Pierre Bourdieu가 의미하는 '자본capital'의 여러 형태가 생산되고 유지될 수 있는 맥락이 되었는지를 보여준다. 사회적 공동체이자 경기장으로서의 가족은 과학자의 정체성 구축과 재생산에서뿐만 아니라 학문 권력에서도 아주 중대했다. 실제로 가족은 다른 세대가 다른 직업을 추구했을 때조차 상징자본과 문화자본을 이용했다.

스타판 베리비크Staffan Bergwik은 세대교체generational shift라는 주제를 더욱 발전시켜 지식 상속과 관련된 메커니즘을 다룬다. 20세기 초 스웨덴의 해양학자 오토 페테르손Otto Pettersson은 자신이 세운 해양학 분야를 계승할 후계자를 자신의 혈족에서 만들려고 무척 노력했다. 그는 자신의 목표를 성취할 기반구조를 만들었고 그의 아들 한스 페테르손Hans Pettersson이 후계자가 되었다. 그럼에도 불구하고, 지식 이전은 경합적 과정이었다. 아버지와 아들 간에 자원은 교환되었지만 그들의 관계는 극심한 긴장을 특징으로 하고 있었다. 가족과 가구는 연구할 장소, 돈, 학문적 지위라는 자원은 제공했지만, 독자적인 연구를 수행할 수 있는 한스의 능력과 의지를 방해했다. 베리비크가 논의하듯이 가족 내 상속은 반복과 독창성 간의 갈등을 낳았다.

페테르손 가문의 경우, 그 가족이 스웨덴 서해안에 있는 과학가정을 관리했는데 거기에는 해양 실험실도 있었다. 그러나 오토 페테르손과 같은 독자적인 학자들에게 가족이 이상인 것만은 아니었다. 20세기 전반기에 가족은 정치적 논의와 시책도 따라야만 했다. 스벤 비드말름Sven Widmalm은 자신의 글에서 과학가족에 대한 사례-연구 분석과 학문적 가족의 역학에 영향을 미치는 국가정책에 대한 연구를 결부시킨다. 스웨덴의 정치가와 개혁가들은 가족생활의 사회 관습적 구조에 대해 논쟁하고 조치를 취했는데, 비드말름은 가족정책과 연구정책의 병행 발전을 추적한다. 스칸디나비아의 사회민주주의 국가들은 보통 전형적인 복지체제로 간주된다. 그럼에도 비드말름이 논의하듯이, 비록 가족정책과 과학정책이 여성과 과학자를 위한 더 넓은 노동시장 개방을 겨냥했어도 두 복지정책 영역 간의 연관성은 거의 없었다. 따라서 과학의 성별 구조에서의 실제 변화는 더디게 올 것이었다. 학문적인 여러 자연과학에서 성평등의 변화가 거의 없었다는 것은 비드말름이 분석한 물리화학자인 테오도르 스베드베리Theodor (The) Svedberg의 경험사례가 잘 보여준다. 스베드베리는 스웨덴의 초기 연구정책들에서 핵심 역할을 했고, 새롭고 덜 권위적인 실험실 작업 조직 모형의 추진자이기도 했다. 그럼에도 불구하고, 비드말름이 결론짓듯이, 스베드베리 자신의 결혼 생활에서 이에 상응하는 성평등을 향한 변화는 뚜렷하지 않다.

스베드베리가 추진했던 새롭고 수평적인 조직의 영향으로, 그의 실험실 구성원들은 때때로 '가족'의 일부로 묘사되었다. 이 사실은 제3부에서 다루는 글들의 결정적인 출발점을 시사한다. 즉, '과학가족'은 법적이고 생물학적인 실체일 수 있지만, 지식 형성의 실천을 중심으로 형성된 문화적 및 사회적 단위일 수도 있다. 헬레나 페테르손Helena Pettersson은 오늘날의 식물학자들에 대한 연구에서, 한편으로는 법적이고 생물학적 가족으로, 다른 한편으로는 사회적 친족관계로 가르는 경계들이 어떻게 **선험적으로** 이해될 수 없는지를 탐구한다. 오히려 그러한 구획demarcation은 문화적으로 협상 가능한, 역사적 과정의 산물이다. 오늘날 세계화된, 그리고 유목적인nomadic 연구에서는 사회적 친족관계가 과학자로서의 삶에서 두드러진 특징이다. 페테르손이 보여주듯이, 과학자들은 아버지, 삼촌, 형제의 관계들을 닮은 '유사 친족관계'를 형성한다. 이러한 유대는 경력 내내 영향을 미치며, 심지어 연구 분야들을 전 세계적으로 함께 엮는다.

알록 칸데카르Aalok Khandekar는 인도 '기술이주자들' 속의 '글로벌 인도인성global indianness' 개념들에 대한 연구에서, 글로벌 지식이주자라는 주제 및 그들이 이념과 실천으로서의 '가족'과 맺는 관계를 발전시킨다. 고숙련자 이주의 초국가적 회로에서 이동하는 이러한 이주자들은 대개 인도의 가족 가치와 전통을 기념한다. 그러한 규범들이야말로 인지된 '진정한 인도인성'의 핵심 장소이다. 인도인 공학생과 전문가들은 20세기 초 스웨덴의 오토 페테르손과 한스 페테르손의 가정이 그랬듯이, 대조 가능한 현지의 가정들과 떨어져 지낸다. 그들은 비드말름이 논의한 것들과 같은 국가 복지정책의 대상이 아니다. 그럼에도 불구하고, 가족에 대한 강한 정서적 투자는 초국가적인 인도 기술 이주 주위에서 두드러진 특징이다. 물론 가족생활이 인지되고 실천되는 방식들은 20세기 내내 크게 변했다. 그렇기는 하지만 가족의 중요성은 변하지 않았다. 칸데카르가 주장하듯이 가족은 "지식경제의 기능에 핵심적이다."

끝맺는 말

가내성과 과학의 관계를 한 권 분량으로 엮은 우리의 연구는 다섯 권의 『사적 생활의 역사History of Private Life』에 비해 잘해야 설명적이며, 최악의 경우에는 너무 피상적일 수 있다.[24] 실제로 앨릭스 쿠퍼Alix Cooper가 제4부 후기에서 말한 대로 "탐구해야 할 부분이 많이 남아 있다." 그녀의 말대로, 우리의 초점은 주로 유럽, 영국, 미국의 근대와 현대에 놓여 있지만 최근의 학문은 '서구'를 넘어, 특히 동아시아에 위치한 더 이전 세기와 지형들도 탐구하고 있다. 지금 우리는 과학사에서의 가내성의 역할에 관한 중요한 세 가지 주제를 해명하는 질문을 제기했는데, 배운 점은 무엇인가? 이 책의 모든 저자와 마찬가지로 우리도, 가내성이—공간, 실천, 이데올로기, 탐구의 대상으로 개념화되든 어떻든 간에—제도적인 실험실이 자연에 대한 통제된 탐구를 위해 '별도로 마련된' 특권적 장소로서의 상징적 지위를 얻은 한참 후에도, 과학지식의 형성 과정과 역사적으로 떼려야 뗄 수 없다고 제안한다.[25] 오늘날 홈메이드 기상관측소나 '개라지garage' 실험실 같은 더 일반적인 현상들 중에서 신사적인 '실험 가옥house of experiment'은 거의 없겠지만, 그럼에도 불구하고, 우리는 가내 공간과 가족의 친족 관계가 연구공동체를 국지적으로나 세계적으로 연결하는 역할을 계속하고 있다는 것을 목격한다.

이 책에 실린 대다수의 글이 보여주듯이, 가내성은 가정을 훨씬 넘어 또 다른 여러 공간, 실천, 사회적 배치, 지식 생산과 분배의 담론으로 퍼져나갔다. 다시 한번 우리는 과학을 집단적인collective 기획이라고 주장하는데, 이 책이 제공하는 개념적 렌즈들을 통해 본다면 과학은 매우 가내적인domestic 기획이다. 우리는 과학학 학자들이 앞으로 이어지는 글에서 제시되는 역사서술의 잠재력을 더욱 충분히 개척해, 가내성이 근대과학의 형성에서 수행한 역할을 더욱 깊이 탐구하기를 바란다.

제1부

지식단지

가내의 장소들과 과학적 권위

제1장

배드민턴 하우스에서의 식물연구

1대 보퍼트 공작부인 메리 서머싯의 식물 탐구

줄리 데이비스
Julie Davies

메리 서머싯Mary Somerset은 3대 우스터Worcester 후작부인이자 1대 보퍼트Beaufort 공작부인으로 17세기 후반 수십 년 동안 전 세계로부터 수천 개의 식물을 적극적으로 수집하고 이를 식별하고 분류했다. 그녀는 정원사인 조지 애덤스George Adams 및 몇몇 유명한 식물학자들과 함께 일하면서 표본을 재배하고 연구하고 분류하고 배포하고 말리고 칠했다. 친구, 가족, 옥스퍼드와 런던왕립학회의 동료들이 그녀의 수집에 공헌했다. 그러나 그녀는 또한 기존의 원예 공급업체들을 통해 여러 식물과 씨앗을 얻었으며, 대행사들에게 의뢰해 영국제도British Isles와 해외에서 표본을 추적하고 수집했다. 1696년에 받은 그런 선적 한 건에 대한 기록에는 수백 종의 씨앗, 잎, 꺾꽂이 순, 묘목, 심지어 큰 나무 몇 그루가 바베이도스Barbados에서 그녀에게 운반되었다고 나온다. 이 특별한 탁송품은 너무 커서 처음 11개의 통을 다섯 척의 배에 나누어 싣고, 다음 선단에서 여덟 척에 더 싣기로 약속받았다. 각 통은 나무고사리 한 그루, 수생식물 일곱 그루, 하얀 맹그로브 한 그루, 거대한 월계수 한 그루와 묘목 50그루를 담을 수 있을 만큼 충분히 컸다.[1] 이렇게 서머싯은 글로스터셔Gloucestershire의 배드민턴 하우스Badminton House 가족 영지에서 유난히 크고 다양한 식물을 대량으로 수집했으며, 이는 그녀의 식물 탐구에 토대가 되었다.

식물학적 지식에 대한 서머싯의 기여는 아주 최근까지도 제한된 주목을 받았다. 서머싯은 84세까지 살다가 1715년 1월에 세상을 떠났는데, 이는 카를 린네우스Carl Linnaeus[귀족 작위를 받기 전 린네의 이름_옮긴이]의 획기적인 작업이 널리 공인되어 근대 식물과학의 기초를 굳히기 약 20년 전이었다.[2] 이 연대기적 불운은 서머싯을 린네 이전의 식물학자로 인정하기보다 정원사나 식물수집가로 특징짓는 경향을 강화했다.

서머싯이 그 분야를 선택한 것은 여성들을 그들의 '자연스러운' 연구 영역으로 돌아가라고 북돋운 18세기의 열기를 암시한다.[3] 여성이 식물을 채집하고 연구하는 데 몰두하면 '냉정한 성찰로 분노는 연민이 될 것이며, 비탄에는 어느 정도의 감미로움을 얻을 수도 있는 인내심을 줄 것이기' 때문에 여성은 더욱 '성찰에 유리하게' 될 것이라고 생각되었다.[4] 실제로 이러한 정서는 이 경우에는 다소 진실을 담고 있다고 보이는데, 왜냐하면 서머싯의 식물 탐구는 적어도 부분적으로는 조셉 글랜빌Joseph Glanvill에 의해 동기부여되었기 때문이다. 글랜빌은 서머싯이 1660년대와 1670년대에 시달렸던 우울증을 약화시키는 치료법으로 자연계에 대한 연구, 특히 왕립학회의 실험적인 방법론을 훈련하도록 추천했다.

서머싯이 초기 식물학사에 공헌한 점을 간과하는 경향은 17세기 여성으로서 그녀가 처한 제약에 의해 강화되었다고 보인다. 즉, 그녀가 과학적 인물이 될 가능성은 여러 가지 전형적인 방식으로 그녀의 젠더에 의해 제한되었다. 서머싯은 몇 번씩 찾아오는 우울증과 나쁜 건강 상태로 고생하면서, 이 시기 여성들에게 부과된 많은 전통적 제약에 공개적으로 도전할 기질이 없었다. 마거릿 캐번디시의 불같은 성격과 단호함을 지니지 못한 서머싯은 자신의 연구를 출간하거나 가르칠 기회를 얻지 못한 것으로 보이며, 런던왕립학회와 같은 과학기관들의 회원자격에서 제외되었다.

이런 젠더화된 제약은 실험과학의 중요한 후원자이자 기여자로 찬사받은 여성들 사이에서조차 팽배했다. 18세기에 출현할 규범을 예시한 캐번디시는 『실험철학에 관한 관찰Observations on Experimental Philosophy』(1666)에서 여성들은 특히 보조 역할에 적합하다고 다음과 같이 암시한다. "여성은 남성을 기쁘게 할 뿐만이 아니라 돕고 보조하도록 남성에게 주어졌다. 나는 여성들이 남성들만큼 불과 용광로를 쓰는 노동을 하리라고 확신한다."[5] 한편, 캐번디시와 동시대 사람인 메리 에벌린Mary Evelyn은 1674년에 다음과 같이 쓰면서, 자신과 랠프 보훈Ralph Bohun과의 우정을 고취시킨 철학적인 연대에 등을 돌렸다.

> 여성은 작가의 글을 읽고, 학자를 혹평하고, 삶을 비교하면서 미덕을 판단하고, 도덕률을 부여하고, 뮤즈들에게 희생하라고 태어난 것이 아니다. 우리는 가족에 대한 의무에서 빌린 모든 시간은 낭비라는 것을 기꺼이 인정한다. 아이들의 교육을 보살피고 남편의 명령을 준수하고 병자를 돌보고 빈민을 구제하고 우리의 친구들에게 봉사하는 것은 우리에게 있는 가장 향상된 역량을 발휘하기에 충분히 중요하다. 그리고 가끔 우연히 천 명 중 한 명이 좀 더 높은 것을 갈망하는 일이 일어날 경우, 그녀의 운명은 보통 그녀를 경이로운 것에 노출시키겠

지만 존경을 더하지는 않는다. ……[6]

이와 같이, 캐번디시와 에벌린은 생활양식과 새로운 과학에 대한 의견이 서로 달랐지만, 여성들은 지적 추구에서 이차적인 역할만을 한다는 데에는 동의했던 것으로 보인다.

서머싯의 연구는 그녀가 상당한 통제권을 지닌 영역을 기반으로 이루어졌다. 즉, 남편이 자주 집을 비우는 동안 관리하는 가족 영지를 기반으로 작업하면서, 그녀는 이렇게 새롭게 출현하는 여성 역량에 대한 믿음을 극복하고 왕립학회가 주창하는 자연계에 대한 지식의 협력적 발전에 적극적으로 기여할 수 있었다. 서머싯은 방대한 양의 카탈로그와 문서를 개인 용도로 만들었을 뿐만 아니라, 동료와 친구들과 정기적으로 협력해서 식물 표본들을 재배하고 파악하고 식별하고 분류했다. 그녀는 로버트 사우스웰Robert Southwell, 새뮤얼 두디Samuel Doody, 제임스 페티버James Petiver, 존 레이John Ray, 윌리엄 셰라드William Sherard, 한스 슬론Hans Sloane 등 왕립협회의 몇몇 중요한 동료들과 협력 관계로 일했으며, 왕립협회의 ≪철학회보Philosophical Transactions≫에 보고되는 식물 프로젝트에 관여했다.[7] 연구의 실체적인 절정은 그녀가 정교하게 만든 열두 권의 식물표본 상자로, 영국 자연사박물관British Natural History Museum의 슬론 컬렉션Sloane collection에 그대로 남아 있다.

그런데 서머싯이 일을 하면서 18세기의 전환기에 여성들이 직면했고 캐번디시와 에벌린이 분명하게 설명한 새로운 젠더화된 규범들로 제기된 여러 장애를 극복할 수 있었던 것은, 그녀의 작업이 가내 환경에서 이루어졌기에 가능했다. 예를 들어, 여성들이 보조원으로 일하는 것은 18세기 내내 비교적 흔했는데, 그러한 여성들은 독신녀로 남거나 일단 결혼하면 일을 중단했다.[8] 이와 대조적으로, 현존하는 많은 논문, 서신, 메모, 서머싯의 공헌을 기록한 일기들은 서머싯이 이 작업의 원동력이었음을 분명하게 보여준다.[9] 서머싯은 가족의 전폭적인 협조를 받으며 남성 일꾼들과 능동적으로 함께 일하고 그들을 감독했으며, 종종 자기 자금으로 그들을 훈련시켰다.

흥미롭게도, 서머싯의 정원 활동gardening이 진지한 식물 탐구가 된 것은 서머싯이 두 번째 결혼으로 1660년과 1664년에 낳은 아이들이 아직 어릴 때였다. 그럼에도 서머싯은 가족의 참여를 추진했다. 그녀는 남편 보퍼트 공작과 정원의 설계를 의논했으며, 친구와 가족으로부터 식물, 꺾꽂이, 씨앗을 받았다.[10] 한동안 그녀는 자녀들, 특히 큰 아들 찰스Charles와 자신의 열정을 함께 나누었다. 찰스는 어머니의 탐구에 특별한 관심이 있었고 1673년에 13세의 어린 나이로 왕립학회의 회원Fellow으로 선출된 최연소 지명자였는데, 그는 여전히 그 명성을 가지고 있다.[11]

이러한 가족 협력은 서머싯으로 하여금 고정관념적인 성별 제약을 극복하고 식물학 프로그램을 담당할 수 있게 한 핵심 요소로 보인다. 또한 서머싯의 식물학적 기획은 작위를 받은 가문이 동반하는 네트워크와 영향력, 나아가 그 가문의 국가 영지에 의존했다. 배드민턴 저택은 자금, 직원, 그러한 수집물을 보관하는 데 필요한 공간을 비롯한 많은 자원을 제공했으며, 보퍼트 가문은 1690년까지 집과 정원에 2만 9760파운드를 지출했다.[12] 이 장에서는 배드민턴 저택에서 행한 서머싯의 식물연구를 통해, 한 귀부인이 여성의 독자적 과학 탐구를 일반적으로 제한하는 신흥 젠더 규범들에 굴복하지 않고 자신의 계급적 특권을 활용한 사례로 분석하고, 나아가 가족과 영지를 포함한 가구가 어떻게 식물학적 지식 생산의 자원으로 중요한 역할을 했는지를 분석할 것이다.

간단한 가족사

메리는 1630년에 1대 해드햄Hadham 카펠 남작인 아서 카펠Arthur Capel과 엘리자베스 모리슨Elizabeth Morrison의 여섯 자녀 중 둘째로 태어났다. 코넬리우스 존슨Cornelius Johnson은 1640년에 그 부부와 다섯 자녀를 그렸다(〈그림 1.1〉 참조). 그림의 배경인, 일정한 양식을 따라 대규모로 가꾼 정원은 정원 활동에 대한 가족의 관심사를 반영한다. 그림에서 어린 메리는 어머니의 무릎에 앉은 아가에게 작은 바구니에서 장미를 건네며, 그림에서 소품을 지닌 유일한 인물이어서 보는 이의 관심을 끈다.[13] 그러나 식물에 대한 가족의 열정은 여성 쪽에만 국한되지 않았다. 실제로, 1대이자 마지막인 투스크베리Tewkesbury 카펠 남작인 메리의 남매 헨리Henry는 원예기술로 가장 널리 인정받았으며, 큐Kew에 위치한 특별한 장소에서 처음으로 정원을 가꾸었는데, 당시에 엄청난 찬사를 받은 이 정원은 마침내 큐 가든, 즉 왕립식물원Royal Botanic Garden으로 발전했다.[14]

메리는 1648년 뷰챔프Beauchamp경 헨리 시모어Henry Seymour와 결혼해서 두 아이를 낳았다. 그러나 행복하고 다정했다고 알려진 그들의 결혼은 시모어의 갑작스러운 죽음으로 1654년에 끝났다. 이 시기에 서머싯이 정원 활동에 관심이 있었다는 증거는 거의 없다. 그러나 3년 후인 1657년에 메리는 무엇보다 정원 관리에 능하기로 유명한 다른 가족과 결혼했다. 메리의 새 남편은 헨리 서머싯Henry Somerset으로 당시에는 우스터Worcester 후작이었고 1682년에는 1대 보퍼트 공작이 되었다. 래글런 성Raglan Castle의 유명한 서머싯 영지 정원은 1646년 의회파들에게 포위 공격을 받아 성이 심하게 훼손되었고 가족들이 배드민턴 하우스로 이사하게 된 후 방치되었다.[15] 그 후 1664년 메리와 헨리는 그 집에 활력을 불어넣고 정원을 확

그림 1.1 **카펠 가족** 왼쪽에서 오른쪽으로: 에섹스 백작 아서 카펠, 찰스 카펠, 1대 카펠 남작 아서 카펠, 카펠 부인 엘리자베스, 2대 카펠 남작 헨리 카펠, 보퍼트 공작 부인 메리 카펠, 카나르본 백작 엘리자베스.

자료: 코넬리우스 존슨 그림(캔버스에 유화)(1640) © National Portrait Gallery, London

장하는 계획에 착수했는데, 이 계획은 메리에게 원예학적 관심의 범위를 확장시키는 데 도움을 주었다.[16]

그렇긴 하지만, 정원 관리에 각별한 양가의 결합이 메리의 식물학적 기획을 위한 지지의 수준을 보장한 것은 아니었다. 헨리와 메리는 헨리가 부모로부터 받은 배드민턴 영지를 지키기 위해 대단한 조치를 취했다. 2대 우스터 후작인 헨리의 아버지 에드워드Edward는 기계 발명에 열정적이었는데 영구기관perpetual motion machine을 만들려고 애쓰다가 가족은 거의 파산에 이르렀다.[17] 에드워드의 돈벌이 계획과는 대조적으로 메리 서머싯의 식물학에 대한 열정은 정서적으로 마음 깊은 곳에서 자라나온 것으로 보이며, 이것이 서머싯의 식물연구가 재정 부담이 되더라도 그녀의 가족과 친구들에게 받아들여진 이유일 것이다.[18] 더욱이 서머싯의 개인적 동기부여가 여러 방식으로 그녀의 식물학을 형성한 것으로 보이며, 그녀가 자신의 탐구를 행하며 즐겼던 자유를 눈으로 보듯 설명해 준다.

우울

메리는 뷰챔프 경이 사망하고 헨리 서머싯과 결혼한 첫 10년 동안 우울감으로 고생했다. 그녀는 1660년대와 1670년대에 우울증 비슷한 증상으로 몇 차례 심하게 시달렸는데, 그녀의 일기와 편지들은 그녀의 내적 갈등을 감동적으로 꿰뚫고 있다. 실제로 1670년대는 특히 도전적인 10년이었다. 마지막에 중대했던 한바탕의 우울감은 1674년 어느 시점에 그녀를 사로잡은 것 같다. 1675년까지 서머싯은 가계부 관리를 비롯한 가계 관리의 몇 가지 중요한 면을 방치했으며 서신왕래도 거의 하지 않았다. 몰리 매클레인Molly McClain은 이 부부에 대한 전기에서, 서머싯이 이 시기의 한 편지에서 "항상 머리와 배에 이상할 정도로 장애가 와서 편지를 쓸 때 …… 종종 편지 한 통을 쓰다가 한 끼를 놓친다"라고 쓴 것에 주목하면서, 이것은 살면서 겪는 우연적인 사건을 넘어서는 것으로 보인다고 설득력 있게 주장하고 있다.[19] 실제로 서머싯의 상태는 헨리와 그녀의 몇몇 친구가 그녀의 건강을 걱정한 기록들을 남긴 데서 잘 알 수 있다.[20] 서머싯을 광장공포증이 있는 편집증적 우울증을 지닌 사람으로 특징짓는 것은 그녀의 질환 및 그 질환 때문에 영지에서 멀리 떨어지기를 꺼린 것에 대한 지나친 해석으로 보인다. 젊은 가족에게 이 당시는 부인할 수 없을 정도로 어려운 시기였다.[21] 서머싯은 우울을 극복하기 위해 어린 시절에 지녔던 식물에 대한 강한 흥미를 활용해서 이국적 식물 치료법을 위한 견본을 수집하기 시작했으며, 의약 처방을 위해 종종 씨앗과 꺾꽂이로 식물을 재배했다.[22] 그러다가 이런 시기가 끝나갈 무렵인 1675년에서 1680년 사이에 식물에 대한 서머싯의 관심은 그 이상의 것으로 발전했다.[23] 서머싯이 자신의 편지 상대이자 고객인 조셉 글랜빌의 조언으로 자신의 질환을 위해 식물 치료법을 추구한 것은, 이제 영국에서 현존하는 가장 훌륭한 식물 수집 중 하나를 이룩하게 될 기획에 영감을 주었다.

글랜빌은 당시 배스Bath에 있는 대수도원 교회 교구목사로, 왕립학회 회원이자 학회 실험 철학의 적극적인 지지자였다. 1676년에서 1678년 사이에 글랜빌은 서머싯 가족에게 세 개의 연구 결과를 바쳤다. 헨리에게는 『철학과 종교에서 몇 가지 중요한 주제에 대한 소고Essays on Several Important Subjects in Philosophy and Religion』(1676)를, 서머싯에게는 『타락한 시대의 조롱과 무신앙에 대한 양심의 가책과 치유에 대한 계절별 성찰과 담론Seasonable Reflections and Discourses in Order to the Conviction & Cure of the Scoffing, & Infidelity of a Degenerate Age』(1676)을, 부부의 아들인 찰스에게는 『저속한 죄에서 구출된 행복과 구원의 길The Way of Happiness and Salvation Rescued from Vulgar Errours』(1677)을 바쳤다.[24] 세 권 모두 글랜빌의 기존 출간물들을 수정하거나 압축한 것으로, 특히 서머싯의 상황과 관련되는 공통 주제를 담고 있다. 글랜빌은 이 글들에서 과학과 성공회 종교를 둘 다 옹호했을 뿐만 아니라, 극심한 우울감은 사람을 영적 공격에 취약하게 만들고 악마적으로 영감 받은 여러 망상에 사로잡히게 할 수 있다고 반복해서 주장한다. 이런 망상은 의지가 약한 사람들로 하여금 열광, 광신, 무신론, 마술을 포함한 수많은 파괴적 행동에 관여하게 자극할 수 있다는 것이다.[25] 또한 글랜빌은 특히 왕립학회가 옹호하는 방법들을 사용하는 자연계에 대한 과학적 훈련과 탐구가 그러한 질환들을 극복하는 데 도움이 될 수 있다는 것을 보여주려고 했다. 합리적 분석, 협력, 자연계에 대한 증거-기반 해석으로 마음을 훈련하면, 우울한 자는 그러한 망상의 고리를 막아내거나 끊을 수 있는 기술을 개발할 수 있다는 것이었다. 즉, 글랜빌에 따르면 과학적 훈련이 우울한 상태에 효과적인 치료법을 제공할 수 있었다.[26] 글랜빌에 대한 서머싯 가족의 높은 존경심은 남편 보퍼트 공작의 영향력을 통해 글랜빌에게 수여된 세 가지 직책에 반영되어 있다. 글랜빌은 1675년에 상임 목사의 지위를 받았고, 1678년 우스터 대성당에서 교구의 수익을 받는 고위 성직자로 지명되었으며, 1680년에는 찰스 2세를 시중드는 목사 후보로 지명되었는데, 이 마지막 직책을 수락하기 전에 사망했다.[27]

글랜빌의 가르침은 서머싯에게 반향을 일으켰고 서머싯은 이 기간 동안 자신의 만성병이 본질적으로 정신적인 것이라고 결론 내렸다. 이 시기의 것으로 남아 있는 몇 가지 문서에서 서머싯은 자신이 감정적으로 '죽은' 느낌이 든다고 묘사하며, '땅이 물을 갈급하듯 그녀의 영혼이 주님을 찾기에 갈급하기'에 하나님이 그녀에게 오기를 기도하고 있다.[28] 실제로, 같은 기간에 식물에 대한 서머싯의 관심이 점점 학문적 성격을 띠어간 것은 그녀가 글랜빌을 성공회 옹호자로서 지지했을 뿐만 아니라 그의 조언에 따라 행동하기도 했음을 시사한다. 1678년에 공작부인 서머싯이 자신의 남편에게 보낸 한 편지에는 그해 헨리와 가톨릭음모사건the Popish Plot[한 가톨릭 교도가 국왕 찰스 2세를 암살해 가톨릭 부활을 기도했다는 가공의 음모_옮긴이] 조사에 대한 몇 가지 루머와 관련해 글랜빌이 그녀에게 건넨 보고가 묘사되어 있다. 비록 간략하지만, 그 왕래는 메리가 글랜빌과 직접 접촉하고 있었으며 그를 어떤 면에서 조언자로 여겼음을 확인해 준다.[29]

서머싯의 식물학 연구와 네트워크에 대한 개요

공작부인의 식물 수집에 대한 기록은 방대하며 아직까지 종합적으로 셀 수 없을 만큼 영국의 여러 공공 및 개인 소장품에 산재해 있다.[30] 지금 이 분석은 주로 영국 국립도서관British Library에 있는 카탈로그 초안과 영수증에 근거한다. 그것들은 서머싯이 1680년대에 자신의 정원과 수집품에 수백 개의 표본을 가지고 있었으며, 1690년대에는 종자 수집 네트워크는 물론, 표본을 번식·성장하게 하고 관찰할 수 있는 몇 개의 대규모 맞춤형 온실이 잘 확립되어 있었다는 것을 보여준다.[31] 서머싯은 전 세계 곳곳에서 식물을 수집했기에, 유럽, 아메리카, 아프리카, 먼 아시아 지역들로부터 식물, 꺾꽂이, 종자들이 운송된 기록이 있다.[32] 실제로 1699년이라고 적힌 편지에서는 자신의 소장품이 2000가지가 훨씬 넘는 품종으로 자랐다고 한스 슬론에게 자랑한다.[33]

서머싯은 자신을 도울 여러 사람을 고용해 수년에 걸쳐 자신의 수집품을 실질적으로 확장했다. 그녀의 정원사인 조지 애덤스는 없어서는 안 될 사람이었다. 가장 유명한 그녀의 고용인은 배드민턴에서 약 18개월 동안 표면적으로는 서머싯 손자의 가정교사로 고용되었던 윌리엄 셰라드 William Sherard였다.[34] 그녀는 슬론의 도움으로 한때 영국 여왕의 식물학자 임무의 후보였던 셰라드를 고용했다. 그녀는 슬론에게 셰라드가 '조용한 시골 삶에 만족할 것'이라고 납득시켜 달라고 설득했다.[35] 서머싯은 가정교사 이상의 사람을 찾았으며, 자신의 식물 수집과 카탈로그 작업 관리를 도울 수 있는 셰라드에게 깊은 인상을 받았음이 분명하다.[36] 셰라드는 한 동료에게 '은총이 가득한 그녀의 정원을 위해 …… 나의 모든 식물학 친구들에게 씨앗 요청서'를 보냈으며 서머싯을 대신해 버지니아Virginia에서 더 많은 식물을 공급받을 거래처를 모색했다고 썼다. 또한 세라드는 소장품에 추가된 것들을 문서화하기 위해 정원사들의 식물그림 기법들 중 하나를 사용할 계획이라고 언급했다.[37]

옥스퍼드 대학교 약초재배원Physic Garden의 감독이자 식물학 교수인 제이컵 보바트Jacob Bobart는 서머싯 및 그녀의 직원들과 정기적으로 편지를 주고받았다. 그는 개인적으로 그녀의 수집품을 검토하고 많은 식물과 씨앗을 기부했을 뿐만 아니라 옥스퍼드 애슈몰린 박물관Ashmolean Museum의 관리책임자인 에드워드 르위드Edward Lhwyd의 고용을 추진했다.[38] 보바트가 '매우 성실하고 유능하며 아마 영국에서 가장 뛰어난 박물학자naturalist'로 추천한 르위드는 1696년과 1698년에 서머싯 수집품에 희귀한 웨일즈의 고산식물 표본 몇 개를 넣는 데 기여했다.[39]

이렇게 원예학 및 식물학계의 상징적인 인물들이 참여하긴 했지만, 서머싯이 직접 식물의 수집, 재배, 건조, 설명, 식별을 지도하면서 배드민턴에서의 식물학적 지식 생산을 총 지휘했다는 데에는 의심의 여지가 없다. 서머싯 자신은 컬렉션을 형성한 창의적인 연구와 실용적인 작업을 주도했으며, 이를 통해 배드민턴의 온실과 땅은 지식 생산의 부지로 변화되었다.

서머싯의 기술은 대개 함께 일하는 사람들과 학문적인 동료들이 칭찬하는 형태로 전해진다. 그중 제임스 페티버는 그 정원을 '파라다이스Paradise'로 묘사하며 서머싯에게는 어떤 표본이든 '저 멀리 있는 풍토에서 왔을지라도' 잘 자라도록 식물을 보살피는 재량이 있다고 인정했다.[40] 페티버는 "대부분이 내가 전에 본 적이 없는 완벽함으로 길러진, 새롭고 희귀하며 매우 특이한 많은 식물"[41]을 공유해 준 서머싯에게 자신의 「가조플라시움Gazophylacium」의 표 III을 헌정했다. 그것은 영국의 곤충 삽화 목록이다. 서머싯의 기술은 『아말테움 보타니쿰Amaltheum Botanicum』을 쓴 레너드 플루케넷Leonard Plukenet과 1720년대 후반부터 첼시Chelsea를 기반으로 활동한 원예업자들의 모임인 정원사협회Society of Gardeners도 인정했다.[42] 그러한 칭찬이 명목적이었을 수도 있지만, 서머싯의 서신과 노트들은 서머싯이 정원 활동에 직접 관여했음을 서류로 입증한다. 예를 들어, 보바트는 서머싯의 일상적인 정원 감독일을 증언했으며 서머싯이 자신에게 '손수' 보낸 식물에 대한 요청을 인정했다.[43] 서머싯의 말들은 이 작업에 대한 그녀 자신의 깊은 열정을 전달해 주었다. 슬론에게 쓴 편지에서는 '말라버린 식물들을 돌보느라 바쁘게' 지내면서 어떻게 자신의 병에 무심했는지, '식물에 관한 이야기들'에 몰입했을 때 '빠져나가는 방법'을 어떻게 몰랐는지를 묘사했다.[44] 이 열정은 자신이 사랑했던 식물들을 불멸에 이르게 한 열두 권의 식물표본집 제작에서 절정에 이르렀다.

식물표본집

서머싯은 열두 권의 간략한 식물표본집의 제작을 감독했다. 열두 권의 식물표본집은 슬론의 식물표본집 일부인 두 권의 추가본에 이미 자료로 제공되었고, 현재는 영국 자연사박물관에 소장되어 있다.[45] 이 시기에 서머싯의 건강이 악화되었기에 식물표본집은 살아생전에 자신의 수집을 영구히 보존하려는 시도로 볼 수 있을 것이다.[46] 그런데 서머싯이 식물학으로 방향을 튼 상황을 고려해 보면, 1700년 남편을 잃은 지 1년이 되지 않아 식물표본집을 편집하기 시작했다는 사실이 관심을 끈다. 남편의 죽음은 1698년에 버스 사고로 아들 찰스를 갑자기 잃은 후 곧이어 일어난 상실이었다.[47] 식물표본집이 이러한 상실을 감당하는 추모이자 방법 같은 것이었을지 궁금할 수도 있다. 그럼에도 불구하고, 그녀의 친구이자 멘토인 한스 슬론이 1715년 서머싯이 죽은 후 이 책들을 인수했기에 식물 표본집은 거의 원래 그대로의 상태로 남아 있다. 이 표본집은 공작부인 서머싯의 다양한 식물학적 기술을 보여주는 살아있는 증거이다.

식물표본집 자체는 특별히 잘 정돈되어 있지 않다. 표본들은 보통 날짜는 표시되어 있지만, 순서는 연대순이 아니며, 어떤 다른 방법으로 일관되게 분류되어 있지도 않다. 예를 들어, 1권의 부제는 '무화과나무(솔잎국화속), 다양한 알로에 부채 선인장 튤립, 아네모네, 미나리아재비, 앵초, 미모사, 아카시아 등등'으로 되어 있다. 5권은 단순히 '첼시에서 온 식물을 대부분 포함 …… 1714'로 표시되어 있다.[48] 그럼에도 불구하고, 많은 표본에 종 식별이 표시되어 있고 플루케넷Plukenet, 존 레이John Ray 같은 권위자들에 대한 참조가 주석으로 달려 있다. 또한 식물의 원산지와 풍토순응 날짜에 대한 세부 사항들도 종종 기재되어 있다.[49] 식물표본집은 슬론에게 온 후에도 방치되지 않았다. 슬론은 레이에 따른 표기법을 상당히 손수 덧붙여서 표본집에 대한 자신의 관심을 나타내고 있다. 윌리엄 에이턴William Aiton은 호투스 케웬시스Hortus Kewensis[큐 가든에서 재배된 식물 목록을 정리한 책_옮긴이]를 편찬할 때 이 식물표본집을 참고했는데, 표본집에 나온 62종의 식물을 서머싯 공작부인이 영국에서 재배하기 시작했다고 열거하고 있다.[50]

열대 식물과 이국적 식물들은 1698~1699년 사이에 막대한 비용을 들여 일련의 온실과 하나의 열대 온실 또는 '오랑제리orringere'를 설치함으로써 수집에 포함될 수 있었다.[51] 열대 온실은 1708년에서 1710년 사이에 의뢰한 영지의 그림에서 보이는데, 그림은 토머스 스미스Thomas Smith가 완성했다고 여겨진다. 그 그림은 배드민턴 하우스 가족 유산으로 관리되어 남아 있다.[52] 이렇게 가능해진 식물표본집은 영국의 기후에서는 재배하기 어려운 다양한 식물뿐만 아니라 전문적으로 보존된 많은 표본도 포함하고 있다. 여기에는 색깔 보존이나 최종적인 미학적 고려는 말할 것도 없고 성공적으로 건조하기조차 어렵기로 악명 높은 돌나물과의 여러 식물과 선인장 등의 다육 식물들도 들어가 있다. 그 사업에 소요된 모든 비용은 각 세부사항에서, 특히 관련된 종이의 양에 구체적으로 나타나 있다. 각 표본들이 크기에 맞추어 개별적으로 잘려 접은 종이 사이에 매우 조심스럽게 압박된 후 접착되고 꿰매어지고 또는 더 단단한 또 다른 장착 시트에 고정되어 있는 경우를 보기란 매우 드물다.[53] 서머싯은 압박, 건조, 장착의 많은 부분을 개인적으로 위탁했음이 분명하다. 예를 들어, 서머싯은 자신이 그녀의 정원사에게 보낸 (현재 슬론의 식물표본집에서 HS235로 알려진) 작은 식물표본집의 제작에서 그녀의 정원사가 필경사 역할을 했다고 슬론에게 알리며, 더 나아가 "그도 나도 라틴어를 이해하지 못하기 때문에 우리가 많은 오류를 범했으리라 우려스럽다"[54]라면서 어떤 실수이든 그것은 그녀와 그의 정원사가 함께한 실수라고 언급했다. 다른 편지들은 그녀의 직원들이 그러한 지시를 받아들이는 진지함을 보여준다. 윌리엄 오렘William Orem이 조지 애덤스에게 보낸 편지에는, 서머싯의 수집에 새로운 식물이 될 만한 가치 있는 주문을 확보할 수 있을까 하여 이 대리인이 갔다는 점을 매우 자세히 설명하고 있다.[55] 이 서신은 서머싯이 했던 관리적인 지시의 수준을 보여준다.

지식 생산

서머싯의 서류, 서신, 카탈로그와 식물표본집은 배드민턴에서 수행된 활동이 수집과 정원 관리를 훨씬 능가했다는 사실을 입증한다. 이러한 자료들은 서머싯과 그녀의 직원들이 식물학과 원예학의 참고문헌을 편집, 분석, 토론하는 데 적극적으로 참여했음을 보여준다. 서머싯의 카탈로그에는 주석이 달린 수많은 식물 목록 외에도 그녀의 참고문헌 제목들의 축약 체계를 설명하는 범례가 첨부되어 있다.[56] 서머싯은 카를 린네우스가 그의 새로운 분류 체계를 개발할 때 언급한 많은 문헌—요한 바우힌Johann Bauhin의 『일반 식물들의 역사Historia plantarum universalis』(1650~1651), 카스파 바우힌Caspar Bauhin의 『식물 도감Theatri Botanici』(1671), 찰스 플뤼미에Charles Plumier의 『아메리카 식물의 형태들과 그에 대한 설명Description des plantes de l'Amérique avec leurs figures』(1693), 조제프 피통 드 투른포르Joseph Pitton de Tournefort의 『식물학의 요소들 또는 식물을 확인하는 방법Elemens de Botanique, ou method pour connoître les Plantes』(1694) 등—을 비롯하여 동시대의 주요 문헌들을 광범위하게 언급했다.[57] 서머싯이 언급한 인상적인 출처 목록들은 몇몇 다른 중요한 식물학자들의 연구도 포함하고 있는데, 로버트 모리슨Robert Morison(1620~1683), 레너드 플루케네(1641~1706), 파울 헤르만Paul Hermann(1646~1695) 등의 연구, 그리고 물론 슬론과 레이의 연구이다.

공작부인은 식물학 자료들을 종종 독자적으로 자문하고 비교·분석했으며, 기본적 이해가 부족할 때면 라틴어를 번역하게 했다. 역사학자 더글러스 체임버스Douglas Chambers는 리비누스Rivinus와 투른포르Tournefort에서 온 식물 목록이 어쩌면 슬론이 서머싯을 위해 번역한 항목이라고 확인했는데, 슬론은 그해에 뿌려진 씨앗들을 기록한 많은 목록 중 하나를 번역한 사람으로 유명하다.[58] 그러나 서머싯은 원래 오직 일반명으로만 식별되는 종자들의 여러 목록에 라틴명을 추가했는데, 이는 적어도 그 언어에 대한 능력이 기본 수준은 되었다는 것을 보여준다.[59] 또한 슬론의 문서들은 식물의 특성을 기술하기에 적절한 라틴어 어휘 목록과 식물학 용어의 요약표들을 담고 있다.[60] 그러한 항목 중 하나는 스코틀랜드 식물학자 로버트 모리슨의 알파벳순 식물 목록표에 있는 4열로 된 식물 목록표이다. 이 식물들의 라틴명 목록은 서머싯이 작성한 것이 아니지만, 그녀는 여러 항목 옆에 일반명을 추가했다.[61] 그러한 노트들은 그녀가 상당수의 라틴 용어에 익숙했음을 입증할 뿐만 아니라 식물 표본의 수집, 식별, 분류, 설명, 원산지와 생장 조건 기록과 같은 식물학자의 주요 업무에 관여했음을 보여준다.[62] 서머싯은 그저 전통적인 식물학 자료와 지식을 소비하는 사람이 아니었다. 그녀는 수집을 하면서, 그녀 가문의 부와 영향력을 이용해 자신의 연구를 수행했고 자신이 지닌 자원과 연구 결과를 공유했다.

서머싯이 왕립학회 학술지인 ≪철학회보≫를 정기적으로 받은 것은 여성으로서는 상당히 이례적인 일이었기에, 이는 동료들이 그녀를 존경과 호의로 예우한다는 증거였다.[63] 서머싯은 종종 그 학술지를 찾아보며 참고했는데, 이는 존 빌John Beale, 왕립학회 회원, 서머싯의 성직자이자 동료인 조셉 글랜빌이 도왔을 가능성이 크다. ≪철학회보≫를 참조했다는 것은 서머싯의 노트에 수없이 나타난다. 서머싯의 서신에는 1690년대에는 슬론에게서 그 학술지를 받았고, 1706년에는 다른 집단으로 묶이면서 그다음 10년 동안도 그 학술지를 계속 잘 받아왔다고 쓰여 있다.[64]

서머싯은 그 학술지를 자신의 아들 찰스를 통해 받았을 수 있다. 찰스는 젊은 시절 식물학적 관심 때문에 왕립학회의 회원으로 선출된 것 말고는 과학적 연구에 더 이상 관심을 보이지 않았다. 찰스는 왕립학회 회원으로 선출된 후 몇 년 동안은 학회 서기인 헨리 올든버그Henry Oldenburg와 연락을 취했지만 찰스가 모임에 참석하거나 학회에 다른 기여를 했다고 보이지는 않는다. 찰스와 올든버그의 편지는 본질적으로 대화적이며, 학회의 모임들에 대한 호기심과 진행 상황에 대한 보고로 이루어져 있다.[65] 찰스의 유일한 과학적 기여는 그의 어머니를 통해 일어난 것 같다. 분명히 찰스는 서머싯에게 자신의 여행 책자 하나를 빌려주었고, 그녀는 그 속에 서술된 토바고Tobago[카리브해 남쪽에 있는 섬나라_옮긴이]의 식물들을 조사할 수 있었다.[66] 메리는 찰스가 갑작스럽게 죽고 난 다음에도 계속 ≪철학회보≫를 보내준 것에 대해 슬론에게 감사했다.[67] 왕립학회의 저널 북Journal Book(1701년 11월 26일)에 따르면, 당시 찰스의 아들 헨리(1684~1714)가 로버트 사우스웰Robert Southwell에 의해 후보로 건의되었다. 그러나 헨리는 찰스의 회원직을 받지 못했다.[68] 헨리는 이후 회원으로 선출되고 메리의 보살핌을 받게 되었으며, 헨리에게 가정교사가 필요했기 때문에 윌리엄 셰라드를 고용할 수 있었다. 비록 메리가 회원자격이 없었고 손자가 입후보에 실패했음에도 불구하고, 메리, 슬론, 또는 아직 알려지지 않은 대리인 덕분에 메리가 이례적이지만 지속적으로 회보를 구독할 수 있었음이 분명하다. 이런 상황들은 그녀가 독자적인 식물학 추구를 지속하기 위해서는 가족과 동료들을 통해 맺어진 인맥이 얼마나 중요했는지를 반영한다.

왕립학회에 관심을 갖거나 관여한 여성은 메리 서머싯만이 아니다. 새뮤얼 피프스Samuel Pepys는 1667년 마거릿 캐번디시의 방문을 훌륭하게 기록했다.[69] 실제로 캐번디시, 캐서린 존스Katherine Jones, 메리 에벌린Mary Evelyn, 마거릿 플램스티드Margaret Flamsteed는 서머싯과 마찬가지로 여러 왕립학회 회원들이 포함된 지식인 모임에 참여했다.[70] 이 여성들 중 누가 학회의 학술지에 대한 서머싯의 관심을 공유했는지는 알려지지 않았지만, 분명 플램스티드와 에벌린은 그들의 남편을 통해 회보를 접할 수 있었을 것이다. 그러나 서머싯은 자신이 학술지를 소유한다는 자부심에서 그리고 학술지를 보며 학문적으로 연구했다는 직접적인 증거에서, 이 동시대 여성 중에서 두드러진다. 20세기 이전에는 ≪철학회보≫에 저자로 등재된 여성이 없다는 점뿐만 아니라, 이 시기의 어떤 여성이 서머싯의 노트들에서 보이는 방식으로 직접 그 학술지를 가지고 연구한 증거가 있다는 점도 주목할 만하다.[71]

캐번디시와 존스는 서머싯보다 훨씬 앞선 1650년대와 1660년대에 왕립학회(및 이 학회의 전신인 그레셤 대학Gresham College)의 석학들과 서신을 주고받았다. 캐번디시와 왕립학회는 마음이 통하는 관계는 아니었는데, 이는 잘 알려져 있는 근본적인 철학 원리들에 대한 의견 불일치의 결과였다.[72] 그러나 존스와 나중에 플램스티드는 학회의 과학적 성과에 얼마간 기여했다. 존스의 몇 가지 처방은 토머스 윌리스Thomas Willis의 『제약의 원리(1부)Pharmaceutice Rationalis (Part 1)』(1684)와 로버트 보일Robert Boyle의 『의학 실험Medicinal Experiments』(1692)에서 발표되었다.[73] 플램스티드는 그녀의 남편 존 플램스티드John Flamsteed의 천문학 노트마다 몇 가지 관찰과 계산을 했다고 인정받는다.[74] 그러나 각 경우에 이 여성들의 기여는 그들의 남성 동료의 이해관계에 종속되어 있었으며 서머싯의 성과와 비교하면 범위가 훨씬 제한적이었다.[75] 이와 대조적으로, 왕립학회의 여러 준회원과 회원들은 서머싯의 기술과 자원을 적극적으로 얻으려고 했으며, 그녀 자신도 식물학의 집대성에 새로운 지식으로 기여하려고 적극적으로 노력했다.

서머싯은 자원 부족이나 파트너의 연구 의제에 구애받지 않고, 여행 서적과 이국땅에 대한 설명들을 샅샅이 훑으며 식물에 대한 설명을 계속 찾아본 다음, 거래처에 그 식물을 보내달라고 요청했다. 예를 들어, 확인될 수 있는 이러한 서적들 중에는 시몽 드 라 루베르Simon de La Loubère의 『시암 왕국의 새로운 역사적 관계A New Historical Relation of the Kingdom of Siam』

(1693), 샤를 드 로슈포르Charles de Rochefort의 첫 번째 저서인 『카리브 섬들의 역사The History of the Caribby-Islands』(1666), 가르실라소 드 라 베가Garcilaso de la Vega의 『페루 왕실사Royal Commentaries of Peru』(1688), 프랑수아 프로거François Froger의 『1695년, 1696년, 1697년 아프리카 연안에서의 항해 관계A Relation of a Voyage Made in the Years 1695, 1696, 1697, on the Coasts of Africa』(1698) 등이 있다.[76] 그녀는 이 프로젝트를 위해 '가져야 할 것' 목록을 만들었는데, 나중에 바베이도스에서 찾을 수 있다고 믿었던 다양한 종류의 월계수 나무들을 구하는 데에는 실패했다고 적었다.[77] 카카오나무의 열매를 통째로 확보하려고 편지 한 통도 보냈는데, 그만큼 서머싯은 '영국에서 [한 그루]를 기르는 게 가능할지 여부를 시험해 보려는 큰 열망'이 확고했다.[78] 그러나 수집을 확장하기 위해 새로운 표본들을 확인하는 것은 단지 이런 계속적인 비교 과정의 일부에 불과했다. 서머싯의 목록과 카탈로그는 그녀가 수집한 식물이 연구에 포함될 때 기록한 참조사항들로 가득하며, 그녀는 자신이 지닌 모든 책에서 표본을 찾을 수 없을 때마다 항상 기록해 두었다.

서머싯, 그리고 가끔 그녀의 직원들이 그녀의 수집 품목을 참고문헌의 설명과 비교하면서 수행한 분석은 상세하고 생산적이다. 슈가애플sugar apple과 빅사bixa는 "내가 지닌 모든 책에서 어떤 모양도 찾을 수 없는 식물들 …… 따라서 그것들은 1693년 지금 배드민턴에서 자라고 있다고 기록되어야 할"[79] 서머싯의 식물 목록 하나에 포함된 두 개의 표본이었다. 이 같은 목록들은 서머싯이 오늘날에도 식물학의 주요 분과 중 하나인 기술식물학記述植物學, phytographia 부문, 즉 식물의 묘사와 분류에 관여하고 있었음을 보여준다. 서머싯은 이 분야의 역사에 관해 몇 가지 간략한 메모를 했을 뿐만 아니라 기술식물학이 그녀의 주요한 식물학적 관심 중 하나였던 것으로 보인다.[80] 실제로 서머싯의 서명이 없는 한 서신 초안에는 그 당시 사용 중인 수많은 시스템과 관례를 고려할 때 이름만으로는 식물을 식별하기가 어렵다는 서머싯의 불평이 적혀 있다.[81]

자신이 지닌 책들로 표본을 확인하는 데 실패했을 때 서머싯은 자신의 서신 상대들, 특히 슬론과 보바트와 상의했다.[82] 초기 표본집 중 하나를 슬론에게 보냈을 때는 자신의 카탈로그를 수정할 수 있도록 어떤 수정 사항이든 그림 번호로 확인할 수 있게 보내달라고 요청했다.[83] 1702년이라고 적힌 추가 목록은, '셰[라드] 박사에게 보냈던' 서머싯의 수집품에 있는 새로 확인된 식물들에 관한 묘사를 담고 있는데, 이는 셰라드가 자신의 일에서 은퇴한 1700년 이후에도 그들이 종종 연락하고 있었음을 보여준다.[84] 그러나 서머싯은 계속 독립적으로 사고했기에, 다른 이들의 지도와 충고를 받아들이면서도 특정 분류, 확인, 묘사가 틀렸다는 것을 발견할 때면 종종 자기 입장을 주장했다.[85] 그녀는 자신의 정원사 애덤스가 한 식물 확인에 동의하지 않았던 때도 기록했다.[86] 또한 자신이 지닌 책에서 확인한 오류들도 언급했는데, 존 파킨슨John Parkinson의 『식물의 극장Theatrum Botanicum』(1660)을 명백한 '거짓'으로 판단한 경우도 있다.[87] 심지어 식물학의 권위자인 플루케넷Plukenet이 제공한 정보조차 자신의 것과 신중한 교차 확인과 검증을 거쳤는데, 서머싯은 그가 특정한 종류의 아카시아를 잘 묘사했더라도 그의 설명에는 "내 설명에 있는 수많은 작은 가시들을 말해야 했다"라고 지적했다.[88] 비록 서머싯이 이러한 성격의 자료를 적극적으로 출판하지는 않았지만, 그녀가 행한 분석들은 그녀의 서신을 통해, 또한 영지 정원의 방문을 허용함으로써 식물학의 공동체적 지식체계에 다른 방식으로 기여했음을 시사한다.

배드민턴 하우스와 영지

배드민턴 하우스는 그 자체로 메리 서머싯과 그녀 동료들의 식물 탐구를 위한 중요한 중심지였다. 서머싯은 그 영지의 친숙한 환경을 좀처럼 떠나지 않았지만, 그녀의 전문지식을 구하려고 사람들이 그녀를 찾고는 했다.[89] 사우스웰, 슬론, 보바트는 서머싯이 표본들을 재배하고 식별하는 데 도움을 주었으며 그녀에게 정체불명의 씨앗을 보냈다고 알려져 있다.[90] 1694년 보바트는 동인도회사가 왕립학회에 준 씨앗 꾸러미 하나를 그녀에게 보냈다.[91] 슬론도 서머싯을 고용해 '대학', 즉 왕립의학회Royal College of Physicians를 대신해서 여러 가지 약용식물을 재배하게 했다.[92] 이런 식으로 그녀는 왕립학회와 왕립의학회의 이익을 위해 배드민턴의 공간과 자원을 빌려주었는데, 그중에는 일부 식물들의 성장을 위해 꼭 필요했던 온실이 있었다. 또한 배드민턴 하우스는 모든 종류의 식물학적 전문지식을 그 안으로 끌어당겼다.[93] 레이, 보바트, 페티버는 이 광대한 수집장에서 생생하게 자라고 있거나 건조된 표본들을 접하려고 이 부지를 방문했다.[94] 서머싯은 대니얼 프랭크컴Daniel Frankcom과 에버라드 키키우스Everard Kickius를 포함한 유명한 식물 예술가도 여러 명 초대했는데, 이 두 사람은 컬렉션에 있는 여러 개의 표본을 그렸다.[95] 레너드 크니프Leonard Knyff와 토머스 스미스Thomas Smith도 자신들의 그림 속에 정원과 경내를 영원히 남겼다.[96]

서머싯의 식물학적 기획은 말 그대로 그녀의 가정인 배드민턴 하우스를 둘러싼 광대한 부지에서 여러 정원과 유리 온실의 형태로 구축되었다. 그녀는 가문의 부와 영향력을 활용해 현지 상인들로부터 구입하거나 전 세계에서 특별히 운송된 이국적 식물들로 이 구조물을 채울 수 있었다. 남편의 재산은 그녀의 식물학적 기획이 지닌 실천적이고 지적인 측면들을 추구하는 데 핵심인, 정원사와 보조원들을 제공했다. 서머싯은 이 재산으로 자신의 도서관에 참고도서를 채울 수 있었고, 이는 그녀의 탐구를 가치 있고 시대에 들어맞게끔 해주었다. 이전 세대의 기획들이 불운했음에도 불구하고, 가족이 서머싯에게 자신들의 자원을 광범위하게 사용하도록 기꺼이 허락한 것은 식물학 연구에 대한 서머싯의 열정과 거기에서 그들이 얻은 즐거움을 말해준다.

서머싯은 우리에게 귀중한 사례 연구를 제공하며, 그녀 삶의 개인적인 측면과 지적인 측면 모두를 통찰할 수 있게 해준다. 그녀의 지극히 개인적인 동기와 그녀가 정서적 문제를 극복하고자 식물학에 매진한 것은 식물연구가 여성들에게 이상적이고 건강한 추구일 것이라는 미래의 특성을 암시한다. 그러나 동시에 그녀가 식물 공급자나 학문적 교신자들과 주고받은 서신들은 린네식 식물학 바로 이전의 식물학과 연관된 가장 유명한 식물학자들의 관행, 관심사, 활동에 대한 또 다른 관점을 제공한다. 서머싯의 성별이 그녀가 식물학적 지식에 기여하는 본질을 형성했고 최고의 제도에 참여할 수 있는 그녀의 능력을 직접적으로 제약했다는 데에는 의심의 여지가 없지만, 그녀의 사례는 학계가 식물학적 지식 생산을 직접 겨냥하는 활동을 추구하면서 어떻게 귀족 가정의 방대한 자원과 선의로부터 여전히 혜택을 받았는지를 보여준다. 서머싯의 젠더와 사회적 지위는 그녀가 식물학사에서 받아온 관심에도 영향을 주었다. 즉, 가정을 기반으로 한 그녀의 원예학적 실험과 연구는 대부분 간과되었다. 그러나 왕립학회의 초기 역사, 과학 발달에서 여성들의 역할, 그리고 학계 밖의 과학 활동에 대한 관심이 계속 증가함에 따라, 가장 훌륭하게 보존된 서머싯의 식물표본집과 방대한 기록보관소는 출현하는 식물과학이 지닌 이 모든 측면에 대한 이해를 향상시키는 데 귀중한 자원이 될 것이다.

제2장

계몽과학에서의 젠더와 공간

마담 뒤피에리의 과학 작업과 네트워크

이자벨 레모농 / 로랑 다메쟁 옮김
Isabelle Lémonon / translated by Laurent Damesin

앙투안 프랑수아 푸르크루아Antoine-François Fourcroy는 1799년에 마담 뒤피에리Mme Dupiéry에게 "친애하는 동료 화학자님 …… 저는 서류와 일에 둘러싸인 당신을 마음에 그립니다"라고 편지를 썼다.[1] 저명한 학자가 동료 화학자로 언급한 이 여성은 누구였을까? 그녀는 무슨 일을 하고 있었을까? 그리고 어디에서 일했을까? 18세기에 남성 석학이 쓴 한 문장으로 제기된 많은 질문은 우리가 거의 알지 못하는 한 여성을 향한다. 이 특별한 경우는 근대 역사학이 과학지식의 젠더화gendering를 해석하는 전형적인 두 가지 방법, 즉 전문적 및 제도적 유형 대 아마추어적 및 가내적 유형 간의 구별에 어떻게 들어맞을까? 이런 이분법적 해석에 따르면, 과학적 기획에 참여했던 여성들은 지식의 생산자로 간주되는 게 아니라, 그들이 갇혀 있다고 보이는 가내 공간에서 남성 과학자들의 전유물인 학회나 과학기관과 제휴할 자격도 없이 그저 남성 석학을 지원하는 보조자로 간주된다. 이렇게 추정된 제도적 및 전문적 영역에서 여성들이 배제된 데 대한 강조는, 여성들이 편지공화국Republic of Letters과 계몽주의 시대에 공적인 과학 생활에 점점 더 관여하고 있는 와중에서조차 지속되었다.[2]

지난 20년 동안 역사학은 지식 생산의 공간들, 특히 가구·가정에 점점 더 초점을 맞추고 있다. 이는 비록 때때로 재정적 보상은 받았으나 제도적 인정은 받지 못한 채 가구와 살롱 같은 가내 공간에서 행해진 여성들의 기여를 부각시켰다.[3] 실제로 최근의 두 연구는 여성들이 자신이 수행한 과학 작업에 대해 기관의 재정적 보상을 받은 사례를 다루었다. 모니카 모머츠Monika Mommertz는 키르히 가족Kirch family의 경우, 베를린 아카데미Berlin Academy를 위한 달력 제작에 온 가족, 즉 천문학자이자 학술 위원인 고트프리트Gottfried, 그의 아내 마리아 마르가르테Maria Margarethe, 그리고 그들의 네 자녀가 집 안에서 함께 참여했다는 것을 규명했다.[4] 베를린 아카데미는 고트프리트가 죽은 후 그 비용을 마담 키르히에게 지불하다가 나중에는 그녀의 딸 크리스틴Christine에게 지불했다. 마담 키르히와 그녀의 자녀들은 관측을 수행하면서 아카데미의 후원으로 배포되는 달력을 제작했다. 이 경우, 그 학문기관은 한 여성과 그녀의 자녀들에게 방대한 직무를 하청했는데, 그들은 보수를 받으며 집에서 일했다. 마찬가지로 메리 테럴Mary Terrall도 레오뮈르Réaumur의 개인 저택인 두제스 대저택Hôtel d'Uzès에서 이루어진 엘렌 뒤무스티에Hélène Dumoustier의 연구 범위를 부각시켰다.[5] 그녀가 레오뮈르에게 해준 스케치와 자연 연구는 1736년부터 줄곧 파리 과학아카데미Académie des sciences in Paris로부터 보상받았는데, 그녀는 11년간 8750리브르livre 이상을 받았다.[6] 비록 그녀는 과학에 대한 자신의 헌신이 필요에서 나온 것이 아니라 여성에게 예상된 것처럼 즐거움에서 나왔다고 주장했지만, 그럼에도 그녀의 사례는 아마추어적 지식 생산과 전문적 지식 생산의 경계를 흐릿하게 만든다. 이들은 18세기 프랑스 지식 생산의 광범위한 맥락에서 단지 주변적인 사례일까? 비록 파리 아카데미가 기관 자격으로 가정에서 연구하는 여성들에게 준회원이나 회원 자격을 부여하면서 이들을 인정하지는 않았지만 파리 아카데미는 여성들의 외부 협력에 의존했다. 이 여성들은 아카데미에서 부탁할 때마다 석학들을 대리하게 되었다. 이처럼 지식 생산에서 여성의 역할을 기록하는 일, 그럼으로써 단순한 성별 고정관념에 도전하는 일, 그리고 계몽주의 시대 동안 여러 영역의 접점에서 펼쳐진 지식 생산 역학에 대한 이해를 증진시키는 비옥한 역사학을 세우는 일은 매우 중요하다.[7]

릴리안 일레르-페레즈Liliane Hilaire-Pérez와 데나 굿맨Dena Goodman이 각각 양철업과 실크업을 조사했듯이, 경제와 상업 영역에서도 매우 유사한 역할이 존재했다.[8] 마찬가지로 18세기 식민지 퀘벡Quebec을 연구한 브누아 그레니에Benoît Grenier와 카트린 페르랑Catherine Ferland은 (부인이든 여자 형제이든 간에) 여성이 상업에서 행한 역할은 대개 남성이 없을 때 그들이 하나의 역할을 떠맡았음을 보여주었다.[9] 남성들은 종종 장기간 여행해야 했기 때문에 그들의 아내나 여자 형제에게 위임장을 주면서 가구와 사업의 업무를 맡겼다. 따라서 대부분의 경우, 이런 여성들은 그들의 배우자나 남자 형제들과 똑같은 권력을 지닌 '대리인'으로 간주되었다.

이 글에서는 과학지식의 생산에 관한 한 프랑스 계몽주의 시대의 수많은 여성이 자신의 가정에서 국한된 활동을 수행하거나 아니면 남성 협력자로서의 활동을 수행하면서, 지식을 생산하는 기관의 주변에서 일했다는 것을 보여줄 것이다. 이러한 여성들은 대개 자신의 협력작업으로 수입을 얻었으며, 때때로 자신들 가계의 경제 관리인economic manager으로 일한 퀘벡의 비즈니스 여성들과 매우 유사하게 석학들의 기획savant enterprises에 독립적인 관리인이 되었다. 여기서는 마담 뒤피에리의 사례를 검토한다.[10] 뒤피에리의 다양한 역할을 더 잘 이해하기 위해 그녀의 지식 생산 공간들과 그 안에서 생산된 지식의 유형들을 탐구, 분석했다. 이 글에서는 뒤피에리가 장기적으로 자신에게 지적이며 재정적인 독립을 제공한 과학적 및 제도적 네트워크를 어떻게 발전시켰는지에 대해 설명한다. 그것은 18세기 프랑스의 한 여성이 제도적인 지식 생산과 가내적인 지식 생산을 어느 정도까지 서로 얽히게 할 수 있었는지, 또한 지식 생산 역학이 이 두 영역 사이에서 어떻게 작동했는지를 보여줄 것이다.

제롬 랄랑드와 그의 인간 계산원들

마리 루이즈 엘리자베트 펠리시테 뒤피에리Marie Louise Elisabeth Félicité Dupiéry(1746~1830)는 천문학자 제롬 랄랑드Jérôme Lalande(1732~1807) 덕분에 알려진 여성 천문학자 중 한 사람이다. 랄랑드는 자신의 저서들에서 자신이 아는 '가장 학식 있는 여성'에 대한 존경심을 거론하며 그녀를 언급했고, 자신의 저서 『숙녀들의 천문학Astronomie des Dames』을 그녀에게 바쳤다.[11] 이러한 짧은 언급과 그녀에 대해 그가 쓴 짧은 전기 외에는, 랄랑드의 이 '석학 자매savant sister'에 대해 알려진 바가 거의 없다.[12] 여성 과학자에 대한 표준 사전의 약력조차 랄랑드가 제공한 정보에 근거하고 있다.[13] 그러나 지금까지 방치되고 미출간된 보관 자료들은 뒤피에리의 개인사, 랄랑드와 함께한 그녀의 역할, 그녀가 그와 제휴하며 발전시킨 과학 네트워크를 드러낸다.

1759년에 프랑스 과학아카데미 회원인 랄랑드는 1679년부터 파리 아카데미 후원으로 매년 출판되는 가장 오래된 천체력인 「프랑스 천체력Connaissance des Temps (Knowledge of Time)」 편찬을 담당하게 되었다.[14] 랄랑드는 항해자들이 바다에서 경도를 측정하는 데 유용한 달과의 거리표가 「프랑스 천체력」에 포함되기 원했다. 그는 빡빡하고 반복적인 출판 스케줄에 맞추어 이 표를 만들기 위해 자신의 주위에 여러 명의 인간 계산원을 포진시켰다. 시몬 뒤몽Simone Dumont은 다음과 같이 묘사한다.

> 1775년 6월 랄랑드는 왕립학술원Collège Royal의 새 건물에 있는 아파트에 정착했다. 그는 보조원들에게 숙소를 제공하고 함께 살면서 그들의 진행을 가속할 수 있는 이 광대한 건물에서 사는 것이 행복했다. 들랑브르Delambre에 따르면, 랄랑드는 가장 영리한 학생들을 뽑아 그들에게 적당한 금액으로 숙식을 제공했으며, 그의 가구는 많은 제자들이 졸업하는 일종의 양성소가 되었다.[15]

프랑스 천문학자 장 바티스트 들랑브르Jean-Baptiste Delambre, 피에르 메생Pierre Méchain, 미셸 르프랑수아 드 랄랑드Michel Lefrançois de Lalande는 랄랑드를 위해 계산원으로 일하며 자신들의 경력을 시작한 사람들이다. 이 유명한 학생들은 덜 알려진 계산원들과 함께 일했는데, 그 계산원들의 일부는 랄랑드와 편지를 주고받았다. 프랑스에 있는 오노레 플로제르그Honoré Flaugergues, 안느 장 파스칼 라샤펠 공작Anne Jean Pascal Duc- Lachapelle과 해외에 있는 자크 남작Baron von Zach, 고타의 공작부인Duchess of Gotha이 그들이다. 랄랑드는 다른 계산원들도 그들의 수학적 성향 때문에 소중하게 여겼는데, 그중에는 마담 뒤피에리, 니콜-르네 르포트Nicole-Reine Lepaute, 그의 조카며느리인 마리 잔 르프랑수아 드 랄랑드Marie Jeanne Lefrançois de

Lalande가 있다.[16] 이 경우에 계산 작업이 이루어지는 공간은 남성들과 몇몇 여성이 그 작업에 참여했기 때문에 젠더로 구별되지 않았다. 그의 가구는 그렇게 과학을 배우고 지식을 생산하는 장소가 되었다. 이 글에서는 목적상 뒤피에리에게만 초점을 맞추는데, 그녀는 계산 작업장에서 일하면서 석학자의 삶에 진입한다. 계산 작업이 이루어진 이 가구는 랄랑드가 『천상 운동의 천문력Ephémérides des mouvemens célestes』을 책임졌던 1763년부터 적어도 1793년까지 활동적이었다.

출처의 문제

메생이나 들랑브르같이 랄랑드의 더 유명한 학생들은 과학자로서의 삶에 대한 주요 출처들이 부족하지 않다. 그러나 쥘리앵 리베Julien Rivet나 뒤피에리처럼 잘 알려지지 않은 계산원들의 경우는 다르다. 리베는 오늘날 실제로 들어본 적이 없어도 지리엔지니어로 훈련받았기에 그의 과학 경력은 기록보관소에 서류상의 흔적이 남아 있다.[17] 반면에 뒤피에리는 학문기관들에 접근할 수 없었다. 남성과 여성의 천문학적 지식이 전수되고 사용되는 방식을 다르게 형성하는 젠더의 영향력은 뒤피에리의 교육과 작업의 모든 흔적을 꽤 희미하게 만들었다. 그녀의 활동을 되찾기 위해 랄랑드의 주요 자료를 체계적으로 조사했는데, 랄랑드의 서신이 상당히 결정적인 것으로 판명되었다. 랄랑드의 편지 서른여섯 통은 부동산과 금융 거래, 공증인 기록, 뒤피에리의 자필 유언, 사후의 재산 목록 등과 같은 뒤피에리에 관한 중요한 기록들을 추적할 수 있는 단서를 제공했지만 불행히도 불완전했다. 또한 푸르크루아의 친필 편지 다섯 통과 프랑스 학사원Institut de France 편집자인 프랑수아-장 보두앵François-Jean Baudouin에게서 온 한 통의 편지가 있는데, 그 편지들은 뒤피에리가 푸르크루아와 화학 작업에 협력하며 맺은 금전적 합의에 초점을 맞추고 있다. 랄랑드의 기록보관소에 대한 이 면밀한 연구는 뒤피에리의 연구 결과들에 대한 심층적인 설명을 제공한다.

랄랑드와 뒤피에리의 지식 생산 공간들

제롬 랄랑드는 여러 지식계를 빈번히 드나들었다. 그는 과학아카데미, 프랑스 학사원, 왕립학술원, 파리 천문대, 경도국Bureau of Longitudes에서 직책을 맡은, 제도적인 과학공동체의 일원이었다. 랄랑드는 자신이 창설한 파리 아홉자매 집회소La Loge des Neuf Sœurs의 프리메이슨 사교계에서 주요한 역할을 했으며, 자신이 최고 의장Grand Master이었던 프랑스 프리메이슨 중앙본부Grand Orient de France의 설립을 도왔다.[18] 그는 자신이 회원이었던 베를린, 런던, 상트페테르부르크의 외국 아카데미는 물론 베지에Béziers, 몬타우반Montauban, 디종Dijon의 현지 아카데미와도 폭넓은 서신 네트워크를 구축했다.[19] 랄랑드는 정치권의 장소들도 정기적으로 드나들었는데, 여기에는 1788년 5월 19일 왕을 접견했던 영국 궁정, 절친한 고타Gotha 공작과 공작부인의 궁정, 프랑스 궁정(주로 1760년대와 1770년대)과 1797년경 보나파르트Bonaparte 궁정 등이 포함된다. 그는 상류사회에서 활동했으며 마담 조프랭Geoffrin의 살롱과 파리 오페라하우스의 유명 고객이었다.[20]

뒤피에리와 랄랑드가 동료였던 동안 뒤피에리가 접근할 수 있는 랄랑드의 개인적인 과학지식 생산 공간들에는 랄랑드가 일하는 관측소들(특히 1779년에서 1790년 사이에 왕립학술원에 있던 관측소)과 (왕립학술원에 있는) 랄랑드의 가구가 포함된다.[21] 우리는 관측소가 가족도 함께 거주하는 기관의 장소라고 알고 있다. 즉, 가내와 제도권 영역들이 서로 맞물려 있었기에 여성들은 종종 관측을 수행했다. 요컨대, 필리프 드 라 이르Philippe de La Hire는 자신의 관측 일지에서, 자신이 멀리 플랑드르Flanders에 떠나 있던 1683년 8월 19일부터 9월 21일까지 그 당시 13세였던 자신의 딸(분명 카트린 준비에브Catherine Geneviève)이 이미 파리 천문대에서 달을 관측했다고 언급한다.[22] 마찬가지로 1세기 뒤인 1794년 6월 11일 제롬 랄랑드는 자신의 저널에서 "이 관측은 큰 르프랑수아Cnne Lefrançois에 의해 이루어졌다"라고 언급했는데 그녀는 랄랑드의 조카며느리였다.[23] 따라서 뒤피에리는 랄랑드의 일터인 왕립학술원, 그의 가구, 그의 관측소, 아니면 자신의 집에서 '경력'을 시작하면서 계산원으로서의 기술을 발전시켰을 것이다.

서신들로 본다면 뒤피에리는 1780년부터 적어도 1791년까지 파리 캉브레Cambrai 광장에 있는 왕립학술원에서 걸어서 약 30분 정도 떨어진 테베노Thévenot 8번가에 살고 있었다. 이미 랄랑드를 위한 천문학석 계산 장소였을 것 같은 뒤피에리의 집은, 그녀가 1789년부터 1790년까지 거기에서 천문학을 가르쳤기 때문에 공공 교실로도 사용되었다. 1793년까지는 왕립학술원 바로 오른쪽에 있는 3 캉브레 광장에 살았고, 그해에 파리 외곽의 마헤이-엉-프랑스에 2층짜리 집을 얻어 살았다. 그녀는 '공포정치'로 알려진 폭력혁명기 몇 달 동안 그 집에서 살았는데, 이사하게 된 가장 유력한 동기는 그 공포정치였다.[24] 집의 평면도로 판단해 볼 때, 그녀는 적절한 전용공간에서 계산 작업을 할 수 있었다. 몇 년 후에 뒤피에리와 랄랑드의 '천문학적' 유대는 약해졌으며, 그녀는 화학과 곤충학 탐구를 위해 천문학 계산을 포기했다(한편, 아밀리에 랄랑드Amélie Lalande가 자신의 삼촌과 남편의 관측과 계산을 돕는 데서 더 큰 역할을 맡았다).[25] 재정적 어려움에 시달린 뒤피에리는 오본Eaubonne에서 임시로 같이 살던 고이어Gohier

가족의 가정교사로 일할 수밖에 없었다.[26] 1806년에 마헤이-엉-프랑스로 돌아온 이후, 1811년부터는 뤼자르슈Luzarches에서 다락방이 있는 2층 집에 영원히 정착했다.[27] 1층에 방 네 개와 2층에 방 세 개가 있는 이 집에는 486권의 장서가 있었는데, "대부분이 과학도서, 특히 천문학, 화학, 식물학이며, 나머지는 문학이다."[28] 뒤피에리는 또한 두 개의 지구본(천구의와 지구의), 세계지도, 그림 도구 세트, 식물 표본집, 곤충 수집품을 가지고 있었다.

뒤피에리의 활동이 가내 영역에 국한되었을 때조차, 지식 생산에 대한 그녀의 기여는 남성 석학을 통해 제도권으로 옮겨졌다. 랄랑드나 푸르크루아가 그들인데, 이는 곧 자세히 설명할 것이다. 이렇듯 뒤피에리는 가내와 제도권 영역 안에 놓인, 그리고 그 사이를 오가는 역동적인 지식 생산 체계에서 협업했다.

생산 지식의 유형들

우리는 뒤피에리의 어릴 적 교육에 대해서는 아무것도 모른다. 그녀는 페롱Perron 출신의 마리 앙제리크 펠리시테Marie Angélique Félicité와 1746년까지 페르테 베르나르Ferté Bernard에서 소비세 징수 책임자로 일했던 마그델린Magdeleine 출신인 앙드레 푸라André Pourrat의 딸이다.[29] (18세기 프랑스 소비세는 음료에 대한 왕실의 간접세로, 페르메 제네랄Ferme générale 또는 세금 징수 청부인조합corporation of tax farmers이 취급했다.) 뒤피에리는 1770년에 알렉상드르 콜랭 뒤피에리Alexandre Colin Dupiéry와 결혼했다. 그도 역시 세금 징수 청부일을 했다.[30] 이렇게 뒤피에리는 회계 장부에 둘러싸여 어린 시절과 결혼 생활의 일부를 보냈을지도 모른다. 그녀에게 가정교사가 있었는지 또는 학교에 다녔는지를 알면 흥미로울 텐데, 안타깝게도 어릴 적 교육에 대해 현존하는 기록은 없다.[31] 국가 기록에 따르면 1780년 미망인이 되었을 당시 그녀는 천문학에 관한 어떤 기계 장치나 책을 소유하지 않았다.[32] 그럼에도 불구하고, 그녀는 1779년 가을, 제롬 랄랑드의 '지도'로 천체미적분학을 공부했다. 랄랑드는 그해 10월 부르캉브레스Bourg-en-Bresse라는 시골 마을에서 그녀에게 편지를 썼다. "당신의 천문학 공부가 갑자기 끝나버려서 유감입니다. 하지만 당신은 오리온Orion과 시리우스Sirius가 당신 앞에서 떠오른다는 것을 알고 있을 것입니다."[33] 뒤피에리는 천문학과 이와 관련된 수학을 공부했을 뿐만 아니라 천체 관측도 수행했다.

파리의 과학계가 몇 년 전까지도 몰랐던 그녀는 파리의 남성 과학자들과 협업해 지식 생산에 참여하게 되었다. 뒤피에리의 과학 작업을 기록한 자료는 극히 적지만 그 자료들은 그녀가 기울인 상당한 노력을 증언하고 있다. 1782년 로탱Lottin은 소책자와 함께 천문표를 출판했는데, 소책자의 제목은 『뒤피에리 여사가 계산한 모든 날 파리의 위도에 대한 낮과 밤 지속시간 일람표에 대한 설명Explication des tables de la durée du jour et de la nuit, pour la latitude de Paris, à chaque jour de l'année, calculées par Madame Du Pierry』이다.[34] 똑같은 일람표들이 랄랑드가 편집한 천체력인 「천체 운동의 위치표Ephémérides des mouvemens célestes」(1785~1794)에도 발표되었다. 랄랑드가 주시했듯이, '박식하고 재치 있는 만큼 예리한' 뒤피에리가 해낸 작업은 '더 큰 정확성을 얻기 위해 수행한 엄격한 계산의 결과'였다.[35] 당대의 정기간행물인 ≪학자들의 저널Journal des sçavans≫과 ≪메르퀴르 드 프랑스Mercure de France≫의 리뷰는, 뒤피에리가 랄랑드의 연구에 참여했던, 천문학자들이 높이 평가한 '전문 계산원' 중 한 명이라고 강조했다.[36] 그녀는 그림 재능으로도 유명했다. 그녀는 상트페테르부르크 아카데미가 파리 아카데미에 보낸 훈장을 바탕으로, 1785년에 레온하르트 오일러Leonhard Euler의 초상화를 스케치했다. 그 초상화는 1786년 프랑스판 『오일러의 무한소 해석 입문Introduction à l'analyse des infiniments petits』에 실렸다. 그녀는 윌리엄 허셜William Herschel과 프랑스 천문학자 알렉상드르-기 팽그레Alexandre-Gui Pingré의 초상화도 그렸다. 랄랑드도 1791년 「프랑스 천체력」에 전적으로 뒤피에리가 고안한 도식에 기초한 굴절표를 사용했다.[37]

이 기간에 뒤피에리는 화학에 적극적이 되었다. 1786년 푸르크루아는 『자연사와 화학의 요소들Eléments d'histoire naturelle et de chimie』 두 번째 판을 출판했는데, 뒤피에리는 이를 위해 목차를 고안했다. 푸르크루아에 따르면, 뒤피에리는 "나라면 할 수 없을 것 같은, 그런 세심한 주의와 그런 정확성, 인내"를 가지고 이 일을 했다.[38] 푸르크루아는 또한 적어도 두 번의 추가판을 위해 자신의 여성 친구가 지닌 화학지식 역량을 이용했다.[39] 의미 있게도, 뒤피에리는 1801년에 출간된 푸르크루아의 다섯 권짜리 『화학적 지식의 체계Système des connaissances chimiques』를 위해 「알파벳순 분석표Table alphabétique et analytique」를 제작했다. 이 표는 새로운 명명법에 따라 화학물질을 알파벳순으로 분류했기 때문에 이전의 『자연사와 화학의 요소들』에 있는 것과는 다르다. 그 표를 제작하려면 뒤피에리가 푸르크루아의 저서 다섯 권에 정통해야 하는 것은 물론, 루이베르나르 기통 드 모르보Louis-Bernard Guyton de Morveau, 앙투안 라부아지에Antoine Lavoisier, 클로드 루이 베르톨레Claude Louis Berthollet, 그리고 물론 푸르크루아가 확립한 현대적 명명법을 확실히 파악해야 했다.[40]

이러한 과학적 공헌들은 뒤피에리의 업적 중 일부에 불과하다. 그 밖에 그녀가 보조한 일에는 부르앙브레스에서 작업한 1785년 일출 및 일몰표, 팽그레Pingré의 『17세기 천체 연대기Annales célestes du dix-septième siècle』 원고에서 추론된 100년 이상의 달 운동에 대한 1791년의 연구, 베지에의 아카데미에 보낸 「황도좌표Une table du nonagesime」가 있다.[41] 1801년에 그녀는 곤충 연구로 보두앵과 함께 작업했는데, 다음의 랄랑드의 편지에서 알 수 있듯이 표본을 제작하거나 그리는 일을 했을 것이다. "보두앵에게 줄 당신의 인수증을 받았습니다. 그런데 그는 내가 받겠다고 한 생물체들을 당신에게 보냈다고 말했습니다. 그래서 당신의 추가 지시 없이는 인수증을 그에게 줄 수 없습니다." 그 밖에 뒤피에리의 사후 물품 목록에는 '곤충 및 나비 수집품'과 '고인의 작품으로 간주되는 주인 없는 그림들이 담긴 네 개의 상자'가 있다.[42] 피에르-앙드레 라트레유Pierre-André Latreille는 자신의 『곤충백과사전Encyclopédie méthodique des insectes』에서 뒤피에리가 그린 나비 그림 중 하나인 풀흰나비Piéride du réséda(Bath White 또는 Pontia daplidice)를 다음과 같이 언급했다. "마담 뒤피리에가 그린 이 그림은 센에우아즈Seine et Oise 주 뤼자르슈에서 발견된 이전의 두 그림보다 훨씬 더 뛰어났다."[43] 뒤피리에는 또한 지금까지 알려지지 않은 몇 개의 원고를 썼는데, 그중에는 '고 들랑브르가 논평한 천문학 사전dictionary of astronomy commented by the late Delambre'이 있다.[44]

과학지식 생산에서의 마담 뒤피에리의 역할

오늘날 어쨌든 뒤피에리가 알려졌다면, 이는 「천체 운동의 위치표」를 위해 랄랑드에게 데이터를 제공한 그녀의 천문학적 계산 작업 때문이다. 그렇지만 랄랑드의 여러 기획에서 그녀가 한 역할이 랄랑드의 많은 학생들이 수행한 임무였던 계산원 지위로 축소될 수는 없다. 그녀는 랄랑드가 자리를 비울 때마다 그녀 이전에 마담 르포트Lepaute가 했듯이, 그들의 작업 속도를 면밀히 관찰했을 뿐만 아니라 다른 학생들의 계산도 점검하고는 했다.[45] 따라서 뒤피에리는 랄랑드가 고용한 신뢰할 수 있는 천문 조력자로 간주될 수 있다. 그렇게 간주할 수 있는 더욱 확실한 이유는 랄랑드가 자신의 연구를 인쇄소로 보내기 전에 그것을 확인하고 교정하는 데 그녀의 숙련된 기술을 사용했기 때문이다.[46] 랄랑드는 업무로 떠나 있는 동안에 동료 천문학자들과의 서신을 포함한, 자신의 가내적 및 과학적인 모든 실무를 그녀에게 맡겼다. 그녀는 랄랑드의 열쇠 중 하나를 가졌고 그의 모든 문서에 접근할 권한을 가지고 있었다.[47] 비록 비공식적인 능력이더라도 그녀는 천체 관측을 수행하는 관측자였다. 내가 본 뒤피에리는 제롬 라미Jérôme Lamy나 페기 키드웰Peggy Kidwell이 19세기에 이 역할을 묘사했듯이 길고 지루한 계산 작업을 하는 숙련된 계산인의 모습이 아니라, 스티븐 샤핀이 규정했듯이 랄랑드가 '실험을 관리하고 기록하는 모든 책임을 위임한' 기술자의 모습이다.[48] 이보다 더, 그녀는 랄랑드의 직장 동료assocoate였거나 또는 랄랑드가 제시하듯 자신의 거주지를 기반으로 매일매일 행해지는 그의 천문 작업장을 담당한 '동료 자매 석학savant fellow sister'이었다.[49]

천문학 지식과 기술 덕분에 뒤피에리는 "교육 부족과 낙후성의 잔재로 엄밀한 과학을 배울 수 없던 …… 대부분 여성들을 대상으로" 모두 스물네 번으로 구성된 강좌를 열었는데, 이 중 열여덟 번은 수업으로 진행했고, 나머지는 천체 관측에 할애했다.[50] 안타깝게도 학생 수와 그들의 특징에 관한 정보는 없지만, 1790년까지 강좌가 이어진 것은 그 강좌가 등록생을 상당히 끌어들였음을 시사한다.[51] 일간 신문인 ≪주르날 드 파리Journal de Paris≫에 실린 이 강좌에 대한 광고는 "천문학을 관통하는 강좌를 가르치는 것은 결코 여류학자Savante가 되라는 것이 아니다"라고 젠더 관습에 맞추어 명시했는데, 뒤피에리는 "자신과 같은 젠더의 여성들이 그렇게 할 수 있다고 주장한다는 비웃음을 피하는 것이 아직도 얼마나 중요한지 알고 있으며 …… 이 강좌들은 그녀가 제공하는 유익한 집회이다"[52]라고 광고했다. 이 강좌의 목적은 분명했다. 즉, '사회에서 사람들과 대화하는 중에서조차 불명예를 안겨주는 선입견과 실수'를 없애도록 천문학에 대한 여성의 무지를 다소나마 해소하는 것이었다. 강좌의 내용은 일주 및 연간 운동, 위도 및 경도, 케플러의 법칙, 행성 간의 거리, 달력, 행성들의 그림, 세계의 복수성, 끌어당김의 법칙, 조수의 발생을 다루었다. 이같이 18세기 파리에서 여성이 개설한 천문학 강좌 프로그램에 대한 기록은 극히 드물다. 그 기록은 우리에게 그녀의 지식과 역량에 관한 많은 정보를 제공한다. 아쉽게도, 우리에게 모든 강의 자료가 있는 것은 아니다. 있었다면 그 자료들과 남성 석학이 남성을 대상으로 가르치는 천문학 강좌를 정확하게 비교할 수 있었을 것이다.[53] 이런 후자의 대중 강좌는 18세기에 흔했으며, 물리학에서의 장 앙투안 놀레Jean Antoine Nollet나 화학에서의 기욤 프랑수아 루엘Guillaume François Rouelle과 같은 유명한 석학들이 몇 년에 걸쳐 가르쳤다.[54] 비슷한 시기에 마담 소피 그랑샹Sophie Grandchamp도 파리에서 그런 강좌를 가르쳤다.[55] 뒤피에리는 앞서 '랄랑드와 뒤피에리의 지식 생산 공간들'에서 언급했듯이 가정교사와 과학 작가로 일했다. 이런 소명들은 그들의 가구에서 수행된, 여성들이 석학으로서 한 역할에 대한 증언을 제공한다. 그런 소명들은 또한 여성들이 지식 생산의 역할을 하기 위해 극복해야 했던 젠더화된 제약과 난관을 잘 알고 있었다는 것을 보여준다.

앞서 언급했듯이, 뒤피에리는 1785년까지 푸르크루아와 집중적으로 일했다. 그녀는 집에서 일했으며 이따금 푸르크루아의 집으로 건너가 자신이 표를 만들며 마주친 문제들을 의논하고는 했는데, 이는 다음 편지에서 알 수 있다. "나는 당신이 작은 공책에 문제점들을 기록하며 어느 아침에 한 번씩 [편지가 찢어짐] 그 메모들을 보여준다는 것을 알고 있습니다. …… 당신을 만나 당신의 의문점을 [편지가 찢어짐] 얼마나 기쁜지 …… 당신의 생각을 듣는 게 얼마나 감사한지 당신은 알 것입니다." 그는 또한 '친애하는 동료 마담 뒤피에리, 훌륭한 화학책을 위한 분석표의 저자'이자 '여성 동료 화학자'에게 위임해 그 표를 보두앵이 인쇄하도록 했다. 보두앵은 그녀에게 필요한 낱장 인쇄물들을 보내고 그녀가 완성한 후 되돌려 받을 수 있게 함으로써 그녀의 작업은 인쇄될 수 있었다.[56] 따라서 뒤피에리와 푸르크루아의 가정들은 앞서 천문학의 랄랑드의 경우처럼 화학 지식을 생산하는 공간으로 역할했다. 그런 다음 이 지식은, 예를 들어, 여러 아카데미에서의 발표를 통해 제도적 공간으로 옮겨지고는 했다. 그리고 뒤피에리의 보완적 활동에 대해서도 똑같이 말할 수 있는데, 예컨대, 그녀는 라마르크Lamarck의 식물표본집 두 개를 포함한 자료집을 위해 표본을 수집했다.[57] 그녀는 라트레유Latreille가 말했고 그녀의 유언장에서 언급한 것처럼 식물과 곤충들도 그렸다.[58]

지식 생산자로서의 마담 뒤피에리의 수입

뒤피에리의 가정-기반 지식은 과학기관으로부터 무슨 인정이라도 받았을까? 제도적 인정을 나타내는 하나의 지표는 재정적 보상을 받는 것이다. 뒤피에리는 1780년에 미망인이 되었는데 당시 미망인의 상속 몫과 여러 연금 덕분에 재정적으로 독립했다.[59] 1746년에서 1780년까지 그녀는 집에서 편안한 삶을 살았다. 랄랑드가 언급한 내용은, 이 시기 이후에 그녀 재원의 일부가 그녀의 과학 연구로부터 나왔음을 시사한다. 그러기에 랄랑드는 1793년 5월 그녀에게 다음과 같은 편지를 썼다. "날씨가 화창할수록 더 재미있을 것이며 개미와 야생동물은 당신의 재원을 늘릴 것입니다."[60] 랄랑드를 통해 출판인 보두앵과 주고받은 서신들은 그녀가 라트레유에게 나비 삽화를 그려준 것 외에도, 출판할 곤충과 식물들의 삽화 그림을 더 의뢰받았을 수도 있었음을 암시한다.[61] 그러나 보관된 자료들이 부족해서 이 기간에 그녀의 수입에 대한 전체 범위와 성격은 추측에 따를 수밖에 없다.

남아 있는 원고들은 그 이후의 기간에 대해 더 많은 정보를 준다. 1793년에 뒤피에리는 대출을 받아 마헤이-엉-프랑스에서 집을 사고 16년에 걸쳐 갚았는데, 그 후 1806년에는 마헤이-엉-프랑스에 더 많은 땅을 샀다. 그녀는 어디에서 수입을 얻었을까? 제롬 랄랑드에 관해 글을 쓴 기 보이스텔Guy Boistel은 다음과 같은 단서들을 제공했다. "그 파리 천문학자는 그의 학생들로 하여금 앙투안 다르키에Antoine Darquier를 위해 보수를 받고 계산 작업을 할 수 있게 하여 넉넉하지 않은 학생들이 학업에 대한 재정 장애를 이겨나갈 수 있도록 했다."[62] 마찬가지로, 프랑스 과학아카데미가 「프랑스 천체력」을 완성하라고 랄랑드에게 준 약 1600프랑은 여러 계산원에게 몫이 나뉘었으며, 뒤피에리도 자신의 지분을 받았을 것이다.[63] 1801년에 푸르크루아는 뒤피에리가 고안한 분석화학표에 대한 보두앵과의 금전 계약에 관해 그녀에게 다음과 같이 썼다. "나는 우리가 말로 합의한 것을 잘 기억하고 있습니다. 당신은 그 책으로 총 50프랑스 루이를 받을 것이며, 그 일은 적어도 그에 상당하는 가치가 있다고 생각합니다."[64] 따라서 그녀의 화학 작업에는 특정한 형태의 재정적 보상이 따랐다. 이 시기에 그녀는 재정적 어려움을 겪었기에 가정교사를 해야만 했고 천문학에서도 멀어졌다. 1806년 이전 경제 및 금융 기록보관을 보면 그녀는 공채에 여러 차례 돈을 투자했다.[65] 예를 들어, 1811년에 그녀의 투자는 총 500프랑을 넘었는데, 여기에는 마헤이-엉-프랑스에 있는 그녀의 집을 매매하기 위한 종신 연금 550프랑과 그녀의 이름으로 투자한 톤티식 라파지Lafarge 연금 10주식에 대한 수익금이 추가되어 있을 것이다.[66] 물론 그 수입의 일부는 기존의 대출금과 추가로 받은 대출금을 갚는 데 쓰였다. 1813년에는 파리 북쪽 뤼자르슈에 집 두 채를 샀다.[67] 그녀는 세상을 떠나기 4년 전에 이 대출금을 상환했으며, 종신 연금과 투자로 연간 800프랑 이상의 연금을 받았을 것이다.

내가 뒤피에리의 사례에서 밝힌 금전 계약에 관한 유일한 문서는 보두앵이 작성한 것이며, 아마 18세기에는 이러한 계약들이 널리 퍼져 있었을 것이다. 조사 중에 운 좋게도 두 가지 사례를 더 입증했는데, 티니Tigny 출신 박물학자 마르탱 그로스테트Martin Grostête의 미망인인 마담 티니의 사례와 아밀리에 랄랑드의 사례이다. 아밀리에는 제롬 랄랑드의 여조카로 천문학자 르프랑수아 드 랄랑드의 부인이다[아밀리에는 랄랑드의 사생아였으나 랄랑드의 남조카 미셸 르프랑수아 드 랄랑드와 결혼한 후 랄랑드가 조카딸이라고 불렀다_옮긴이]. 티니는 ≪화학연보Annales de chimie≫ 첫 30권에 분석적인 목차를 작성하면서, 편집위원회가 연장한 계약에 따라 2년에 걸쳐 1350프랑을 받았다.[68] 아밀리에 랄랑드와 그녀의 남편은 삼촌과 함께 수행한 천문학 작업에 대해 5000프랑의 연금을 약속받았다.[69] 이 모든 경우, 가내 공간에서의 과학적 작업 생산은 제도권 영역의 대표자 한 명 이상과 금전적 '계약'을 해서 외부용역outsourcing의 형태를 갖추어야만 했다. 메리 테럴이 밝혔던 헬렌 뒤무스티어와 레오뮈르의 경우도 비슷한 구성을 보여준다. 그들의 사례는 18세기 과학의 역학에서 제도권과 가내 영역의 역할을 강하게 구분한다. 즉, 지식 기관은 생산을 가내 영역으로 외부 용역하고, 생산물은 제도권으로 되돌렸다. 지식 생산은 이 두 영역을 오가는 교환에서 일어났다.

마담 뒤피에리의 석학 네트워크

주로 가내 영역에서 일했지만 과학기관을 위해 지식을 생산한 이 여성들은 모두 파리 과학아카데미 회원들로부터 '자금 지원'을 받았다. 이 여성들은 어떻게 그런 기관들과의 관계를 발전시키고 관리했는가? 그들은 어떤 네트워크들에 연결되고 속했는가? 이 절에서는 뒤피에리 사례를 통해 이런 쟁점들을 다룰 것이다.

1779년에 제롬 랄랑드를 만나기 전까지 뒤피에리는 파리 과학계에 전혀 알려지지 않았다. 따라서 랄랑드가 그녀를 파리 과학계에 소개했던 것으로 보인다. '과학지식 생산에서의 마담 뒤피에리의 역할'에서 논했듯이, 랄랑드는 여러 출간물에서 그녀를 칭찬하고 인정했으며 존경을 표했다. 뒤피에리는 또한 1784년까지 과학 주간지 ≪주르날 데 사방Journal des sçavan≫과 ≪메르퀴르 드 프랑스Mercure de France≫에서 천문 계산원으로 선정되었다.[70] 랄랑드는 들랑브르, 메생, 르프랑수아와 같은 동료들에게 그녀를 소개했으며, 자크 남작Baron von Zach과 카롤린 허셸Caroline Herschel, 윌리엄 허셸과 같은 동료들과 해외 방문 중에 그녀에 대해 이야기했다.[71] 그런데 그러한 논평은 단지 랄랑드가 사교상 듣기 좋으라고 한 소리가 아니었다. 왜냐하면 그것은 뒤피에리에게 다년간의 사회적 및 '과학적' 인맥을 제공했기 때문이다.[72] 예를 들어, 랄랑드가 사망한 후 들랑브르는 뒤피에리가 펜으로 썼던 천문학 원고를 수정했다. 1790년대경에는 천문학을 중심으로 한 뒤피에리의 초기 석학 네트워크가 랄랑드의 네트워크에 접목되었고, 그 후 푸르크루아 중심의 화학으로 옮겨갔다. 뒤피에리를 알고 방문하며 선물을 보내는 석학들의 명단은 상당히 늘어났다. 언급된 이름들 외에도 여성 석학자 두 명이 더 있는데, 계산원이자 제롬 랄랑드의 조카며느리인 마담 랄랑드(아밀리에)와 식물학과 화학에서 일한 마담 티니이다.[73]

18세기의 전통과 마찬가지로 이 석학 네트워크는 더 넓은 지식계와 얽혀 있었다. 뒤피에리는 마담 뒤보카주Dubocage, 작가, 여러 아카데미의 회원, 사교 모임의 여주인을 포함한 파리 살롱계 명사들과의 관계를 즐겼다.[74] 물론 뒤피에리가 그녀 시대의 석학 세계에 완전히 통합되었다 하더라도 여성에게 부과된 한계 내에서였다는 점은 분명하다. 즉, 그녀에게는 제도적 지위가 없었다.[75] 이런 배제에도 불구하고, 석학들은 그녀를 정기적으로 방문하고 서신을 교환했으며, 그녀가 수행한 공헌의 진가를 알아주었다.

파리에서는 소속 기관이 없었지만, 그럼에도 뒤피에리는 다른 지역학회와 외국학회에서는 선출되었다. 랄랑드는 자신의 서신과 저서에서 그녀가 베지에, 몽토방Montauban, 리치몬드Richmond에 있는 과학아카데미의 회원이라고 언급했다.[76] 이보다 앞선 사례는 베지에 아카데미의 1766년 회원 명단에 준회원으로 기록된 마담 르포트이다(랄랑드도 준회원으로 올라 있다). 몽토방 아카데미에서 뒤피에리는 1799년 4월에 랄랑드의 이전 학생인 샤펠 공작Duc de la Chapelle의 후원으로 통신회원이 되었는데, 이는 랄랑드가 임명된 지 채 1년도 되지 않은 때였다.[77] 마지막으로 리치몬드의 버지니아 아카데미Academy of Virginia는 1788년 파리 과학아카데미에 찬조회원을 맡아달라고 알렉상드르 마리 케스네 드 보레페르Alexandre Marie

Quesnay de Beaurepair를 통해 부탁했다.[78] 랄랑드와 푸르크루아가 회원이었던 해당 위원회는 대륙의 외국인 준회원 모집을 감독하기 위해 구성되었다. 1788년 9월, 명단이 만들어졌고 아카데미 법령이 회원들에게 제시되었다. 파리 아카데미는 이 프로젝트를 지원했지만 불행하게도 프랑스 혁명에 휩쓸렸다. 이 아카데미에 제출된 명단에 뒤피에리의 이름은 포함되지 않았다. 그러나 뒤피에리가 파리 과학아카데미, 왕립학술원, 파리 천문대에서 '없는 듯이' 보일지라도, 지역 아카데미들이 개인 자격을 지닌 석학으로 그녀를 제도적으로 인정했다는 점에는 의심의 여지가 없다.

뒤피에리는 다른 유형의 단체인 프리메이슨 기관에서도 과학지식의 가내 생산에 대한 공로를 인정받았다. 1785년과 1787년에 랄랑드는 그녀를 부르앙브레스에서 열린 에뮬레이션 학회Société d'Emulation 모임에 초대해 그 마을에 대한 그녀의 천문학적 계산을 발표하게 했다. 랄랑드는 이 비밀스러운 프리메이슨협회의 창립자 중 한 명이었다.[79] 당시에는 꽤 많은 석학이 이 협회 집회소들의 회원이었고, 여성들은 채택된 집회소 안에서 만날 수 있었다. 뒤피에리가 이들 중 한 명이었을까? 자료들은 에뮬레이션 학회가 그녀의 계산 기술을 인정했다고 기록하지만, 그녀의 회원 문제에 대해서는 침묵하고 있다.

결론

마담 뒤피에리의 사례를 통해 18세기 프랑스의 지식 생산에서 가내 영역과 제도권 영역 간의 강한 구획에 대한 또 다른 사례를 밝힐 수 있다. 필자는 이 두 영역이 역동적인 상호작용을 즐겼으며 이 상호작용은 전형적으로 기관과 공식적으로 제휴한 영역에서 산출되는 지식에 기여했음을 보여주었다. 그것은 통합 시스템이었다. 지식 생산의 공간적 국지화 localization는 늘 다양했으며, 이런 다양한 장소 중에서 가정·가구는 지식의 지형도에 대한 연구에서 필수적이다. 더욱이 이러한 공간들을 오가는 것은, 이 석학들의 기획에 참여했지만 아직 석학으로 인정받지 못한 '기술자들'을 볼 수 있게 한다. 이 동역학을 이해해야 뜻깊지만 너무나 빈번하게 보이지 않는 여성들의 역할을 확립할 수 있다.

18세기에 관한 한, 가내 생산은 가부장의 권한 아래 있었는데, 가계 안에서의 위계가 늘 젠더에 따라 배치된 것은 아니다. 실제로, 라부아지에, 레오뮈르, 랄랑드와 같은 대부분의 남성 석학들은 지식을 생산하는 데서 집에서 많은 시간을 보냈다. 그들은 또한 과학을 공유하고 홍보하며 개발할 수 있는 제도적 공간들을 점유했다. 비록 그러한 제도적 역할에서 여성들을 찾을 수 없더라도, 남성과 여성 모두는 가내의 공간들을 이용해 남성 후원자의 권한 아래에서 지식을 생산했다. 더욱이, 예를 들어 거의 알려지지 않은 '파로Faro'처럼 랄랑드의 일부 남학생의 사례에서 보듯이, '무명의' 계산원들은 그 천문학자의 가구 밖에서는 전혀 알려지지 않았으며 여성들과 마찬가지로 제도권에서 인정받지 못했다. 따라서 여기에서 인정됨의 차이를 만든 것은 젠더가 아니라 활동이 가내 영역 안으로 제한된 것이다. 여성의 제도적 개입을 막은 것은 무엇보다 여성에 대한 교육 부족이었는데, 비록 많은 남성 역시 이런 문제에 직면했더라도, 이는 전형적으로 젠더화된 문제였다. 이러한 장애에도 불구하고 뒤피에리는 자신의 집이나 자신의 후원자인 랄랑드의 집에서 천문 계산, 과학 관리자, 비평가, 교사, 가정교사, 작가, 표본 수집가, 삽화가의 역할을 맡았다. 그러면서 뒤피에리는 줄곧 자신의 가구·가정과 재정을 관리하고 사회적 부름에 참여하는, 18세기의 중산층 미망인의 의무도 수행했다. 그녀는 심지어 정치적으로나 재정적으로 어려운 시기를 겪으면서도 자신의 집에서 개인적이고 지적인 삶을 유지했다.

뒤피에리는 학문적 전문성과 지적 통찰력에도 불구하고 제도적인 인정을 거의 받지 못했다. 그녀 주위의 석학들은 그녀의 능력과 업적에 대해 감탄했을 것이다. 그녀는 대다수의 석학에게 잘 알려져 있었지만, 기록된 역사는 그녀를 알고리듬을 증명하지는 못하고 적용하기만 하는 인간 계산원으로, 파리 최초의 여성 천문학 교사 중 한 명으로만 기억한다. 이 장에서는 뒤피에리를 가내와 제도적 지식 생산의 광범위하고 통합된 시스템 안에 배치함으로써 여성을 포함해 가내 영역에 제한된 석학들이 어떻게 공식 기관들이 관리하는 지식 생산에 중요한 방식으로 기여할 수 있었는지를 설명했다. 단지 기관이 상대한vis-à-vis 가구·가정으로 환원될 수 없는, 이렇게 서로 얽혀 있는 영역들 간의 관계와 그 안에서 이루어진 지식 형성에 대한 분석은, 가내 영역에서 연구한 여성 석학들이 프랑스 계몽주의 시대에 지식 생산에서 수행한 역할이 결코 미미하지 않았음을 보여준다.

제3장

다윈의 과학가정과 가내성의 특징

폴 화이트
Paul White

찰스 다윈은 그 유명한 비글호Beagle로 세계 항해를 하고 런던에서 짧은 기간을 보낸 후, 켄트Kent의 조용한 마을 다운Down에 있는 커다란 시골 저택을 인수하고 모든 여생을 집에서 일하며 보냈다. 거기서 그는 난초밭을 거닐고, 꿀벌들의 경로를 추적하고, 비둘기를 해부하고, 책을 썼으며, 병이 들어서는 헌신적인 아내 에마Emma의 보살핌을 받았다. 박물학자이자 시골뜨기인 다윈은 자신의 집과 주변 환경을 관찰과 임시변통의 실험 부지로 사용하면서, 가족 구성원들의 지원과 특히 개인적인 서신 교환 네트워크에 의지하는 오랜 신사과학gentlemanly science의 전통을 전형적으로 보여주었다.[1] 그는 공장 같은 실험실, 표준화된 훈련, 관료적 명령 체계를 갖춘 대학의 학과와 국립 기관에서 지식 생산이 이루어지기 전, 고풍스러운 옛 시대의 인물 같아 보인다. 그러나 다윈의 연구 생활은 이러한 제도적 발전과 동시대적이다. 다윈의 가장 가까운 친구와 지지자 대다수가 대학이나 주정부 소속 기관에 근거지를 두고 그 기관의 발전을 주도했다. 다윈의 경력은 엘리트과학의 형성에서 가정의 지속적인 중요성을 보여주는 한편, 가구·가정과 새로운 전문과학이 어느 정도로 얽혀 서로에게서 권위를 끌어내고 정체성과 기풍을 공유했는지를 보여준다. 다윈은 상당한 명사인 덕분에 기관의 몇 가지 특성을 갖게 되었다. 즉, 안정된 권위의 중심을 차지했고, 다른 사람들의 연구 의제를 지휘했으며, 멀리 있는 관찰자, 수집가, 협력자들의 작업에 기초해 일련의 출판물들을 저술했다. 그러나 다윈의 이 공동체는 관료주의적 충성이나 전문가적 의무가 아닌 보다 정서적이고 가족적인 유대로 묶여 있었다. 일련의 정서적 관계들이 다윈의 집안 속에서 그리고 그 너머로 구축되었고, 그 너머의 새로운 연구 기관들에서는 더욱 비인격적이고 기계적인 형태의 규율과 함께 과학적 생산을 구조화했다.[2]

다윈에게 가내성domesticity은 과학적 연구를 위한 환경이자 탐구의 대상이기도 했다. 그의 가정과 정원, 애완견, 심지어 자녀까지도 가내화domestication의 영향에 대한, 즉 유기적 구조와 행동을 수정해 야성을 개량하고 야만적 인간을 문명화하는 가내화의 힘에 대한 일련의 연구 대상이었다. 동식물에 대한 다윈의 연구는 가정적 유대의 기원, 성별 노동 분업, 진화와 인간 문화에 핵심적인 가족의 역할을 다루었다. 다윈의 성 선택 이론과 도덕과 지적 능력의 발달 이론은 빅토리아 시대의 가부장 사회에 깊이 박혀 있었다. 그러나 실제로 남성다움과 여성다움의 관습, 직장과 가정의 관습은 가내성과 연관되지 않았다.[3] 다윈은 가구·가정에 대한 실험적 접근으로, 자신의 가정사에서는 공공영역에서의 개혁과는 전혀 다른 자유분방함을 장려했다. 다윈에게 가정은 따뜻한 감정의 토대, 특히 그의 도덕 이론의 토대였던 공감과 사랑의 온상이었다. 이러한 감정들은 다윈의 가구·가정과 더 넓은 사회집단의 지식 생산에서 중요한 역할을 하고는 했다. 그래서 그런 감정이 훼손될 때 가장 격렬한 과학적 논쟁이 촉발되고는 했다.

공간 마련

다윈은 공개적인 출현과 논쟁을 피하고 애완견들과 함께 있기를 선호하는, 무엇보다 식물을 사랑하는 고독한 존재로 종종 묘사된다. 그는 호젓하게 지내고자 했기 때문에 런던에서 소교구가 있는 다운으로 이사했을 것이다. 그러나 그의 많은 서신들은 그가 회의에 참석하고 위원회에 앉아 있고 친구와 동료들을 즐겁게 하고 클럽 생활에 참여하는 등 도시 생활을 크게 즐겼다는 것을 시사한다. 런던 시절에 다윈은 여러 학회의 활동적인 회원이었다. 그가 가장 좋아한 곳은 아테네움Athenaeum으로, 부유한 후원자들과 어울리도록 문인, 과학교양인, 예술가를 위해 1820년대에 설립된 클럽이다.[4] 다윈은 찰스 라이엘Charles Lyell의 후원으로 합류했으며 그곳을 자신의 주요 업무 장소로 이용했다. 다윈이 이 클럽에서 가장 추천한 것은, 라이엘에게 보낸 편지에서 쓰고 있는 것처럼, 그 클럽의 도서관이나 학문적인 피정 장소라기보다 유쾌함과 음식이었다. "나는 신사처럼, 아니 제왕처럼 아테네움에 가서 식사할 것이다. 그 훌륭한 응접실에 앉았을 때가 첫날 저녁이었지. …… 정말 귀족이 된 기분이었다."[5]

개인 클럽들은 조지왕조 시대Georgian period에 대도시 생활의 특징으로 자리 잡아 19세기 초에 크게 퍼졌다. 그 클럽들은 전통적으로 상류층 접대와 연관된 어떤 쾌적함을 '자수성가한' 남성들에게까지 확대했다. 큰 도서관, 웃고 즐기기 위한 널찍한 좌석과 만찬장들, 당구와 브랜디, 개인 욕실과 숙소, 항상 대기하고 있는 하인들이 그런 것이다. 빅토리아 시대에, 이러한 동성 사회적인 가내성의 집회장들은 바람직한 가정과 잠재적으로 갈등했다. 이 바람직한 가정은 순수함과 그 밖의 남성적 영역에서 벗어나는 것을 뚜렷한 특징으로 하는 중산층의 공간으로, 복음주의의 부활로 새롭게 신성시되었다.[6] 남편과 아버지에게 클럽은 평소 가정에 대한 책임에서 잠시 벗어날 수 있는 곳이었겠지만, 대부분은 미혼 남성이 자주 드나들었다. 라이엘은 수요일 저녁마다 아테네움에 오는 숙녀들을 환영하며 인사를 건넸지만, 일부 회원들은 "그녀들은 이구동성으로 아테네움이 미혼 남성들에게 너무 좋으며 결혼한 남성들을 가정에서 멀리하게 만든다고 말한다"[7]라고 불평했다. 다윈에게 런던 사교계가 가족 의무와 가족애에 경쟁이 될 만큼 매력적이었다는 것은 그의 '결혼에 관한 메모들'에서 분명하게 드러난다. 그 메모들은 미래의 과학 경력을 위해 미혼 남성으로서의 삶에 관한 장단점을 저울질한 일련의 계산이다. "결혼하지 **않으면** …… 런던에 산다. …… 리젠트 공원Regents Park 근처에서 말을 기르고 여름 여행을 하고 표본을 모으고 …… 체계화한다 — 친밀감을 배우라." 다른 페이지에 쓴 장점은 '똑똑한 남자들과 클럽에서 나누는 대화'[8]이다. 다윈은 이 메모들을 과학 활동에 열정적인 시기에 썼다. 그는 총 다섯 권의 『비글호 동물학Beagle Zoology』, 『비글호 항해기Beagle Journal』 개정판, 그리고 몇 권의 대규모 지질학 서적을 포함한 다수의 출판 프로젝트에 참여했다. 그는 또한 종species의 변이와 분포에 대한 관찰과 변이, 언어의 기원, 도덕적 감수성, 감정 표현에 대한 질문들을 빽빽이 적은, 저 유명한 '메모장 시기notebook period'의 한가운데에 있었다.[9] 그는 그런 야심찬 이론화와 사실 조사활동을 최대로 증진시킬 공간을 상상하면서, 여행하고 수집할 자유가 있는 과학적 런던의 중심부에 집을 정했다. 결혼은 처음에 방해로만 보였다. "결혼이 제약을 의미한다면, 돈을 위해 일할 의무를 느껴라. …… 나라도, 여행도, 거대한 동물학도 아니다. 모아라. 책도 아니다." 또 다른 페이지에는 결혼이 '엄청난 시간 손실'이라고 강조했다.

다윈은 두 아들 중 한 명이었고 아버지는 부유한 의사이자 지주였기에, 독립한 신사로 지낼 수 있는 꾸준한 수입을 상당히 기대할 수 있었다. 미혼이면서 실업자인 그의 형은 이미 런던에 정착해 문학계에 자리 잡고 있었다. 거기서 다윈은 가정생활의 부담 없이 가족과 가까이 있는 생활을 즐길 수 있었다. 다윈은 계속해서 이렇게 열거했다. "아이들에게 드는 비용과 아이들의 불안감 …… 매일 아내와 산책해야만 한다—에휴!! …… 게으르고 나태한 바보로 추방 및 퇴보." 다윈이 존경했던 과학인 중에는 미혼 교수들이 있었다. 그는 케임브리지 대학교의 교수가 되는 것도 상상해 보았지만, 여기에는 학생, 학교행정, 채플이라는 또 다른 의무가 따랐다. 다른 한편, 이 시기에 가장 친한 친구이자 멘토였던 라이엘은 런던에서 결혼한 남자로 편안하게 살았다. 다윈은 박물학자로서의 자신의 포부를 라이엘의 포부와 비교했는데, 라이엘은 과학자로서의 삶의 상당 부분을 한 권의 긴 책을 수정하면서 보냈다. "나는 직접 관찰하는 게 훨씬 즐거워서 라이엘처럼 오래 연속적으로 새로운 정보를 수정하고 추가하는 일을 계속할 수 없었다." 다윈은 타협안으로 런던 근교의 시골집을 상상했다. 여기에서는 클럽과 대화보다 분명 더 만족스러운 과학적 연구를 할 수 있을 것이었다. "시골에서, 하등 동물들에 대한 실험과 관찰—더 많은 공간." 또 다른 일련의 메모에서는 결혼생활을 단지 과학의 장애물로 보는 대신 장점들을 찾기 시작했다.

결혼

아이들—(하느님 제발)—관심 가질 유일한, 영원한 동반자 (및 노년의 친구)—사랑받고 같이 놀 대상—어쨌든 개보다 낫고—가정, 집을 돌볼 사람—음악의 매력과 여성의 잡담 …… 맙소사, 일하고, 일하고, 결국 허탕으로 끝나는 일벌처럼 평생을 보낸다고 생각하니 참을 수 없다. …… 따스한 불, 책, 음악과 더불어 다정하고 상냥한 아내와 소파에 앉아 있는, 좋은 모습만 그리자—이 상상을 G.R.T[Gay Roommate Theory(게이 룸메이트 이론)의 약어_옮긴이]의 칙칙한 현실과 비교해 보라. 말보로Marlbro의 성 메리St. Marry—메리Mary—결혼Marry, 증명 끝.

다윈이 자주 언급한 말들, 특히 소파 위의 아내라는 대상의 매력에 관한 언급은 빅토리아 시대 가부장제의 부산물로 일축되기 쉽다. 그 말들은 널리 퍼진 가내성 이데올로기ideology of domesticity를 반영하며, 역사가들이 보여주듯이, 실제적인 실천을 나타낸다고 볼 수는 없다.[10] 따라서 다윈의 의사 결정을 거의 전적으로 구성한 단란한 가정에 대해 이런 흔한 비유를 보는 것은 놀랍다. 다윈은 명목상으로는 중산층이지만 재산이 있었기에, 장사나 직업에서 출세하지 않는 한 결혼을 생각하기도 힘든 미천한 집안의 남성들이나 집과 가족이 성공의 척도이자 남자다움의 확증이었던 남성들이 직면하는 많은 어려움에서 조금 벗어나 있었다. 그가 과학으로 생계를 꾸려야 했다면 그의 처지는 불안정했을 것이다. 그 대신 다윈은 상반되는 남자다움, 즉 과학 탐구에 자신의 부와 시간을 투자하는 (독립적인) 자유로운 신사, 아니면 '일'과 '가정'으로 역량을 나누는 가정적인 남자라는 두 유형 사이에서 진퇴양난이었다. 여기서 빅토리아 시대의 분리된 영역 이데올로기가 그를 엄청 강하게 압박했다. 다윈의 과학 연구가 대부분 가정에서 이루어졌음에도, 일로부터의 안식처라는 가정의 이상은 그의 천직을 '무nothing'로 만들었다. 비록 다윈이 과학에 능했더라도 아내와 가족이 보충해 주지 않았다면 사실상 알맹이가 빠졌을 것이다. 다윈은 아버지와 결혼에 대한 걱정을 나누었고, 다윈의 아버지는 건전한 생리학적 조언을 해주었다.

> 사람의 성격은 매우 유연하단다—사람의 감정은 더욱 활기차서 일찌감치 결혼하지 않는다면 순수하고 좋은 행복을 너무 많이 놓친다. …… 신경 쓰지 말거라, 아들아—기운 내—. 혼미해진 노년에, 친구도 없고, 춥고, 자식도 없이, 이미 주름지기 시작한 얼굴을 빤히 쳐다보며 이 고독한 삶을 살 수는 없다.[11]

이 조언을 들은 지 3개월 만에 다윈은 자신의 사촌인 에마 웨지우드Emma Wedgwood와 약혼했고, 두 달 후에 결혼했다. 그는 그녀에게 "당신이 나를 인간답게 만들리라 생각하며", "이제 이론을 만들고 침묵과 고독 속에서 사실들을 모으는 것보다 더 큰 행복이 있다는 것을 나에게 가르쳐주리라 생각한다"[12]라고 편지를 보냈다.

다윈과 웨지우드 가문은 이전 세대에 맺어졌기에 에마는 어린 시절부터 친구였다. 이러한 친족과 우정의 결합은 장자 상속과 지위 상속 법률이 개혁된 18세기 중반부터 유럽 상류층 사이에서 하나의 양식이 되었다. 가문들은 단지 맏이에게뿐만 아니라 모든 자녀에게 투자하기 시작했고, 가문 안에서의 결혼은 물론 우정과 상호 이익으로 이미 결합된 가문들 간의 혼인을 통한 동맹도 흔해졌다.[13] 그러한 교차는 대개 몇 세대에 걸쳐 일어나면서 촘촘한 동맹의 거미줄을 만들었다. 다윈의 할아버지인 에라스무스Erasmus와 외할아버지인 조사이아 웨지우드Josiah Wedgwood는 가까운 친구이자 유명한 학술 사교모임인 버밍엄 만월회Lunar Society of Birmingham 회원이었다. 다윈의 남매 중 한 명인 캐럴라인Caroline은 다윈의 약혼을 불과 몇 달 앞둔 1837년 8월에 조사이아 웨지우드 3세와 결혼했다. 다윈 집안과 웨지우드 집안은 사촌 간 결혼의 전성기인 19세기에 걸쳐 발전하게 될 더 커다란 일가의 일부였다.

이러한 가문들 간의 유대는 보다 유동적인 상업 사교계에서 입지와 영향력을 확보하는 데 도움이 되었다. 그러나 사촌 간 결혼은 단지 혈육과 재산과 관련된 문제만은 아니었다. 그것은 개인적 선택, 친밀감, 애정의 문제였다. 이런 혼인 유대의 체계를 통해 새롭고 강력한 형태의 정서가 가문에 뿌리를 내렸다. 가문들은 깊은 충성과 흠모가 특징인, 사랑의 가장 '자연적인' 기지가 되었다.[14] 에마 웨지우드가 찰스 다윈의 가족, 특히 그의 자매들과 친했을 뿐만 아니라 이미 가족의 일부였다는 사실은 서로의 공감과 애착의 감정을 상당히 강화시켰다. 갓 약혼한 커플 간에 주고받은 편지들은 서로 공유한 동반자적 결혼companionate marriage이라는 이상을 증언한다. 즉, 에마는 "당신과 관련된 모든 일이 나와 관련된다"라고 썼다.[15] 커플 간 편지에는 찰스가 자신의 남매들과 주고받은 서신에서나 보이는 경쾌함과 수다도 있었지만, 특히 종교적 신념과 의심에 대한 심각한 논의들도 있었다. 이 시기의 찰스의 공책들에는 기독교 계시의 문제들에 대해, 유물론에 아주 가까운 상당한 이설heterodoxy이 적혀 있다. 에마는 독실한 유니테리언Unitarian 신자였고 그녀의 믿음은 교회의 교리보다는 내면의 느낌과 도덕적 의무에 크게 의존하고 있었지만, 내세가 있다는 믿음에 강하게 젖어 있었다.[16] 어떻게 그러한 차이가 해소되어 그들 가정은 종교적 헌신과 과학연구의 중심이 될 수 있었을까?

짧은 약혼 기간과 결혼 초반 몇 달 동안 그 부부는 자신들의 가정과 마음이 과학과 종교의 장소라고 협상했다. 에마는 단지 찰스에게 더 많이 탐구할 여지를 주기 위해 밀어낼 수는 없었던, 자신에게 소중한 문제들에 비추어, 과학에 대한 찰스의 존경을 다음과 같이 나타냈다. "당신의 마음과 시간은 가장 흥미로운 주제들과 가장 몰입해야 하는 생각들로 가득 차 있어요. …… 그래서 다른 종류의 생각은 훼방으로 여기며 몰아내지 않기가 어렵습니다." 그녀는 '입증되기까지는 아무것도 믿지 않는 그의 과학적 탐구의 습관'이 '[그들] 사이에 괴로운 공백'을 열 것이라고 경고했다. 그러고 나서 그녀는 그에게 자신이 가장 좋아하는 성서 구절을 읽으라고 밀어붙였고, 그들의 믿음의 차이가 더 강한 애정에 의해 연결될 것이라고 믿으면서 불화를 낳을 수 있는 논의를 끝냈다. "나는 이 모든 것에 어떤 대답도 바라지 않습니다—여기에 대해서는 글로 쓰는 게 나에게 좋습니다. …… 당신이 참으리라는 것을 알고 있습니다. …… 우리는 서로의 감정을 상당 부분 공감할지도 모릅니다." 찰스 쪽의 서신은 남아 있지 않고, 오직 이 편지의 끝에 "내가 죽을 때는, 여러 번 내가 이에 입맞춤해 탄식했다는 것을 알 것입니다"[17]라고 추가된 메모만 남았다.

다윈의 진화론이 종교에 몰고 올 영향은, 당연히, 과학을 전문직으로 발전시킬 공간을 만들려고 하는 제도적인 교육개혁과 직접 관련된 공공영역에서 가장 논쟁거리가 되고는 했다.[18] 그러나 이 젊은 부부 사이에서는 그 주제가 가정을 꾸리는 것과 관련된 사적 영역과 함께 논의되었다. 과학과 종교의 문제는 런던의 빌라, 주방 설비, 하인들과의 인터뷰에 대한 설명에서 말 그대로 산재했다. 그들은 미래를 함께 작성하면서 일과 가정, 사려 깊은 남편과 헌신적인 아내라는 관습적 구분을 따랐으며, 이것에 과학과 종교의 관행을 도입했다. 그들의 결혼 서약에서 매우 중요했던 것은 감정의 지리학과 사회의 지리학의 또 다른 부분, 즉 사적인 것과 공적인 것의 경계였다. 드물게 예외는 있었지만, 다윈은 종교에 대한 어떠한 논의도 인쇄되는 것을 피하려 했다. 종교는 아무런 도움 없이 오직 고통만 일으킨다고 확신했기 때문이다. 그는 또한 자신의 과학 이론들을 다양한 종교적 관점으로 통합할 수 있는 방식으로 제시하고는 했다.[19] 종교와 과학적 헌신을 위한 에마의 가정 공간 배치에서도 똑같은 전략이 보인다. 이 전략은 프라이버시와 내면성의 감각으로, 부드러움, 사랑, 동감, 어쩌면 슬픔이라는 감정의 언어로, 그리고 논의의 부재로 유지되었다.

노동 여건과 가족애

결혼 직후, 다윈은 집에서 일하기 시작했다. 그는 일찍 일어나 아침 식사 전에 서재에서 몇 시간을 보냈다. 에마는 종종 점심시간까지 조용히 바느질을 하다가 나중에 그와 합류하고는 했다. 오후에 찰스는 마을에서 과학적 업무를 처리하고 저녁 식사를 위해 6시까지는 돌아와서 가벼운 독서를 하거나 에마의 피아노 연주를 들으며 시간을 보내고는 했다. 이런 일상은 늘어나는 식구들에게는 런던 집이 너무 좁아서 다운으로 이사한 후에 다듬어졌다.[20] 그는 보통 하루의 오전, 오후, 저녁을 서재에서 독서, 글쓰기, 서신 작성, 현미경 검사나 해부를 했으며, 때로는 애완견을 쓰다듬거나 칸막이가 된 구석에서 앓으면서 보냈다(〈그림 3.1〉 참조). 틈틈이 거실로 들어가 소파에 누워서 소설, 역사, 가족 편지를 읽었다. 음악 듣기와 백거먼backgammon 놀이를 즐겼으며, 하루에 여러 번 산책도 했고, 때로는 정원에 앉아 있거나 승마도 조금 했다.

우리가 가정집에서의 과학을 떠올릴 때, 보통은 서재, 지하 실험실, 또

그림 3.1 **다윈의 서재**

자료: 필자의 소장품인 *The Century Magazine*(1883.1).

는 수집, 의학 교육, 해부에 전념하는 층층의 여러 방으로 정교하게 짜인 장소를 생각한다. 그러한 배치에서 흔한 영역 분리, 즉 일과 가정, 과학과 가정생활의 분리는 말하자면 집 내부에서 그대로 재천명된다.[21] 그러나 다윈의 사례는 이러한 경계들이 매우 삼투적이며 심지어 함께 용해될 수도 있음을 보여준다. 다윈은 원래 가정생활이 주의를 흩뜨린다고 생각했지만, 온 집을 과학적 훈련의 장소로 사용하게 되었다. 그 집의 각기 다른 방, 활동, 리듬은 지적 노동 체제의 일부였다. 결혼 전 그는 과학자로서의 삶을 어떻게 규칙 있게 관리할 것인가에 대해 라이엘의 조언을 받아왔는데, 라이엘은 다양한 읽을거리, 읽기와 쓰기의 균형 잡힌 시간, 대화, 걷기의 중요성을 강조했다.[22] 그러한 활동은 심적 에너지를 새롭게 하며, 자극을 돋우고, 피로에 지치지 않게 했다. 다운에서 다윈은 정확한 시간표에 맞추어 이러한 활동을 했다. 집 곳곳에서 이 모든 움직임의 요점은 생산성을 극대화하기 위한 것이었기 때문에 방해를 받거나 불규칙적인 일이 생기면 속상해했다. 심지어 여가 활동으로 보일 수 있는 것도 작업 계획에 통합되었다. 과학적 활동에 활용될 수 없으면 여가를 즐길 수 없었던 다윈은 휴일에 이런 일상이 틀어져 어쩔 수 없이 한가하게 지내야 할 때 가장 우울해했다.

다윈의 편지와 일기를 보면 그는 늘 일로 엄청난 압박을 받고 있었다는 인상을 준다. 그는 여러 논문과 책에 소비한 시간은 물론 가족 방문 및 질병으로 잃어버린 시간도 기록하면서, 매일 일한 양에 대해 설명했다.[23] 이런 부지런함이 신사적인 그의 서재를 채웠다. 그의 서재는 정중한 대화나 학문 과시의 장소가 아니었다. 책상은 과학 도구와 표본들, 그리고 때로는 해부 잔해로 가득했다. 도서관은 넓었지만 볼품은 없었다. 손때 묻어 해어진 책들은 그냥 그대로 있었으며, 부유한 신사가 지녔을 법한 고급 가죽 바인딩을 하거나 금테를 두른 책도 없었다. 유일하게 편안한 의자는 방 구석구석을 쉽게 이동하도록 금속 다리와 바퀴를 달아 마치 산업용인 것처럼 개조되었다. 그 의자는 작업장이나 공장에나 있을 것처럼 보여 그 공간에 무자비한 효율 감각을 추가했다.

다윈은 산업자본주의의 노동규율, 시간-엄수, 규칙성, 생산과 지출에 대한 정확한 회계를 흔쾌히 받아들였다. 그러한 일상은 보통 공장 시스템이나 중산층 직업들과 연관된다. 그의 할아버지는 에트루리아Etruria에 있는 자신의 도자기 작업장에서 공장 노동자들을 감독하는 일을 개척했다.[24] 다른 관리 시스템들은, 예를 들어, 그리니치 왕립 천문대Royal Observatory에서 과학 관측을 위해 시행되고 있었다.[25] 이와 달리 다윈의 관리체제는 전적으로 자진한 것이었으며 진기하게도 시골집에 위치했다. 사실 그것은 분명 비싼 도서관, 거실과 넓은 정원을 필요로 했다. 다윈이 이런 식으로 연구에만 몰두할 수 있었던 것은 상당한 재산 때문이었다. 그는 최종적으로는 자신의 여러 저서로 돈을 꽤 많이 벌었는데, 투자 수입, 하인들의 임금, 농장 동물, 맥주, 코담배는 물론 과학으로 얻거나 소비한 낱낱의 실링도 마치 가계경제의 한 부서처럼 기록했다.[26] 그러나 그는 생계를 위해 글을 쓰지 않아도 되고 오직 과학계 동료들만 대답할 수 있는 글을 쓴다는 점에 자부심을 느꼈다. 다윈이 '근면한 노동hard labour'이라는 기풍을 비교적 쉽게 받아들인 것은 그의 남자다움이 다른 사람이나 생계를 위해 일해야 한다는 것에 달려 있지 않았기 때문이다. 그는 나중에 『인간의 유래Descent of Man』에서, 조금도 비꼬는 기색 없이, 근면과 신사적 독립이라는 한 쌍의 미덕은 인간 진보의 원동력이라며 칭송하곤 했다.[27]

집에 있는 여러 방과 집에서의 활동이 과학지식에 기여했다면 집에 사는 많은 거주자들도 마찬가지였다. 에마, 아이들, 여자 가정교사들, 하인들 등 대가구의 거의 모든 구성원이 과학지식에 참여했다. 사회적인 위계서열은 그들의 기여와 이 기여가 인정되는 방식을 구성했다. 앞서 보았듯이, 처음에 다윈은 자신의 가족을 일의 조력자로 생각하기보다는 희생의 대상이자 걱정거리로 생각했다. 그러나 얼마 지나지 않아 에마는 특히 남편이 한바탕 병을 앓는 동안 대필자 역할을 하게 되었다. 이것은 그 집과 비슷한 상황에 있는 과학적 및 학문적 직업에서 확립된 전통이었다. 찰스는 경제적 여유가 있었음에도 결코 개인 비서를 고용하지 않았고 가족이 이를 계속하기를 원했는데, 독일어 번역이나 긴 원고를 베끼는 일은 다른 사람에게 비용을 지불하고 시켰다. 다윈 자녀 몇몇도 이 역할을 수행했다. 아들 프랜시스Francis는 아버지 옆에서 일하며 식물학에 대한 자신의 관심을 추구하기 위해 의학계로의 진로를 포기하기조차 했다.

다윈의 자녀들은 관찰과 실험에 광범위하게 관여했다. 이는 가르침과 성취의 장소인 가정에 어울리는 그림 그리기와 음악처럼, 또 다른 활동의 일부로 발전했을 수도 있다. 다윈의 자녀들의 회상에는 아버지의 서재를 쉽게 들락거리며 삽화가 들어간 동물학 책의 책장을 넘기는 즐거움이 묘사되어 있다. 그들은 어렸을 때 정원에서 꽃과 꽃으로 날아다니는 꿀벌을 따라가며 곤충의 수분을 연구하는 다윈의 연구를 거들었다. 커가면서는 독립적인 관찰자와 비평가가 되도록 격려를 받았다. 장남 윌리엄William이 사우샘프턴Southampton에서 (사실상 큰 불안의 원천인) 은행가로 자리 잡기 시작하자, 다윈은 그에게 식물학 활동을 부추기며 식물들의 비교 수정능력과 동종이형同種異形, sexual dimorphism에 관한 연구를 하게 이끌었다. 충실한 아들은 와이트 섬Isle of Wight에서 휴가를 보내는 동안 여러 형태의 꽃에서 꽃가루 알갱이와 암술을 측정했다. 부자는 갈매나무(아마갈매나무 Rhamnus cathartica)의 이형화주성heterostyly[똑같은 식물인데도 암술 또는 수술의 길이가 다른 꽃이 피는 현상_옮긴이]에 대해 밀접히 협력하며 연구했는데, 윌리엄은 꽃의 네 가지 성형性型을 관찰했다. 다윈은 "너의 경우가 사실로 밝혀진다면(아마 아닐 것 같은데), 그것은 가장 흥미로운 발견이 될 것이다. 나는 너에게 논문을 쓰게 하고 그것이 출판되도록 하겠다. …… 모든 게 날아간다 하더라도 실망하지 말거라—나는 그런 폭발에 익숙하다"라고 썼다.[28] 손윗사람인 다윈은 이런 과학적 조언을 통해 아버지로서의 긍지를 표현했고, 관찰에서의 인내심과 발견에 대한 열정을 공유했으며, 원작자임을 약속했다. 실제로 윌리엄은 독자적으로 출판하지는 않았다. 그러나 윌리엄이 한 관찰은 수많은 다윈의 연구물에서 보고되고 인정되었다.

아버지의 원고에 대한 귀중한 비평가가 된 딸 헨리에타Henrietta는 다른 대우를 받았다. 그녀의 역할은 19세 때 『난초들Orchids』(1862)의 교정쇄를 읽고 일반 독자가 이 책을 받아들이기 쉬운지 봐달라는 아버지의 요청을 받으면서 발전되었다.[29] 1870년 다윈은 헨리에타에게 『인간의 유래』에 실을 예정인 마음과 도덕에 관한 논쟁적인 장들의 초안을 읽어달라고 요청했다. "통렬한 비판이나 문체의 수정을 위해 네가 더 많은 시간을 쓸수록 나는 더 고마울 거야."[30] 그녀의 편집 논평은 남아 있지 않지만 『인간의 유래』가 출판된 후 다윈은 그녀에게 편지를 썼는데, 그 책의 판매와 호평들을 자랑하면서 그녀를 자신의 '조수이자 동료 일꾼'으로 언급했다. "내가 이 점에서 너에게 얼마를 빚지고 있는지 알고 있다." 다윈은 또한 그녀의 시간과 노력에 대해 다음과 같이 선물로 갚았다. "네가 엄청나게 수고했던 그 책을 기억하며 적은 비용이지만 기념으로 약 25파운드나 50파운드를 주고 싶다."[31] 이는 당시로는 후했으며 전문가가 수행할 일을 그녀가 했다고 암묵적으로 인정한 금액이었다. 그 금전은 곧바로 감정적인 통화로 전환되어, 아버지의 사랑에 대한 기념물이자 공적으로 인정되지 않은 그녀의 가치 있는 공헌에 대한 존경의 징표가 되었다.[32]

자녀들이 가정과학에서 보조하거나 협력하는 것은 드문 일이 아니었다. 아마 더 예외적인 것은 과학적 관찰과 원작자가 다윈의 부성 경험과 밀접하게 얽혀 있다는 것이다. 다윈은 자신이 가장 사랑하는 사람들과 평생의 열정을 함께 나누면서 큰 기쁨을 누렸다. 그는 아이들이 참여하며 자라는 것에 자긍심을 가졌다. 아이들도 과학적 작업을 통해 효성과 의무를 다짐하는 것처럼 보였다. 그들이 어른이 되어 집을 떠나면서는 편지를 통해 이 교제를 지속할 수 있었는데, 편지 속에는 평범한 사실들과 편집상의 수정 사항들이 케임브리지의 저녁 식사, 이탈리아 여행, 결혼 생활에 대한 이야기와 섞여 있었다. 새로운 가족들이 생기면, 다윈은 과학적 동료를 잃기보다 더 얻었다. 헨리에타가 약혼하자마자 런던의 음악 교사인 약혼자는 여러 가지 음색이 자아내는 느낌을 논한 『감정 표현Expression of Emotions』의 초안을 논평해 달라는 요청을 받았다.[33] 아들 프랜시스와 갓 결혼한 아내 에이미Amy는 웨일즈로 신혼여행을 가서는 기포낭이 달린 풀인 통발을 관찰하고 지렁이 똥을 채취하면서, 다윈의 식충식물insectivorous plants에 대한 연구와 지렁이에 의한 식물성 곰팡이 형성 연구에 기여했다.[34]

다윈의 과학가정이 자신의 직계의 경계를 넘어 확장될 수 있었던 것은 서신이라는 매체를 통해서였다. 과학 생산에서 편지가 수행한 역할은 이제 잘 알려져 있다. 편지는 전 세계적 범위에 걸친 다윈의 이론 작업과 밀접하게 연관되었고, 집을 떠나기 어려웠던 다윈에게는 특히 중요했다. 이 네트워크는 어떻게 구축되고 유지되었을까? 근대 초기의 '편지 공화국 republic of letters'과는 달리 19세기의 대규모 서신 네트워크는 제도적인 기관 주위에서 더 자주 형성되었다. 다윈의 서신은 제도적 용어로 특징지을 수 있다. 즉, 그의 서재는 행정의 중심으로서, 편지 쓰기를 통해 정보의 통제를 실행하고, 출판인들과 협상하고, 독자에 대한 영향력을 행사하고, 심지어 전문가들의 과학적 관행을 형성하는 장소였다.[35] 식물 표본은 영국 식민지에서 가져와 큐 가든(왕립식물원)을 거쳐 다운하우스로 들어갔는데, 큐 가든 직원들은 다윈의 의도에 따라 실험을 진행했다. 다윈은 감정표현에 관해 연구하면서 신체의 움직임을 기록하기 위해 정밀 기구를 갖춘 병원과 기관의 전문가를 채용했다. 식육 식물에 관한 연구는 그의 온실에서부터 맨체스터와 런던의 화학 및 생리학 실험실들로까지 나아갔다.

그런데 다윈이 서신 상대자들과 편지 쓰는 방식을 들여다보면, 예의, 경의, 선물 교환이라는 관례에 근거한 매우 신사적인 서신의 본보기로 보인다. 세심한 주의는 성별과 사회적 지위에 적합한 호칭의 형태를 취했다.[36] 부탁은 늘 앞서 받은 친절에 대한 찬사와 더불어 양해를 구하는 말과 감사의 표현으로 나타났다. 만년에 다윈은 유명인사와 거래를 할 수 있었고 사인 또는 그의 출판물에 언급한 대가로 때때로 자신에게 보내준 정보와 거래를 할 수 있었다. 다윈이 제도적 네트워크와 여러 형태의 권위를 활용했음은 분명하지만, 그는 친교friendship를 매개로 그리 했다. 다윈은 초창기에는 식물학 교수이자 자신의 멘토인 존 헨슬로John Henslow와의 긴밀한 관계로 맺어진 케임브리지 인맥에 의존했다. 새로운 연결고리는 찰스 라이엘, 조지프 돌턴 후커Joseph Dalton Hooker, 토머스 헨리 헉슬리Thomas Henry Huxley, 아사 그레이Asa Gray와의 친교에서 비롯되었는데, 이들은 모두 주요 기관의 영향력 있는 자리에서 그들만의 광범위한 네트워크를 갖고 있었다.

다윈의 서신은 과학 생산의 가내적 양식과 제도적 양식 간의 이분법이 어떻게 양쪽에서 부서질 수 있는가를 보여준다. 신사적인 호칭 형식과 친교의 정서적 유대는 여전히 필수적이었다. 거대 기관들은 상당히 개인적인 영역일 수도 있다. 후커와 같은 중앙집중형 행정가도 동료들의 참여를 이끌어내거나 유능한 관찰자와 수집가를 확보하기 위해서는 단지 제도적 지위로 인한 권한에만 의존할 수는 없었다. 실제로 큐 가든의 감독은 왕실기관을 마치 자신의 사유지인 것처럼 관장했다.[37] 그는 다윈과 친한 친구였기 때문에 그 정원의 자원과 직원을 다윈에게 제공했다. 그들의 친교는 대체로 몇 년 동안 교환된 편지들, 특히 식물의 지리적 분포, 씨앗

분산의 방법, 기후가 변이에 미치는 영향에 대한 길고 난해한 논의를 통해 형성되었다. 이러한 논의는 그들의 상호보완적인 관심사와 전문지식에 근거한 것이었으며, 두 사람 모두 다른 사람과는 나눌 수 없는 종류의 논의였다. 다윈은 헉슬리, 그레이, 다른 기관과 관련된 여러 종사자들과의 친교와 업무 관계 또한 같은 방식으로 쌓아나갔다.

그런 친밀한 친교는 대체로 가족적이었다. 다운으로 이사 간 후 다윈은 과학계나 클럽을 자주 방문하지 않았기 때문에 그의 신사 친구들과 동반자적 결혼은 상충하지 않았다. 오히려 편지 쓰기를 통해 계발된 친근함은 가족 방문과 부부와 그들 자녀 간의 유대를 통해 강화되었다. 다윈과 '혈연' 관계가 아닌 사람들의 경우, 그러한 방문은 비록 서로 이론적 차이가 뚜렷하더라도 충성과 지지를 확립하는 데 핵심적일 수 있었다. 가정의 문턱을 넘는 일은 지속적인 친밀감을 동반했다. 그 후의 과학적 서신은 건강과 가족들에 대한 안부 문의, 성취나 좌절 또는 가족의 죽음에 대한 소식을 공유하는 형태로 가내 생활과 혼합되었다. 가정 방문에는 때때로 온 가족, 후커 가정, 헉슬리 가정, 그레이 가정이 포함되었다. 가정 방문은 아이들을 위한 침구와 놀이친구에 대한 우려를 불러일으켰고, 온실 방문하기, 저녁 식사 후 감정 표현 사진 찍기 등 공동 관찰의 기회도 제공했다. 따라서 다윈의 가장 깊숙한 네트워크는 부부와 그들 자녀 간의 유대로 맺어진 집안들의 거미줄web of households이었다. 헨리에타 헉슬리Henrietta Huxley는 집들이 선물을 받은 후 "당신은 우리를 친척으로 대우해 주시는군요"라고 썼다.

> 당신은, 형제애를 넘는 친절을 베풀며 평생 평범하게 이야기하는 ……
>
> 당신의 삶을 시로 만드는 사람 같습니다.

두 분에게 우리 모두의 사랑을 담아

[서명] 가족의 한 사람으로서.[38]

다윈에게 가장 마음 쓰라린 논쟁들은 과학적 친교, 가족의 친밀감, 충성심이 위반될 때 일어났다. 물론 1859년부터 다윈은 거대한 대중적 비판과 때때로 비웃음에 직면했지만, 그들 간의 모든 관계가 단절될 정도로 반감을 불러일으킨 사람은 단 두 명, 리처드 오언Richard Owen과 세인트 조지 마이바트St George Mivart뿐이었다. 그들의 논쟁은 사회적, 종교적, 개인적 이유로 다양하게 설명되어 왔다. 그러나 다윈의 관점에서 보면 둘 다 비슷한 양식을 따랐다.[39] 일찍이 오언과 긴밀히 협력해 왔던 다윈은 사적인 만남에서 『종의 기원Origin of Species』에 대한 오언의 솔직한 의견을 구했다. 다윈은 오언의 '오만하고' '조롱하는 말투'에 얼떨떨했지만, 오언이 정말로 어느 입장인지 몰라 어리둥절한 채로 끝났는데, 이에 대해서는 다음과 같이 쓰고 있다. "우리는 깊은 심사숙고 끝에 헤어졌다. 이 점에 대해서는 다시 생각해도 매우 애석하다." 그러고 나서 몇 주 후에 오언이 쓴 매우 비판적인 장문의 평론이 나왔다.[40] 다윈은 그 평론을 불공평하고 왜곡된 것으로 여겼다. 그런데 다윈은 그러한 논평을 많이 받았다. 만약 다윈이 그 비평의 저자를 과학적 친구로 여기지 않았더라면, 즉 같이 연구하고 그의 아내와 함께 저녁도 먹은 사람, 자신이 높이 평가하는 전문지식을 가지고 있고 개인적으로 정직한 의견을 구하던 사람으로 여기지 않았더라면, 평론 그 자체는 그 정도로 깊은 반감을 불러일으키지 않았을 것이다.

마이바트 사태는 훨씬 더 오래 갔다. 유망한 동물학자이자 헉슬리의 제자인 마이바트는 '인간'까지 확대된 다윈의 진화에 대해 노골적인 비평가가 되었다. 다윈과 마이바트의 관계는 몇 년간은 우호적이었는데, 그

부분적인 이유는 다윈이 논쟁의 상대인 그를 따뜻하게 대해준 개인적인 만남 때문이었다. 그러나 마이바트가 다윈의 건강을 묻고 손위 박물학자로서 존경한다고 맹세하며 우호적인 편지들을 보내면서도, 동시에 적대적인 비평을 계속하자 관계가 경색되었다. 다윈의 신사적인 과학 규범에 따르면, 친구와 동료들은 적대적인 평론을 쓰지 않는다. 그들은 얼굴을 맞대서 하든 서신으로 하든 간에, 개인적으로는 서로의 차이를 알리되 공적으로는 존경과 (중요하다면) 지지를 표했다. 라이엘, 후커, 그레이와 주고받은 서신에는 열띤 논쟁과 해결되지 않은 차이점들이 가득했다. 마이바트는 그 반대였다. 사석에서는 거의 숭배심이 넘치면서도, 사심 없이 진리를 추구한다는 이유로 그 자신의 통렬한 평론을 옹호했다. 마침내 마이바트가 다윈의 아들 조지George는 인구 조절에 관한 논설에서 음탕한 행동인 매춘을 승인했다고 넌지시 비추자 용서할 수 없는 타격을 맞았다. 마이바트는 다윈주의로 야기되는 도덕적 붕괴를 우려하면서, 다윈가의 과학 생산이 사실상 혼인 유대의 순결을 훼손하고 가정의 신성함을 위협한다고 비난했다.[41]

가내성의 특징

다윈의 진화론 연구는 가내의 동식물에 대한 정보에 크게 의존했다고 많이들 이야기한다. 다윈은 발생, 변이, 분기에 대한 지식을 얻기 위해 사육자들과 그들의 관행에 일찍 눈을 돌렸다. 다윈은 슈롭셔Shropshire와 스태퍼드셔Staffordshire에서의 가족 경험을 바탕으로 가금류, 비둘기, 토끼, 다양한 종류의 완두콩과 콩을 길렀다. 또한 이웃 농부들로부터 정보를 수집하고, 농업 박람회에 참석하고, 비둘기 애호가클럽에 가입하고, ≪가드

너스 크로니클Gardeners' Chronicle≫과 ≪더 필드The Field≫에 질문을 보내고, 묘목상, 양봉가, 가축 사육자들과 서신을 주고받았다.[42] 박물학자가 이처럼 '인간이 만든man-made' 산물에 깊은 관심을 갖는 일은 흔치 않았는데, 사실상 시골 생활의 실용적이며 휴양적인 특징을 집중적인 연구 프로그램으로 전환시킨 것이 다윈 가정과학의 핵심이었다. 가내 변종들의 생산은 구조와 행동을 수정할 수 있는 자연의 가소성plasticity과 번식하는 동식물에 내재한 선택력power of selection에 대한 강력한 증거를 제공했다. 『종의 기원』은 저 유명한 비둘기 변종 사례로 시작하는데, 비둘기 변종은 만약 야생에서 발견된다면 별개의 종으로 간주될 정도로 매우 분기적이라 하더라도 모두 단일한 조상 형태에서 짧은 시간 내에 출산된 것이었다.

원예학와 축산업에서 가내화domestication(길들임) 과정은 '개량'과 밀접하게 연관되어 있었다. 진보의 척도는 경연에서 상을 받을 만한 동물이나 채소, 더 잘 자라는 농작물, 더 달콤한 과일, 더 크고 강한 말들에 대한 사육자들의 주장을 뒷받침했다. 자연을 개선하고 불모의 야생 영역을 더 비옥하고 생산적으로 만드는 이 능력은, 다윈의 시기에 만연하고 거의 질문되지 않던 문명화와 식민지 확장의 담론에서도 핵심이었다.[43] 여행작가, 박물학자, 인류학자들은 인류가 야만적 상태에서 발전하는 데 중요한 가내화의 역할을 묘사했다. 동물의 방목과 토양의 경작, 음식의 꾸준한 공급, 따뜻함과 피난처 등 이 모든 것은 예절의 형성, 기질의 세련화, 유럽인을 지배적 문명이나 인종으로 만든 지적이고 물질적인 문화 향상에 기여했다.[44] 다윈의 진화론은 여기에 애매하게 위치했다. 적합도fitness의 측면에서 볼 때, 다윈주의적 개량은 상대적이고 비선형적이었다. 어떤 종이 진보한다거나 그 종의 적응이 퇴보라고 평가될 수 있는 고정된 이상은 없었다. '인간' 중심성과 우월성에 대한 빅토리아 시대의 관습과 달리, 다윈은 인간이 거의 존재하지 않았던 자연세계에 대한 역사를 제시했고, 마침내 인간이 등장했을 때에는 예외 없이 일부 동물 조상과 모든 특징을 공유했다.

그러나 다윈이 인간종, 그리고 도덕과 지적 능력의 진화에 대해 글을 쓰게 되었을 때는 적합도의 상대주의가 약해지고 보다 관습적인 위계가 중요한 역할을 했다. 다윈은 인간 부족들 간 투쟁에서의 승리는 단지 육체적 힘뿐만 아니라 지혜와 사회적 본능도 뛰어난 사람들에게 돌아갔다고 주장했다. 지적 능력은 그들에게 더 우수한 무기, 더 우수한 먹이 전략 등등을 만들 수 있게 했다. 반면에 공감, 충성, 용기는 그들을 훈련된 군인이 되게 하여 그들이 이기심을 버리고 공동체의 선을 위해 자신을 희생할 수 있게 했다. 유럽인들은 우수한 정신적 및 도덕적 형질을 가지고 전 세계로 퍼져나가 다른 민족들을 멸종으로 몰아넣었다. "오늘날은 어디에서나 문명화된 국가들이 미개한 국가들을 찬탈하고 있다."[45] 다윈에게는 사유재산, 일정한 주거지, 가족구조라는 형태의 가내화가 문명화 과정에서 기본이었다. 인간 길들임에 대한 다윈의 연구는 비글호에서 시작되었는데, 그때 그는 미개한 '푸에고 섬 사람들'을 길들인 피츠로이Fitzroy의 실험 효과를 관찰했다. 그들은 이전 항해에서 자신들의 고향 티에라델푸에고 제도Tierra del Fuego에서 모집되었다가 지금은 돌려보내진 사람들이었다. 이 미개인들과의 만남에 대한 다윈의 장기간에 걸친 묘사는 거의 전적으로 신랄했다. "끔찍한 …… 불결한 …… 기름투성이 …… 시끄러운 …… 폭력적이고 품위 없는."[46] 그들은 길들임 이전에 인간의 본성이 어떠했는지를 보여주었다. 그들은 거의 주거지 없이, 발가벗고, 바위에 붙어서 살며, 브라질 노예들이 가장 갈망하는 것인 가정의 편안함과 애정을 바라지조차 않는 것 같았다. 고향으로 돌아간 비글호 선원들은 너무 빨리

되돌아갔고, 다윈은 충격에 빠졌다.

다윈은 공책에 이렇게 썼다. "미개인에게 개를 보여주고 어떻게 늑대가 이렇게 변했는지를 물어보라."[47] 개는 인간과 함께 사냥하며 인간의 보호자이자 친구가 된 동물로서, 한때 야생에서 유용했던 포악하고 폭력적인 특성들이 어떻게 길들임을 통해 다듬어질 수 있었는지를 암시했다. 다윈은 『인간의 유래』에서 주인과 유대감을 갖고 야생 본능을 동반자에게 걸맞은 것들로 대체하면서, 추적 충동에 저항하도록 훈련받은 잉글리시 포인터를 예로 들었다.[48] 다윈은 자녀의 발달에서도 똑같은 과정을 묘사했다. 첫 아이 윌리엄은 둥지의 아기 새처럼 먹이를 찾아 울며 야생의 상태로 나오면서, 간호사가 탯줄을 끊을 때 '알에서 막 태어난 악어가 물어 채는 법을 배우는 것처럼' 간호사의 얼굴을 찰싹 때리려고 했다. 아버지가 어린 그를 꼬집고 쿡쿡 찌르고 간지럽히자 아이는 물건을 이리저리 흔들며 얼굴을 찌푸렸다. 코 고는 큰 소리는 공포 반응을 일으켰다. 장난감을 숨기거나 꾸짖으면 공격성을 유발했다. "나는 실험을 반복했다"라고 다윈은 적었다. 몇 년 동안 다윈은 윌리엄이 공감과 애정의 힘을 키워가는 것과, 점점 다른 사람들에게 관심을 드러내고 그의 공포와 공격성이 부드러운 충동과 표현들 뒤로 물러나는 것을 보았다. 다윈은 윌리엄이 나무 촛대로 여동생을 막 때리려고 하는 것을 관찰했다. "내가 그를 날카롭게 불렀을 때 그가 방향을 확 바꾸자 촛대가 내 머리 위로 향했다—그리고는 단호하게 서 있다. …… 마치 천하를 반대할 준비가 되어 있는 것처럼. 그러나 …… 내가 '도디Doddy[윌리엄의 애칭_옮긴이]는 아빠 머리에 촛대를 던지지 않을 거야'라고 말했을 때 …… 그는 '절대 안 되죠. 아빠 뽀뽀'라고 말했다." 나중에 윌리엄은 파충류처럼 물려고 하는 대신 여동생에게 마지막 생강 쿠키 한 조각을 주면서 '친절한 도디'라고 자칭했다.[49]

아이들의 사회적 감정 진화에 결정적으로 중요한 것은 예절 바른 가정의 양육 환경이었는데, 이는 어린아이들이 빨고 울부짖고 발로 차고 덥석 물 때 그들에게 가해지는 애정과 규율을 포함했다. 에마가 손수 적은 글도 포함된 다윈의 공책은 이런 동물적 감정의 구조들, 부모의 헌신, 길들임 과정을 보여주는 명령 사이를 오갔다.

다윈은 『인간의 유래』에서 인종과 문명에 대해 논의하면서 '인류mankind'라는 용어를 '남성men'으로 바꾸었으며, 한때 양성에 공통적이었던 형질이 나중에 배분되어 남성에게는 공격자와 방어자가 되기를 요구하고 여성에게는 아이를 기르고 도덕적 토대를 제공하도록 요구하는, 인간 사회의 역할 분화를 낳았다고 제시한다.[50] 다윈은 수십 년간 성별 분리, 나아가 별개의 남성적 및 여성적 특징의 진화를 연구했고, 마침내 연체동물에서 인간에 이르는 성 선택sexual selection에 대한 조사에서 그 주제를 철저히 규명했다. 다윈의 생생한 묘사는 모든 종의 수컷이 힘, 크기, 용기, 호전성, 아름다움에서 자신들의 기량을 겨루고 까불고 과시하는 것이었다. 다윈은 그것을 특히 가장 활기차고 영양 상태가 좋은 '암컷을 소유하기 위한' 전쟁이라 불렀다. 암컷들은 가장 약한 수컷이 죽을 때까지 기다리거나 아니면 싸움닭 사육자처럼 자신들의 취향에 따라 수컷의 성격을 만들어갔다.[51] 그러나 다윈의 동물들은 또한 풍부하고 다양한 구애 행위를 보여주었다. 다윈은 냄새, 소리, 색깔의 더욱 평온한 매혹에 대해 역설했다. 라멜리콘 딱정벌레Lamellicorn beetles는 쌍으로 살며 서로에게 많은 애착을 가진 것 같았다. 수컷은 알들이 침전된 배설물을 굴리도록 암컷을 흥분시켰으며, 암컷이 없으면 엄청 불안해했다. 다른 곤충들은 장기적인 관계와 상호 돌봄을 맺었다. 쥐는 평화롭게 사랑하며 살았다.

인간의 경우, 전투와 부부간 헌신의 구분은 일과 가정의 분리에서 분명했다. 다윈에 따르면, 전투의 법칙은 여전히 우세하며 더 높은 정신력의 진화를 돕는다. 지능, 상상력, 발명, 관찰은 남성들로 하여금 자신들의 경쟁자와 대항해 이기게 함으로써 그들의 짝을 더 잘 지키고 부양할 수 있게 했다. 더 크고 강하고 똑똑해진 남성은 곧이어 선택력을 장악하고, 그 선택력은 주로 아름다움과 양육의 자질 때문에 높이 평가되는 여성들에게 겨누어졌다. 문명화된 남성은 경쟁하는 부족에서 아내감을 포획해 그들을 구타로 실신시킨 채 숲속에서 끌고 다녔던 야만인과 달리 동반자적 결혼을 받아들였다. 아마도 놀랄 것도 없이, 길들임의 진화는 드디어 빅토리아 가정과 강한 유사성을 가진 특징에 이르렀고, 빅토리아 가정에서 여성은 남성의 야만적 본능을 계속 완화시키며 그들을 개량하는 자였을 것이다. 거친 남성들은 자신을 인간화시켜 줄 소파 위의 부드러운 아내가 필요했다. 이는 황야의 일터에서 돌아온 남편들에게 매일 일어나는 과정으로, 야생 동물에게 유익한 것과 동일한 특징(시샘하는 자존심, 자기주장, 질긴 인내심과 같은)은 남성 간의 투쟁 및 가정을 유지하는 데 필수적인 투쟁에서 남성에게 도움이 되었다.

가정에 근거해 공감과 애정으로 다윈이 지속한 과학 작업의 배경과 기풍은 힘든 노동과 온화한 가내성이라는 이 자연적 역사와 맞지 않아 보인다. 다윈은 거의 만성적인 허약으로 인한 치명적인 질병 시기들을 겪으며 사실상 두문불출했다. 그는 아내의 일상적인 도움에 의존했을 뿐만 아니라 가족과 친구들이 동료 관찰자, 꼼꼼한 편집인, 비평가로 역할해 준 많은 공헌에도 의존했다. 다윈은 자신의 일부 저술로 야기된 공개적인 논쟁에 거의 개입하지 않았다. 그 대신 비평가들과 사적인 서신을 주고받으며 상호 존중을 다졌고, 미래의 연구를 위해 그들의 전문지식을 이끌어내는 일을 선호했다. 그 자신의 일이 가정에 속했고 가정과 그 편안함에 의존한 것은 그가 남성다운 전쟁터에서 가진 분투감을 약화시키지 않았던 것 같다. 다윈은 자신의 성취가 대부분의 삶의 투쟁에서 압도적이었던 것과 동일한 노력, 투지, 인내에 의해 획득되었다고 주장했다. 프랜시스 골턴Francis Galton의 『영국 과학인: 그들의 본성과 양육English Men of Science: Their Nature and Nurture』(1874)에 대한 질문들에 답하며 다윈은 다음과 같이 썼다. "사업 외에 특별한 재능은 없습니다. …… 아침에 일찍 일어나는 사람 …… 같은 주제를 박력 있고 오래 지속한 연구에서 보이는 정신 에너지."[52] 그는 자신의 자녀들을 위한 자서전적 회고록에 성격 강점character strengths 목록을 덧붙였다. 인내심 있는 관찰, 신중한 추리, 꾸준하고 열성적인 과학 사랑은 자연에 대한 그의 열정을 공유하고 가정에서 그의 일에 그토록 기여한 가장 가까운 사람들을 찬양한 덕목이었다.[53]

결론

다윈의 회고록은 다윈이 세상을 떠난 지 5년 후 아들 프랜시스가 편집한 『삶과 편지들Life and Letters』에서 공개되었는데, 프랜시스는 아버지가 일한 방식에 대해 긴 설명을 덧붙이면서 세부사항까지 공들여 살피는 그의 태도, 집요함, 열정을 강조했다.

> 그가 콩 뿌리에 대한 실험을 할 때 약간의 조작이 필요했다. …… 작은 카드 조각을 뿌리에 고정시키는 일은 조심스럽게 그리고 …… 천천히, 그러나 중간 동작은 신속했다. 신선한 콩을 택해, 콩의 뿌리가 건강하다는 것을 보고, 콩을 핀에 박고, 코르크에 고정시키는 …… 이 모든 과정을 일종의 절제된 열망으로 수행했다.[54]

케임브리지 대학교에서 자연과학을 전공한 다음 런던에서 의대생이었던 프랜시스는 새로운 기관의 실험실들과 자신의 유년시절의 집에서 작업하면서 아버지를 위한 중재자 역할을 하다가, 결국 아버지의 전임 비서이자 보좌인이 되었다. 프랜시스는 선두적인 실험생리학자 존 버든 샌더슨John Burdon Sanderson과 이매뉴얼 클라인Emanuel Klein과의 연구 관계가 시작되는 것을 도왔는데, 그들은 다윈의 식충식물 연구를 조언하고 거들었다. 프랜시스는 1878년과 1879년 틈틈이 뷔르츠부르크Würzburg에 위치한 식물실험실에서 율리우스 작스 밑에서 일했다. 작스와 다윈은 덩굴손과 뿌리의 방향 운동을 도표로 만들면서 식물운동의 힘에 대한 관심을 공유했다. 작스는 식물실험을 위해 온실 전체를 제공하면서 프랜시스에게 남아 있으라고 격려했다. 프랜시스는 "작스의 생각이 그렇고" "그래서 그게 조금이라도 도움이 된다면 여기서 해야 합니다"라고 썼다.[55]

작스는 뿌리운동의 방향성과 궤적에 대해 찰스 다윈과 다른 결론에 도달했으며, 이후 여러 출간물에서 이 논쟁을 지식의 지리학에 결부시켰다.[56] 작스는 코르크와 카드를 이용한 다윈의 소박한homely 실험에서는 실험 연구소에서만 가능한 통제control가 결여되어 있다고 비판했는데, 실험연구소는 식물뿌리 성장의 크기와 방향을 10분의 1밀리미터까지 측정하도록 설계된 자동기록생장계와 같은 특수 기구들을 갖추고 있다는 것이다. 그러한 장치는 며칠 동안 자동으로 작동할 수 있기에 결코 피곤하지도 아프지도 않으며 열중이 필요하지도 않을 것이다. 규율과 전문지식의 형태를 갖춘 현대적 실험실에는 개인적 교제나 애정과 충성어린 유대를 위한 응접실이나 산책길이 필요 없었다. 작스는 비개인적이고 고도로 기술적이며 표준화된 지식 공간에 대한 호소를 통해, 다윈이 함께 엮은 과학 작업 영역과 가정 영역을 떼어놓으려 했다. 알다시피 그러한 작업공간들은 19세기에 점차 지식 생산의 모형이 되었고, 생명과학과 의학 분야에 있는 많은 영국 연구자들이 부러워하는 모형이었다. 논쟁 면에서는 결국 작스가 틀렸다고 판명되었지만 작스의 실험실은 이겼다. 다윈의 뿌리운동 이론이 신뢰를 얻은 이유는 그 이론이 마침내 실험실 환경에서 검증되었기 때문이다. 다운하우스의 노신사는 과학 생산의 새로운 기계류를 당할 수 없어 보였다.

그러나 작스가 구축한 대치는 결코 자연스럽거나 명백한 것이 아니었다. 실험실 방법과 절차를 둘러싼 체계적이고 과학적인 훈련과 의학의 방향 전환이 이제 막 시작되고 있던 영국에서는 과학의 권위가 실험실이나 정밀 도구에서만 배타적으로 위치하지는 않았다. 다윈은 작스와 서신을 교환했고 항상 그의 전문지식을 존중했다. 다윈에게 가정과 실험실은 연속적이고 공동 생산적이었다. 다윈은 늘 선두적인 화학자와 생리학자들에게 그들의 대학실험실에서 종종 자신의 설계와 방법으로 실험할 것을 부탁했다. 다윈이 진부한 자료들을 자주 사용했다지만 전문장비도 이용했다. 실제로 이조차도 가족에서 비롯되었다. 케임브리지 과학기구 회사Cambridge Scientific Instrument Company를 세우게 될 막내아들 호레이스Horace는 1870년대 후반부터 아버지의 연구에 도움이 될 장비를 만들기 시작했다.

프랜시스의 『삶과 편지들』은 아버지에 대한 경건한 헌사로, 다윈의 집과 정원을 대중에게 공개한 일련의 출간물에 속했다. 편지들에서 보이는 삶은 일과 가정 간의 긴장을 문학적 장치로 분석할 수 있게 한다. 서신은 곧 과학과 가내성, 전문적인 것과 개인적인 것이 만나고 겨룰 수 있는 공간이었다. 편지들은 기관을 세우고, 학회를 유지하고, 비개인적인 언어로 고도의 기술적 정보를 교환하는 수단이었다. 게다가 편지들은 개인적 성취, 정서적 참여, 교제, 다른 말로 하면 전문화 과정이 종종 감추는 바로 그 특징들을 과학적 기획 안에 새겨 넣는 역할도 했다. 여기에는 그리고 그 시대의 다른 유명한 인물들에게는 작스가 지우려고 했던 특성들이 보존되어 있다. 그러한 특성으로는 가정에서의 개인적인 모습과 친숙한 지식의 장소, 전투적 마음을 지닌 과학인, 지칠 줄 모르는 일꾼이자 사랑스러운 남편 그리고 아버지가 있는 가정과 과학 작업의 조화로운 관계를 들 수 있다.

제4장

헨데리나 스콧과 허사 에어턴의 연구에 드러난 홈메이드 과학의 긴장감

클레어 존스
Claire G. Jones

1904년 6월 22일, 벌링턴 하우스Burlington House는 과학과 사회의 경계를 가로지르는 눈부신 행사를 위한 무대였다. 그 행사는 런던왕립학회의 두 번째 여름 좌담회로, '레이디스 나이트ladies' night'로 알려져 있다. ≪더 타임스The Times≫는 그 행사에 대한 정규 보고에서 다음과 같이 설명했다.

> 5월에 개최된 첫 번째 좌담회는 남성에게 제한되기 때문에 '블랙 스와레Black Soirée'로 알려져 있는 반면, 6월의 리셉션은 다른 한쪽의 성이 참석해 빛내준다. 그들의 다채로운 치장은 영국 과학 본거지의 준엄한 분위기에 평소와 다른 흥겨움을 준다.[1]

그날 저녁, 런던의 과학계와 사회 명사들은 자신들의 아내와 함께 모여

최신 과학 발전에 대한 전시와 시연을 감상했으며, 이 행사를 기념하고자 꽃과 식물로 특별하게 장식한 홀에서 열리는 호화로운 환대에 참여했다. 그날 저녁 과학전시자들 중에는 두 명의 여성이 있었다. 그들은 식물학자, 고식물학자, 영상제작자인 헨데리나(또는 리나) 스콧Henderina(Rina) Scott(1862~1929)과 물리학자이자 전기공학자인 허사 에어턴Hertha Ayrton(1854~1923)이다. 스콧은 선구적인 타임-랩스time-lapse 기법을 사용한 새로운 동영상 사진들로 식물의 운동을 보여주었고, 에어턴은 유리통에 담긴 모래와 물로 실험을 시연하며 잔물결 자국의 기원을 설명했다. 에어턴의 전시는 그녀가 몇 주 전 왕립학회에서 발표했고 이후 왕립학회지인 ≪프로시딩스Proceedings≫에 게재될 논문과 연관되었다. 그녀는 독창적인 연구를 한 공로로 1906년 왕립학회의 휴즈 메달Hughes Medal을 수상했다.[2]

여성이 왕립학회 좌담회에서 전시하는 일은 드물었지만 전례가 없지는 않았다. 에어턴은 1899년에 아크방전의 소음the hissing of the electric arc에 대한 극적인 실험을 실지로 해보였는데, 당시에는 그녀가 유일한 여성 전시자였지만 이듬해에는 천문학자 애니 몬더Annie Maunder가 자신의 은하수 사진들을 전시했다.[3] 여성들은, 적어도 과학전시자로서는, 무척 엄격한 블랙 스와레에 전혀 참석하지 못한 것이 아니었다. 1903년 왕립학회의 두 좌담회 중 첫 회에서 생물학자 에디스 손더스Edith Saunders는 세포 구조에 대한 실험을 시연했고, 고식물학자 도로테아 베이트Dorothea Bate는 최근 그녀가 키프로스Cyprus에서 발굴한 피그미코끼리pygmy elephant와 하마의 잔해들을 보여주었다.[4] 당시 이 여성들은 왕립학회의 좌담회에 전문가로 참여하긴 했지만, 대체로 엘리트 과학의 주변에서만 작업했다. 스콧과 에어턴은 자신들의 작업을 기꺼이 전시해 주었으나 여성이라는 이유로 학회의 회원자격이 거부되자 가내 환경에서 자신들의 연구를 추구했다. 즉, 그들의 과학은 홈메이드이다. 홈메이드homemade라는 형용사는 어떤 의미에서는 대단하지 않은 서술이지만, 한편으로는 기관이나 실험실에서 생산되는 전문과학과 명백히 대조되는 의미를 여성의 작업에 부여한다. 그들의 지식 생산 공간은 그들의 발견에 신뢰성을 주는 특별히 제작된 공간과 장비를 점점 더 사용했는데, 가정에서의 실험은 즉흥적인 장비를 사용했기에 대부분 이런 신뢰성이 부족했다. 이런 홈메이드 환경 때문에 스콧과 에어턴이 수행할 수 있는 연구의 종류는 어느 정도 제한되었고, 이것은 당대의 과학적 위계에서 그들의 주변적 지위를 강화했으며, 그들 연구의 평판과 업적에도 영향을 주었다.

과학에서의 여성들의 역할: 설명적 틀

과학이 19세기 후반에 주로 제도적인 환경으로 점차 옮겨감에 따라 가내 영역에서 작업하게 되어버린 여성들의 문제는 잘 기록되어 있다.[5] 결과적으로 여성들에게는 보통 아마추어 역할이 주어졌는데, 그 지위에는 진지한 과학에는 못 미치는 사소함과 주변성이라는 함축적 의미가 따랐다. 또한 여기에는 여성들이 엘리트 과학기관에서, 대체로 학문적 자리에서 빈번히 배제된 것도 관련된다. 이 장에서 더 설명하겠지만, 홈메이드 과학에 부착된 해석이 대개 남성들에게는 달랐다. 그들은 가내 환경에서 과학적인 작업을 하더라도 그 연구를 보증하는 직위를 갖고 있거나 이름 옆에 기재할 수 있는 공식적인 학위나 칭호 등을 갖고 있었기 때문이다. 여기서 가정과 그 안에서 생산된 지식은 젠더에 따라 색칠된다. 이는 전혀 놀랍지 않다. 결국 가정은 사회적 관계와 위계를 내포하는 공간이며, 사회적 관계와 위계는 항상 강하게 젠더화되어 왔다. 남성들은 가정에서 작업하더라도 여성들과 같은 식으로 규정되지 않는다. 심지어 우리가 모든 작업은 그 틀과 맥락에 따라 특별한 성격을 띤다고 인정할 때도 그렇다.[6] 여기서는 스콧의 남편도 스콧과 마찬가지로 가정에서 수년 동안 제도적 기반 없이 과학을 추구했지만 당대에는 암묵적으로 그 남편의 과학을 그의 정체성에 더 중요하고 우선적인 것으로 배치했다고 논의할 것이다. 이는 그의 아내에게는 해당되지 않았다. 여성은 남성과 달리 가정에 의해 규정되었으며, 여성의 홈메이드 과학도 마찬가지였다.

최근의 학문은 대체로 간과되었던 기술자와 보조원들의 기여를 밝혔다. 이들의 역할은 과학지식의 생산에 꼭 필요했는데도 그간 일반적으로 한 명의 영웅적인 과학적 일꾼의 이야기에 가려 보이지 않았다.[7] 이 후자의 과학적 분투 형태는 모든 계급의 여성의 업적뿐만 아니라 덜 특권적인 남성의 업적도 흐리게 했다. 가정에서 공동 작업했던 여성 과학자들은 참여의 특성과 관계없이 일반적으로 보조 역할로 배정되면서, 여러 과학사에서 주변적인 존재가 되었다. 이는 1993년 마거릿 로시터Margaret Rossiter가 확인한 것으로, 그녀가 '마틸다 효과Matilda effect'라고 명명한, 여성에 대한 체계적인 과소평가로 나아가는 과정에 포함된다.[8] 이 효과는 여성이 새로운 과학이나 기술의 초창기에 기여할 때도 작동하며, 일단 그 과학이나 기술이 성공하고 젠더화되고 나면 여성은 역사에서 지워진다.[9]

남성의 보조이자 부차적인 여성은 후기 빅토리아 시대와 에드워드 시대 영국 중산층의 젠더 규정에, 특히 부부관계를 지배하는 규정에 부합하는 이데올로기였다. 여성은 자신의 남편에게 내조자helpmeet였으며 가정과 결혼의 신성함 속에서 자신의 관심과 정체성을 남편의 것에 동화시켰다.[10] 중산층 소녀들은 어릴 때부터 '감탄할 만한 협정An Admirable Arrangement'과 같은 이야기들을 통해 이 이상적인 관계를 익혔는데, 이것은 1897년 ≪레이디즈 렐름Lady's Realm≫에 실렸다. 여기에서 케임브리지 대학교의 교수는 하우스 파티의 동료 손님인 거튼Girton[케임브리지 거튼 칼리지를 뜻하는 것으로, 1869년 설립된 영국 최초의 여자대학교_옮긴이] 졸업생이 그의 전문 분야인 원시부족에 대해 독창적인 연구를 했으며 그의 학문적 명성을 위태롭게 할 수 있는 새로운 이론을 만들어냈다는 사실에 경악한다. 이야기는 두 사람이 사랑에 빠지면서 해결된다. 그 거튼 여성은 그 교수의 다음 번 저서에 그녀가 수행한 연구를 포함하되 표지에는 그의 이름만 올리는 조건으로 그와의 결혼을 약속한다.[11] 이러한 역할 규정은 결혼에서는 물론 과학에서도 젠더 위계가 유지되도록 도왔고, 특히 여성의 홈메이드 지식이 눈에 띄지 않도록 하는 데 일조했다.

이와 같은 역학으로 인해, 아내, 자매, 딸은 과학의 발달에 대한 설명에서 생략되거나 덜 중요하게 격하되었으며, 특히 그 과학이 가내 환경에서 협력한 결과였을 때 더욱 그랬다. 이 관점에 기반하면서 주장되는 것은, 그럼에도 불구하고 결혼과 가족 간의 또 다른 성별 관계는 여성 과학인에게 과학으로 가는 길을 제공했는데 이는 보통 여성에게는 허락되지 않던 전문가 네트워크를 지닌 남성 멘토의 지원을 통해서였다는 것이다.[12] 분명 이러한 해석이 스콧과 에어턴에게 어느 정도 적용될 수 있음은 분명하다. 그러나 계급의 문제와 대개 가정 주변을 기반으로 하는 보다 일반적인 사회적-과학적 네트워크에 참여하는 문제도 마찬가지로 중요하다. 맥락 없이 단독으로 사용되는 남성 멘토라는 설명 틀은 때때로 더 복잡한 그림을 감추게 되어 여성을 부차적인 역할로 격하시키는 데 공모할 수 있다. 스콧과 에어턴 둘 다 이런 문제들로 피해를 입었다. 그들은 같은 분야에서 연구하는 저명한 과학자와 결혼했다. 그렇지만 에어턴은 미망인이 된 후에도 15년 동안 생산적인 과학 활동을 이어갔다. 그들에게 결혼과 협력은 하나의 중요한 실타래였는데, 비록 스콧과 에어턴이 서로 다르게 협상했더라도 그것은 여전히 그들 홈메이드 과학의 수용과 해석에 영향을 주었다.

한 여성은 식물학자이고 다른 여성은 물리학자였다는 점이 이 두 여성의 비교를 흥미롭게 한다. 그들 과학의 가내 환경은 학문 분야가 달라서 그들에게 다르게 영향을 주었을까? 식물학과 물리학은 매우 다른 문화와 전통으로 발전했다. 물리학은 실험실에서의 실험과 세계에 대한 수학적 표현을 강조하는 자기-의식적으로 남자다운 활동으로서, 근대과학이 출발할 때부터 여성의 권리를 배제하는 문화를 발달시켰다. 이것은 17세기 영국으로 거슬러 올라갈 수 있는데, 이때 여성성은 사색적이고 탐사적인 과거의 양식에서 벗어나고자 했던 적극적인 새로운 실험과학과는 반대의 것으로 되어갔다.[13] 특히 실험물리학에서 여성과 여성성에 대한 이러한 거리두기는 자연을 오직 여성적 형태로 의인화하는 전통에 의해 악화되었다. 남성 실험자들은 대자연Mother Nature을 자신들의 탐구 대상으로 만들고 대자연을 여성 뮤즈female muse로 간주했는데, 그 뮤즈는 남성 실험자들을 유혹하고 속일 수도 있었지만 길들여진다면 그들에게 자신의 비밀을 꿰뚫게도 할 것이었다. 이러한 재현은 여성성과 과학의 부조화만 부추기는 이중성으로서, 여성은 탐구의 수동적인 대상으로, 남성은 맹렬하고 활동적인 탐구가로 제시했다.[14]

이와 달리 식물학은 실험실로 완전히 이동하지 않았고, 적어도 어느 정도는 자연에서 일어나는 현상을 계속 발견하려고 했다. 실제로 식물학에는 도덕을 향상하는 계몽과학으로 여겨지는 것에 여성을 포함시키는 전통이 있었다. 앤 슈타이어Ann Shteir가 요약했듯이 19세기 초까지는 그러했다.

> 여성들은 다른 어떤 과학보다 식물학에 문화적으로 더 인정받으며 다가갈 수 있었다. 여성들은 식물을 수집하고, 그림으로 그리고, 연구하고, 명명하며, 아이들을 가르치고, 식물학에 관한 대중적인 책을 썼다. 식물학은 여성들과 폭넓게 연관되었으며 여성적인 것으로서 일반적으로 젠더에 의해 규정되었다.[15]

홈메이드 과학이 여성 식물학자에게 문제였던 정도가 여성 물리학자와 엔지니어에게 그랬던 만큼은 아니었을 것으로 예상했을 수 있다. 그러나 스콧과 에어턴의 사례 연구는 전혀 그렇지 않다. 19세기 후반에는 식물연구가 식물과학으로 전환되었고, 린네 시스템 이후에는 자연세계를 서술하는 대신 식물의 구조를 조사하는 데 주력했다. 슈타이어에 따르면, 이는 여성들의 식물 활동을 차별화하는 전략을 담은, 그 학문의 탈여성화와 전문화를 수반했다.[16] 더 일반적으로 이때는 과학이 전문화되고 분화되며, 과학종사자들에게 학문적 자격의 신뢰성이 점점 더 요구될 때였다. 20세기 초 몇십 년에 이르러 전문 과학자들은 뚜렷한 남성적 정체성을 획득했다. 이는 19세기 초 몇십 년 동안 과학의 학문 분야와 기관들을 재조직하며 시작했던 과정의 정점이었다. 이때 '과학자scientist'라는 용어가 생겼고 영국 과학진흥협회British Association for the Advancement of Science 같은 기관들이 설립되었는데, 그들의 규정에는 여성들이 실제로 어떤 역할이라도 한다면 과학의 구경꾼으로서 수동적인 역할만 할 것이라는 이해가 암시되어 있었다.[17] 제1차 세계대전 이전에 대중매체의 부상은 전문과학에 대한 이러한 이해를 반영했으며, 기존의 신문과 방송뿐만 아니라 새로운 잡지와 저널도 과학과 기술의 발전을 탐욕스럽게 다루면서 거의 배타적으로 남성적 성격만 부여했다. 이러한 보도에서 전문적인 남성 과학자는 거의 대부분 진실을 추구하는 용감하고 영웅적인 탐구자로 그려졌다.[18] 지식의 지위와 신뢰성이 과학자의 명성과 그 생산 공간의 장소와 맥락에 의해 결정되는 이런 세계에서, 여성의 홈메이드 과학은 더더욱 의심스러웠다.

가정에서 헨데리나 스콧과 함께

헨데리나 빅토리아 클라센Henderina Victoria Klassen은 교양 있는 중산층 출신으로, 가정에서 과학을 중심으로 돌아가는 가족생활을 했다. 그녀의 아버지 헨데리쿠스 M. 클라센Hendericus M. Klaassen은 하노버Hanover에서 스무 살 때 영국에 건너왔으며, 사업에서 성공한 후 1874년부터 유니버시티 칼리지 런던University College London에서 화학, 동물학, 지질학 강의를 들으며 과학적 관심사를 추구했다. 1877년에는 지질학회Geological Society의 회원으로 선출되었으며 그 학회의 ≪프로시딩스Proceedings≫에 두 편의 논문을 제출했다.[19] 헨데리쿠스는 크로이던Croydon에 있는 그의 집 근처에서 철도공사로 인해 노출된 식물과 동물 화석에 매료되었고, 그의 딸 헨데리나와 헬렌Helen에게 이러한 열정을 나누어주었다.[20] 그는 또한 여학생을 위한 교육의 후원자였으며, 걸스 데이 스쿨 트러스트Girls' Day School Trust의 후원으로 크로이던에 여자 중고등학교 설립을 추진한 사람 중 한 명이었다. 헬렌은 케임브리지의 뉴넘 칼리지Newnham College에서 물리학으로 진로를 시작했지만, 헨데리나의 과학적 관심사는 아버지의 관심사와 더욱 밀접했다. 그녀는 1886년 사우스 켄싱턴South Kensington에 있는 왕립과학대학Royal College of Science의 학생이 되어, 큐 왕립식물원에 있는 조드럴 실험실Jodrell Laboratory에서 (DH 스콧으로 알려져 있는) 듀킨필드 헨리 스콧

Dukinfield Henry Scott이 담당하는 고급 식물학 수업을 들었다. 얼마 안 있어 1887년에 그 교수와 결혼했다.

DH 스콧(1854~1934)은 고식물학의 '아버지'로 유명하다. 1894년에 왕립학회 회원으로 선출되었고 1908년부터 1912년까지 린네학회의 회장이었으며, 다양한 명예학위와 상을 받았다. DH는 여성 식물학자들을 지지하기로 유명했다. ≪더 타임스≫에 실린 그의 부고문에서 한 제자는 "모든 여성은 DH 스콧 박사를 추모해야 한다. 그는 자신의 수업에 여성을 허용한 유니버시티 칼리지의 첫 식물학 강사였기 때문이다"[21]라고 적었다. 1892년 DH는 큐 왕립식물원에 있는 조드럴실험실의 무보수 명예책임자로 임명되었고, 그는 곧 그 식물원에 고식물학 연구를 위한 국립 센터를 설립했다.[22] DH는 독립적인 수입이 있어서, 대부분의 경력에서 기관에 소속되는 것을 즐기지 않았다. 그는 1906년 큐 왕립식물원에서 은퇴하고 헨데리나와 함께 베이싱스토크Basingstoke 근처의 이스트 오클리 하우스East Oakley House로 이사했다. 그곳은 "DH가 여생을 보낸 곳으로, 가장 즐겨 찾던 남쪽 해안가의 몇 군데 말고는 집에서 더 멀리 가는 일이 거의 없었다."[23] 여기에서 DH와 그의 아내는 독자적으로 또는 함께 연구했으며, 이로부터 개인 또는 공동의 논문과 저서들을 발표했다. 그런 식으로 1906년부터 1929년 헨데리나가 사망할 때까지 20여 년간 부부의 공동 및 개인 연구는 홈메이드였다. 그러나 가내/아마추어라는 오점이 헨데리나와 그녀의 남편에게 영향을 미치는 방식은 전혀 달랐다. 남편과 아내는 서로 협력했고 또한 각자 독자적인 연구를 수행하기도 했지만, 부고문과 회고록에서 그녀는 변함없이 남편의 보조자나 돕는 이helper로 묘사되고 그녀의 독자적인 연구는 부차적인 관심을 받는다.[24] 그들이 과학적 커플이었다는 데에는 의심의 여지가 없다. 1904년에 그들은 둘 다 비엔나에서 열린 국제식물학회의 대표자였다. 거기서 DH는 논문을 발표했고 헨데리나는 "린네학회, 영국협회, 남동부 연합과학회와 같은 식물 및 기타 과학 회의에 그와 함께 자주 참석했다."[25] 이 틀에 박힌 서사는 헨데리나의 튼튼한 과학자로서의 자격을 흐리게 한다.

DH 스콧이 자신의 저서와 논문들에서 아내인 'DH 스콧 부인'이 보조하고 스케치해 준 것에 빚지고 있다고 쓰고 있으므로, 그의 과학은 그녀의 과학적 전문지식과 봉사로부터 엄청난 도움을 받았음이 분명하다. 헨데리나는 남편의 연구를 상세하게 알고 있었다. 그녀는 DH의 화석 슬라이드 모음을 분류하고 찾아보기를 작성했으며, 영향력 있는 그의 저서인 『구조 식물학 입문Introduction to Structural Botany』(1897)과 『화석 식물학 연구Studies in Fossil Botany』(1908)에 삽화를 그려 넣었다.[26] 그러나 역시 어린 시절부터 자신의 과학적 관심사를 추구했던 헨데리나는 자신의 식물 탐구를 그녀 삶의 주요 부분으로 만들었다.

살아있는 식물과 화석 식물들에 대한 헨데리나의 연구는 여러 출간물로 나왔다. 결혼 전에 그녀는 조류algae 세포의 구조에 관해 DH와 공동 연구했다. 비록 논문에는 그의 이름만 실렸지만 그는 그녀의 기여를 인정했다.[27] 헨데리나 역시 자신의 이름으로 1906년에 ≪새로운 식물학The New Phytologist≫에, 1903년, 1908년, 1911년에는 ≪식물학 연보Annals of Botany≫에 논문들을 제출했다.[28] 일찍이 그녀는 에설 사르간트Ethel Sargant와 협력해 야생 아룸arum의 묘목을 연구했고, 그 결과는 1898년 ≪식물학 연보≫에 공동 논문으로 발표되었다.[29] 헨데리나 스콧과 에설 사르간트는 20세기 초반의 수십 년간 고식물학 분야에서 연구한 꽤 많은 수의 여성들 중에서 확인할 수 있다.[30] 1905년, 그들은 마침내 린네학회의 숙녀 회원들Lady Fellows로 인정받는 최초의 여성이 되었다.[31]

시간 속에 포착된 자연

헨데리나 스콧의 홈메이드 과학에서 가장 흥미로운, 그러나 잊혀진 몇몇 성과는 남편과 관계없이 독자적으로 생산되었다. 이 작업은 투사기와 인화기가 장착된 필름 카메라인 초기 시네마토그래프cinematograph를 이용해, 그녀가 식물의 생장과 운동에 대한 동영상 사진이라고 부른 것을 녹화하는 것이었다. 그녀는 강연에서 다음과 같이 설명했다.

> 보통 시네마토그래프 사진은 살아있는 물체의 빠른 움직임을 재현한다. 내 사진들의 목적은 눈으로 주시할 수 없는 느린 운동을 가속된 속도로 보여주는 것이다. 씨앗으로부터 어린 식물이 생장하는 것, 꽃의 개화와 과일의 발육, 덩굴나무의 운동 등등이 그런 운동들이다.
> 앞서 말한 바와 같이, 나는 이런 사진들을 시네마토그래프로 보여주기 위해 몇 주 동안 하루 종일 일정 간격으로 사진을 찍었고, 결국 몇 주 동안의 식물 생장과 운동이 몇 초 만에 눈앞에서 지나갈 수 있었다. 따뜻한 비가 온 후에야 식물이 자라는 것을 가까스로 볼 수 있다고들 한다. 그러나 이 시네마토그래프를 이용하면 문자 그대로 볼 수가 있다.[32]

스콧은 슬로모션 타임-랩스slow motion time-lapse 사진으로 꽃봉오리의 개화, 꿀벌에 의한 수분, 새싹의 풀림, 그 밖의 식물 활동 발현을 보여주었다. 이 획기적인 작업을 위해 그녀는 카마토그래프Kammatograph를 사용했다. 이것은 오귀스트 루미에르Auguste Lumière와 루이 루미에르Louis Lumière 형제가 영국에서 시네마토그래프를 처음으로 시연하고 2년이 지난 1898

년에, 이 기구의 특허를 취득한 레너드 캄Leonard Kamm이 특별 개조한 것이다.[33] 초기 시네마토그래프는 카메라와 투사기가 일체였으며, 움직임을 투사하기 위해 셀룰로이드 리본 대신 나선형으로 배열된 작은 이미지가 있는 유리판을 사용했다. 때때로 이 기술은 스콧의 작업을 제약했는데, 각 유리판에서 사용할 수 있는 354개의 이미지에 꼭 들어맞는 기간 동안의 현상만을 녹화할 수 있었기 때문이다. 이 필름 없는 카메라는 상영을 위해 랜턴 투사기를 함께 사용했다. 스콧은 런던의 왕립원예협회, 식물학회, 왕립학회의 1904년 좌담회에서 자신의 동영상 사진을 시연했다. 또한 1903년에는 ≪식물학 연보≫에, 1904년에는 인기 있는 6페니짜리 ≪지식과 과학 뉴스Knowledge and Scientific News≫에, 1907년에는 ≪왕립원예협회지 Journal of the Royal Horticultural Society≫에 자신의 연구 결과를 자세히 설명한 논문을 발표했다.[34]

카마토그래프는 특히 헨데리나 스콧이 말한 규칙적으로 시간이 많이 걸리고 반복적인 작업에는 사용하기가 번거롭고 꽤 힘들었을 것이라는 점에 주목해야 한다. 더구나 이 일은 냄새나는 화학물질도 필요로 했다. 그녀는 자신의 온실에서 기른 식물을 대상로 삼았다. 스콧은 이스트 오클리 하우스 부지와 정원을 관리하는 유일한 사람이었고, 식물들에게 '그녀의 의지에 따라 자라는' 마법의 손길을 발휘한다고 소문이 났었다.[35]

식물의 생장과 곤충의 활동에 대한 스콧의 촬영은 시대에 걸맞았으며, 대부분 촬영의 과학적 사용과 연관된 슬로모션 기술의 발달에 맞추어 향상되었다. 문화사학자 데이비드 레이버리David Lavery는 다음과 같이 말한다.

> 타임-랩스 사진은 1888년 물리학자 에른스트 마흐Ernst Mach에 의해 이론적으로 처음 구상되었는데 10년이 지나서야 비로소 구현되었다. 현

> 실 세계에서 타임-랩스 사진을 사용한 세기는 1898년 콩의 11일 생장에 대한 독일 식물학자 빌헬름 페퍼Wilhelm Pfeffer의 기록으로 시작될 것이다. …… 1904년 피존Pizon은 타임-랩스 형태를 사용해 …… 세균집락의 성장과 발달을 기록했다. ……
> 타임-랩스는 러시아계 미국인 생물학자 로만 비시니액Roman Vishniac(1897~1990)이나 미국의 발명가 존 오트John Ott(1910~2000)와 같은 개척자들의 손에서 실용적이고 과학적인 다양한 방법으로 사용될 것이며, 동시에 '과학자를 위한 도구로 사용되면서 아름다움을 드러낼 것이다.'[36]

생물학적 현상에 대한 타임-랩스 사진 역사에서 가장 중요한 인물은 1909년부터 프랑스 뱅센Vincennes에서 파테Pathé[프랑스의 영화 제작사_옮긴이]를 위해 현미경 촬영 실험실을 운영한 장 코망동Jean Comandon으로, 그는 미생물과 심장의 움직임을 비롯한 여러 현상을 촬영했다.[37]

영국에서는 1911년에 F. 퍼시 스미스F. Percy Smith가 〈꽃의 탄생The Birth of a Flower〉이라는 영상을 키네마컬러Kinemacolor 방식으로 제작했는데, 이 영상은 애니메이션 영화 제작의 이정표로 인정받는다. 스미스는 제1차 세계대전 이전에 현미경을 활용한 몇몇 영상을 포함해 50편이 넘는 영상을 제작했다.[38] 스콧의 작업이 이 분야에서 가장 초창기에 속했다는 것은 의심의 여지가 없다. 그럼에도 '마틸다 효과'로 그녀는 이 분야의 역사에 속하지 않는다. 그녀의 영상이 코먼던이나 스미스의 것처럼 전문 환경이 아닌 그녀의 집 정원에서 제작되었다는 사실 또한 그녀의 작업을 타임-랩스 사진이 전문화된 진전의 일부로 기록되고 인정받기 어렵게 만들었다. 스콧은 동영상 사진을 추구하고 있을 즈음에 린네학회의 회원으로 선출되었지만 그녀에게는 소속된 기관이나 자격증이 없었다. 그래서 가내 영역에서 아마추어 및 애호가로서 과학에 기여하는 여성, 아내, 어머니라는 신분의 프리즘을 통해 자신의 과학이 해석되는 것에 대응할 수가 없었다.

헨데리나 스콧은 계몽주의 시대의 살롱에 비유될 만한 것의 중심이 되었는데, 살롱은 학술회같이 보다 형식적이고 배타적인 교제에 기반하면서 대안도 제공하던 곳이었다.

> 위대한 식물학자의 아내이자 한결같은 동반자로서 헨데리나 스콧은 자신의 훌륭한 사회적 재능을 폭넓게 발휘할 자리를 알았다. 스콧의 집은 젊은이나 노년의 식물학자들이 모이는 장소가 되었다. 친구들의 관심사에 대해 스콧 부인이 보여준 지식과 공감은 상당히 주목할 만했다.[39]

이러한 이해는 DH의 부고문들에 잘 나타나 있는데, 사람들은 DH와 그의 아내가 과학적 식물학에 관심이 있는 모든 이에게 열려 있었다며 감사하고 있다. 이스트 오클리 하우스에서 "외국의 식물학자들은 따뜻한 환영을 받았으며 그들이 느꼈을 어떤 어려움도 주인과 여주인의 즐거운 환대로 곧 해소되었다."[40] 재정적으로 안정되었던 헨데리나는 보수를 받을 필요 없이 집에서 자신의 과학적 관심사를 추구할 수 있었으며, 그녀와 그녀의 작업이 중요한 인물들에 의해, 즉 식물학의 과학 엘리트들에 의해 존경받고 있음을 알고 있었다. 그녀는 사회적 지위와 결혼에서 오는 지위를 모두 가지고 있었으며, 이는 그녀의 과학적 지위와 식물학의 핵심 네트워크 사이의 인맥을 다져주었다. 이것은 린네학회의 회원 선거에서 그녀를 지명한 사람들을 보면 잘 설명된다. 그녀의 추천서에 서명한 일곱 명의 이름 중에는 C. 수어드C. Seward, 프랜시스 다워드Francis Darward, FW 올리버FW Oliver, 아서 리스터Arthur Lister를 포함해 그 시대에 가장 영향력 있는 몇몇 남성 식물학자가 있었다.[41] 그러나 이러한 네트워크에서 DH가 지닌 지위와 달리, 헨데리나의 지위는 그녀의 과학에 근거한 것이 아니라 저명한 과학자의 아내이자 과학모임의 여주인이라는 정체성에 근거했다. 결과적으로 과학적 동료라는 그녀의 지위는 쉽게 붕괴되어 부차적이 되었다. 에어턴과 달리, 헨데리나가 그 시대의 아내다움 규정에 공감하지 않았다는 증거는 거의 없다. 그녀는 여섯 자녀를 낳았고 그중 넷이 성인으로 생존했다. 그리고 그녀는 학교와 지역 교구 정치에도 관여했다. DH는 자필로 쓴 길고 자세한 자서전에서 아내를 맨 끝에 단지 잠깐 언급했을 뿐이다.

> 결혼.
>
> 나는 1887년 8월 13일 지질학회 회원인 H.M. 클라센의 딸 헨데리나 빅토리아 클라센과 결혼했다. 나의 아내는 나의 연구에 큰 도움을 주었다.[42]

아내의 전문지식은 당연히 그에 대한 봉사였고, 그녀 자신의 홈메이드 과학은 부차적이었다. 그녀의 공헌을 더 자세히 말하는 것은 그 자신의 공헌을 손상시켰을 것이며, 그의 남자다운 전문 과학자로서의 정체성과 과학가정의 우두머리로서의 지위를 위태롭게 할 수 있었을 것이다. 이러한 문제들은 허사 에어턴의 홈메이드 과학에 대한 묘사를 고찰하면서 더 분명해질 수 있다.

실험실에서 허사 에어턴과 함께

허사 에어턴은 1890년대 아크방전electric arc에 대한 연구와 모래물결sand ripples 형성에 대한 탐구로 유명하다. 1903년에 그녀가 쓴 아크방전에 대한 책은 표준 텍스트가 되었다. 에어턴은 이 두 연구를 인정받으면서 독창적인 연구를 한 공로로 1906년 왕립학회의 휴즈 메달Hughes Medal을 받았다.[43] 그녀는 또한 1902년 왕립학회 회원에 지명된 최초의 여성으로도 기억되고 있다. 한탄스럽게도, 다음 여성 지명이 성사되기까지는 43년이 더 걸렸다.[44] 에어턴도 헨데리나 스콧처럼 유럽 대륙 혈통이었다. 그녀의 유태인 가족은 폴란드 출신이며, 그녀가 케임브리지 거튼 칼리지에 수학을 공부하러 왔을 시기에 그녀의 기능공artisan 가족은 중하층이었다. 그녀는 거튼의 공동 창립자인 바버라 보디콘Barbara Bodichon과 다른 사람들의 재정적 도움으로 거튼에 올 수 있었다. 실용적인 것에 관심이 많던 에어턴은 거튼 칼리지에서 핀스버리 파크 테크니컬 칼리지Finsbury Park Technical College로 진학해 전기-기술을 공부했다. 거기에서 2년 후에, 헨데리나 스콧과 마찬가지로, 전기 엔지니어인 윌리엄 에어턴William Ayrton과 결혼했다. 에어턴은 때때로 공동 연구를 했지만 대개는 독립적으로 자신의 연구를 추구했다. 실제로 남편과 아내로서 그들은 과학자로서의 개인적 정체성을 철저히 보호했다. ≪더 타임스≫에서 윌리엄의 사위는 윌리엄이 "지적인 여성에 대한 호감"이 있다고 평가했으며, 일부 남성 과학자와 달리 아내의 삶과 연구를 자신의 것으로 흡수하지 않았다고 예리하게 지적했다. "오히려 윌리엄은 그녀의 경력이 별개로 또 개인적으로 인정받게끔 노력했다."[45] 결혼 생활을 오래 한 헨데리나 스콧과 달리, 허사는 1908년에 윌리엄이 세상을 떠난 후 약 15년 동안 미망인이었다. 그녀는 그 기간 동안 과학적 탐구를 계속했는데, 그러나 그때부터 그녀의 과학은 가내 환경에서의 홈메이드 과학이었다.

에어턴은 남편이 교수로 있던 런던의 센트럴 기술대학Central Institution의 실험실에서 아크방전에 대해 독자적으로 연구하고 있었다. 남편이 죽은 후 그녀는 미약하고 비공식적인 그 대학과의 연결고리를 잃었고, 장비가 우수한 그의 대학 실험실에서 그녀의 런던 집 응접실에 있는 가정 실험실로 실험실을 옮겼다. 그녀의 집은 하이드 파크 근처에 나무가 많은 노퍽 광장Norfolk Square에 있었다. 바로 여기가 1923년 그녀가 죽을 때까지 자신의 모든 실험적 연구를 수행한 곳이다. 이제 홈메이드 과학을 추구하면서, 에어턴은 자신의 신뢰성과 결과가 의문시된다는 것을 알았다. 이는 곧 그녀가 탐구를 진행하는 비전문적인 공간과 직접 관련된 도전이었다. 그녀의 가정 실험실에는, 전자기나 전기저항 같은 영역에서 값을 표준화하기 위해 사용되는 것에 해당하는, 현대적이고 실험적인 공간이 지닌 신뢰성이 없었다. 이러한 기관 실험실들은 외부 세계의 진동, 소음, 그 밖의 나쁜 영향이 차단되도록 지어졌다. 이제 실험 결과를 수용하기 위해서는 그 결과를 생산한 과학자에 대한 신뢰성뿐만 아니라 생산 장소의 신뢰성에도 점점 더 의존하게 되었다.[46]

에어턴의 실험 장비가 지닌 질과 효능은 여러 차례 왕립학회의 우려 대상이 되어 모래물결 논문의 기각으로 이어졌는데, 이것은 중요한 의미를 지니고 있다.[47] 한 심사위원은 그녀의 연구 방법들에 의문을 제기하면서 그 방법들을 "허술하다crude"라고 특징지었다.[48] 에어턴은 그 주제에 관한 논문들 중 하나에서 자신의 실험 방법들과 자신이 가내 환경에서 발견한 물건들을 이용한 방법들을 설명한다. 초기의 실험들은 비누 접시에서 파이 접시에 이르는 다양한 모양과 크기의 용기를 가지고 진행하면서, 44인치 길이의 물통까지 크기를 확대했다. 롤러나 쿠션들을 이런 그릇 아래에 놓고 손이나 작은 전기모터로 물 진동을 일으켜, 잔잔한 흔들림을 만들 수 있었다. 이런 식으로 그녀는 다양한 물결 형성을 조사했으며, 진동하는 물에 미세한 분말 알루미늄을 넣어 물 소용돌이의 특징을 잘 볼 수 있게 했다.[49] 에어턴의 실험은 물결 자국이 케임브리지 대학교의 조지 다윈George Darwin이 제안한 마찰 때문이 아니라 수압의 변화 과정 때문에 형성된다는 것을 입증했다. 제임스 태터솔James Tattersall과 쇼니 맥머런Shawnee McMurran에 따르면, 잔물결통을 사용한 랠프 배그놀드Ralph Bagnold(1946)와 데즈먼드 스콧Desmond Scott(1954)의 독립적 실험들이 에어턴의 결론을 확증했음에도, 둘 다 그녀의 선구적인 성과를 언급하지 않았다.[50]

왕립학회 심사위원들이 그녀의 기법에 문제를 제기했다면, 심지어 호의적인 동시대인들조차 가벼운 회의론을 내비치며 그녀의 실험실에서 사용된 '장난감 같은 모형들' 때문에 그녀의 아이디어를 평가하기가 얼마나 어려운지를 토로했다.[51] 또 다른 회고록은 '모자 핀으로 고정한, 실크 한 가닥 위의 깃털 한 조각'을 사용해 석탄가스가 튜브를 관통하는 속도를 시험했다고 묘사한다.[52] 비록 날짜 표시는 없지만 왕립학회 메달을 받은 1906년에 찍었을 허사 에어턴의 사진은 그녀의 홈메이드 과학과 그 과학이 생산되는 가내 공간에 대한 이런 망설임을 반영한다(〈그림 4.1〉 참조). 에어턴은 책장 앞에 있고 화분과 꽃병이 두 어깨 위에 있으며, 그녀의 머리 위로 그림들이 벽에 걸려 있다. 그녀는 테이블 앞에 서 있는데, 테이블 위 유리 탱크는 거의 보이지 않는다. 또 다른 유리 탱크는 벨벳이 덮인 테이블 위에서 단지 가장자리만 보인다. 에어턴 자신은 방문객을 맞이하는 복장에 보석을 두르고 있고, 사진의 오른쪽을 응시하면서 우리의 눈을 피하고 있다. 그 초상화에 에어턴의 전문직을 나타내는 분명한 기표

Mrs Ayrton in her Laboratory.

LONDON: EDWARD ARNOLD & Co

그림 4.1 자신의 실험실에 있는 에어턴 여사

자료: *Hertha Ayrton, 1854~1923: A Memoir*(1926).

가 없다는 것은 그녀의 실험 장비가 품은 명백한 가내성을 보여준다. 그 효과는 모호하다. 이 사람은 실험실에 있는 과학자인가? 아니면 응접실의 안주인인가? 이 이미지에서는 여성성 개념과 밀접히 연관되는 정돈된 가정적 가치도 읽힌다. 에어턴의 사진이 드러내는 시각적인 숨은 의미는, 여성의 공간은 실험실이 아니라 가정이라는 것이다.[53]

가정 실험실, 적어도 한 여성의 가정 실험실이 지닌 지위와 견고성roberstness에 대한 이런 혼란과 불확실성은 그녀의 의붓딸 이디스 에어턴 장윌Edith Ayrton Zangwill이 쓴 에어턴의 삶에 대한 허구적 이야기에도 반영되어 있다. 『소명The Call』(1924)에서 에어턴은 팽크허스트Pankhurst 여사의 여성사회정치연합의 회원인 우르술라Ursula로 그려지는데, 그녀는 명목상으로는 과학적 여성성에 호의적이고 일반적으로는 참정권 주제로 분류되는 소설의 여주인공이다. 『소명』의 저자는 이 책에서 여성해방을 지지함에도 불구하고 실험실에 있는 여성에게 어떤 양면성을 드러내며, 이 광경을 유머를 일으키는 호기심으로 이용한다.

> 방 안에서 쉬익쉬익 하는 별난 소리와 희미하지만 더 별난 냄새가 났다. 어떤 정신 나간 가정부가 자신의 침실에서 늦은 점심으로 냄새가 고약한 것을 구워 먹고 있는 것처럼 보였다. 어떤 하인도 그렇게 체면을 버리고 모양 없는 푸른 면 작업복을 걸치지 않았을 것이고, 더더구나 가장자리가 접혀진 흉물스러운 검은 고글을 쓰지 않았을 것이다. …… 그 순간 모든 것은 소녀 앞 테이블 위에 놓인 금속 조임틀의 검은 물체가 쉬익쉬익 분사하는 불꽃에 사로잡혀 있었다.[54]

가정에서 과학을 추구하는 여성에 대한, 또는 그녀를 어떻게 재현할 것인가에 대한 장윌의 불확실성은 여주인공의 어머니에 의해서도 드러난다. 그 어머니는 딸의 가정 실험실을 지옥 같은 집구석이라고 말하며 방문이 불편하다고 느낀다. 마찬가지로, 우르술라의 구혼자도 그 실험실에 사랑하는 사람과 동행하는 게 불편하다는 것을 깨닫고, 그녀가 덜 과학적이고 더 인간적이 되는 공원에서 그녀를 만나는 게 좋겠다고 곰곰이 생각한다.

결론

헨데리나 스콧과 허사 에어턴의 경험들이 보여주는 바는, 19세기 후반과 20세기 초에 가정에서 정교하게 제작되는 과학에 부여된 의미가 여성들에게 달랐던 이유는 그들의 생물학적 성, 그리고 그것과 가내적인 것 간의 밀접한 연관성 때문이라는 점이다. DH 스콧과 같은 남성은 집에서 일했지만 왕립학회 회원, 자격, 직위를 통해 기관들과의 연결을 강화하면서 일했다. 이런 유리한 점들이 과학자로서의 그들의 정체성을 우선적이고 안정적이게 만들었으며, 비전문적으로 즐긴다는 애호주의dilettantism의 오점으로 손상되지 않게 했다. 반대로, 여성의 과학적 정체성은 가정주부, 아내, 어머니로서의 정체성에 비해 항상 부차적이었다. 그 결과, 여성의 홈메이드 과학은 흥미롭지만 주변적이었고, 주류의 탐구 프로젝트가 아닌 취미로 여겨지는 위험에 처해 있었다. 그럼에도 불구하고, 여성 과학자들, 적어도 사회적 지위가 있는 여성 과학자들은 비록 엘리트 기관이 그들에게 계속 거리를 두었더라도, 의례적이고 비공식적인 과학 네트워크에 포함되었으며 남성 과학계에 의해 어느 정도 받아들여졌다. 스콧은 특권이 있었고 인맥이 좋았다. 그녀는 그녀의 집에서 런던 식물학계의 명사들과 곧 명사가 될 인사들을 포함한 모임의 중심에서 안주인 역할을 맡았다. 이 과학자들은 그녀의 홈메이드 과학을 알고 존중했지만, 위대한 식물학자의 동료, 아내, 내조자로서의 역할을 우선으로 여겼다. 결과적으로, 헨데리나 스콧의 과학자로서의 정체성과 과학적 네트워크에서 동료로서의 지위는 늘 불안정하고 혼란스러웠다.

스콧과 에어턴이 홈메이드 과학을 추구하던 당시에 공간은 젠더화되었고 남성과 여성이 동등한 조건으로 공유하는 물리적 장소는 거의 없었다. 분리된 영역은 중산층 여성을 가정에, 남성을 그 너머의 위대한 세계에 배치했다. 분리된 영역을 특히 19세기의 전환기에 적용할 경우, 너무 고정된 구분을 시사한다는 비판이 가능하더라도, 여성은 남성이 가정에 의해 규정되는 방식과 다르게 규정되었음은 분명하다. 비록 19세기 후반과 20세기 초반에 몇몇 주목할 만한 남성 과학자들이 가정 실험실에서 연구를 계속하며 과학적 가구scientific household의 우두머리라는 정체성을 받아들였다 하더라도, 이것은 명망과 리더십 있는 과학 탐구자로서 그들의 지위를 강화하는 데 기여했다. 해나 게이Hannah Gay가 1913~1915년에 왕립학회 회장을 역임한 화학자 윌리엄 크룩스William Crookes와 관련해 보여주듯이, 과학적 가구의 우두머리라는 정체성은 한 남성의 과학적 지위를 강화시킬 수 있었으며, 대부분 보이지 않는 가족 지원 체계로 그 개인의 과학적 성과를 극대화할 수 있었다.[55] 에어턴은 미망인으로 지내며 대부분 자신의 가정 실험실에서 과학적 탐구를 추구했지만, 크룩스와 달리 과학적 가구의 우두머리라는 지위를 얻지 못했다. 그녀는 대부분 혼자 일했고 자신을 지원해 줄 과학적인 가족 네트워크가 없었기에, 한 여성으로서 그녀의 가정 관리는 앞서 말한 통달과 리더십이라는 함축을 담지 않았다.[56]

에어턴의 실험실은 가정에 있었으므로 실행할 수 있는 연구 유형이 거의 정해져 있었다. 전문 장비가 없는 그녀는 손쉽게 구할 수 있는 도구를 이용해 자신의 실험 과학을 공들여 해나갔다. 에어턴 과학이 지닌 이런 가정-제작적인 특성은 그 실험 결과의 신뢰성을 의문시하는 것으로 이어졌는데, 이는 센트럴 기술대학의 실험실에서 수행된 아크방전에 대한 그녀의 초기 연구가 긍정적으로 받아들여진 것과 대조적이다. 귀족 저택의 전통 이후로는 많은 남성 과학자에게도 가정 실험실이 있었지만, 19세기 후반 즈음에는 이런 남성들이 이용할 수 있는 실험적 연구 장소가 단지 가정 실험실뿐만이 아니었다.[57] 예를 들어, 노벨상 수상자 레일리 경Lord Rayleigh은 자신의 집에 크고 유명한 실험실을 조성했지만, 또한 캐번디시 연구소Cavendish Laboratory와 왕립 연구소Royal Institution에서 연구하면서 교수직도 보유했고, 나중에는 새로운 국립 물리연구소National Physical Laboratory 집행위원회에서 지도적인 역할도 했다. 이런 실험실들과 더 광범위한 제도적 및 과학적 네트워크를 연결하는 것은 그들의 가정 실험실을 신뢰성과 무결성을 지닌 성공 가능한 실험 장소로 보존하는 데 도움을 주었다. 에어턴의 홈메이드 과학은 남성 과학인에게 가능했던 이런 가치 있는 추가적 기표에서 오는 혜택을 받지 못했다. 19세기 말엽에는 지위 없이 오직 가정에서 연구한다는 것이 아마추어 신분임을 암시했으며, 이 때문에 여성들은 전문적인 인정에서 멀어졌다.

미망인으로만 약 15년 동안 계속 연구했지만 에어턴은 여전히 저명한 물리학자의 아내로 묘사되었고, 이에 수반되는 그녀의 개인적인 과학적 신용에 대한 모든 도전을 무릅써야 했다. 비록 스콧의 운명이기도 했지만, 자신의 과학적 정체성과 남편의 정체성을 융합하는 데 그녀가 대체로 공모했다고 주장될 수 있다. 스콧은 자신이 사는 시대의 역할 규정에 만족하고 있었는데, 이런 결단은 1975년까지 결혼한 여성은 지질조사국Geological

Survey과 다른 과학 및 비과학 공무원직에서 사직해야만 했다는 사실을 상기한다면 더 잘 이해될 수 있다.[58] 교사가 아닌 여성 과학인들이 일반적으로 그랬듯이, 스콧과 에어턴은 보수도 없이 자발적으로 자신의 과학을 추구했다. 이 시기에는 교사나 여자대학에서의 다른 학문적 자리만이 여성 과학인에게 현실적으로 가능한 유일한 전문 역할이었다. 따라서 다른 선택지는 보통 무보수로 자발적으로 활동하거나 집에서 과학을 추구하는 것이었다. 이런 서사는 또 다른 여성 과학자들의 삶에서도 볼 수 있는데, 그중 고생물학자 도로테아 베이트는 거의 일생 동안 영국 자연사박물관 British Museum(Natural History)과 관계를 가졌지만 주변에 머물렀다.[59]

에어턴은 여성들 및 여성들의 과학이—그것이 홈메이드이든 아니든 간에—남성이 생산하는 과학에 부차적이거나 그것과 다르다는 생각에 도전했으며, 과학자로서의 자신의 정체성을 남편의 정체성과 구별적인 별개의 것으로 유지하려고 애썼다. 그러나 DH 스콧(1934)의 부고문과 허사 에어턴(1923)의 부고문을 비교해 보면, 홈메이드 과학을 생산하는 여성 과학인이 스스로를 남편에게 부차적이지 않은 독자적인 모습으로 내보이는 데 직면한 어려움이 두드러진다.

> 40년 이상 동안 그[DH 스콧]는 이상적인 동반자 관계의 기쁨을 누렸다. 스콧 여사는, 자신도 여러 식물학 논문을 쓴 저자로서, 그의 저서와 과학 저널 기고문들에 예술가와 비서로 함께했다. 개성이 강하며 남편의 소양에 상보적인 소양을 지녔던 그녀는 그의 행복을 항상 겸손히 주의 깊게 지켜봄으로써, 또한 정신을 해치는 걱정과 곤혹으로부터 그의 예민한 본성을 보호하겠다는 결의로써 매우 귀중한 공헌을 했다.[60]

이 부고문을 왕립학회 회원인 화학자 헨리 암스트롱Henry Armstrong이 ≪네이처Nature≫에 허사 에어턴에 대해 쓴 인색한 부고문과 대조해 보라. 이 부고문은 같은 주제를 언급하지만 에어턴을 아내로서의 의무를 소홀히 하고 남편의 과학적 욕구에 따르지 않은 여성으로 비판하고 있다.

> 비록 그녀는 유능한 일꾼이었지만, 숙달된 전문가일 뿐, 연구 주제를 완전히 파악하는 데 필요한 지식의 정도나 깊이, 꿰뚫는 능력은 없었다. …… 그[윌리엄 에어턴]에게는 평범한 부인이 있어야 했다. …… 그가 집에 오면 카펫 슬리퍼를 신기고 잘 먹이며 그 자신이나 다른 사람들을—특히 다른 사람들을—걱정하지 않도록 이끌어주었어야 했다. 그랬다면 그는 더 오래 살고 더 행복한 삶을 살았을 것이며 훨씬 더 효과적으로 일했을 것이다. ……[61]

헨데리나 스콧과 허사 에어턴의 미약하고 불안정한 과학자로서의 정체성에서 비롯된 긴장감은 이 부고문들에 강력한 하위 텍스트를 형성한다. 이 여성들의 과학적 업적에 대한 당대와 후대의 이해, 아니 사실상의 무시는 그 업적의 홈메이드 성격, 그 생산의 가내 공간, 생산자의 생물학적 성으로 인해 틀림없이 부정적인 영향을 받았을 것이다.

제2부

가내 과학과 가내 기술의 구축

'My Daughters of Ceres'

제5장

'세레스의 나의 딸들'

여성 농업과학 교육의 가내화

도널드 오피츠
Donald L. Opitz

> 남성은 바깥세상에서 거친 일을 하면서 모든 위기와 시련을 겪어야만 한다. …… 그러나 그는 이 모든 것으로부터 여성을 지킨다. 집 안은 그녀가 통치하므로, 그녀가 시도하지 않는 한 위험에 들어갈 필요가 없다. …… 이것이 가정의 진정한 본질이다—가정은 평화의 장소이다.[1]

존 러스킨John Ruskin의 유명한 1864년 강의인 '여왕의 정원The Queen's Garden'에서 뽑은 이 발췌문을 비롯해, 남녀의 역할에 대한 빅토리아 시대의 규정 가운데 흔히 볼 수 있는 것은 남성의 자리는 바깥의 '열린 세계'에 있는 데 반해 여성의 자리는 가정 안에 있다는 생각이다. 이런 규약은 코번트리 패트모어Coventry Patmore의 인기 있는 설화 시집 『집 안의 천사The Angel in the House』(1854년과 1862년 사이에 4부로 발행), 남편을 '돕는 배필

helpmate'로서의 아내의 책임에 관한 기독교적 가르침, 또는 새뮤얼 스마일스Samuel Smiles의 '기댈 수 있는 기둥'으로서의 아내의 책임같이, 광범위한 허구fictional문학과 조언advice문학에 속속들이 스며 있었다.[2] 다수의 문학 평론가와 역사가가 기록했듯이, 19세기와 20세기 영국과 미국에서 우후죽순처럼 늘어난 문학 전체는 사회적 및 물리적 공간의 젠더화된 구분을 '분리된 영역separate spheres'으로 성문화했다. 하나는 여성이 점유하고 몰두하는 가내적이고 사적인 영역이며, 다른 하나는 말 그대로 남성들이 일하는 가정 밖이고 공적인 영역이다. 위르겐 하버마스Jürgen Habermas가 설명했듯이, 사생활과 공적 업무로 나뉜 이 젠더화된 구조화는 부르주아지의 출현과 이에 수반된 공공 영역의 출현에 힘입은 바가 컸다. 비록 젠더 역할에 대한 암시가 대체로 수사적이었어도, '분리된 영역' 이데올로기는 재산권과 참정권과 공직에 대한 여성의 권리를 법적으로 축소하는 것에서부터 약혼자들 간에 부부의 역할과 책임에 대한 기대를 협상하는 것에 이르기까지, 실천과 경험에 실제적인 방식으로 크게 영향을 주었다고 페미니스트 역사가들은 비판한다.[3] 과학사학자들도 일반적인 사회적 관습들이 과학연구에서 부부간의 협력을 어떻게 권고했는지에 주목하면서, 한편으로는 '남성 과학자man of science'의 버팀목을 설명하고 다른 한편으로는 이에 병행하는 여성의 과학적 기여에 대한 과소평가를 설명해 왔다.[4]

이와 같이 비록 가정이 학문과 전문직 세계에 완전히 참여하는 데 필수적인 공간, 자원, 훈련, 네트워크에 대한 접근을 제한하는 일종의 수사적인 여성 망명지로 종종 해석되긴 했지만, 또 다르게는 여성들을 향상시키기 위해 알맞게 사용될 수 있는 어떤 맥락으로도 인정되었다. 20세기 초 유전학의 사례에서 보듯이, 과학에서 가정은 아마추어의 기여에 의존하는 새로운 분야의 타당한 연구 장소로 인정받은 한편, 자연과학과 사회과학을 통합하고 가계관리에서 여성의 특수한 전문성을 구축·홍보하는 새로운 학제인 '가정과학domestic science'의 적용대상으로도 인정받았다.[5] 학자들이 지적했듯이, 가정과학의 발흥은 과학에서 여성들을 게토에 가두는ghettoize 경향이 있었지만, 이 분야는 정치적 잠재력을 지닌 교육운동으로서, 특히 참정권 운동에서 여성의 대의명분을 전략적으로 발전시키는 데 일조했다.[6] 이 장에서는 가내성domesticity에 대한 강조가 여성의 지위 향상에 일조했던 또 다른 분야, 즉 농업agriculture을 분석하면서 그러한 전략가 관점strategist perspective을 확장시킬 것이다. 여성들의 바깥 농업활동을 옹호하는 사람들은 여성의 일은 집안에 있다는 개념에 직접 도전하면서 전략적으로 바깥 농작업을 가내적 용어로 표현했는데, 바깥 농작업은 두 가지 의미에서 '가내domestic'로 간주되는 영역 안에 있으며, 궁극적으로 이로부터 이득을 얻는다. 즉, '가내'의 첫째 의미는 가족이 살고 있는 가정home이며, 둘째 의미는 세계 시장 안에 위치한 소비자들의 국내 터전national home이라는 것이다. 여성 농업훈련과 농작업을 지지하는 사람들은 여성의 역할에 대한 보수적인 이념들을 끌어들이며 이 분야를 효과적으로 가내화시켰는데, 농작업에 대한 여성의 적합성을 가장 일반적인 의미에서 주장한 것이 아니라 상당히 특수화된 가내 영역에서 주장했다.

이 장에서는 1900년 전후 수십 년 동안 영국과 미국에서 펼쳐진 농업과 원예학의 여성교육 운동에서 보이는 농업과학의 가내화를 검토한다. 대서양을 오고간 상당 수준의 협력과 아이디어 교환은 두 나라의 국내 맥락들을 국제적 노력의 일환으로 고찰하는 지침이 되었는데, 이런 노력이 없었다면 각각은 국가적으로 독특한 상황으로만 남았을 것이다.[7] 이 분석에서는 그 운동을 주도한 목소리에 의해 진전된 수사학적 주장, 교육기관의 설계, 훈련생에게 예정된 목적지에 초점을 맞춘다. 이들 각각에서 나는 '분리된 영역' 논리가 여러 의제와 그 성과에 어떻게 주입되었는지를 보여준다. 나의 분석 결과에 따르면, 제1차 세계대전까지는 가내 패러다임domestic paradigm이라는 지침하에 그 운동이 실질적 이득을 거뒀지만, 그럼에도 불구하고, 그러한 이득은 그 패러다임이 선을 그은 농업, 실제적으로는 원예업에 한정되었다. 비록 그 운동은 여성의 역할과 일에 대한 고정관념에 뜻깊은 방식으로 대응하지 못하고 또한 농업에서 전통적인 남성 직업을 여성에게 개방하는 데에도 실패했지만, 전시 여성향토군women's land armies의 조직과 홍보 같은 후속적인 이득이 구축될 기반과 수사적 전략을 창출했다.

가내화된 영역으로서의 '더 가벼운 농업 분야'

역사학자들은 분리된 영역 이데올로기가 어떻게 19세기 도시환경과 농촌환경에서 다르게 작용했는지를 분석하면서, 미국과 영국의 농업 공동체 여성들은 도시 가정을 대상으로 한 조언문학의 극도로 단순화된 '집안의 천사들Angels in the House'에 어떻게 도전했는지도 분석했다. 출판된 농업 안내서들은 여성들이 집 밖 농업생산에 참여할 것을 장려했지만, 19세기 중반까지는 주로 가금류 사육, 낙농업, 시장 공급용 정원market gardening 같은 일로 한정된 '가정경제domestic economy'를 점점 구체화했다. 일찍이 작가들은 농촌경제 영역에서의 국가적 중요성을 강조했다. 미국 농촌에서 몇 년을 지낸 영국의 급진파 윌리엄 코빗William Cobbett은 한 국가의 힘은 궁극적으로 그 국민들의 능력과 기질에 달려 있는데 이는 결국 '집과 가족의 업무' 관리로 정의되는 가족들의 '경제'에 의존한다고 주장했다.[8] 우리가 보게 될 것처럼, 가구의 가정경제와 국력 간의 이러한 연결고리는 19세기의 후반에 여성 농업훈련을 옹호하는 주장에서 반복된다.

비록 논평가들이 농촌 가내경제에서 여성들이 수행하는 생산 작업에 대한 중요성을 인정했더라도, 조앤 젠슨Joan Jensen이 관찰했듯이, 19세기 상당 기간 동안 "농촌의 남성들은 남성 교육과 정보교환을 위한 공개 포럼들을 확립한 반면 여성들은 이와 유사한 제도들을 전혀 개발하지 않았다."[9] 미국과 영국은 이러한 상황을 공유했으며, 1870년대에 이르러서야 양국의 농촌 및 도시 작가들이 특별히 여성을 위해 고안된 공식적인 농업 훈련 프로그램 창설을 권고했다. 양국의 목표가 일치한 것은 1890년대에 이르러 그 프로그램의 의제들을 실현하는 데 원동력이 되었다. 그 의제들은 소규모 재배를 촉진함으로써 그 산업에 몰아치는 대형 상업 농장들의 추세를 역전시키는 것, 중산층과 상류층 여성들의 교육과 경제적 지위를 향상시키는 것, 특히 영국의 경우, 대규모 농업 불황이 농촌 공동체에 미치는 영향을 완화하도록 여성들의 잠재력을 증진시키는 것이었다.[10] 그런 주장의 선두에 선 옹호자들은 19세기 초에 호평을 누린 '진정한 여성성 숭배cult of True Womanhood' 형태를 부활시키고 적용하면서, 훈련받은 여성 농업가들이 가내화된 '더 가벼운(덜 힘든) 농업 분야lighter branches of agriculture' 영역에 어떻게 적합할 수 있으며 유용하게 기여할 수 있는지를 강조했다.[11]

'더 가벼운 농업 분야'라는 문구는 때때로 젠더화된 함축성이 없는 일반적인 농업 문구에서 볼 수 있다. 그러나 그 문구는 19세기 내내, 특히 여성들이 농장 일에 적합한가에 대한 논의에서는 분명히 여성화된 의미를 지녔다. 소위 농장 일이라는 범주에 속하는 활동들도 마찬가지였다. 영국의 경우, 여성화된 그 문구의 대중성은 워릭 여사Lady Warwick가 여성 농업훈련 시책을 홍보하기 위해 그 문구를 거듭 호출하던 19세기 전환기에 절정이었지만(여기에 대해서는 나중에 다시 다룰 것이다), 미국의 개혁가들은 19세기 이른 초반에 농업 영역에서 여성 일을 개척하기 위해 그 언어를 사용했다.

'가벼운light' 육체 농업노동과 '힘든heavy' 육체 농업노동을 구분하는 것은 프랑스의 유토피아 개혁가 샤를 푸리에Charles Fourier와 그의 으뜸가는 미국인 주창자 앨버트 브리즈번Albert Brisbane의 글들에서 뚜렷하게 표명되었다. 브리즈번은 ≪뉴욕 트리뷴New York Tribune≫의 칼럼과 그의 영향력 있는 저서인『인간의 사회적 운명Social Destiny of Man』(1840)에서 남성들에게는 '더 힘든 분야'를, 여성과 아이들에게는 '수월한 분야'를 할당하는 농업 노동의 성별분업을 옹호했다. 전자는 '관개 작업', '숲 관리', '곡물 재배'를 포함하는 반면, 후자는 '작은 가축과 가금류 돌보기, 정원 관리 등'과 '모든 작은 과일나무와 관목류 돌보기'를 포함하고 있다.[12] 뉴저지 주 웨이벌리Waverly에 있는 40에이커에 달하는 아버지의 실험 농장에서 살면서 일했던 메리 메이프스 도지Mary Mapes Dodge는 1864년에 ≪하퍼스 뉴 먼슬리 매거진Harper's New Monthly Magazine≫의 농장 여성에 관한 기사에서 다음과 같은 견해를 피력했다. "여성들은, 그러나, 특히 좀 더 가벼운 농업 분야에 적합하며, 그녀의 '빅 브라더big brother'가 그녀보다 강한 근육과 단단한 체격을 지녔는데도, 그녀가 농장의 힘든 육체노동에 전념해야 한다는 것은 바람직하지 않다."[13] 데버라 핑크Deborah Fink가 설명했듯이, 젠더화된 이런 담론들은 남성 농부의 박력에 중점을 둔 육체노동 기획에서 여성들에게는 지원 역할을 배정한, 미국 농본주의 이데올로기를 구체적으로 보여준다.[14] 이 이데올로기의 논리를 뒷받침한 것은 일종의 생물학적 결정론이었다. 브리즈번은 "남성the male sex의 진정한 직업은 육체적 강인함을 필요로 하는 것들이다"라고 썼다. 이러한 표현에서 '더 가벼운'은 실제로 무게가 덜 나가는 것을 의미했으며, 농장 일을 하는 동안 그들의 몸을 혹사하지 않게 하려는 광범위한 염려는 곧 전개될 교육 발달의 모든 단계에 반복적으로 등장했다.[15]

여성이 농장 일에 부적합하다는 고정관념을 깨기 위해 작가들은 적극적 관리와 실제 노동에서 여성들이 성공한 것을 강조했다. 대표적으로 마리 루이즈 토머스Marie Louise Thomas의 사례에서, 그녀는 나이 든 남편 아벨 찰스 토머스Abel Charles Thomas가 건강이 악화되자 가족을 부양하기 위한 수단으로 펜실베이니아 주 필라델피아 인근 타코니Tacony에 있는 작은 농장을 단독으로 관리했다. 그녀는 그곳에서 밀, 배, 작은 과일의 재배와 소, 가금류, 벌의 사육, 그리고 버터와 꿀의 생산을 감독했다. 토머스는 여러 강연을 통해 여성 농업인이 되려는 이들에게 자신의 성공을 설명하고 증언들을 출판했는데, 이는 대서양 양쪽 청중들에게 전해졌다.[16] 그녀는 증언에서 농장 일에 대한 통속적인 성 유형화sex-tying에 직접 도전했다. 그녀는 1875년에 다음과 같이 썼다.

> 우리에게는 20에이커의 농장이 있다. 그 농장에서 일어나는 모든 일들은 전적으로 나의 지시와 개인 감독하에 있다. 나는 남자가 발견하지 못했을 수도 있는 어떤 장애도 발견하지 못했다. …… 우주의 자연적 힘에는 어떤 성적 편견이 없다. 경작 조건이 같다면 땅은 여성에게도 남성과 똑같은 양의 수확을 내준다.[17]

여성 참정권론자인 피비 해나퍼드Phebe Hanaford는 자신의 '여성 농업인들' 모음에서 뉴욕 온타리오Ontario 카운티에 180에이커를 소유한 72세 메리 윌슨Mary Wilson의 사례를 들며, 그녀는 "큰 낫을 휘두르며 한창 나이의 남성처럼 손쉽게 쇠스랑을 다룬다"라고 강조했다.[18] 43에이커의 과일 농장을 감독한 진 스미스 카Jeanne Smith Carr는 1884년에 가정경제에 있던 여성들의 기술이 어떻게 가정에서 땅으로 쉽게 옮겨갔는지를 관찰했다. "독립적으로 농업에 종사하는 여성들은 극복해야 할 대립을 거의 찾지 못한다. 땅과 가정의 관계는 너무 밀접해서 식물을 무성하게 키워보고 기술을 실천해 본 여성이라면 보편적인 존경을 받을 수 있다."[19]

토머스나 윌슨 같은 예외들이 널리 퍼졌음에도 불구하고, 공식적인 여성 훈련을 위한 제안은 카의 견해에 깔린 논리를 더 자주 이용했다. 즉, 여성 특유의 가내 기술은 농업, 특히 가정경제에 들어맞고 육체적 강인력이 덜 요구되는 분야에 성공적으로 적용될 수 있다는 것이다. 이 쟁점은 여성 교육과 여성 고용에 대한 논쟁이 계속되는 동시에 농업 불황의 시작에 대한 우려가 제기되던 1870년대 후반, 영국 노동자와 여성 정기 간행물에서 전례 없는 주목을 받았다. 1876년에서 1877년 사이에 ≪더 우먼스 가제트The Woman's Gazette≫의 기고자들은 시장 공급용 정원을 궁핍한 상류 계급 **숙녀들**을 위한 고용 영역으로 문제시했으며, 프랜시스 파워 코브Frances Power Cobbe는 '여성 정원사gardeness' 한 명의 성공이 어떻게 운동을 형성하는 데 도움이 될 수 있는지를 상세히 설명했다. "그녀의 작은 시설이 완전하게 작동될 때, 우리의 숙녀 시장-정원사market-gardener는 몇몇 다른 숙녀들을 초대해 같이 일해볼 수 있을 것이고, 그들은 이렇게 직업으로서 정원 관리를 실제로 배울 수 있을 것이다."[20] 한편 제인 체스니 오도널Jane Chesney O'Donnell은, 국제적으로 영국의 경쟁 우위를 강화하기 위한 수단으로 소규모 재배에서의 기술교육을 옹호한 원예사 프레더릭 윌리엄 버비지Frederick William Burbidge의 사상에 근거해, 여성 양성을 위한 원예대학 설립을 제안하면서, "여성들은 정원 관리를 배울 기회가 없으며, 기술art은 훈련하면 자연적으로 따라오게 되어 있다"라고 평가했다. 오도널은 여성들이 원예 고용에 적합하다고 주장했으며, 농업에서 그랬듯이 여성의 독특한 지적, 정서적, 신체적 능력에 맞추어서 그 분야의 젠더화된 위계를 만들었다.

> 우리는 젊은 여성들이 어떤 소명을 갖기를 원한다. …… 몇 가지는 원예에서 수준 높은 분야들과 관련되어 발견될 수 있을 것이다. 실제로 가장 힘든 노동을 제외하면 여성들이 성공적으로 수행하지 못할 정원 관리 부문은 거의 없다. 반면에 여성들의 빠른 직관, 인내심, 숙련된 손놀림은 많은 작업에 탁월하게 적합하다.[21]

오도널의 제안은 1879년에 이저벨 손Isabel Thorne이 런던에 원예 및 비주류식품 생산촉진을 위한 여성협회Ladies Association for the Promotion of Horticulture and Minor Food Production를 창립함으로써 실현되었지만 그리 오래 가지는 못했다. 그 뒤를 이어 애서 하퍼 본드Ather Harper Bond가 켄트 주 스완리Swanley에서 세운 원예대학Horticultural College은 좀 더 오래갔는데, 이 원예대학은 1889년에는 남성에게만 문을 열었고, 1891년에는 여성에게도 문을 열었다.[22]

지방의 귀부인인 워릭Warwick 백작부인 프랜시스 에벌린 그레빌Frances Evelyn Greville이 그 노력에 동참하기 전까지, 영국의 운동은 주로 여성을 원예에 배치하는 데 초점을 맞추었다. 워릭 백작부인은 1897년 여름에 빅토리아 여왕의 즉위 60주년 경축행사Diamond Jubilee 동안 런던에서 열린 '영국, 아일랜드, 식민지 여성들을 위한 농업교육'에 관한 회의에서 그 운동에 동참했다.[23] 발표자들은 가장 넓은 의미에서 여성의 농업 추구 역량을 다루었는데, 우스터셔 주의 한버리 홀Hanbury Hall에서 양봉장을 하고 있는 조지나 버넌Georgina Vernon 여사는 '상류층 여성들이 가장 수익성 높고 적합한 고용을 얻는 방법의 문제'에 대한 해답으로 '농업 관련 활동'을 제안했다.[24] 버넌은 그 주제와 관련한 자신의 농촌 및 상류층 진로 방향을 감안해서 소규모 재배와 영지 정원 관리의 잠재력을 강조했다. 예를 들어, 낙농업과 관련해 "소 떼를 돌보아야 할 많은 남성을 필요로 하는 큰 사업에 착수하지 말라"라고 조언하면서, 대략 한두 마리 소에 맞는 작은 집과 땅이 있는 "작은 낙농장에 한두 명의 소녀가 합류"하기를 기대하는 수익성을 강조했다.[25] 회의에 참석한 워릭 백작부인은 버넌의 주요 제안에 박차를 가하며 곧 '여성 농업훈련 대학Agricultural Training College for Women'을 위한 충분한 이론적 근거를 피력했다. 비록 다른 과목들 중 '원예학'에서 '실습'을 포함하긴 했지만 여성 농업훈련 대학에서는 '농업'을 그 대학과 교과과정에서 가장 중요한 틀이자 선두 과목으로 내세웠다.[26] 워릭은 여성들이 특정 영역에서 농업을 증진하는 데 유용하게 기여할 수 있다는 생각을 상세히 설명했다.

> 남성들은 지금까지 가금류와 양봉, 꽃과 과일 재배, 잼과 부드러운 치즈 제조 등과 같이 더 가벼운 농업 분야에 필요한 시간과 생각을 기울이지 않았다. 게다가 천부적으로 상업적 본능이 더 뛰어난 여성들이 많다고 덧붙일 수도 있다.[27]

워릭은 힘든 농장 일에 여성들을 관여시킨다는 비판을 날카롭게 인식하면서, "체계적인 훈련을 받은 여성들은 …… 농장에서 남편과 형제들의 일을 **대신하는** 것이 아니라 **보충한다**"라는 전통적인 정당화를 기꺼이 받아들였다.[28] 그 후 10년 동안 워릭과 그녀의 협력자들은 워릭의 계획을 홍보하면서 여성화된 형태의 '더 가벼운 농업 분야' 담론을 눈에 띄게 대중화했다.

농업교육의 수용

전통적인 대학 교육은 기숙형 교육을 의미했기에 농업 및 원예 여성대학으로 제출된 모델들도 예외가 아니었다. 농업과 정원 관리와 관련된 수작업은 심지어 통근 학생을 위한 규정이 있을 때조차 학생들의 일일, 조기 출석을 요구했는데, 이는 대학 구내에서 생활함으로써 최고로 성취되었다. 게다가 농업 및 원예 교육의 전통 방식은 영지에서의 견습을 포함했고, 교실-기반의 과학지도scientific instruction를 강조하는 새로운 대학들도 훈련생이 일할 농장과 정원의 실제 상황을 모방해서 만들 수 있는 만큼, 전통 시스템과 함께 이러한 새로운 체제를 합법화하는 것이 매우 중요했다. 영국 식민지의 농업 증진에 기여할 젊은 남성들을 준비시키기 위해 설립된 서퍽Suffolk 주 홀슬리 베이Hollesley Bay의 콜로니얼 칼리지Colonial College 같은 남자학교의 교장들은 이를 이미 이해하고 있었다. 로버트 존슨Robert Johnson은 1887년에 '완벽하게 식민지적 분위기'인 2000에이커의 시골 영지에 이 대학을 설립하면서, 강사와 학생들의 '습관은 물론 의상까지 그 자체로 식민지적!'이라고 홍보했다.[29] 스완리Swanly에서 처음에는 남성에게만 문을 연 원예대학이 설립된 것은 이 학교가 런던으로 은퇴한 어떤 신사의 43에이커 시골 부지에 위치한 것에 근거했다. 그 저택인 헥스터블 하우스Hextable House는 강의실로 제공되고 주변 토지는 실험용 정원과 온실을 위한 공간으로 제공되었으며, 다른 인근 주택들은 학생 숙소로 사용되었다. 새로운 두 대학체계는 모두 실용적인 응용을 병행하는 이론적·과학적 지도를 강조했다. 즉, 기술지도 운동이 장려했듯이 실습 훈련의 가치를 유지하면서 과학적 원리를 강화하는 새로운 교육모형을 도입했다.[30]

학교의 입지를 외곽이나 지방 영지의 시골 주택같이 용도를 변경한 가내 부지에 마련하는 것은 영국과 미국에서 증가하는 추세를 보였다.[31] 영국에서는 홀슬리 베이와 스완리 사례에 더해, 1890년 영국여성고용협회British Women's Employment Association가 슈롭셔Shropshire 주 록워딘Wrockwardine의 리턴 그레인지Leaton Grange 시골 영지에 콜로니얼 트레이닝 홈Colonial Training Home을 열었다. 1902년까지 워릭 여사는 원래 버크셔Berkshire 주 레딩Reading의 호스텔에 장소를 정했던 자신의 계획을 워릭셔Warwickshire의 340에이커 농경지, 특히 그곳에 위치한 역사적인 스터들리 성Studley Castle 안으로 변경했다. 미국 학교들의 숙소는 건축학적으로 더 수수했지만, 그중 특별히 의미 있는 곳은 1910년 필라델피아 외곽 앰블러Ambler의 71에이커 농장에 설립된 펜실베이니아 여성 원예학교Pennsylvania School of Horticulture for Women로서, 중심적인 농가는 교실과 행정실로 삼았고, 근처의 별장은 학생 기숙사로 삼았다. 초기 계획서가 강조한 학교 '생활의 특징'은 '가정적인 분위기'였다.[32]

특히 새로운 여자대학들의 경우, 대학조직을 거주지 안에 정함으로써 프로그램 교육과정을 이끌었던 농업 가내화 패러다임의 이상을 효과적으로 구체화했다. 예비 학생들에게는 대학에 다니는 동안 가정의 모든 안락함을 누릴 것이며 학생과 함께 사는 '여성 사감Lady Superintendent'과 같은 사람들이 원숙한 청지기 직무를 수행할 것이라고 홍보를 통해 안심시켰

그림 5.1 **스완리에 위치한 원예대학 헥스터블 하우스의 강의실에서 낙농수업을 하는 모습**
자료: 헥스터블 헤리티지 센터, 원예대학 컬렉션(날짜 미상). 런던 임페리얼 칼리지 기록보관소 소장

다. 리딩Reading의 레이디 워릭 호스텔Lady Warwick Hostel 체계에는 '세레스의 딸 협회Guild of Daughters of Ceres'라는 이름의 동문회가 있는데, 상징적으로 창립자인 워릭 여사를 비옥한 농경의 여신이자 학생들의 어머니로 섬겼다. 그 후 워릭은 자신의 임무에 대해 공식발표를 할 때마다 '세레스의 나의 딸들에게'라는 인사로 시작했다. 이와 동일한 주제를 예술작품을 통해 표현한 스완리의 원예대학 강의실은 "놀이 중인 세레스를 재현한 프레스코 벽화로 아름답게 꾸며져 있다"(〈그림 5.1〉 참조).[33]

새로운 교육 체계들은 가내성 이데올로기를 문예적 및 시각적으로 재현하는 것을 넘어 교육과정을 통해 실행되었다. 이 교육과정들은 일반적으로 가내 과학의 신흥 분야에서 표준이 되었던 과목들을 포함했다. 따라

서 농장, 정원, 과수원, 온실 재배와 밀접하게 관련된 과목—식물학, 화학, 곤충학, 기상학, 토양학 등과 같은 과목—에서는 이론 및 실용 교육을 보완하는 잼, 버터, 치즈 같은 신선-농장제품의 생산에 관한 교육과정, 수확물 및 생산제품의 판매에 대한 교육과정도 제공되었다. 특히 식민 영지를 관리할 목적으로 학생들을 훈련하기 위해 만든 프로그램은 가사 관리housekeeping에 대한 효율적인 감독과 실천 과정을 다루었는데, 세탁, 요리, 더 일반적인 '주부의 역할housewifery'과 관련된 세부적인 일들을 포함했다. 농업 및 원예학교의 식민지 부처들이 '가내 훈련domestic training'을 강조한 것은 1909년에 스완리의 '식민 지부Colonial Branch'를 '식민지 및 가정 가내훈련 지부Colonial and Home Domestic Training Branch'로 개칭하면서 강화되었다. 그런데 공교롭게도 가정과학은, 그리고 가장 밀접하게 가내 영역과 연관된 농업과 원예학의 그런 분야들은 학교의 교과과정에서 우위를 차지하는 경향이 있었다. 그래서 더욱 충실한 농업 훈련이 제공되었을 때조차, 동료 남학생들이 일반적으로 선택하는 표준 농업 및 정원 관리 직업의 자격을 위한 교과과정을 이수하는 여학생들은 극소수였다.[34]

가내성의 활용

여성 대학의 농업 및 원예교육 지지자들은 교과과정의 중점과 교육적 접근방식은 서로 달랐어도, 그 교육이 광범위한 고용 부문에서 잠재적인 가치를 지닌다는 공통의 이해를 공유했다. '보다 가벼운 농업 부문'으로 가르치든 '식민지 및 가정 가내 훈련'으로 가르치든 간에, 여러 학교는 인적자원을 배출했으며, 졸업생들을 기반으로 그들 나라의 국내경제를 향상시킬 수 있는 잠재력을 지니게 되었고, 본토와 영국식민지의 경우에는 해외에서 교화domesticating 및 문명화 임무를 진전시킬 수 있는 잠재력을 지니게 되었다. 결국 이것은, 중요한 계급적 차이가 있긴 했지만, 영국뿐만 아니라 대서양 연안 지역과 미국의 뉴잉글랜드 지역에서도 증가하고 있는 경제적 관심사인 '잉여'의 문제, 즉 미혼 여성실업자 문제 또한 처리했다. 스완리의 식민 부서를 위한 공공 지원 호소는 이런 다면적이며 가내적인 논리로 추진된 그 운동들의 대중성을 보여준다. "낙농과 정원, 과수원과 가금류 농장, 증류실과 부엌에서 훈련받은 모든 여성은 현재 휴경지에 묻혀 있는 영구자원의 개발에서 적지 않은 역할을 하며, 번성하는 영국 고향이라는 이 훌륭한 기초 위에 우리의 식민 제국을 건설하는 데도 적지 않은 역할을 하고 있다."[35] 과학 및 기술지도에 중점을 둔 두 나라의 교육 체계들은 자국 실업 여성들의 잉여 인적자원을 활용해 각각 그 나라의 국내 경제를 위해, 사실상 가내 영역인 '가벼운' 농업 부분들의 향상과 응용을 꾀했으며, 그 과정에서 이 응용이 교화와 문명화 임무를 유발했다.

국가의 농산업을 이롭게 하는 유급직업paid occupations은 훈련생들에게 이상적인 목적지로 여전히 변함이 없었지만, 그 운동의 지지자들은 여성 노동과 국가 경제발전 간 관련성이 단지 암묵적일 때조차 국내 상황에 대한 여성 노동의 적합성을 강조했다. 원예로 훈련받은 여성들을 위해 일찍이 정원 관리 전문직을 제창한 코브Cobbe는 그 여성들은 '몇 명의 하위-정원사를 고용하는 농촌 지역의 수석-정원사 자리에 적합할 것'이라고 예견했다.[36] 정원 관리와 가사 주제들에 대한 인기 있는 조언 저서들로 유명한 기품 있는 여성 원예사 테리사 얼Theresa Earle은 스완리 원예대학을 공개적으로 지지하며 코브의 비전을 진척시켰다. "또 다른 일자리는 더 넓은 대저택의 경우에서 찾을 수 있는데, 거기에서 미혼의 숙녀들은 더 거칠고 힘든 일을 할 남성을 거느리는 여성 수석-정원사로 등용될 수 있을 것이다."[37] 1899년 스완리 원예대학의 서기인 애다 구드리치 프리어Ada Goodrich Freer는 자신이 채용 담당자들로부터 받은 신청서들에서 이러한 명백한 선호도를 보았다. "나에게 여성-정원사를 신청했던 미래의 고용주 중 적어도 10분의 9가 또한 여성이며, 대부분의 경우 그들은 여성의 일에 새로운 일자리를 장려하는 것이 옳다고 여기는 이유를 제시했다." 영국의 선구적인 여성 의사인 엘리자베스 개럿 앤더슨Elizabeth Garrett Anderson은 딱 들어맞는 경우를 제공했다. 엘리자베스 크로퍼드Elisabeth Crawford가 언급했듯이, '일련의 이전 스완리 정원사들'은 알데버그Aldeburgh 서퍽 마을에 있는 그녀의 앨드 하우스Alde House에서 일자리를 얻었다.[38]

가내성의 수사가 넘치는, 훈련생들의 직업 배치에 대한 그러한 예상과 초기 지표들은 이후의 연구들로 입증되었다. 소규모 자작농 제도의 전문가인 루이자 윌킨스Louisa Wilkins는 1915년 대학 원예교육을 받은 수백 명의 여성을 대상으로 한 영국의 조사에 근거해, 조사자들 중 "대학을 나온 여성의 절반 이상이 수석 또는 단독-정원사 자리로 직행"했으며, 이에 상응해 정원사 아래의 직책이나 견습공으로 간 경우는 적었다고 밝혔다. 그녀는 "직원이 적은 고용주들은 남성이 대부분의 여성보다 힘든 일을 더 빨리 더 잘할 수 있기 때문에 자연적으로 남성을 선호한다"라고 설명하면서, 또한 "여성에게 명령을 내리는 것을 좋아하지 않기 때문에 여성을 아래 직원으로 두는 것에 반대하는 남성 수석-정원사들의 편견"이 영향을 주었을 것이라고 추측했다.[39] 테리사 얼과 그 이전의 다른 사람들과 마찬가지로 윌킨스도 남성에게는 '힘든' 육체노동을, 여성에게는 좀 가벼운 노동을 할당하는 널리 유행하는 젠더화된 관습을 환기시켰다. 대서양 전역에 이와 유사한 주장들이 메아리쳤다. 예를 들어, 펜실베이니아 여성 원예대학 동문 잡지에서는, 비록 '대체로' 여성들이 "쟁기질, 분무질, 무거운 상자나 과일 통을 다루는 그런 일에 신체적으로 적합하지는 않더라도 …… 그런 일들을 어떻게 해야 하는지 배울 수 있으며, 좀 더 가벼운 일을 하면서 더 거칠고 힘든 일을 하는 일꾼들의 작업을 감독할 수 있다"라고 주장했다.[40]

그 운동의 대변인들도 양성의 생리학적 차이에 대한 그런 가정을 되풀이했지만, 그럼에도 불구하고, 그들은 분리된 영역 이데올로기를 다시 끌고 와 적용하면서 여성들에게 유효한 광범위한 기회를 강조했다. 옹호자들은 가내 영역에서 계발된 여성들의 경험과 기술이 어떻게 집 밖의 유사한 환경에서 확장될 수 있는지, 이에 수반해 가내 영역의 경계를 어떻게 바깥쪽으로 밀고 나갈 수 있는지를 강조했다. 펜실베이니아 학교의 식물학 강사 존 도언John Doan은 "바쁜 주부들이 식물들을 남쪽 창가에 두고 결정적으로 불리한 환경에서도 계속 보살피며 잘 자라게 하려고 얼마나 자주 시간을 내는지"를 관찰했다. 그러고 나서 그는 "여성이 온실 환경에서 식물들이 자라도록 온 힘을 쏟을 수 있을 때 그녀가 성공하는 것은 지극히 당연하다"라고 추론했다.[41] 이와 같이 여성에 적합하다고 여겨지는 상업적 묘목장과 소규모 자작농에 있는 온실들은 학생들이 갈망하는 목적지가 되었으며, 성공한 동창들의 짧은 글들이 대학 출판물에 등장했다. 새로 문을 연 스완리의 원예대학 여성 분교의 첫 연례 보고서는 제시 스미스Jessie Smith와 밀드레드 스미스Mildred Smith 자매가 자격증을 따자마자 어떻게 "온실 일을 하기 위해 현지의 묘목장 주인에게 즉시 고용되었는지 …… 그러나 머지않아 독립해 자영 재배자가 되고자 하는지"를 조명했다.[42] 다른 성에 적합한 업무 환경에서 일로 반복된 이 사례에서 암시되는 경로는 독립성의 증가인데, 이는 가정에서, 대학에서, 일터에서, 그리고 마지막으로 '독립적인 자영'에서 훈련된 경험과 기술이 점진적으로 축적

됨으로써 가능해진다.

대학 동문들이 확보한 직업은 다양했다. 학교에서 자연공부를 가르치는 일, 수녀원과 요양원과 사유지의 정원 관리, 시장원예 정원과 묘목원에서 일하기, 행정과 컨설팅 업무, 농업연구 보조, 모교에서 가르치는 일, 그리고 자신 소유의 원예학교와 소규모 자작농, 시장원예, 컨설팅 회사 등의 감독 등이다. 그러나 징집된 남성의 자리를 농장 및 낙농 여성 일꾼들로 대체하도록 요구한 1914년 제1차 세계대전이 발발하기 전까지, 대부분의 직업은 주로 가정 정원과 농장들의 가내 환경에 국한되어 있었다.[43] 논평가들이 주목한 것은, 영국과 미국 두 나라 상황에서 훈련된 여성 노동의 필요성에 대한 인식이 커져가는 상황에서조차 유급 농장 업무에 종사하고자 하는 훈련된 여성들이 직면하는 한계는 점점 증가했다는 점이다.

두 국가의 상황에서 그 문제는 도시화에 따른 농촌 생활의 쇠퇴와 얽힌 것으로 인식되고 틀이 잡혔다. 영국의 경우, 지배적인 관심사는 1870년대 후반에 전국을 휩쓸며 수십 년 동안 지속된 농업 불황에 대처하는 것이었다. 반대로 미국에서는 노동력 부족이 증가하면서 수요가 생산을 앞질렀는데, 비평가들에 따르면 이는 농촌에서 도시 지역으로 대규모로 이동한 결과였다. 양 국가 모두에서 초점은 농업 노동력을 유지 또는 확충하는 것으로, 영국에서는 '향토로 돌아가기Back to the Land' 운동을 중심으로, 미국에서는 '농촌생활Country Life' 운동을 중심으로 그 노력이 진행되었다. 두 국가에서 주창자들은 과학 및 기술 역량을 동반하는 기계화가 효율성 증진과 생산성 향상을 약속한다고 주장했다.[44]

페미니스트 운동가들은 여성과 국가의 잠재적 상호이익을 인정하면서, 그들의 캠페인을 이런 전국적인 농업 운동과 결합시켰다. 영국에서 워릭 여사는 과학적 훈련을 받은 여성을 더 가벼운 농업 분야에 고용하는 것은 여성을 향토에 남게 하는 방편으로 가치가 있다고 거듭 강조했다. 1901년에 그녀는 런던 ≪타임스Times≫의 독자들에게 썼다.

> 오늘날 농업의 쇠퇴와 마을의 인구 감소에 대해 많이 듣는다. …… 지방의 여러 지역에서 기술교육의 부족은 인정된 불명예이다. …… 매년 폐해가 커지고 경작되지 않는 땅이 늘어나는 반면, 국내에서 쉽게 생산할 수 있는 수백만 파운드의 유제품과 시장 농산물을 외국 생산자가 우리에게 공급한다. 나는 더 가벼운 농업 분야를 지원하여 이런 대외 경쟁에 맞설 생각으로 레이디 워릭 호스텔을 설립했다. ……[45]

더 광범위한 선전은 향토로 돌아가기 운동의 수사를 어김없이 사용했다. "젊은 여성들은 …… 에너지와 지력이 도시에서 허비되는 대신 '향토로 돌아가도록' 이끄는 워릭 여사의 체계에 의한 훈련 과정을 따른다."[46]

미국에서는 농학과 가정과학에서 '여성 농업인the farm woman'의 교육을 옹호하는 유사한 주장들이 농촌생활위원회Country Life Commission의 목표와 그 위원회가 낳은 후속 운동에 수반되었다. 1911년 이 운동의 선도적 대변인인 코넬Cornell의 원예학자 리버티 하이드 베일리Liberty Hyde Bailey는 특히 농촌여성의 대학교육을 농촌진흥에 대한 그 운동의 민족주의적 초점과 관련해 주장했다. "시골 여성들이 지방-생활 향상에 대한 자각적인 책임감을 키우려면, 그들에게 교육시설이 제공되어야만 한다."[47] 베일리는 특히 미국이 '세계에서 가장 발전된 농업 교육'을 지녔다고 언급하면서, 그럼에도 '새로운 교육 목적과 방법'이 필요하다고 경고했다. 그는 평소의 '실험과 해설 과목들'을 보충하기 위한 실질적인 '땅-교육land-teaching'을 강조했다. 즉, 베일리는 농촌지역에서 교육의 실질적인 측면을 확대하라고 촉구했다.[48] 여자대학의 창립위원들도 이 노선을 꼼꼼히 따르며 비슷한 필요성에 주목했다.

> 여성들은 적절한 환경에서 원예 실습을 하기가 매우 어렵다는 것을 알게 되었다. 펜실베이니아 여성 원예학교는 인정된 필요를 충족시키기 위해 설립되었다. 학교가 제공하는 장소에서 교육받는 여성들은 과학지도를 받을 뿐만 아니라, 사계절 내내 가장 가까운 곳에서 실습할 수 있는 일상생활의 이점도 누릴 것이다.[49]

일레나 베일리Ilena Bailey 같은 가정학자들은 농장 일에 대한 여성의 기여는 더 가벼운 농업 분야로 이루어진 가내 영역에 확실히 존재한다고 강조했다. "우유, 버터, 달걀, 고기, 과일, 야채는 농장에서 제공되는데, 이것들을 모으거나 가정용에 적합한 형태로 만드는 것은 대체로 여성 농업인이 일상적인 가사 의무 외에 하는 일이다." 교육 부족에 대한 그녀의 염려는 울려 퍼졌다. "그런데 농과대학의 정규과정 중 가금류 사육, 정원 관리, 화초 재배와 같은 과목에서 교육받을 권리를 주장하는 여학생은 거의 없다. 그러나 이 과목들은 거의 모든 여성 농업인이 실생활에서 다루어야 하는 것들이다."[50]

윌킨스 역시 농장에서 여성의 고용이 저조한 원인을 실용교육의 기회 부족과 연관시켰는데, 이 문제에 대한 광범위한 인식은 제1차 세계대전이 되어서야 촉진되었다. 그녀는 이 도전에 잘 대처한 영국 대학 중에서 스터들리Studley를 지명했는데, 스터들리는 그때 이미 완전한 농학과를 겸비하고 있었다. 대서양 양쪽에서는 영국의 여성향토군Women's Land Army과 그것의 변형인 미국의 여성향토군Woman's Land Army을 위해 학생들을 훈련시킬 특수 프로그램들이 생겨났다. 예를 들어, 한 홍보에 따르면 앰블러Ambler 캠퍼스는 "괭이와 갈퀴를 들고 동원된 여군들의 소규모 훈련 캠프가 되었다." 비록 전쟁 중에 대학의 교육적 강조가 변화하는 것에 대한 전체 분석은 이 장의 범위를 벗어나지만, 초기 운동의 가내 이데올로기들과 향토군의 교육적 강조 간의 중요한 연속성은 특별히 언급될 만하다. 수전 그레이절Susan Grayzel이 보여주었듯이 '향토 여성들'을 모집하려고 고안된 영국의 선전은, 비록 일 자체는 수사와 실천 사이의 모순을 노출시켰지만, 시골 지역 '국내 전선'의 농업 노동력과 여성의 전통적 가내성 간의 긴밀한 제휴를 강조했다. 엘리자베스 와이스Elizabeth Weiss는 미국에서의 유사한 제휴를 분석했다. 이와 같이 '현대사의 커다란 균열' 중 하나임에도 불구하고, 제1차 세계대전은 여성향토군에 대한 자국의 담론과 그 담론에 선행했고 그 담론에 반영된 교육운동의 담론들 간에 특이한 연속성을 확인했다.[51]

결론

1900년 전후 수십 년 동안 여성들을 농업과 원예 분야의 가내화된 영역들에 명시적으로 배치하는 일은 전통적인 남성 직업에 대한 여성 고용의 적합성을 주장하는 공통 전략을 활용했다. 농업과 원예에서의 과학교육과 또 다른 과학들에서의 여성교육은 평행으로 나아갔으며, 어떤 면에서 그 결과는 마거릿 로시터Margaret Rossiter가 '영역 분리territorial segregation'라고 부른 또 다른 형태가 되었다. 그녀는 여성들에게 과학을 개방하려는 19세기 후반 즈음의 노력에 대해 다음과 같이 결론짓는다.

'여성다운' 과학 참여라는 그런 유형을 수용한 것이 처음에는 적대적인 대중에게 여성들이 실제로 과학을 '할' 수 있다는 것을 납득시킬 유일한 방법으로 보였더라도, 시간이 지남에 따라 이 부분적이고 분리된 수용은 1890년대 여성들이 희망했던 광범위한 고용과 활동을 효과적으로 소개하는 '진입 쐐기entering wedge'가 아니었음이 명백해졌다.[52]

이 유형은 여성 농업교육과 원예교육을 위한 국제적 운동에도 해당된다. 그 운동들이 과학이론과 손수 하는 실습을 강조했더라도, 결국은 가내성의 강조가 여성들이 '국내 전선'에서 전시 노동에 기여할 수 있는 기회의 증가와 잘 맞아떨어지면서 전례 없는 고용으로 이어졌다. 영국과 미국에서의 여성향토군의 특수훈련 요구에 응해 새로운 프로그램들이 모든 대학 캠퍼스에서 크게 증가했는데, 이 프로그램들은 원예와 농업의 '더 가벼운 분야들'을 넘어 더 광범위한 생산적인 농장 일로 그 초점을 확대했다.

새로운 여성 농업 및 원예대학들의 커리큘럼은 농업 및 정원 관리와 밀접하게 관련된 과학과목들을 탄탄하게 보완했고, 그럼으로써 여성들에게 과학여성 연구에서 대체로 방치되는 과학적 훈련의 중요한 출처를 제공했다. 이러한 교육기회에서 '가정과학'을 강조하는 것은 그 방치를 어느 정도 설명하는데, 왜냐하면 가정과학과 가정학의 출현에 관한 역사적 문헌 상당수가 이 영역들을 과학에서 여성의 성공적인 '가장자리 진입entering edge'이라기보다 '틈새niches'로 간주했고, 이 때문에 역사가들의 노력을 다른 방향으로 틀었기 때문이다.[53] 내가 다른 곳에서 강조했듯이, 새로운 여성 원예 및 농업대학들은 맹목적인 실습보다 과학이론의 가치를 주장하면서 이런 전통적인 실질 분야들을 전문화하는 경향에 동참했

으며, 그 과정에서 식물학이나 유전학 같은 실험과학에서 여성들의 연구 경력을 적지 않게 촉진시켰다.[54]

이 장에서 보듯이, 여성을 위한 농업과학 교육의 가내화는 여성의 농업 진출 전반에 걸쳐 또 다른 종류의 영향을 미쳤다. 이러한 운동에서 선도적인 여성들의 목소리는 남성적 기획들 안에서 여성적 영역을 개척하기 위해 분리된 영역이라는 논리를 자각적으로 채택했는데, 이 논리는 가정에서 닦은 기술력에서 오는 여성들의 잠재력이 일반적으로 '가벼운' 바깥일에 적합하다고 추정하는 논리이다. 궁극적으로 여성들의 주장은 더 힘든 영역으로 인정되는 남성들의 농업 일을 대체하지 않고 보충하는 '더 가벼운' 영역에서의 여성의 유급 고용을 구상했으며, 그렇게 함으로써 미혼 비고용 여성들의 경제적 고충도 동시에 경감해 주는 노동력을 개발했다. 그리고 영국은 불황에 대처하기 위해, 미국은 생산수요를 충족시키기 위해 국가적인 농산업 필요성을 진전시킬 수 있었다. 교육시책은 졸업생들의 직업 범위와 마찬가지로 무성했지만, 훈련 프로그램의 고안과 시행, 그리고 훈련생들의 목적지는 제1차 세계대전까지는 뜻깊게 확장되지 못한 채 가내화 패러다임 안에 상당히 제한되어 있었다. 마찬가지로 여성들의 기여를 '국내 전선'에서 촉진하기 위한 전시 전략도 여성향토군의 지형을 가내화하면서, 수십 년에 걸쳐 형성된 기존의 가내 이데올로기와 제도를 활용했다.

제6장

1920년대 펄프 픽션에서의 젠더 및 무선기술의 가내화

케이티 프라이스
Katy Price

1920년대 라디오(무선) 방송의 역사는 젠더화되고 제도화된 선들을 따라가는 가내화 서사domestication narrative와 연관되어 있다. 주로 남성끼리 하는 동성사회적인 아마추어 무선 운영 활동은, 특히 여성과 아이들을 겨냥한 콘텐츠의 발전이 동반하는 가족의 이미지, 이성애 커플의 이미지와 상충하는 것은 물론, 함께 듣는 혼합집단의 이미지와도 상충했다. 이 젠더화된 전환의 틀이 마련된 것은 제도적인 성장으로서, 방송 콘텐츠 법인 조직의 출현과 청취 습관의 규제 시도에 의해 무선전화 실험들이 열외로 밀려난 데 따른 것이다. 그럼에도 무선radio의 가내화는 추가적으로 젠더 정체성과 실험체들의 현장인 가정을 둘러싼 협상들에 마주쳤다. 나는 가내화를 정해진 젠더 역할이 가정의 기술 변화 주위에 동원되는 서사로 간주하기보다 젠더화된 몸이 서로와 주변 환경에 대해 자신들의 지향을 시험하고 재구성하거나 재확인하는 기회로서 검토할 것이다.

방송사, 제작자, 방송시간을 찾는 사람들, 아마추어 실험가, 청중들 간의 경쟁적인 관심사는 영국의 초기 라디오를 다룬 문헌에 풍부하게 기록되어 있다.[1] 캐럴라인 미첼Caroline Mitchell은 이러한 서사들 속에서 여성들이 보이지 않는 것에 주목하며, 그 기록에 주요한 여성 인물들의 지위를 어느 정도 복원한다.[2] 미국에서는 리처드 버치Richard Butsch가 '1922~1924년의 짧은 해방의 순간'을 기록하는데, 이때 정치적 참정권 운동은 라디오 잡지에서 '여성의 기술역량에 대한 주장'을 동반했다. 뒤이어, '그들의 가내 영역과 낭만적 영역으로 여성들의 수사학적 복귀', '라디오(무선)에 관한 젠더-동일성 담론의 종말'이 뒤따랐다.[3] 숀 무어스Shaun Moores의 구술사oral history는 유사한 영국의 서사를 담고 있다. 잉글랜드 북부에 사는 노인들과의 인터뷰에 따르면, 1920년대에 '라디오는 젠더의 구분에 따라 상당히 다른 의미를 지녔으며 그런 갖가지 해석들이 집안에서 불화의 중점'이었지만, 1930년대에 '가정의 시간과 공간을 손에 넣은 라디오'는 상징적으로 여성들을 '핵심적인 목표 청중'으로 재배치했다.[4] 대중문화는 사회학적 분석에 유용한 추론을 제공할 수 있으며, 각종 매체를 통해 소재가 팔리고 배급되는 경우 대서양을 가로지르는 관점들을 가능하게 할 수도 있다. 제프리 스콘스Jeffrey Sconce는 『유령의 미디어Haunted Media』에서 전신傳信, telegraphy부터 텔레비전에 이르기까지 미국 통신기술의 문화사를 추적한다. 그는 전선이 제거됨에 따라, '슬픈 소외'의 징후가 무선기술에 대한 '불안하고, 비관적이며, 우울한' 재현들과 함께 출현했으며, 이는 '점점 깊어지는 근대성의 사회적 원자화'를 나타낸다고 언급했다.[5] 무선신호의 '잘 잡히지 않고 불가사의한 현존'이 방송 일정에 무릎을 꿇고, '지구 밖이건 어디건 미지의 외계 존재에 대한 표지와 잠재적인 종속의 전조'가 되는 라디오(무선)의 가내화의 순간에, 젠더는 이 궤적에서 공백이 된다.[6] 이것은 『유령의 미디어』가 의식과 통신소통의 상호관계에 초점을 맞추고 있고 이것이 전신술의 심령적 제휴와 관련하여 여성 영매의 권능을 수용할 수 있는 서사를 제공하고 텔레비전의 정신착란 서사에서 가정주부의 역할을 제공하고 있지만 라디오의 대중소설들이 제공하는 구체화된 젠더 협상과는 관련이 없기 때문이다.

라디오(무선)의 신체사somatic history of radio는 18세기와 19세기의 전신술과 신경생리학의 교류에 대한 로라 오티스Laura Otis의 검토에서 얻은 힌트로, 『유령의 미디어』 서사 안에 자리 잡을 수 있다. "유기적이고 기술적인 통신시스템을 연구하는 과학자들은 서로에게 영감을 주었던" 반면, 전신기사들의 '손, 귀, 신경, 뇌'는 장치와 통합되어 "이중으로 강화된 정보 송신과 정보 수신 장치가 되었다."[7] 간결한 전보체 소설을 분석한 오티스는 인간성의 거미줄web of humanity로 엮이는 사회통합과 개인통합에 대한 약속들은 프라이버시 상실과 미지의 것과의 연결에 대한 우려로 경감되었다고 밝힌다. 이 장에서는 가정에서의 라디오 신체사를 향한 발걸음으로서 가내 무선에 대한 재현들에서 보이는 몸에 대한 권한 부여를 분석하며, 몸이 또 다른 라디오 청취자, 라디오팬, 라디오광, 에테르주의자etherites, 무선맨men의 몸들과 연결되는 조건들을 탐구한다.

라디오에 대한 다양한 의미는 1920년대 초 생동감 있고 때로는 혼란스러운 방송 상태에서 번창했다. 방송국이나 청중 모두 방송내용의 질보다는 전송과 수신의 기술적 문제에 관심이 더 많았고, "새로운 미디어는 관심을 끌어 청중을 구축하기 위해 당시 대중 언론과 잡지의 활동과 긴밀히 연관된 책략과 주목거리를 찾는 게 당연한 경향이었다."[8] 1922년 11월, 영국방송회사British Broadcasting Company는 런던 2LO, 버밍엄 5IT, 맨체스터

2ZY 등 각기 다른 세 개의 제작사가 운영하는 방송국에서 방송을 시작했다.[9] 지역의 양도자들은 방송내용과 청취자 관계의 변형을 허용했고, BBC는 1924년 말까지 영국 전역의 거의 20개 지역에서 운영되고 있었다. 약식행위와 실지연습은 1925년 말부터는 아나운서의 약식 예복 필수 착용, 1926년에는 퀴즈 금지 등 런던에서 시행된 조치들로 점검되었다.[10] 1920년대 중반에는 "청취자와의 직접 접촉으로부터, 청취자의 프로그램 참여로부터, 비공식성, 친근성, 쉬운 접근성으로부터 멀리 떨어져 있는 익명의 집단적 목소리로 후퇴하는 것"이 보였다.[11] BBC의 초대 총국장 윌리엄 리스William Reith는 청취자들이 방송내용보다 '전선과 스위치와 박스'에 관심을 더 기울인다고 불평했고, 참여하는 청취를 호소하면서 대중음악에 대한 갈망에 대응했다.

> 우리는 스피커에 눈을 박고 앉아서, 소리가 금속성이며 성에 차지 않고 녹음된 음악을 좋아하지 않는다고 자주 결론짓고는 한다. 사실상 우리 마음은 통신사에 사로잡혀 심란하며, 음악은 공정한 기회를 얻지 못했다.[12]

리스는 또한 라디오 청취자를 거론하면서 '못마땅한 습관'을 개탄했는데, "라디오 청취자listener-in는 …… 원래 그를 염두에 두지 않은 메시지를 듣던 시절의 유물이다. 이제 그는 말을 거는 사람이며 거기에 맞추어 경청한다listen. 그렇게 못하는 사람은 단지 청취한다listen-in."[13]

다음으로 나는 대중소설과 영국 무선 잡지wireless magazines를 활용해, 리스가 듣기 경험에서 경시했던 '비품paraphernalia'을 통해 매개되는 가내의 관계들을 탐구한다. 이런 자료들은 리스의 '경청listening'과 '청취listening-in'

의 구분을 뛰어넘는 듣기 경험의 복수성을 시사한다. 1923년에서 1925년 사이에 펄프 잡지에 실린 세 개의 이야기는 라디오를 가정의 분란을 일으키는 존재로 부각시키는데, 이는 영국의 세 가지 무선 잡지에 실린 내용과 함께 분석된다. 1913년에 창간된 ≪와이어리스 월드Wireless World≫는 1922년에 ≪라디오 리뷰Radio Review≫를 흡수하면서 영국라디오협회Radio Society of Great Britain의 공식 간행물인 주간 신문이 되었다. 이 잡지는 아마추어 실험자들을 대상으로 전신 면허를 주창했으며, 국제적인 무선 뉴스는 물론 영국 지역사회의 무선 활동에 대한 기사들도 실었다. 라디오 프레스Radio Press는 1923년 2월에 ≪모던 와이어리스Modern Wireless≫를 내놓았다. 이 잡지는 파생잡지인 ≪와이어리스 위클리Wireless Weekly≫와 ≪주니어 와이어리스Junior Wireless≫는 물론, 이어지는 책들을 통해 '단계적이면서도 가격이 적당한 기술 안내'의 필요성을 충족시킨 '새로운 출판 현상'이었다.[14] 1922년 8월에 창간된 ≪브로드캐스터The Broadcaster≫는 다소 불분명한 성격을 지닌 훨씬 화려한 월간 발행물이었는데, 1923년 11월 ≪브로드캐스터 앤 와이어리스 리테일러The Broadcaster and Wireless Retailer≫라는 무선 거래를 위한 신문으로 바뀌었다. 이 세 종의 잡지는 무선 단체와 그들의 상호연결을 아마추어 전문가, 라디오 출판 산업, 무선 거래라는 별개의 세 이익집단의 관점에서 탐구할 수 있게 한다.

'삼촌 노릇의 재미'

「라디오 데스Radio Death」는 미국의 펄프 잡지 ≪미드나이트 미스터리 스토리Midnight Mystery Stories≫(이하 ≪미드나이트≫)(1923년 2월 3일)와 영국의 펄프 잡지 ≪허치슨의 미스터리-스토리 매거진Hutchinson's Mystery-Story

Magazine≫(이하 ≪미스터리-스토리≫)(1923년 5월)에 실렸다. 작가인 조지 브리그스 젱킨스 주니어George Briggs Jenkins, Jr(1890~1929)는 1916년부터 1927년까지 펄프 시장용으로 100개 이상의 이야기와 스케치를 내놓았다.[15] '칙칙한 타블로이드 잡지' ≪미드나이트≫는 10센트였고 1922년부터 1923년까지 주간 24호까지 나왔는데 일부는 "너무 외설적이어서 법원 명령으로 파기되었다."[16] ≪미스터리-스토리≫는 7펜스였고 1923년부터 1927년까지 나왔는데, '새로운 자료와 미국 펄프 잡지에서 뽑은 이야기들의 조합'으로 발행했다.[17] 「라디오 데스」는 '새로운 무선광狂 이야기'라는 인용을 붙여 1923년 5월 ≪미스터리-스토리≫ 표지를 달구었다. 그것은 연노랑 벽에 어둡고 높게 세워져 있는 무선장치와 여주인공과 악당의 결투를 다룬 내용이다.[18] 곱슬거리는 금발의 단발머리인 젊은 여성은 에벌린 그레이엄Evelyn Graham으로 그녀의 삼촌과 함께 지내러 갔다. 그 삼촌은 "단정하고 깔끔하게 빈틈없이 옷을 차려 입은 60대 초반의 남자로 육체적으로 위해를 가할 것 같지 않다. 하지만 그에게는 뭔가 불길하고 불쾌한, 이상한 점이 있어 보였다."[19] 그 삼촌의 기계 취미는 부자연스럽다. "그는 기묘하고 복잡한 기계 부품들, 섬세하고 깨지기 쉬운 바퀴와 톱니와 레버들을 가지고 있는데, 사람들은 그가 영구운동의 비밀이나 이와 유사한 혼란스러운 탐구를 추구하다가 미쳐버렸다고 생각할 수도 있다."[20] 아파트의 전등은 문과 창문이 열리는 것을 신호하도록 배선되어 있으며, 그랜트 그레이엄Grant Graham은 여조카에게 자신의 금고에 접근하려 했던 세 명의 남자가 죽은 채로 옮겨졌다는 것을 즐겁게 알려준다.

이러한 정교한 방어에도 불구하고, 에벌린은 침입자의 공격을 받고, 그녀의 삼촌은 샹들리에에 엄지손가락이 묶여 매달아진다. 그녀의 고투는 동화를 읽는 여성의 목소리로 변화를 주어서, 무선의 묘한 음색이 계속 나오는 동안 폭력적인 사건에 초현실적인 느낌을 준다. "그리고 꼬마 토끼 조니Little Johnny Rabbit는 우산을 들고 깡총깡총 길을 내려갔다. …… 꼬마 토끼 조니는 소녀 오리 리지Miss Lizzie Duck 앞에서 모자를 들어 올리며 …… 그녀의 아버지가 안녕하신지 물었다. 그는 이 소녀의 아버지 오리 오스카 씨Mr. Oscar Duck를 만난 적이 없었다."[21] 영국 독자들에게 그 괴한 침입 이야기는 더 기괴하고 폭력적이었다. "'철썩! 쾅! 아기 토끼들이 토끼굴 밖으로 내동댕이쳐졌다. 그들은 수탉 콘래드Conrad the cock에게 달려갔다.' …… '오, 기운 내!' 콘래드가 소리쳤다. '아니다, 낼 기운이나 있겠니?'"[22] 서사적 갈등이 절정에 달했을 때 무선방송은 산뜻한 여섯 명의 색소폰 연주자들로 다시 한번 불쑥 들어온다. 이에 에벌린은 "죽음이 문간에서 그녀를 응시하고 있는 현재 그녀의 처지"와 "라디오 아나운서의 목소리가 들리고 …… 평화롭고 만족스러우며 즐거워지기를 기다리는 수천 가구의 다른 가정들"을 대조한다.[23] 방송내용이 에벌린의 고립을 강화시키는 동안, 무선 비품이 에벌린을 구한다. 그레이엄의 배선은 기구가 작동 중일 때 금고를 열려고 하는 누구나 감전시킨다. 침입자는 감전되고, 에벌린은 발코니에서 벗겨져 목 졸려 죽을 운명에서 구해진다. 알고 보니 그녀의 삼촌은 훔친 물건을 매매하는 장물아비였는데 돈을 지불하지 않았다. 그는 총에 맞았지만 그가 설치한 교묘한 장치로 사망자수가 늘었기에 행복하게 죽는다.

「라디오 데스」는 가정에서 영향력을 발휘하는 라디오의 도움으로 무선 미스터리와 로맨스의 기존 전통을 갱신한다. 스콘스는 러디어드 키플링Rudyard Kipling의 〈무선Wireless〉(1902)을 '무선, 분리, 죽음'이 모두 들어 있는 '추종해야 할 유령 무선 이야기의 전형'으로 묘사한다.[24] 오티스는 브램 스토커Bram Stoker의 『드라큘라Dracula』(1897)와 마크 트웨인Mark Twain의

『마음의 전신술Mental Telegraphy』(1891)을 초기 선례로 보았다.[25] 젠킨스는 비도덕적인 발명가와 스릴러 구성장치라는 펄프의 관행을 사용해 전신술의 초자연적 친화성을 능가하는 가내 무선 설비의 범죄적 성격을 주장하는데, 그렇게 하여 가내 공간이 '볼품없는' 배치, '꼴사나운' 장치, 전선, 산성 배터리로 침해되는 것을 본 사람들의 경험을 입증한다.[26] '삼촌'을 발명가 역할로 선택한 것은 대서양 두 나라의 독자들에게 앞뒤가 맞지 않는 아이러니를 안겼을 것이다. 어린이를 대상으로 한 라디오 콘텐츠에서는 1922년부터 필라델피아 WIP 방송의 윕 삼촌Uncle Wip과 뉴어크 WOR 방송의 조지 삼촌Uncle George처럼 '삼촌들'이 자주 이야기를 들려주었으며, '교양 있는 흑인'인 레무스 삼촌Uncle Remus의 '가락에 맞추듯 높아졌다 낮아졌다 하는sing-song' 유색 남성 목소리의 독특성은 특히 라디오 방송에 효과적이었으며 동화의 사실성을 크게 고조시켰다.[27] BBC 방송의 〈어린이 시간Children's Hour〉은 1922년에 버밍엄 5IT 기지국에서 톰 삼촌Uncle Tom이나 톰슨 삼촌Uncle Thompson으로 시작했으며, 그 후 상당히 많은 지역에서 또 다른 삼촌과 이모들uncles and unties이 그 뒤를 이었다.[28] ≪브로드캐스터≫는 삼촌 역에 잘생긴 젊은 남성의 전면 사진과 '삼촌 노릇의 재미'를 이야기하는 캡틴 C.A. 루이스(카락타쿠스 삼촌)Captain C.A. Lewis(Uncle Caractacus)의 수다스러운 일인칭 이야기를 실었다.[29] 「라디오 데스」는 치명적인 남성적 비품과 여성 청취자의 고립으로 통신기술의 최전선에 있는 매력적이고 신뢰받는 남성과 여성의 이미지를 반박한다. 그러나 그 이야기의 교훈은 라디오의 가내적 현존, 전력electrical power, 그리고 무선 잡지에 두루 출현하는 남성적 제휴의 측면들이 다양해지는 속에서 다른 해석에 열려 있다.

가내 환경은 ≪와이어리스 월드≫에서는 지엽적이었으며, 비록 어떤 설비들은 전선을 엄청나게 썼더라도 세트는 종종 '깔끔'하다고 칭찬 받았는데, 1922년 5월부터 그 잡지는 숨겨진 배선과 감추어진 수신기들을 언급하기 시작했다. ≪모던 와이어리스≫는 '검은 바탕 위에 금색을 칠한 중국 용에서부터 녹색과 오렌지색 꽃무늬 디자인에 이르기까지' 장식스피커에서 장식을 더 다루었지만, '걱정 없는 무선Wireless without Worry'에 관한 기사는 부인과 가족이 걱정하지 않도록 양호한 수신과 정돈된 장비의 중요성을 강조했다.[30] 한편 ≪브로드캐스터≫는 구급차에서부터 비행선에 이르기까지 어디에서건 무선을 이용하라고 장려했는데, 고무관에 수신장비를 부착한 수영복 차림의 한 여성의 사진에서 보듯이 심지어 수영하는 동안에도 무선을 장려했다.[31] ≪모던 와이어리스≫와 ≪브로드캐스터≫는 무선통신radio 설비를 통해 번개의 피해로부터 생명과 재산을 보호한다는 광고를 게재한 반면, ≪와이어리스 월드≫는 이 주제에 대한 선정주의를 비판하면서 위험 평가에 보다 과학적인 접근을 요구했다.[32] 무선통신radio 장치의 힘은 전기섬광, 전기광선, 요정, 근육질 몸통을 특색으로 하는 삽화들과 뉴트론Neutron, 세터니움Saturnium, 마이티 아톰Mighty Atom과 같은 이름의 크리스털을 상표화하는 삽화들을 통해 모든 잡지의 광고에서 홍보되었다. ≪브로드캐스터≫는 라디오를 통한 최면술에서 무선으로 전력을 전송하고 차를 끓이는 전망에 이르기까지, 무제한의 무선 능력을 홍보했다.[33] 잘 알려진 인종차별적인 노래 「10명의 어린 인디언Ten Little Indians」과 「10명의 어린 깜둥이Ten Little Niggers」를 본뜬 어떤 희극 시는 아마추어들이 번개, 가스, 전기합선, 독성 화학물과 같은 무선 유해물로 죽는 방법을 열거했다.[34]

식민지 수단으로서의 무선은 보편적인 주제였는데, 여기에는 ≪와이어리스 월드≫의 "흑인들을 위한 방송broadcasting for the blacks", ≪모던 와이어리스≫의 부록인 ≪주니어 와이어리스≫의 "연주회를 듣는 빨간 인디

언들red Indians listening to a concert"의 사진, ≪브로드캐스터≫의 전시 '아라비아에서의 무선 체험Wireless experiences in Arabia'에 관한 기사 등이 있다.[35] 사진과 그림 속 사람은 대부분 백인이었지만, 예외로는 소원을 들어주는 무선 장치의 힘을 불러내는 아라비아 요정, 식민지 국민들의 특별한 행사 사진, 1924년 9월부터 ≪브로드캐스터≫의 정규 칼럼 "월드 와이드 와이어리스World Wide Wireless"의 맨 앞에 실린 바나나를 무선 장비와 거래하는 상투적인 '니그로negro' 인물 만화가 있다. 무선맨들wirelessmen은 모든 잡지에서 전 세계로 그리고 어쩌면 그 너머 화성으로까지 메시지를 수신 및 전송하기 위해 경쟁하는 국제적 네트워크의 일원들로 묘사되었다. 그러나 무선이 전 지구적 형제애로 참여하는 것은 문제가 많은 행동 때문에 국지적으로 더욱 붕괴되었다. 무선 범죄에는 발진현상, 축음기 음반 전송과 무분별한 희롱, 다른 사람들의 무선 호출신호 표절이 포함되었다. 라디오 남성성radio masculinity의 대조적인 면들이 ≪브로드캐스터≫에서 강조되었는데, 라디오 남성 사용자들은 가족을 만족시키고 이성을 매혹하며 그들의 이웃 또는 아들과 조카와 무선 능력을 경쟁한다고 묘사되었다. 무선 남성성wireless masculinity에 대한 농담들은 1923년 10월부터 ≪모던 와이어리스≫의 정규 풍자칼럼에 등장했는데, 통근열차에서 무선 역량을 자랑하기 위한 팁, 무선 부품을 사는 남성과 옷을 사는 여성의 비교, 그 잡지 편집진을 '기라성 같은 남성미'를 지닌 사람으로 묘사하는 것, 지역 방송주파수를 배제하는 웨이브 트랩wave traps[방해파를 제거하기 위한 회로의 하나_옮긴이] 기능도 하는 전선을 넣어 칼날 같은 주름이 잡히는 현대적인 바지 디자인에 대한 제안 등이 있다.[36]

라디오(무선) 잡지들이 가족 관계와 집 꾸미기를 더 다루며 무선 전신의 로맨스를 제한하기 시작한 바로 그 시점에, 「라디오 데스」는 남성 사용자들 간의 경쟁과 갈등을 무기로서의 라디오(무선)로 나타내면서, 동성사회적 기술에 대한 남성적 개입을 재천명했다. 매력 없는 주인공이 독자들에게 그 장치 자체를 악으로 보라고 권유하지만, ≪미스터리-스토리≫에서 그 서사의 제목과 서두의 반을 차지하고 있는 흑백 삽화가 그 평결을 복잡하게 만든다. 작고 집요한 삼촌과 겁에 질린 여조카가 보고 있는 동안, 검은 옷을 휜칠하게 차려입은 침입자는 금고문 앞에서 찬란하게 두 팔을 높이 쳐들며 전기로 빛나고 있다(〈그림 6.1〉 참조). 본문에서는 이 시점에 삼촌이 바닥에 엎드려 있지만, 전기장치 기기 광고에 필적하도록 서사를 각색한 이 이미지는 매스미디어를 통해 빈번히 인쇄되고 펄프 잡지들에 자주 등장했다. 강하게 젠더화된 이런 광고들은 활력적이거나 허약한 남성과 여성의 모습을 대비시켜 묘사했다. 이 삽화는 그 이야기에서 무선 파워에 당한 사악한 희생자를 과하게 활기찬 소비자와 연결시키면서 가정을 분열시키는 전기기구 취미에 대한 광고방송의 타당성을 시사하며, 또한 그 이야기 속 에벌린 구출에서는 무선기술의 생식능력을 확인한다. 무선 남성성에 대한 그 이야기의 비교 불가능한 메시지는 악당의 죽음과 여주인공의 구출을 보증하는 펄프 공식으로 함께 수용된다. 「라디오 데스」는 무선의 기능이 해상 생활의 보호에서 가정의 자산 보호와 범죄로부터의 보호로 바뀌는 전환을 실험하고 있다. 권능이 강화된 전신기사의 몸은 연약하지만 영리한 발명가와 남자다운 악당으로 분리되는데, 라디오(무선)가 결정적인 동성사회적 물품인 총gun을 의미하게 되면서 그들의 부조화를 중재하고 있다. 동시에 에벌린의 곤경은 윌리엄 리스의 과정-지향적인 청취자와 경청자의 구분을 뒤얽히게 한다. 즉, 고통의 신호를 청취하는 영웅적이지만 우울한 관행은 역전된다. 왜냐하면 우리는 고통에 처한 개인인 에블린이 그녀를 비껴가는 더 행복한 생활양식을

그림 6.1 리처드 케이턴 우드빌(Richard Caton Woodville)이 그린 「라디오 데스」 삽화

자료: *Hutchinson's Mystery-Story Magazine*(1923.5). 옥스퍼드 대학교 보들리언 도서관(The Bodleian Libraries) 소장.

청취하는 것을 보기 때문이다.

보아디케아 이모와 마르코니 여전사들

오언 올리버Owen Oliver는 1924년 ≪옐로 매거진Yellow Magazine≫에 실린 「무선의 희생자A Martyr to Wireless」에서 여성의 직접적인 무선 참여를 이끌어냈다. ≪옐로 매거진≫은 영국의 언론 부호 앨프리드 함스워스Alfred Harmsworth(노스클리프 경Lord Northcliffe)가 1901년에 설립한 어맬거메이티드 프레스

Amalgamated Press가 소유하고 있었다. ≪옐로 매거진≫(1921~1926)은 더 오래 간행 중이던 ≪함스워스 레드 매거진Harmsworth Red Magazine≫(1908~1939)에서 파생된 것 중 하나로, 격주로 토요일에 발행되었으며 '그날의 긴장감을 헤아리는 좀 더 등장인물-중심적인 이야기'가 있는 유머러스한 내용을 제공했다.[37] 올리버[조슈아 앨버트 플린Joshua Albert Flynn(1863~1933)의 가명]는 1901년에서 1934년 사이에 ≪옐로 매거진≫에서 27편을 포함해 펄프 잡지 시장에서 250편이 넘는 이야기를 제작했다.[38] 런던 대학교에서 심리 및 도덕학과Mental and Moral Science를 졸업한 플린은 해군 본부에서 복무했고 영국군 지도자 키치너 경Lord Kitchener의 재정 자문역할로 훈장을 받았다. 1924년 4월 18일자로 출판된 「무선의 희생자」는 미국에서 저작권의 보호를 받았지만 그에 상응하는 출판물은 알려지지 않았다.

올리버의 이야기는 '무선 미망인wireless widows'이라는 현대적 질환에 호소함으로써 '무선, 분리와 죽음' 전통에 익살스러운 떨굼법bathos을 가져온다. 에델베르타Ethelberta의 결혼과 건강은 남편 유스터스Eustace가 '무선 유행병wireless epidemic'에 빠지면서 위태로워진다.[39] 남편의 취미에 대한 그녀의 설명은 비품에 대한 집착이 리스가 인정하지 않은 방식으로 활성화될 수 있다는 것을 보여준다.

> 그것은 정말 그에게 표를 살 마음이 내키게 할 게 아무것도 없는, 그런 종류의 공연이다. 뭐를 탁탁 내뿜거나 귀를 아프게 하기 때문에 누가 보아도 별로이다. 그러나 내 생각에 그는 전선 같은 것들을 갖고 놀기 좋아한다. 마치 **자기 일을** 하고 있다고 느끼는 것 같다.[40]

실험용 소리의 질감들은 에델베르타의 아버지인 내레이터가 그의 귀에 들리는 '고문 도구' 소리의 대본을 읽을 때 이야기로 들어간다. "**버어-어-어. 크루어-어-어. 당신은 내 아내를 알아야만 해요. 그녀는-터-터-터-터어-어-작은-개여요. 웰-터어-어-어-후-우-우. 그녀가 안 했어요-버어-어-터-터. 크레-에에크. 개가 미쳤어요. 트르-어-어. 스루어-어-어. 하, 하, 하! 내가 말할게요-버어-어-어-이야기-후-우, 후-우, 후-우.**"[41] 무선 수신은 다다이즘의 소리 시Dada sound poetry와 미래파 연주회Futurist concerts와 밀접한 관련이 있다. 유스터스는 "글래스고Glasgow에 있다"라고 주장하지만 마치 "지옥, 동물원, 제재소에 있는 것처럼 들렸다."[42] 가정에서의 라디오(무선) 실험들은 구문과 스타일을 파괴하는데, 펄프 작가로 하여금 서사적 관습을 손상시키지 않으면서 전위예술avant-garde의 활력을 이용할 수 있게 한다. 위기의 순간에 에델베르타는 "내가 스피커이고 우리는 랑군Rangoon의 상황을 듣고 있다고 말했다. 그녀는 계속 소리 지른다. **버어-어-어! 우-우-우! 틱-틱-틱! 크르-어-어-크랙!**" 바닥에 떨어져 텅 비어버린 물병은 라디오 확성기 역할을 하고, 수건걸이는 "그림 묶는 끈으로 공중에 매달려 있다. 그녀는 그것을 안테나라고 한다."[43] 무선 미망인이라는 위협 속에서 에델베르타는 무선음 창조의 적극적인 원리를 극단적으로 받아들였다. 그러나 그 모든 것은 유스터스가 가정에서 라디오(무선) 장치를 치우게 만들려는 계략이었다.

리처드 버치는 1920년대 초기 미국 잡지에서 여성들의 적극적인 라디오 사용의 두 가지 형태를 확인한다. 만화와 이야기들은 "남성과 소년들을 자유의 순간에 빼내어 여성의 명령을 따르게 하며 …… 라디오를 이용해 그녀의 힘을 키우는 위압적인 부인에게 그의 영역을 잃어버린 남성의 모습을 그렸다."[44] 또한 '단기간이지만 여성평등에 대한 명백한 지지'도 있었는데, '여성의 기술 역량'을 라디오 장비의 시공자, 무선기사, 구매자로 주장했다.[45] 평등에 대한 주장은 곧 '수영복 차림의 젊은 여성들이 다리를 노출한 채 라디오를 들으며 춤을 추는 사진들'과 함께, 예를 들어 '공중에 걸친 라디오 안테나를 빨랫줄로 사용하는 주부'를 묘사하는 등 '젠더 영역들의 경계를 복원하는' 만화들을 낳았다.[46] 「무선의 희생자」는 이 두 가지 양식에 대한 풍자에 가깝지만 또한 그 두 가지 양식에 긍정적이다. 에델베르타는 쿠션 커버를 수놓는 무선광에 대한 자신의 에피소드에 이르기까지 전체 이야기를 쏟아내고, 그녀의 부모는 시대에 뒤떨어진 그녀의 복종적인 성격에 초조해한다. 유스터스를 모든 무선 활동에서 갑자기 등지도록 돌변하게 만드는 그녀의 책략은 미국 만화에서 특징을 이루는 아내에게 어울리는 방송 주문이나 당혹감보다 더 미묘한 형태의 통제인데, 왜냐하면 에델베르타는 그녀의 의지를 전혀 나타내지 않고 남편을 무선광에서 되찾아 오기 때문이다. 자신을 라디오 세트로 변하게 하고 안테나를 빨랫줄로 뒤집는 농담을 하면서, 그녀는 고루한 여성적 성향을 지닌 것처럼 위장하며 초현대적이 된다. 이 이야기의 반전에는 에델베르타가 자신의 남편에게 동일한 무능함을 보여주는 것이 들어 있다. 즉, 그녀도 진공관과 스피커에 열광하면서 "**버어-어-어! 우-우-우! 틱-틱-틱! 크루어-어-어-크랙!**" 같은 소리들을 만들 수 있다.[47] 올리버는 남편을 통제하기 위한 여성의 라디오(무선) 사용과 여성들의 동등한 기술 역량도 서사 속에서 확인시켜 주는데, 그럼에도 불구하고 그 서사는 그들이 실제로 무선 장비를 작동하는 데 몰두하기보다 수건걸이와 빨랫줄에 몰두하는 잔소리 없는 가정을 보존한다. 가장 터무니없는 무선 역사는 유스터스가 소리 내어 읽은 잡지 기사에 대한 내레이터의 왜곡된 보고를 통해 나타나는데, 그 잡지 기사에서는 "소음을 내보내는 두 사람이 있었다. 한 사람은 1893년에 태어난 퍼시 삼촌Uncle Percy이었고 …… 다른 사람은 보아디케아 이

모Aunt Boadicea였다"[48]라고 묘사한다. 여기서 무선 삼촌들은 니콜라 테슬라Nikola Tesla의 무선전력 초기 시연과 의미가 명료한 신호들의 무선전송에 대한 테슬라의 제안과 합쳐지며, 한편 BBC는 런던에서 로마인을 몰아낸 것으로 유명한 켈트족 여왕으로 개명된다. 이런 농담들은 제1차 세계대전 동안 선구적인 남성 및 여성의 무선 운영에 대한 서사들, 그리고 그 이후 젠더 역할의 재협상과 연관된다.

≪와이어리스 월드≫는 전쟁 중에 '마르코니 남성들Marconi men'에 의해 영웅주의의 저장소 역할을 했다. 전투에서 목숨을 잃은 무선기사들의 사진이 일반적인 특징이었다. 깔끔한 군복과 병역에 대한 세부 사항들이 전투 공적에 대한 기념 시, 전시의 무선 주제들에 대한 모험 소설, 전쟁 긴장감에 대한 토론, 불구가 된 전신기사 군인의 재교육 계획과 함께 특필되었다. 정규 칼럼인 '무선기사를 위한 오락'은 밴조 연주, 사진 촬영, 그리고 초소에서 길고 외로운 시간을 보내는 남성들에게 적합한 또 다른 취미에 대해 조언했다. 여성들의 무선 업무는 비록 조건부였어도, 마르코니 남성들과 함께 적극적으로 추진되었다. 1916년 4월에는 "숙녀 무선기사들이 해안에서 무선업무의 특정 부문에 대해 훈련받고 있다"라고 보도되었다.

> 그러나 현재 그들이 해양 복무에 지명된 상태는 아니다. 일반적으로 경험 많은 기사들과 전문적인 무선맨들은 우리가 승선해서 하는 이 일에 여성들을 배치하고자 검토할 때 직면할 어려움들을 즉시 깨달을 것이다. 그러나 물론 앞으로 어떤 일이 벌어질지는 아무도 알 수 없다.[49]

1917년 10월, 불확실한 미래는 조금 더 가까워졌는데, 여성 전신기사가 배를 타고 구조하러 왔기 때문이다.[50] 1917년 5월에는 '뉴캐슬-온-타인Newcastle-on-Tyne'의 플로렌스 L. 게이츠힐 양Miss Florence L. Gateshill이 "마르코니, 폴센과 텔레풍켄Marconi, Poulsen and Telefunken 시스템에서 체신장관의 1급 자격증을 취득했으며", 이 모든 자격을 획득한 "영국 최초의 여성"일 것이라고 보도되었다.[51] 1917년 11월 미국 여성들의 전시 무선업무는 '애국적'이라고 서술되었지만, 1918년 2월 '무선에 더 많은 여성'을 요청하는 것은 무선기사로서의 여성보다 '여성을 장비의 설치와 시험에 고용'하는 것에 주안점을 두었다.[52] 그럼에도 불구하고, 이는 '소녀들과 젊은 여성들을 위한 과학교육'에 대한 강력한 지지를 동반했다. 숙녀 무선기사 사진들이 가끔 등장했으며, 심지어 제조업에 고용된 여성들조차 첼름스퍼드 마르코니 작업실Chelmsford Marconi Works의 여성축구클럽 사진에서 성평등의 관점에서 묘사되었다.[53] 동시에 '마르코니 여전사들Marconi amazons'이 남성들을 대체할지 모른다는 두려움도 있었다. '마르코니 남성 유니폼'을 특집으로 한 삽화는 무선 장비를 갖춘 테이블 주위의 앞뒤에서 제복을 입고 있는 백인 남성들을 묘사했다.[54] 마주 보는 페이지의 본문에는 다음과 같이 기술되어 있다. "상선에서 젊은 '무선 전신 기사들sparks'이 빛을 잃고, 그 대신 파도, 해양곰팡이, 조수, 에테르에 대한 지식이 심지어 전임자들보다 훨씬 해박한 여성 기사들이 마르코니 선실에 때로 '승선manned'할 때를 예상하고 있다."[55] 그러나 무선기사는 '죽음과 재난에 직면했을 때 자기 자리에서 냉정을 잃지 않고 침착하게 앉아 있어야 한다'는 요구와 '마음과 몸에 부과할 수 있는 가장 엄격한 검사들을 견뎌내야 한다'는 요구를 받기 때문에, '위기 상황에서' '자연적 약함'이 드러날 수도 있는 여성에게는 그 일이 부적합한 것으로 여겨졌다. 젊은 여성들은 "일개 남성의 공통 덕목을 벗어나 인내와 섬세한 터치를 필요로 하는 시공 업무에 훨씬 더 적합했다. 무선의 로맨스는 현실적이고 끝이 없다. 바다의 위험도 마찬가지이다. 그런데도 선박 일에 여성을 끌어들이는 것은 여자들과 상선에 적당하지 않을 것이다." 알센 양Miss M. Alsen과 상선 화물선 SS 주피터SS Jupiter를 찍은 '숙녀 무선기사와 그녀의 선박' 사진은 18개월 후 더 이상의 논평 없이 발표되었다.[56] 1920년 4월, 영국 최초의 여성 무선기사들 중 한 명인 A.C. 레이니A.C. Rainie는 "언젠가는 그녀와 성별이 같은 무선기사들이 모든 기선에 배치될 것이다"라고 말했다.[57]

레이니는 참신한 사람이었다. 전쟁 후 ≪와이어리스 월드≫는 주요 기사에서 활동적인 무선 여성들을 뺐지만, 그녀들은 지역 무선 클럽의 보도에 계속 실렸다. 1920년 4월, 뉴캐슬 지역무선협회Newcastle and District Wireless Association의 첫 여성 회원인 게이츠헤드Gateshead 출신 길버트 양Miss Gilbert은 "자신의 면허를 신청해서 자신의 방송국을 세운 순수한 '아마추어'"로 서술되었다.[58] 4년 후 사우스 노우드 라디오협회South Norwood Radio Association는 컬리스 디지털 멀티미디어 방송D.M.B. Cullis에 여성 명예간사를 두었던 최초의 라디오협회로 여겨진다.[59] 베를린에서 무선 강의를 듣는 '여성 학생들'은 '라디오(무선)를 자신들의 경력으로 삼으려고' 했지만, 런던 파운들링 스쿨London Foundling School의 소녀들은 단지 '청취에서 많은 즐거움을 얻었으며' 과학교육에 대한 전시의 전망과는 거리가 멀게 나타났다.[60] 때때로 클럽 보도들은 여성들에게 교육과 오락의 혼합을 제안했는데, 더럼 시 지역무선클럽Durham City and District Wireless Club은 모스코드 부저Morse code buzzer 수업이 "매우 흥미진진하며 특히 숙녀들이 즐긴다"라고 보도했다.[61] 그러나 광고는 시종일관 '무선 서비스에 종사하는 남성', '진취적인 무선맨', '실용적인 남성', '미스터 아마추어', '미스터 프로

페셔널', '자신의 아들을 입상시키고자 하는 부모들'에게 호소했다.[62] 기사와 광고의 사진은 라디오(무선) 기술과 여성들과의 관계를 공장 일, 스튜디오 공연, 남성 실험자들의 동료관계로 한정했다. ≪데일리 그래픽The Daily Graphic≫에 아르밀 백작 부인Countess de Armil이 쓴 '여성과 무선'이라는 제목의 기사는 "기술적 정확성보다 과학적 매력을 더 매력적으로 토론했다"라고 묘사했고, 이 기사의 인용문은 ≪와이어리스 월드≫의 더 박식한 독자들이 확인하도록 그 잡지에 실렸다.[63]

≪모던 와이어리스≫의 페이지에서 라디오(무선)는 남성들의 진지한 과학적 추구로 굳혀졌다. 제복을 입은 무선 영웅에 대한 감사는 군대의 직함을 가진 남성들의 정기적 기고문, 남성 군인의 사진, 전시와 식민지의 무선 기획에 대한 향수 어린 기사들로 뜨거웠다. '차세대 전쟁에서의 무선'에 대한 열광은 1923년 10월의 표지가 보여주었는데, 그 표지는 탐조등이 찾아낸 공중 비행기와 폭격되고 있는 배를 그리고 있다. 무선 클럽이나 협회들과 어떤 공식적 관계도 없는 ≪모던 와이어리스≫는 여성들을 이따금 장식하는 역할로 격하시켰다. '미국 방송국의 여성 기사들' 사진은 영국에서 미국 신호의 수신에 관한 주변의 본문 내용과 전혀 관계가 없었다.[64] ≪모던 와이어리스≫가 여성들을 라디오의 유일한 사용자로 묘사한 것 중 가장 그럴듯했던 것은 매력적인 표지가 특징인 ≪브로드캐스터≫를 위한 광고에서였다. ≪브로드캐스터≫는 무선 소매업에서 일하는 남성들 대상의 업계지로 변모하면서 여성과 라디오의 관계를 다루는 데서 중요한 변화를 겪었다. 육아부터 수영에 이르기까지, 상상할 수 있는 모든 상황에서 라디오를 적극적으로 다루는 멋쟁이 젊은 여성들의 사진이 사라졌다. 여성들은 이제 홍보 자료의 매력적인 디자인으로 찬사 받는, 광고 포스터와 판매 카드의 재현된 이미지에 등장했다. 이제 판

매 과정에서 여성들의 역할이 강조되었다. 어떤 기사는 "아내를 데리고 가세요. 아내에게 당신의 물품을 팔게 하세요" 라고 권고하면서, 판매원에게 그의 아내를 웸블리Wembley로 데려가서 "여성들을 확실히 끌어들이기 위해 …… 옻칠한 중국식 디자인 장식장에 놓인 수신기를" 보는 그녀를 잘 살피라고 조언했다. "진공관이 몇 개인지 신경 쓰지 말라. 어떤 세트를 받을지 아는 것은 남자의 일이다—하지만 당신 부인이 동양식으로 디자인한 거실에 있는 그 기구를 떠올리게 하라."[65] 자신의 아내를 현대적인 라디오 가구의 이국적인 매력에 끌어들인 판매원은 그러고 나서 아내에게 열렬히 원하는 구매자의 아내를 설득해 달라고 부탁했다. '지저분한 전선과 산성 물질이 들어 있는 것들'에 대해 아내답게 반대해서 무선 골칫거리에 돈 쓰기를 주저하는 아내들을 설득해 달라고 요구할 수 있었던 것이다. 무선 판매업자의 창문에 '당신의 남편이 클럽에 있을 때'라고 공표하는 광고 쪽지에는 "아내가 라디오 세트를 사도록 남편을 얼러야 하는 아주 좋은 몇 가지 이유. 현명한 암시는 책도 지루하고 뜨개질은 책보다 더 따분한 혼자만의 저녁에 이루어진다"[66]라는 글이 실려 있었다. 부인에게 아부하는 것이 덕을 본다는 것을 알아챈 이 판매업자는 개인적 경험을 통해 다음과 같이 말했다. "나는 꽤 많이 집을 비웠다. …… 내가 집을 비울 때 집에 라디오 세트가 없으면 아내가 무엇을 할지 모르겠다."

「무선의 희생자」에서 에델베르타가 꾸며낸 라디오 발작은 마르코니 여전사로부터 수동적인 동반자와 판매 교사자에 이르는, 여성들의 궤적과 교묘하게 연관되어 있다. 올리버의 서사는 여성 역량을 가내 영역으로 되돌리는데, 이는 에델베르타가 무선의 위험에서 지킨 그 영역이다. 예를 들어, 그녀는 수염이 더 이상 그슬리지 않도록 고양이를 자신의 의자에 묶는데, 마르코니 여전사라면 그녀의 광석 수신기crystal set[진공관 대신 광석검파기를 사용한 라디오 수신기_옮긴이]로 '고양이 수염'을 더 잘 자라게 했을 것이다. 에델베르타에게 경고하기 위해 사용된 '무선 미망인wireless widow'이라는 문구는 버치가 분석한 미국 잡지들에서 언급된 '라디오 미망인radio widow'과 '라디오 이혼녀radio divorcees'와는 함축된 의미가 약간 다르다.[67] w-두운법의 배후에는 1920년대에 미국보다 영국에서 더욱 광범위한 상황이었던 '전쟁 미망인war widow'이 있다. 에델베르타의 화해적 근대성conciliatory modernity은 그녀가 무선 기술을 소화해서 그 기술을 가정에서 배출시킨 그녀의 능력에 있으며, 그렇게 그녀는 가족을 앗아감과 여전사의 수신력 사이를 항해한다. 그녀의 남성 심리 조작은 여성을 겨냥한 무선 소매 전략보다 한 수 위이며, 가정에서 라디오를 둘러싼 전투에 고도의 속임수를 도입한다. 그러나 권능이 부여된 애국적인 여성의 몸, 보아디케아 이모의 승리는 또한 여성의 동등한 기술 역량과 여성의 가내 자립이라는 전망을 무효화하며, 가정을 부부 관계에서 상상했던 전쟁 전의 안정된 장소로 복귀시키는 한편, 글래스고나 랑군을 동경하면서 서로 멀리 떨어져 있던 가정 속 몸들 간의 연결도 회복시킨다.

'저주받은 자의 헤드폰'

1925년 7월호 ≪옐로 매거진≫에 실린 또 다른 무선 이야기는 라디오의 결혼생활 파괴를 대조적으로 탐구한다. 앨런 J. 톰프슨Alan J. Thompson의 「2.L.O.의 호출A Call from 2.L.O」은 미국에도 저작권이 있지만 관련 출판물은 알려져 있지 않다.[68] 필명을 쓰는 그 또는 그녀는 1911년에서 1932년 사이에 영국 펄프 잡지들에 몇 개의 이야기를 기고하고 세 편의 소설을 출판했다는 사실 말고는 알려진 게 없다. 런던 최초의 영국 송신기 이름을 딴 「2.L.O.의 호출」에서 라디오는 한 여자의 사로잡힌 감정을 한 남자에서 다른 남자에게로 옮기는 메커니즘으로 나온다. 이 이야기의 양면성은 결혼을 깨뜨릴 수 있는 라디오 묘사에 있는데, 악당인 남편과 진정한 사랑을 회복하는 수단으로서의 방송 홍보가 이 이 양면성을 완화한다.

레슬리 해먼드Leslie Hammond는 런던의 웨스트엔드West End에 있는 한 가게의 매니저가 되려고 노력해 왔고 이제는 그 지위를 즐기는 자수성가한 남자이며, 그의 어여쁜 아내는 "가정을 도맡아 그의 식사와 모든 것을 아주 능숙하게 해낸다."[69] 그는 비슷한 태도로 라디오를 즐긴다. "그냥 담배 피우고 듣다가 지루하면 끈다."[70] 앞서 펄프 라디오 이야기의 남자들과 달리, 해먼드가 방송 내용에 주의를 기울이는 경우는 카워딘 경Lord Carwardine이라는 사회주의자 동년배가 '환경에 맞서 이긴 성공'이라는 주제로 정치 연설을 전할 때이다. 해먼드는 자신의 아내 실라Sheila가 그 연설을 듣지도 않을뿐더러, '그 잘난 놈인 커닝스비 본Coningsby Vaughan'을 제치고 그녀를 얻은 것을 포함하여 자신의 성공을 성찰하더라도 자기의 자존심이 올라가지 않는다는 것을 알고 좌절한다.[71] 무선 기술의 가장 사사로운 항목은 부부가 연주회를 함께 들으려고 시도하는 데 따른 권력의 이동과 결부되어 있다. 그녀는 "헤드폰을 가지고 올게요"라고 말한다. 그녀는 "그게 아직도 조금 윙윙거리는 스피커보다 나아요"라면서 '신속하고도 우아하게' 남편 머리에 헤드폰을 얹는다.[72] 그 프로그램 막바지에 새로운 테너가 소개되었는데, 해먼드는 '고개를 끄덕이며 헤드폰을 조금 더 바싹 누르면서' 그 테너가 매우 잘 부른다고 생각한다.[73] 그런데 얼마 안 가 '그 폰을 누르고 있는 손이 떨렸고', 곧 '이 저주받은 폰을 귀에서 떼어내 버리고 그 무자비한 목소리를 잠재우고 싶어'했다. 그 노래는 그가 몇 년 전에 죽었다고 신고했던, 그의 라이벌인 실라의 전 약혼자의 노래였다.[74] 해먼드에게 속아 미국으로 떠난 커닝스비 본은 훌륭한 테너가 되어 돌아왔고, 해먼드가 어렵게 얻은 안락함은 '저 지옥 같은 무선'으로 깨져버렸다![75] 그 사기적인 남편은 사보이 힐 스튜디오에서 자신의 연인과 재회하는 실라를 되찾기 위해 전속력으로 달리다가 치명적인 자동차 충돌을 당한다. 도로 위에서 생명이 서서히 식어가면서 해먼드가 동의하지 않았던 카워딘 경의 말이 해먼드에게 되돌아온다. "성공의 찬란함으로 자신을 칭찬하는 바로 그 순간, 완전한 실패를 깨닫는 경우가 종종 있다."[76]

버치는 1920년대 초 라디오의 대중화에서 젠더 역학과 계급 역학이 결합한 데 주목한다. 표지는 우아한 옷을 걸치고 칵테일 잔을 든 '상위 중산층'과 '부유한 가족'의 삶을 묘사하는 것으로 변화한 반면, 남성의 기술 전문성을 허무는 만화는 "하위 중산층, 화이트칼라 노동자들을 …… 광고와 잡지 표지에 나오는 자신감 있고 부유한 남성들과 현저하게 대비하며 조롱했다."[77] 「2.L.O.의 호출」은 사무실 보조원에서 매니저로까지 승진한 해먼드를 통해 계급의 이동과 갈등을 다루는 반면, 이전에 방탕했던 그의 경쟁자 커닝스비 본 파렌필드Coningsby Vaughan Farrenfield는 그 이름에서도 구구절절 금빛 인생의 시작을 보여준다. 해먼드가 애써 얻은 안락함이 본의 우아한 방송 목소리로 침해되는 것은 헤드폰에 대한 해먼드의 구체적인 반응을 통해 강조된다. 숀 무어스는 남성들로부터 청취 장비를 빼앗기가 불가능하다는 여성들의 증언을 보도하면서, "초기 라디오 애호가들이 착용한 이어폰은 …… 권력과 통제라는 비슷한 의미를 지닌 일종의 왕관으로 읽힐 수도 있다"[78]라고 추측한다. 광고에서 이어폰은 남녀관계를 중재했다. ≪와이어리스 월드≫의 불독 그립 커넥터 광고Bull Dog Grip Connectors는 남자가 쥔 전선으로 이어진 이어폰으로 듣고 있는 남녀를 그린 반면, 펠로우즈Fellows 광고는 '머리를 묶거나 가르는 머리띠를 하지 않은' '여성들을 위해 특별히 고안된' 특수한 '핸드폰'을 홍보했다.[79] ≪모던 와이어리스≫의 브란데스Brandes 광고는 더 유혹적인데, 맨 어깨의 매력적인 젊은 여성을 보여주며 "그녀를 초대해 들어보게 할 수 있는가?"라고 묻는다.[80] ≪브로드캐스터≫의 텔레풍켄Telefunken 광고는 연기가 모락모락 피어오르는 담배를 들고 미소 짓는 야회복 차림의 한 남성이 램프 갓과 똑같은 줄무늬 드레스를 입은 맨 어깨의 여자를 내려다보고 있다. 그녀는 섬세한 헤드폰을 통해 황홀하게 듣고 있으며 전선을 손에 말아 가슴에서 움켜쥐고 있다(〈그림 6.2〉 참조).[81]

「2.L.O.의 호출」은 폰을 사용해 남편을 누그러뜨리는 실라의 힘을 보여주지만, 궁극적으로는 청취 장비가 도를 넘어선 노동계급 남성을 처벌하는 반면 엔터테인먼트 산업에서 성공을 거둔 방종한 상류층 영웅에게 여성에 대한 권리를 회복시킨다. 동시에 그 서사는 공영방송 초기에 여성화되거나 성애화된, 가내성과 쾌락의 중개인으로서의 라디오를 둘러싼 어느 정도의 양면성을 암시한다. 이성애 상황에 있는 많은 펄프 독자들에게는 여성들을 불완전한 결혼의 타협에서 구해줄 수도 있는 섹시한 테너에 대한 환상이 제공되지만, 남성들에게 이 환상은 라디오 방송의 로맨스로 자신의 여인을 잃어버릴 위험에 대한 경고로도 작용한다. "집에 무선세트를 설치하지 않으면 내 아내는 무엇을 할 것인가"라는 무선 판매업자의 관심은 이제 무선 세트가 그녀에게 무엇을 할 것이냐는 질문과 대등하다. 라디오가 방송 매체로 자리 잡을 즈음에는, 「무선의 희생자」에서 고립된 여성 청취자의 고통을 고조시켰던 라디오가 이제는 기만당한 여성을 구출하며, 남성의 소유권을 강조하면서도 여성의 선택을 촉진하는 것으로 나타난다. 그리고 청취 행위는 부재하는 목소리가 가정생활에 개입해 선악의 청취자들에게 정의를 실현해 줄 정도로 방송 콘텐츠에 초점을

October, 1924 *The Broadcaster and Wireless Retailer*

HARRY BYFORD Importer of the Famous Lightweight Adjustable
TELEFUNKEN
HEADPHONE

THE CHEAPEST HOUSE FOR INSULATORS AND ACCUMULATORS.
DUPLEX WIRELESS COILS.
HARRY BYFORD
Telephone: Clerkenwell 5749.

PLEASE WRITE FOR PARTICULARS AND DETAILS OF OTHER WIRELESS PARTS.
CHARTERHOUSE CHAMBERS,
Charterhouse Square, London, E.C.1

WHEN REPLYING TO ADVERTISEMENTS PLEASE MENTION "THE BROADCASTER."

그림 6.2 **텔레풍켄 헤드폰 광고**

자료: *The Broadcaster*(1924.10). ©www.timeincukcontent.com.

맞추게 되었다.

결론

기술의 가내화가 영향을 줄 수 있는 정해진 남성과 여성의 정체성이 있다고 가정하면, 기술이 가정에 들어올 때의 적극적인 젠더 협상의 기회를 포착하는 데 실패한다. 심지어 고정관념투성이인 펄프 픽션조차 풍자적 유머, 기존의 기술 서사와 특정 장르의 상투적 수법과의 매칭, 그리고 사회의 연속성과 변화에 개입하는 독자 참여의 반영을 통해 그러한 협상을 엿볼 수 있게 한다. 여기서 분석한 이야기들은 서사적 용어와 가내의 용어로 라디오(무선)의 유연성을 시사한다. 라디오(무선)는 스릴러 장르에서는 무기로서의 역할을, 로맨스 장르에서는 여성의 애정을 한 남성에게서 다른 남성에게로 보내는 송신기로서의 역할을 할 수 있다. 청취자들의 방송 주파수 선택은 사회적 기능과 서사적 기능의 선택에 필적한다. 라디오 사용자의 젠더화된 몸이 기술과 연관되는 방식은 재정적 동기, 동성사회적 갈등과 경쟁, 제국의 이익, 부부간의 권력 역학, 계급 지위에 의해 형성된다. 펄프 이야기 속의 갖가지 라디오 남성성은 마르코니 남성들의 전시 영웅담과 라디오 판매원들의 평시 캠페인에 얽매이지 않는 대안을 제공한다. 가정에서 여성들의 다각적인 역할도 새롭게 형성되는 공공문화와 관련해 출현한다. 자신의 상황과 재즈 콘서트 소비자와의 괴리를 강하게 인식하는 에벌린, 퍼시 삼촌과 보아디케아 이모에 대한 에델베르타의 교활한 승리, 불행한 결혼에서 생생히 살아 있는 라디오 테너의 품으로 간 실라의 상승은, 단정한 머리에 헤드폰을 안전하게 두른 광고 속 여성의 이미지보다 라디오 여성성에 더 다양한 가능성을 제공한다. 그러나 이것이 마르코니 여전사의 삭제를 보상하지는 않는다.

패디 스캐널Paddy Scannell과 데이비드 카디프David Cardiff는 사건에 대한 방송에서 "사적 영역과 공적 영역이 전적으로 새로운 맥락에서 은밀하게 함께 봉합되는 동시에, 이전에는 서로 별개였던 사건들 자체가 이제 평범한 국민생활의 어법으로 함께 엮여 서로 새로운 관계를 맺게 되는"[82] 방식들에 대해 논한다. 여기서 분석한 이야기들은 가정에서 라디오의 '봉합stiching' 작업은 몹시 두드러질 수 있는 반면, '보통 국민의 삶'이라는 것은 판타지 차원에서나 일상 경험의 차원에서나 대개 괴리로 경험된다는 것을 확증하면서, 무어스의 구술사를 보완한다. 그레임 구데이Graeme Gooday는 전기의 가내화에 대한 자신의 연구를 끝맺으며, 이 과정은 "전기의 가내화를 홍보하는 사람들의 목표와 판타지에 의해 결정되지 않으며, 흥미로울 정도로 가정 소비자들의 재량에 달렸다"[83]라고 논평한다. 여기서 분석된 펄프 서사와 무선 잡지들은 라디오 방송 소비자의 재량권 형태들에 대해 약간의 통찰력을 제공한다. 즉, 그것이 상기시켜 주는 것은, 라디오 회사, 기업, 단체, 제작자, 유통업자들의 문서화된 노력에도 불구하고, 초기 라디오 청취자들이 지닌 가장 의미심장하고 파악하기 어려운 관계들이 라디오의 역사에서 보다 광범위하게 재구성될 수 있는 친밀감과 거리감의 형태로 서로 간에 존재했다는 것이다.

제7장

현대 홈메이드 기상과학

영국의 가정과 날씨-기후 지식 공동 구성

캐럴 모리스, 조지나 엔드필드
Carol Morris and Georgina Endfield

이 장에서는 다음의 질문을 다룬다. 현대의 가정이 과학지식을 생산하는 장소가 될 때, 가정의 의미나 가정에 대한 이해, 그리고 지식 생산의 실천과 정치에 무슨 일이 일어날까? 가정의 문화지리학에 대한 최근 학문은 과학지식의 생산 장소로서의 가정에 대해 거의 관심을 기울이지 않았는데, 우리는 이 생산 활동이 가정과 살림homemaking의 실천을 어떻게 재구성하는지에 대한 학문에 기여하고자 한다. 또한 우리는 과학지식 생산의 공간성에 대한 다학제적 연구를 거론한다. 다학제적 연구는 **당대의** 가내 환경에서 인증된 또는 인증되지 않은 과학지식을 생산한다는 것이 무엇을 의미하는지, 그리고 그것이 이 장소에서 생산된 지식의 지위에 어떤 영향을 미치는지를 분석하는 데에는 한계가 있었다.[1] 이 장에서 주목하는 경험적인 대상은 아마추어 기상학자들에 의한 날씨와 기후 지식 생산의 공간성이며, 이를 통해 우리는 기후의 문화적 차원을 분석하는 최근 연구에도 기여하고자 한다. 이 연구는 전 지구적 기후변화 과학이 생산한 것들을 넘어 문화적으로 특수하며 공간적으로나 시간적으로 독특한, 날씨와 기후의 의미와 관행들을 밝힌다.[2] 더욱 구체적으로는, 특히 아마추어 기상학과 연관된 것들에 초점을 맞추면서, 가내 영역에서 벌어지는 이런 의미와 실천들을 탐구한다.

우리는 영국 기반의 아마추어 기상학 단체인 기후관측자 링크Climatological Observers Link(이하 COL)의 사례 연구를 통해 우리의 과제에 접근하며, 이 초점은 두 가지 방식으로 정당화된다. 첫째, COL 회원들에 의한 날씨와 기후 지식 생산은 정원을 비롯한 가내 환경의 다양한 부지에서 행해지며, 이는 그것을 '홈메이드homemade 기상과학'으로 특징짓게 한다. 비록 COL이 '아마추어' 단체이긴 하지만, COL 회원들은 전문적 표준과 원칙들을 따르며, 이는 그들의 기상학을 일종의 '진지한 여가' 활동으로 만든다.[3] 둘째, 아마추어들이 날씨와 기후에 관여한 길고 활기찬 역사가 있음에도 불구하고, 최근에서야 기후과학과 전문 기후단체 학자들이 아마추어 기상과학자를 당대의 날씨와 기후 지식의 적법한 생산자로 평가하면서 그 가치를 인정하기 시작했다. 아마추어 기상과학자들은 지식의 민주화democratization of knowledge라는 보다 광범위한 과정을 반영하면서, 다양한 방식으로 (재)평가되고 있다. 예를 들어, 그들은 '공식적인official' 기상 네트워크에 대한 기후데이터의 생산자이며, 이례적이거나 극한적인 날씨의 시간, 특징, 즉각적인 영향을 확인할 수 있는 기상사건의 현장 목격자이다.[4] COL는 집에서 매일 날씨를 관측하고 기록하는 아마추어 기상학자들을 대표하는 영국에서 가장 중요한 기관으로 여겨진다.

다음 절에서는 우리의 탐구를 모양 짓고 우리가 기여하고자 하는 학문의 세 가지 영역을 논의함으로써 더 진전된 맥락을 제공한다. 그 분야들은 가정과 가내 생활의 지리학, 과학에 대한 공간적 연구, 기후에 대한 문화적 연구이다. 그러고 나서 COL와 그 회원들의 지식 관행을 더욱 자세하게 설명한 다음, 첫째는 제약constraint의 측면에서, 둘째는 권능 부여enablement의 측면에서 가내 영역, 가내 생활, 아마추어 기상학의 상호관계에 관한 두 가지 경험적 주제를 탐구한다. 결론적으로, 우리는 홈메이드 과학으로서의 아마추어 기상학에 대한 분석에는 어떠한 긴장이 존재한다고 주장한다. 그러한 분석은 가내 상황에서 과학을 실행하는 어려움과 한계를 노출시킬 위험을 무릅쓰는 동시에 보다 광범위한 기후 지식계에 기여하는 홈메이드 기상과학의 독특한 공헌에 주목하도록 돕기 때문이다.

홈메이드 기상과학 연구의 맥락화

1990년대 후반부터 학자들은 지리학 안팎에서 가정과 가내성에 대한 폭넓은 연구를 수행해 왔다. 앨리슨 블런트Alison Blunt가 주장했듯이, 이러한 연구는 "익숙하고 일상적인 것을 흔드는 데"[5] 상당히 기여했다. 최근의 연구들은 점점 더 가정을 투쟁과 갈등의 잠재적인 장소로 주목하고 가내의 공간과 생활에 대해 '보다 우울하고' 비판적인 시각을 내놓았는데, 이는 아마추어 기상학으로 하여금 가내의 분열을 초래하는 방식을 고찰하게끔 부추겼다.[6] 또한 이 장의 접근 방식과 관련된 것은 가정을 과정적processual이며 이질적heterogeneous인 측면에서 개념화하는 것이다. 즉, 가정과 살림은 협상과 같이 계속 진행 중인 참여 과정이라는 게 최선의 이해이며 이 과정을 통해 자각되고 경험되므로, 가정과 살림은 인간과 비인간, 살아 있는 것과 인공적인 것 간의 상호관계가 낳는 소산이다.[7] 이렇게 자연과 문화, 가내 영역을 형성하는 인간과 비인간 행위자의 '복잡한 얽힘'에 주목하는 것이 특히 우리의 경우에 적절한 이유는, 아마추어 기상학이 집 안팎의 여러 장소에서 날씨에 대한 다양한 지식 관행을 수반하기 때문이다.[8] 특히 마리아 카이카Maria Kaika는 근대성에서 살림은 반드시 자연과 자연적 과정의 의도적인 배제를 포함한다고 주장해 왔다.[9] 그러나 가정이 아마추어 기상학에서 지식 생산의 장소가 될 때에는 이 주장이 문제가 될 수 있는데, 왜냐하면 아마추어 기상학자들은 가정, 특히 정원 구역 **안의** 날씨(들)인 '자연'과의 친숙함을 적극적으로 추구하기 때문이다. 그렇지만 카이카의 주장에 따르면, 자연적 요소들은 (예를 들어, 정화purification[브뤼노 라투르의 개념으로서 사회와 자연을 분리하는 과정_옮긴이]와 상품화comodification같이) 그녀가 말하는 중요한 물질적·사회적 변형을 겪으면서 가정에 들어가도록 **선택적으로** 허용되는데, 이 과정은 일련의 **비가시적인** 사회적·물질적 연결에 의해 가능해진다. 아마추어 기상학에서 날씨는 대체로 데이터로 변형되어 집 안으로 들어와서 분석과 폭넓은 유통과 토론의 대상이 된다. 그러나 (그리고 카이카와 대조적으로) 이것은 우리의 경험적 자료가 밝히겠지만 그 자체로 문제가 있고 논쟁을 불러일으키는 매우 **가시적인** 일련의 사회적·물질적 연결을 통해 일어난다.

비록 가정의 지리학이 우리의 탐구에 귀중한 틀을 제공하더라도, 이 학문은 지식을 생산하는 장소로서의 현대 가정이 가정의 개념화에 미친 영향에 관심을 기울이지 않았다는 점에 우리는 주목한다. 예를 들어, 가정의 의미와 생생한 경험은 다양하며, 소속, 소외, 친밀감, 폭력, 욕망, 두려움을 아우른다고 말해왔다.[10] 그러나 지식 생산과 유통knowledge production and circulation이 이러한 생생한 경험들과 가내 영역 안의 관계, 의미, 경쟁의 원천들 중 하나라는 인식은 없었다. 과학지식을 생산하고 유통하는 구조에서 가내의 장소가 펼치는 역할을 무시하는 것은 이 과정들이 배타적으로 과학자의 '인증된 전문지식'하고만 연관된 실험실, 대학, '현장' 같은 비非가내 장소에 국한된다는 생각을 번식하게 한다고 우리는 주장한다.[11]

우리의 분석은 가정의 지리학과 더불어 과학학 분야에서 공간적으로 민감한 연구에 의해서도 영향을 받는다. 이 연구는 지리학자와 다른 분야의 학자들이 생산해 왔다.[12] 결과적으로, 공간적인 것은 가변적이고 때로는 상충되는 방식으로 개념화되었다.[13] 그럼에도 불구하고, 공간적인 것은 약함보다는 강함의 원천으로, 과학 지리학의 제도화에 저항하는 정당한 이유로 간주되어 왔다. 과학 프로젝트의 공간성은 지리학 부문 안에서 **역사적인** 과학 지리학으로 발전했다.[14] 이것은 또 다른 과학 지리학들, 즉 지리과학 그 자체는 물론 또 다른 지리학적 관심 분야를 위한 여지를 제공한다.[15] 이 장의 경험적 초점인 아마추어 기상학과 연관된 **당대의** 과학 형태는 지리학적 과학 연구와 아마추어 기상학 연구를 위한 신선한 출발을 보여준다. 그것은 장소 특정적인 과학적 실천을 검토하는데, 그 실천의 물질성 그리고 이전의 지리학적 과학 연구에 뒤따른 공간과 과학의 공동 구성 또는 관계성을 수용하는 접근법도 검토한다. 그러나 이 장의 관심은 비인증된 과학지식과 당대 가내 환경의 공동 구성에 초점을 맞춘다는 점에서 독특하다.[16]

이 연구문제를 추구하면서 우리는 과학학 종사자들, 특히 지리학자들이 자신들이 탐구하고 있는 과학(들)에 의해 '공간적으로 포획되는' 경향이 있다고 본 베스 그린호프Beth Greenhough의 관찰을 진지하게 받아들인다.[17] 달리 말하면, 분석의 공간은 과학적 목표를 염두에 둔 과학 종사자들에 의해 정의된 공간이며, 과학학 학자들은 그러한 공간을 자신들 탐구의 대상으로 만듦으로써 결국 그 공간을 재생산할 수 있다. 그린호프는 그 대신 필요한 것은, 과학과 과학학의 장소들을 기입하고 인증하는 공간적 가정에 대해 더 크게 질문하는 것이라고 주장한다. 즉, 우리는 단지 과학적 공간을 '채택하는' 것을 넘어서서 연구공간을 다르게 개념화할 필요가 있다는 것이다. 우리는 통상 '과학적'이라고 간주되지 않던 공간을 조사함으로써 이러한 도전에 응하며, 그렇게 함으로써 전형적인typical 또는 '대안적인alternative' 과학적 공간들이 시야에 들어올 때 과학과 과학지식 생산에 대한 우리의 이해에 무슨 일이 일어나는지를 탐구한다.

우리의 탐구는 기후 지식의 문화적 차원에 대한 학문이 성장하는 상황에도 자리하고 있다.[18] 이 연구는 주로 전 지구적, 과학적 메타-내러티브에 대응해 등장했는데, 이런 내러티브는 서로 다른 사람과 장소에 대해 기후가 과거에 가졌었고 지금도 가지고 있는 독특한 의미보다는 기후의 변화를 강조한다.[19] 기후는 "서로 다른 맥락, 장소, 네트워크에 있는 서로 다른 사람에게 서로 다른 것을 의미한다"라는 인식이 점점 더 커지고 있다.[20] 따라서 최근의 연구는 상이한 집단의 사람들이 과거에 어떻게 기후를 개념화했으며 기후의 변화에 어떻게 대응했는지를 더 잘 이해할 필요성, 기상학적 통계뿐만 아니라 '감각적 경험, 정신적 동화, 사회적 학습과 문화적 해석'을 통해 구성된 '하이브리드hybrid 현상'으로서의 기후 '관념'을 탐구할 필요성, 어떻게 '보통 사람', 즉 비인증 전문가들이 기후와 날씨를 이해하고 말하는지, 그것에 대해 글을 쓰는지 탐구할 필요성을 강조하고 있다.[21] 이 연구의 또 다른 측면은 지식 주장을 위치시키고, 기후 경험을 특수화하고, 기후를 둘러싼 다원적 의미를 도출하고, 무엇이 기후학적 '전문성'을 구성하는지를 식별할 필요성에 대한 인정이다.[22] 이제 역사적 관점에서 기상학적 지식 생산의 공간성을 탐구하는 학문은 성장하고 있다. 그러나 아직 기상학적 지식이 생산되는 공간으로서의 가정은 거의 주목받지 못하고 있으며, 가내 공간에서 행해진 당대의 기상학적 지식 생산은 그보다 더 주목받지 못하고 있다.[23] 우리의 탐구는 여러 방법으로 이 작업에 참신하게 공헌하려고 한다. 첫째로, 우리는 일상적인 기준에서의 지역 날씨 그리고 '가정'에서 생산되거나 만들어진 과학으로서의 지역 날씨를 관측하고 기록함으로써, 국지적 규모의 기후 지식 생산에 관심을 갖는다. 둘째로, 우리는 이 지식이 뚜렷한 아마추어 공동체에 의해 생산되는 방식에 관심이 있으며, 아마추어 공동체에 관한 세부사항은 다음 절에서 제공된다.

COL

COLClimatological Observers Link(기후관측자 링크)은 영국의 여러 지역에 위치한 아마추어 관측자들 간에 날씨 데이터를 교환할 수 있도록 1970년에 설립되었다. 현재 COL의 회원 수는 400명이 넘지만 관측 데이터에 적극적으로 기여하는 회원 수는 300명에 가깝다. 많은 COL 회원이 어린 시절이나 10대에 관심을 갖기 시작해 수십 년 동안 날씨 기록을 해왔으며, 대개 예외적이거나 극단적인 날씨를 직접 경험하면서 고무되었다. COL은 날씨 관측과 기록을 공식적으로 수행하든 아니든 간에 날씨에 관심이 있는 모든 사람을 환영하는 포괄적인 기관이 되는 것을 목표로 한다. COL 회원들은 매일의 날씨 변화에 관심이 있다. 그러나 많은 회원들이 극한 기상은 물론, 극한 기상에 국한되지 않는 물리적이며 가시적인 날씨 징후에도 열정적인 관심을 보인다. 따라서 우리는 이 아마추어 기상학자 집단에게는 일련의 체화된 감각적 지식 관행이 중요하다는 점에 주목한다. 이 관행은 날씨의 특별한 양상과 관련해, '직접' 날씨 관측과 기록을 통해 그리고 여러 매체에서의 날씨 읽기와 다른 COL 회원들과의 지속적인 관계를 통해 개발된 것이다.

'안에 있음being in', '보고 있음looking at', 그리고 그 밖의 날씨 감지 방법들이 아마추어 기상학자가 된다는 의미에 필수적이라고 해도, COL에 핵심적인 것은 일상적으로 실행되는 지식 관행의 특별한 집합이다. 여기서 중요한 것은, 일부는 '스티븐슨형 백엽상Stevenson Screen' 안에 놓인 표준 범위의 계기들을 사용해서 매일의 날씨를 꾸준히 기록해 나가는 것으로서, 공기와 토양 온도, 습도, 강우량, 풍속과 방향, 일조와 같은 다양한 날씨 현상을 기록한다. 이것들이 함께 '기상관측소weather station'를 구성한다. 이러한 계기 기록들과 연계해 COL 회원들도 전형적으로 자신들의 시각 기술visual skills을 이용해 구름의 양, 높이, 유형, 바람의 세기와 방향을 관측하며, 기상관측자의 핸드북Weather Observer's Handbook에 실려 있는 표준화된 기호와 척도 그리고/또는 이러한 현상을 측정하는 자신들만의 체계를 사용해 이것들을 기록한다.[24] 서사적인 날씨 기록—간략한 메모와 보다 광범위한 일기 기재—도 계측 및 관측 데이터와 함께 보관되며, 이러한 기록은 보완적인 지식 관행으로 인정된다. 그러한 질적 기록은 뇌우, 폭우, 우박, 눈, 또는 안개처럼 더 극단적이거나 특이한 날씨 사건을 기록하는 데 쓰인다.

일반적으로 관측자들의 계기는 관측자의 정원이나 그들의 집 아주 근처의 땅에 위치하기 때문에 판독을 하려면 밖에 나가야 한다. 판독은 보통 기상청의 지침에 따라 그리니치 표준시로 오전 9시와 오후 9시에 하지만, 약간의 변동은 있다. 자동 기상관측장비도 같이 사용하는 회원들은 대체로 이것을 자신들의 수동 계기와 함께 스티븐슨형 백엽상 안이나 그

근처에 놓지만, 데이터 표시 장치는 일반적으로 이러한 데이터의 처리, 해석, 보관을 위해 할애된 공간(때로는 특정 방들) 안에 있다. 다수의 COL 회원은 또 다른 COL 날씨 관측자뿐만 아니라 날씨와 기후에 관심 있는 개인이나 COL 이외의 기관과도 상호 비교할 수 있는 날씨 변화의 실질적인 기록을 생산하기 위해, 자신들의 관측과 기록 관행에 체계적이고 엄격한 접근법을 적용한다. 더 나아가 이것은 특정 장소에 대해 가능한 한 일관되고 지속적인 기록을 생산하겠다는 것이다. 이러한 지배적인 지식 관행과 더불어, 소수의 회원들은 '대체' 지식 관행, 특히 날씨에 대한 구전 지식 및 날씨 예상의 실천과 유포에 관여하고 있다.

COL의 활동은 위원회가 관리한다. 회원들의 관측 데이터를 게재하는 편집자의 월간 회보 제작은 COL 내 지식 순환의 핵심 메커니즘을 보여준다. 회원들이 기상관측소 데이터를 교환하고 비교하는 것은 날씨에 관한 서적이나 기사 등의 다른 정보 교환과 함께, 영국의 여러 지역에 공동으로 위치한 회원들끼리의 비공식 모임을 통해서도 이루어진다. 이러한 모임 외에도 회원들은 전화와 이메일로 서로 소통하는데, 대개 심각하거나 예외적인 기상 사태일 때 그렇게 한다. COL의 연례 총회는 가을에 개최되며, 이 총회는 날씨와 기후 지식 관행의 생산, 유통, 논쟁이 일어나는 또 다른 장소가 된다.

'집은 날씨가 있는 곳'을 탐구하는 방법론

우리는 2007년 10월, COL 연례 총회가 열리는 동안 그리고 COL 회보 광고를 통해 COL 회원들을 초청해 우리의 연구에 참여시켰다. 면담자들은 그들의 사회경제적 지위, 지리적 위치, 기록 관행, 기량과 전문지식의 수준, COL 참여 정도와 기간, 그들이 지닌 전문가와 광범위한 대중과의 관계 측면에서 아마추어 기상과학자의 단면을 보여준다. 우리는 2007년과 2010년 사이에 COL 회원들과 심층적이고 반구조적인 인터뷰를 총 24회 완료했다.[25] 인터뷰는 날씨 관측과 기록의 동기, 측정 대상, 데이터 제공의 목적 및 제공 대상 등을 다룬 광범위한 주제에 중점을 두었다. 그리고 사용하는 장비와 과학기술에도 중점을 두었다. 상당 부분이 정원을 비롯한 가내 공간에서 생산되는 과학이기 때문에, 토론도 날씨 관측 실천이 형성되고 통지되는 데서 살림, 가정 공간, 가내 생활 간의 관계에 중점을 두었다. 이러한 토론에서 두 개의 핵심 주제가 나왔다. 첫째, 가정과 가내 생활이 여러 방법으로 날씨 관측을 제약하는 역할을 했지만, 날씨 관측 실천 또한 가내의 일상적 측면에서 긴장을 야기한다는 것이 분명해졌다는 점이다. 둘째, 우리의 인터뷰는 가정, 특히 살림이 날씨 관측 실천을 진척시키고 가능하게 했던 여러 방법을 드러내 보였다. 다음의 두 절은 우리의 인터뷰 녹취록에 의거해 상호 연관된 이 두 가지 주제를 다룬다.

가내 생활이 날씨 관측과 기록을 방해할 때

가내 환경, 특히 정원 공간의 물리적 특성은 관측자들에게 도전이 되었다. 왜냐하면 그 특성이 종종 계기의 노출에 부정적인 영향을 주었기 때문이다. 한 면담자는 "아마추어 기상학자들은 대체로 (자신들의 계기를) 이상적인 환경에 배치할 수 없었을 것이다"[26]라고 주장하며, 이것은 그들에게 일반적인 '문제'라고 설명했다. 이 COL 회원은 특히 비바람이 들이치지 않는 교외의 정원들을 언급한다. 즉, 더 개방되게 배치할 만큼 정원이 충분히 크지 않기 때문에, 이러한 장소에서 관측장비는 일반적으로 주택과 비교적 가까운 곳이나 울타리, 담, 나무와 같은 경계 지형에 자리 잡게 된다. 또 다른 관측자는 자신이 이전에 거주했던 집은 "…… 기온이 너무 높아 매우 나쁜 장소였다"라고 말했다.[27] 두 사례는 가내 환경에서의 기상지식 생산이 지닌 물리적 제약을 잘 보여준다.

> 햇빛이 화창하면 저는 단지 그날이 맑은지 아닌지만 메모합니다. 집의 위치가 (일조계에) 충분히 좋지 않기 때문이죠. 내가 지붕 위에 서 있다면 모를까 …… 거기에 접근하기는 매우 어렵겠죠.(웃음)[28]
>
> 그 당시 (내 집은) …… 여기서 약 3마일 떨어진 마을이었는데 …… 당시 **그곳은 현대식 주택 개발로 비바람이 들이치지 않는 장소**였죠. 그래서 여기가 확실히 더 좋은 부지이죠. 물론 사람들은 늘 더 나은 곳을 찾죠. 단연코 시골이나 뭐 그런 곳에서 사는 것이 훨씬 좋겠지요.[29]

또 다른 관측자는 어떻게 자신의 정원이 기상청에 의해 공식 네트워크에 강우량과 기온 데이터를 제공할 만한 장소로 평가되었는지를 묘사했다.[30] 비록 강우량 데이터에 적합한 장소라고 생각했지만, 그가 우량계를 담장에서 멀리 옮기자 기상청 평가자는 그 장소가 비바람 등 외부와의 접촉이 너무 없어서 그의 기온 측정이 받아들여지지 않을 것이라고 말했다. 기상 작가이자 기자인 한 면담자는 정원 관리 관행과 건축설계 동향의 변화로 아마추어 기상학자들의 상황이 더 나빠질 수 있다고 말했다.

> 어머니 집 뒷마당에 있는 내 관측소와 관련해 지난 5년에서 10년 남짓 동안 또 충격을 받은 것은 지난 10년 동안 교외 지역이 너무 많이 우거

졌다는 것입니다. 1980년대 초중반까지만 해도 사람들은 채소밭을 가지고 있었고 대부분 정원을 깨끗하게 유지했는데, 이제 나무, 과일나무, 그런 것 모두는 지난 10여 년 동안 다 자란 것 같고, 그 때문에 당연히 지금은 뒷마당이 더 작아졌을 뿐만 아니라 거기에 괜찮은 장소를 잡기가 훨씬 더 어려워졌어요.[31]

비록 COL 회원의 현재 정원들이 방위 면에서 이상적이지 않다고 종종 묘사되었지만, 그들이 이전에 거주했던 집이 보유했던 날씨 관측과 기록의 물리적 조건들과 비교하면 양호한 수준이었다. 면담자들은 그들이 부모와 떨어져 독립적으로 생활하기 시작할 때 작은 집(낮은 아파트이거나 때로는 작은 주택)에 거주한 것에 대해 자주 이야기했는데, 그다음 면담자들이 또 말했듯이 이 작은 거주지들은 계기를 놓을 정원이 없거나 정원이 안전하지 않았기 때문에 날씨를 기록하기가 매우 어려웠다.

우리는 결혼 첫 4년 동안 복층주택에서 살았는데 우리 집 정원은 길과 마주보고 있었어요. 계기들이 어쩌면 없어질 수도(즉, 도난당할 수도) 있었기에 정말로 거기에 둘 수 없었죠. 나는 …… 거센 소나기가 오면 우량계를 꺼내서 뭔가를 기록하겠지만, **시설이 없기 때문에 계속적으로 가능하지는 않을 것**이라고 말하곤 했죠.[32]

다음 관측자가 묘사한 것처럼, 대체로 초기 성인기를 특징짓는 거주지의 빈번한 변화도 일관된 날씨 기록을 방해했다.

이동이 잦은 때여서 기상관측소를 갖지 않은 적도 있었는데, 특히

1970년대 후반에 잠시 [지명]에 살았을 때였어요. 거기 …… [지명] 그것들(즉, 관측소들)은 우리가 집을 계속 옮겼기에 얼기설기 엮은 것이었고 …… 내 날씨 기록부도 그랬죠. 나는 그때가 내 인생에서 일들이(즉, 날씨 기록이) 연속적이지 않았던 유일한 시기였다고 생각해요.[33]

가내 생활의 물질적 조건들 이외에 다른 차원들도 날씨 관측과 기록 관행들을 제약하거나 방해한다고 확인되었다. 다음 면담자가 말했듯이 COL 회원에게 아이가 있는 경우에는 기상학에 쓸 시간과 돈이 분산되었다.

아이들은 태어났고 …… 정말 모든 것이 유동적인 상태였어요. …… 1983년부터 1987년까지 거기[지명]에 살았는데 (다시 녹음하기 시작) …… 내가 그곳[지명]을 떠날 때와 완전히 달랐죠. 내 오래된 스티븐슨형 백엽상과 우량계를 여전히 갖고 있었지만, 교사로서 바쁘고 두 명의 어린애도 키우고 있었어요. 불행히 내 결혼생활도 그때 내리막길로 접어들었는데, 알다시피 다른 압박감이 자리 잡고 있었죠.[34]

아이들은 또 다른 식으로 날씨 관측에 지장을 주었다고들 했다. 계기들은 때때로 아이들이 노는 곳과 떨어진 곳에 놓여야만 했는데, 이 장소들이 계기를 놓기에 항상 이상적이지는 않았다. 그때도 계기들은 여전히 손상에 취약했다. 한 관측자는 "그 시기 내내(1974~1975년부터) 그 계기들을 갖고 있었지만, 이따금 교체품을 사야만 했어요. 한 번은 내 딸의 친구가 잔디 온도계 위에 서 있었죠"(웃음)[35]라고 말했다. 심지어 가족의 애완동물도 종종 비슷하게 방해했다. 예를 들어, 어떤 관측자의 고양이는 "내 전자 우량계에 있는 물을 마셔버려서 이제 계기가 작동하지 않아요. 물이 꽤 차면 그놈이 가서 마셔버려요."[36]

면담자들은 그들을 집에서 벗어나게 했던 활동들과, 이 활동들이 지속적인 날씨 기록은 물론 표준 관측 시간 오전 9시와 오후 9시의 날씨 기록을 계속해 가는 그들의 능력에 어떤 부정적인 영향을 주었는지를 길게 이야기했다. 다음과 같은 경우에서 알 수 있듯이, 여기서 중요한 것은 대학에 다니기 위해 (대부분의 관측자가 날씨 기록을 시작했던) 부모님 집에서 나와 지낸 기간들과 그 후 보수를 받으며 직장에 다니기 위해 독립적으로 생활한 때였다.

> 1970년대 초 대학에 진학했을 당시 짧은 방학 때 시작한 이후로 거의 날씨를 기록해 왔어요.…… 아침에 표준 (관측) 0900시는 일하는 사람에게 불가능한데, 서머타임summer time에는 10시가 되어 비현실적이 되기 때문이죠. 많은 아마추어들도 마찬가지일 거예요.[37]

가족 휴가와 같은 그 밖의 집안 약속들도 긴장과 초조를 유발하는 각별한 출처로 확인되었는데, 어떤 관측자들은 '골칫거리'라고 말했다. 자동계기를 사용하는 것은 관측자가 집을 비우는 경우를 관리하기 위한 하나의 전략이다. 그러나 COL 회원들에게 이런 재력이나 과학기술적 방책이 늘 있는 것은 아니어서, 면담자들은 계측기의 신뢰성과 정확성에 대한 우려도 전했다.

면담자들은 날씨 관측과 기록에 대한 자신들의 열정이 적어도 어떻게 가정생활을 방해하고 때로는 혼란에 빠뜨릴 수 있는지도 밝혔다. 한 관측자의 아내는 결혼식 전날 어떻게 남편이 우량계를 설치했는지 말했다. 그녀는 "온도계 기록을 들고 있는 남편과 사진을 찍고 그 사진을 친구에게 보여주었더니 친구가 '그게 네 결혼증명서야!?'(웃음)라고 말했어요. 그래도 결혼식 날 자기 주머니에 그것을 넣어둔 게 참 재미있었죠"[38]라고 말했다. 면담자들은 그들의 기상학이 가정에서 어느 정도로 우선순위인지를 숙고하면서, 다른 가정활동들은 그들의 날씨 관측 및 기록 관행에 맞추어 뒷전이 되어야만 하는 구조였다고 주장했다. 한 관측자는 "그것(즉, 내 열정과 헌신)은 가족들이 어느 정도까지는 거기에 맞추고 수용해야 한다는 걸 의미합니다"라고 설명했다.[39] 또 다른 이는 "나는 그 일을 다 하기 전까지는 외출하지 않을 것이고, 쇼핑을 간다고 해도 제때에 돌아올 것입니다"라고 단언했다.[40] 그런 관행들은 널리 공유되었다. 또 다른 이들은 비록 '날씨가 우선'이지만 그것이 가정/가족생활의 다른 측면들을 지나치게 간섭하지는 않는다고 말했다.

> 관측자: 아침에 가장 먼저 생각하는 것 중 하나가 기록과 날씨입니다.
>
> 진행자: 그러니까 기록과 날씨를 중심으로 다른 것들은 맞추어야 한다고 지금 말씀하시는 겁니까? 가족의 일원으로 외출할 계획이라면 기록이 다 끝날 때까지 기다려야 한다는 말씀이세요?
>
> 관측자: 아뇨, 아뇨! 겨울에는 날씨 예보를 볼 때까지 기다려야겠지만 …… 지금은 컴퓨터를 켜고 독일 웹사이트를 보면 알 수 있기 때문에 그렇게 집착하지는 않아요. 과거에는 더 집착했을 거예요. ……[41]

하루 중 몇몇 특정 시간에 날씨 데이터를 **기록**한다는 요건은 아마추어 기상학이 다른 식구들을 제약했던 방법 중 단지 하나일 뿐이었다. 또한 낮이나 밤의 이례적인 시간에 단지 날씨를 (그리고 특히 극한 날씨 사건을) **관측**하고 싶은 욕구가 빚은 잠재적 또는 실제적 혼란도 언급되었다. 한 관측자는 아내가 특별한 기념 식사를 차렸던 때의 구체적인 경우가 어땠는지 묘사했다.

> 환상적인 천둥번개가 일어나며 비와 우박이 내렸는데 우박은 내가 본 것 중 가장 컸죠. …… 정말 우박이 엄청 컸어요—우박을 맞아 찌그러진 차들도 있고 비도 엄청 내렸죠. 모든 게 그리고 저녁 식사가 파탄났어요. 내가 우박을 보고 있었기 때문이죠.[42]

일상적인 날씨 기록과 극한 날씨 사건의 관측에서 오는 영향 외에도, 관측 계기의 구입은 제한된 가계 예산을 축내는 것과 관련되기에 '가정적으로 물의를 일으키는' 것으로 묘사되었다.[43] 이번에는 "뒷마당에 계기를 설치하는 것이 처음에는 좀 별로로 보여도, 네가 익숙해져야 하는 것이고 그게 나머지 정원 장식물과도 어울린다"[44]라는 미학적인 이유가 다른 식구들에게 물의를 일으켰다.

기상관측을 가능하게 하는 가내 생활

이 절에서는 가내 생활, 가족의 지원, 살림이 어느 정도로 날씨 관측 및 기록 관행을 가능 또는 수월하게 하는가를 고찰한다. 우선, 가족 소유의 집과 가족의 지원이 있다는 것은 면담자들이 어렸을 때 그들의 관심을 발전시키도록 격려했을 수 있으며, 집을 비웠을 동안에도 기록을 지속하게 했을 요소로 간주된다. 그다음에 우리는 '영구' 주택의 마련과 살림의 중요성을 고찰하는데, 면담자들은 살림이 날씨 관측과 관련된 그들의 관심과 실천을 한층 더 발전시키는 데 도움을 주었다고 느꼈다.

다수의 면담자들이 어릴 때 그들이 추구하던 날씨 관측과 기록을 용이하게 해준 부모의 집과 가족 지원의 중요성을 언급했다. 예를 들어, 한 관측자는 1979년 자신이 남학생이었을 때 강우량과 최고최저 기온을 기록하기 시작했다며 다음과 같이 말한다.

> 그것들을 기록하기 시작한 이후, 학교생활 내내 계속 기록했어요. 나는 어느 정도 적절한 최고최저 온도계와 집에서 만든 스티븐슨형 백엽상 같은 것으로 업그레이드했죠. …… 그리고 내 생각에 몇 년 후에 그것을 정원에 놓았는데, 그때 거의 표준적인 수치를 보였어요.[45]

이 경우 그가 부모로부터 받은 지원이라고 생각하는 영구적인, 가족의 가내 공간은 날씨에 대한 그의 관심을 키우는 데 도움을 주었다. 또 다른 사람들은 자신들이 일시적으로 집을 비웠음에도 어떻게 가족의 도움으로 일관되게 날씨 기록을 해나갈 수 있었는지를 비슷하게 보고했다.[46]

다른 가족들도 집에서 직접적 또는 간접적으로 날씨 관측에 관여했던 것으로 보인다. 동남부 지역에서 오래 근무한 어떤 회원은 심지어 어머니를 설득해, 어머니의 옷 만드는 솜씨로 풍향 측정용 바람자루를 만들었던 것을 회상한다. 그는 이 바람자루를 뒷마당에 있는 나무에 높게 달아 보퍼트 척도Beaufort scale로 풍속을 기록하고 바람의 방향도 파악할 수 있었다. 하지만 또 다른 사람들의 경우 또 다른 확대 가족의 가내 공간이 있어서 심지어 그들이 방학에 멀리 휴양을 갔을 때도 날씨 기록을 계속할 수 있었다. "나는 어떤 친척이 안으로 들어가서 온도계를 읽기를 바라곤 했어요. 아니면 그 온도계를 1~2마일 떨어진 할아버지 집에 가져가서 할아버지가 읽도록 미리 준비하곤 했었죠."[47]

그러나 대다수 면담자에게 날씨 관측과 기록에 대한 그들의 관심을 실제로 발전시키고 확장할 수 있게 한 것은 그들 소유의 집―'영구적' 기반의 살림인―을 마련하는 것이었다. 어떤 이들에게 영구적인 자택을 갖는다는 것은 자신이 젊었을 때부터 지녔던 장비를 설치한다는 것을 의미했다. 예를 들어, 1987년부터 2000년까지 장비를 지녔던 한 관측자는 "여러 지역으로 많이 옮겨 다녔기 때문에 한 곳에 정착하기가 어려웠다"고 말했다. 그는 근거지가 어디가 되건 가능할 때마다 무언가 기록하려고 시도했지만 '한 지역에 정착한' 이후에야 비로소 자신의 장비를 설치할 수 있었다. "처음에는 우량계를, 다음에는 오래된 최고최저 온도계를 다시 꺼냈고, 낡은 스티븐슨형 백엽상을 정원에 설치했습니다."[48]

그런데 또 다른 이들에게 살림은, 독립적인 수입과 결합해, 새로운 계기에 대한 투자를 의미했다. 실제로 한 관측자는 '적절한 장비' 마련이 부모 집에서 아내와 함께 살던 시기를 지나 자기 집으로 이사하는 것과 어떻게 함께 나아갔는지에 주목했다.

> 우리가 결혼하고 1992년에 함께 집을 갖게 되었을 때야, 나는 더 적절한 장비를 가질 수 있었어요. …… 우량계를 설치할 정원이 생겼을 때야 우량계를 가졌죠. 그 전에는 그들의(즉, 아내의 부모님) 정원을 파낼 수 없었기 때문에 오직 기온만 기록하고 있었어요. 그럴 수밖에 없었죠?![49]

정원이 있는 집에 정착한다는 것은 관련된 관심사를 발전시키는 데 도움을 준 것으로 보인다. 예를 들어, 한 관측자는 자신이 처음 집을 마련하고 가정을 꾸렸을 때 값비싼 관측 계기에 투자할 재정적인 여지가 없었지만, 가내적 맥락에서 날씨에 대한 관심을 대체 방법들로 발전시킬 수 있었다고 했다. 그는 계속해서 이렇게 설명했다.

> 적은 수입으로 가정을 꾸렸기 때문에 결혼할 때까지 적자여서 취미에 쓸 만큼 돈이 별로 없었어요. 내 메모들을 뒤져보니 그때 평생 처음으로 우리가 정원을 가졌기에 무슨 나무를 심고 꽃이 언제 피는지를 계속 적고 있었죠. 나는 계속 그런 메모를 해왔다고 생각하는데 이런 메모들이 눈에 관한 것임을 발견했어요. 그런데 그 시기에는 눈이 거의 오지 않았네요.[50]

이 면담자의 경우, 정원 관리와 생물계절학에 대한 관심은 날씨에 대한 그의 열정을 유지시켜 주었고 날씨 기록계기들을 대신해 주었다.

COL 회원 다수가 은퇴자인데, 이로써 그들은 아직 취업 중인 사람들보다 날씨 기록에 더 융통성 있게 관여할 수 있다. 어떤 이들에게 은퇴는 날씨 기록계기에 더 많은 재정적 투자를 한다는 것을 의미한다. 그러나 무엇보다 은퇴는 직장에 있어야 할 의무에 제약되지 않고 정기적으로 기록할 수 있는 유연성을 주며 집에서 더 많은 시간을 보낼 수 있게 한다. 기상청 기록 일정의 제약을 논의하면서, 은퇴한 관측자 한 분은 "어차피 나는 은퇴했기 때문에 9시는 괜찮아요. 오늘 일찍 밖으로 나갔어야 했는데, 항상 그렇지는 않고, 보통은 오전 9시경에 활동해요"라고 말했다. 그는 또한 "나에게 결정적인 시간에 대체로 내가 있을 수 있도록 가능한 한 평소에 일들을 처리하고 정리하는" 정도의 융통성을 지니고 있다고 말했다.[51] 그러나 가내의 일과로 정해놓으면 직업과 연관된 시간 제약이 있는 사람들도 용이하게 기록을 할 수 있다. 예를 들어, 보건 분야에서 일하는 한 COL 회원은 날씨 관측에 충분한 시간을 내긴 어려워도 날씨 관측 체제를 직장과 맞출 수는 있다고 말했다.

> 당연히 아침에 집에 있을 때는 7시 30분에서 8시 정도에 약 15분 동안 관측하러 내려갔다 오고, 그다음에 내 기록부에 입력하기 위해 웹페이지를 여는 식으로 매일 돌아가요.[52]

우리의 면담자들이 어렸을 때 가족들이 날씨 관측에 도움을 주었다고 언급했던 만큼 면담자들 대다수는 또한 자신들의 배우자와 가족도 관측과 기록 과정에서 해야 할 역할을 맡았으며 그들은 종종 스티븐 샤핀의 용어로 말하자면 '보이지 않는 기술자들invisible technicians'이었다고 논평했다.[53] 예를 들어, COL 회원 다수는 자신들이 기록할 수 없는 동안 어떻게 아내들이 기록에 개입하곤 했는지를 강조했다.[54] 게다가 일부 관측자의 경우 일관된 기록을 유지하는 데 배우자의 역할이 절대적으로 중요했다. 한 면담자는 자신과 마찬가지로 파트타임으로 일하는 아내가 서로 다른 날에 일하며 일주일 내내 날씨 기록을 할 수 있었기에, 결국 자신의 날씨 기록을 관리할 수 있었다.

> 그녀는 주중 오전 10시에 …… 화요일과 목요일마다 일하러 가요. 주로 파트타임으로 일하죠. 저는 주 4일 근무를 시작했고, 아시다시피, 그녀를 피해서 화요일과 목요일 아침에 쉬는 편이죠.(웃음) 그녀는 항상 월요일, 수요일, 금요일에 공식 기록을 했고 지금도 해요. 매우 믿음직하죠.[55]

면담자의 상당수가 일상적이고 가족적이며 가정의 일과를 준수하려는 자신의 헌신에서 오는 효과를 언급했다.[56] 그러나 대부분의 면담자는 가능한 한 규칙적인 기록을 꼭 해나가면서 가족과의 약속 또는 가정적인 약속을 감당했던 것으로 보인다. 대다수는 아내, 부모, 형제들이 그들의 관심을 '수용'했거나 가족생활을 "거기에 맞추어야 했다"고 말했다. 한 관측자는 아내가 그의 관심사를 나날의 가정 일과로 받아들였다며, 그의 아내가 "그 상황에 너무 익숙해져서 내가 그걸 하지 않으면 내게 무슨 일이 일어났는지, 정말 아프거나 무슨 일이 있는지 궁금해 할 것"이라고 말했다.[57]

이와 같이 날씨 관측과 연관된 실천들은 가내의 일과 안에서 어느 정도 정상화될 수 있었고, 또 그렇게 되었다. 게다가 우리의 일부 관측자들의 경우, 날씨 관측과 기록을 계속하기 위해 가내 공간에 실질적으로 있어야 할 필요성이 가내 생활을 뒷받침하는 하나의 방편으로 작용한 것 같다. 예를 들어, 한 관측자가 지적했듯이 아마추어 기상학에 대한 그의 관심은 그의 가족에게 긍정적인 영향을 준 것 같아 보이는데, 그의 아내가 "그것이 그의 관심사라는 것을 알고, 그것이 나를 집에 있게 한다는 것을 알기" 때문이다. 그는 "할 수 있는 더 비싼 취미들이 많고, 그래서 아시다시피 효과가 있죠. 그런데 25년이 지난 지금도 결혼생활을 하고 있으니 그게 방해가 되지는 않았을 겁니다"라고 덧붙였다.[58]

토의와 결론

이 장에서 우리는 현대의 가정—그것의 의미와 개념화—과 과학지식의 생산—그것의 실천과 정치—간의 상호관계를 탐구했다. 우리는 가정이 대부분의 날씨 관측과 기록이 이루어지는 장소라는 점에서, 홈메이드 기상과학의 양식을 실천한 영국 COL 회원들의 사례 연구를 통해 우리의 과제를 수행했다. 아마추어 기상학에 대한 주목은 환경 감시와 환경문제 해결에서 비인증 전문지식에 대한 폭넓은 관심이 증가하고 이와 더불어 아마추어 기상학자들이 날씨와 기후 지식의 귀중한 생산자로 새롭게 인정되는 추세와 관련해 정당화된다.

우리는 가정에서 날씨와 기후 지식을 생산하는 데 많은 장애가 있음을 보았다. 이러한 어려움과 제약은 아마추어 기상학자들의 주택과 정원의 실질적인 특성과 연관되는데, 이는 우선 그들의 계기 설치 능력뿐만 아니라 그들의 계기 노출에도 영향을 준다. 결국 이러한 제약은 일련의 사회경제적 요인(예를 들어, 가구 소득 수준, 집 밖 직장의 필요성) 및 생애과정 단계(대학에 다니기 위해 집을 떠나는 것, 가족을 부양하는 것)와 얽혀 있다. 이런 것들은 부분적으로 가내의 공간을 통해 구성되며, 대부분의 아마추어 기상학자가 갈망하는 전문적 표준에 따라 그들의 과학을 실천하고 생산할 수 있는 능력에 특별한 영향을 미친다. 또한 날씨 관측 및 기록 관행이 가내의 일과를 규정하고 가내 공간의 미학을 망가뜨리는 등 홈메이드 기상과학의 실천으로 인한 가내 생활의 혼란도 명백하다.

또한 우리의 증거는 아마추어 기상학에 가내적으로 부과된 제약의 (가장 나쁜) 영향을 개선하려고 쏟아붓는 상당한 노력을 보여준다. 그리고 가정에 대한 이전의 문화 및 지리적 연구에 기반해, 그것은 이러한 노력이 가정 내 다양한 다른 인간(예를 들어, 가정 도우미)과 비인간(자동 기상관측장비) 대행자들을 포함하는 집단적 또는 관계의/연합의 방식으로 이해될 필요가 있음을 시사한다. 아마추어 기상학자들은 날씨와 기후 지식-생산 실천에 가내적으로 부과된 제약을 극복할 수 있는 다양한 전략을 채택하는데, 이러한 전략들 자체가 가내의 공간 및 가내 생활과 얽혀 있으며 이들을 통해 생산된다. 이 전략들은 매일의 가내 생활이 지닌 일상적이거나 평범한 국면이 되고 다른 식구들에 의해 널리 용인되고 수용된다는 점에서, 가정 내 날씨 관측과 기록 관행의 규범화normalization로 이어질 수 있다. 이러한 규범화는 그 자체로 아마추어 기상학을 가내 구현domestic enablement하는 한 형태로 이해될 수 있다.

이 장은 가내 생활에 관한 문화지리적 연구에서 이전에 간과되었던, 가정 안의 중요한 한 활동으로서의 지식 생산에 주목했다. COL 회원들에게 **집은 날씨가 있는 곳**home is where the weather is이다. 왜냐하면 집에는 날씨 관측과 기록이 행해진 다양한 장소가 있고 집은 그 안에서 날씨와 기후에 대한 그들의 지식 생산 실천이 수행되는 가내 환경이기 때문이다. 날씨는 그것의 의미와 과학적 형태의 많은 부분(데이터 집합)을 가내의 맥락에 두고 있다. 따라서 우리는 지식 생산은 가정이 꾸려지고 의미 있게 되는 중요한 수단이며, 이는 가정에 대한 향후 연구에서 인정되어야 할 뿐만 아니라 좀 더 탐구될 필요가 있다고 제안한다.

우리의 글은 과학지식 생산의 '대안alternative' 공간으로서의 현대 가정에 초점을 맞추어, 과학이 만들어지는 곳(실험실에서, 과학 '현장'에서)에 대한 관습적인 이해에 도전함으로써, 과학의 공간성에 관한 문헌에 기여한다. 그러나 우리는 이 분석적 관점과 연관된 긴장이 있으며, 이것은 고찰될 필요가 있다고 제안하면서 마친다. 한편으로는, 우리가 했듯이 홈메이드 기상과학의 형성과 연관된 도전과 어려움을 밝힘으로써, 아마추어 기상학은 물론 날씨와 기후 지식의 광범위한 회로에 기여하는 그것의 실제적 기여와 향후 잠재적인 기여를 약화시킬 위험이 있다. 왜냐하면 아마추어 기상학에 대한 가내적 제약들의 복합적인 영향은 COL 회원들이 날씨와 기후 지식의 질에 대해 의문을 지니는 것으로 정당하게 이어질 수도 있기 때문이다. 즉, 현대 아마추어 기상학자의 실천에 가내적인 분석적 관점을 적용하는 것은 의심이 더 많은 일부 '인증된' 날씨/기후 전문가들에게는 이러한 형태의 과학이 지닌 한계를 확인해 줄 수도 있다. 이것은 캐서린 브리켈Katherine Brickell이 제기한 '비판적 가정지리학critical geographies of home' 논의의 연장인데, 그녀는 가내 생활의 더 어두운 면을 매핑하거나 드러내는 것은 매핑되는 사람들에게 부정적인 영향을 줄 수 있다고 주장한다. 우리는 비판적 가정지리학은 가내 생활이 지식 생산과 같은 활동을 방해하는 방식들을 포함해야 한다고 주장할 것이다.[59] 다른 한편, 가정 위주의 분석이 아마추어 기상학에 미칠 수 있는 잠재적인 부정적 영향은, 점점 늘어나는 공식적인 기상대의 자동화 네트워크가 관측하거나 기록하지 않고 할 수도 없는 날씨 현상들을 관측하고 기록하기 위해, 관측자들이 나갈 수 있는 관측거리를 강조하는 아마추어 기상학의 능력으로 균형 잡힐 수 있다.[60] 이런 식으로 COL 회원들은 특별한 맥락에서 현지 날씨의 상세한 점들을 관찰하고 기록해, 모두가 자신들의 것인 전문적인 수준의 현지 날씨를 제공한다. 한 관측자는 다음과 같이 주장한다.

> 여기에 좋은 데이터가 엄청나게 많아요. 네, 그 장소는 교외의 정원일 텐데, 당신이 기대하는 군용비행장보다는 비바람이 덜 들이치겠지만, 그게 그 지역을 더 잘 대표하는 기록을 줄 것입니다. 왜냐하면 그곳은 분명 15마일이나 떨어져 있는 RAF(영국 공군) 관측소가 아니기 때문이죠. 그게 요점이에요. 사람들이 도시 열섬heat island 연구나 지역 기후학 연구를 기대한다면, 그게 더 대표적이죠. 사람들이 COL 데이터에 더 많은 자신감과 능력을 갖기 원합니다.[61]

COL 회원들이 기후 지식의 보다 강한 특수성에 대한 요구에 응할 수 있다는 점에서, 우리는 COL 회원들이 개별 형태의 날씨와 기후 전문가로 간주될 잠재력이 있다고 제안하며 글을 마친다. 그 전문지식 발전의 중심에 가내 공간이 있다.

제3부

가족과학

세대와 거리를 뛰어넘어 존속하는 지식

제8장

상인, 과학자, 예술가

19세기 그리스의 과학가족과 과학적 실천

콘스탄티노스 탬파키스, 조지 블라하키스
Konstantinos Tampakis and George Vlahakis

서론: 온 가족

피에르 부르디외는 40년 동안 실천의 사회학sociology of practice을 탐구하면서 프랑스 학계, 알제리 농민 생활, 교육, 예술 등 다양한 연구 분야에 적용할 수 있는 분석 도구를 개발했다. 그리고 그의 경력 내내 계속 핵심적인 분석적 개념을 추가하고, 재검토하고, 재정의했다.[1] 더욱이 이론은 응용 조사와 맞물려서 그로부터 도출되어야 한다고 사례를 들어 집요하게 증명했다. 그럼에도 불구하고, 그의 이론에 근거한 과학사적 연구나 과학사회학적 연구는 거의 없다.[2] 이 장은 '장field' 개념과 '자본capital' 유형을 사용해 19세기 그리스 과학자로서의 삶에서 가족이 수행한 기능에 대해 설명한다.[3]

'장'은 위치들 간에 존재하는 관계들의 경합적 배치 형상agonistic configuration으로, 위치의 점유자는 행위자들actors이다. 장에서 투쟁은 불가피하며, 이 투쟁은 행위자들의 자본에 의해 규정되고 그들의 행동은 그 장의 구조를 통해 매개된다. '자본'은 경제적이고, 문화적이며, 사회적이다. 한 종류의 자본에서 다른 종류의 자본으로 변형되는 것은 장의 형성 및 확립과 병행한다. 문화자본은 마음과 몸의 성향 형태로 내재되어 있지만, 예를 들어 학력처럼 제도화될 수도 있고, '교양인'의 책, 수집품, 악기, 그 외 자질구레한 소지품의 형태를 취할 수도 있다. 사회자본은 상징자본과 유사하며 '다소 제도화된, 상호 면식과 인정 관계인 지속적 네트워크의 소유와 연계된 실제 그리고/또는 잠재적 자원들의 총합'으로 정의된다.[4]

다음에서는 가족이 어떻게 과학 실천의 형성에 중요한 행위자였는지를 구체적으로 보여주고자 한다. 우리의 분석은 과학자와 지식인의 가족이 거의 **무에서 시작된** 사회-정치적 공간에 어떻게 등장했는지를 물음으로써, 연고주의nepotism와 엘리트주의elitism의 설명에 문제를 제기하는 것이 목적이다. 과학자를 만드는 데 어떤 종류의 자원이 요구되었으며, 가족은 그런 자산을 어떻게 제공했는가? 과학자의 역할은 엘리트 가족 지위에 어떻게 의존하고 또한 기여했는가? 인정된 평판 있는 지식인 지위는 어떻게 가족을 통해, 그리고 가족을 위해 유지되었는가?

이러한 질문들에 답하기 위해 우리는 어떻게 가족이 지적 및 사회적 상승과 헤게모니 전략이 가능해진 교점node으로 기능했는지를 보여주려고 한다. 가족 관계는 자산 동원의 경로와 구조화된 다양한 사회적 공간으로 가는 경로를 가능하게 했다. 그것은 또한 경제적 자원을 사회적 및 지적인 인정으로, 또한 과학자로서의 자격으로 전환될 수 있게 했다. 초기 그리스의 지식장, 사회장, 문화장에서 가문은 과학전문가의 역할을 유지하고 구축하는 데 도움을 주었다.

여러 나라와 국경을 넘어: 오르파니디스 형제

그리스에서 몇몇 가문은 행위자를 단순히 지지하는 것을 넘어, 행위자들이 그 시대의 과학적 실천에서 서로 다른 유형의 여러 자본을 활용할 수 있게 했다. 즉, 그들은 과학장scientific field **안의** 형성적 행위자formative actor이자 과학장을 **위한** 형성적 행위자였다. 이제 오르파니디스Orfanidis 가문과 크리스토마노스Christomanos 가문을 살펴볼 것인데, 그 가문들은 초기 그리스에서 가문과 과학자로서의 삶이 지닌 상호 호혜적 관계를 두드러지게 보여준다. 이 가족들은 또한 형제, 부모, 자식들 간의 협력처럼, 다른 여러 가족 협력의 역학을 비교할 수 있게 한다. 마지막으로, 이 가문들은 그리스 국가가 건국되기 이전부터 20세기 초 몇십 년에 이르기까지, 우리의 연구 기간 전체에 걸쳐 번성했다.

그리스는 1821년부터 대략 1828년까지 오스만 제국에 대항한 8년간의 혁명 후에 독립국이 되었다. 그 전에는 그리스어를 사용하는 번창한 몇몇 정교회Orthodox Christian 공동체를 오스만 세계와 유럽 양쪽에 걸쳐 보게 되었다. 통칭해서 그리스 디아스포라Greek diaspora로 알려진 그들은 '정복 상인conquering merchants'이라는 독특한 계급을 낳았는데, 이들은 오스만 제국과 유럽에 걸쳐 상업에서 상당한 부를 축적한 개인들이었다.[5] 그렇게 번성한 공동체 중 하나인 소아시아의 도시 스미르나Smyrna는 오르파니디스 가족이 살고 두 형제가 태어난 곳이다. 그들 부모는 키오스Chios 섬에서 내려왔다. 그리스 혁명의 여파로 1827년 스미르나의 공동체가 보복 조치에 직면하자 오르파니디스 가족은 상업과 문화 활동의 중심지인 시로스Syros

섬으로 이주하게 되었다. 그 섬은 오스만 제국의 관할이었지만 프랑스 국가와 바티칸의 보호를 받고 있었다. 테오도로스 오르파니디스Theodoros Orfanidis(1817~1886)와 그의 동생 디미트리오스Dimitrios(1820~1898)는 시로스에서 처음 교육을 받았다.[6] 그들이 10대가 되었을 때 그리스는 주권국가임을 선포했고, 가족은 1827년부터 1834년까지 새로운 국가의 수도 역할을 했던 나프플리오Nafplio로 이주했다. 1832년까지 바이에른 왕자인 오토 Otto(1815~1867)가 그리스의 왕이 되어 수많은 바이에른 지식인과 행정가들과 함께 도착해 그리스 정치를 장악했다. 오르파니디스 가족이 그곳에 자리를 잡을 무렵, 나프플리오는 정치 활동의 온상이 되었다. 그 도시는 중등과 고등 교육기관 역할을 하는 그리스 유일의 김나지움도 운영했다.[7] 그 형제들은 김나지움에 다녔기 때문에 그 당시 그리스에서 받을 수 있는 최고의 교육을 받았다. 형 테오도로스는 자신이 받은 교육으로 외무부에 작은 자리가 확보됨에도 불구하고 곧바로 그 시대의 격동하는 정치에 관여하게 되었다. 그는 또 다른 다수의 그리스 지식인을 따라, 공공영역에 정치적으로 관여하면서 동시에 떠오르는 그리스 문화 분야에 개입하기 위한 방법으로 시poetry를 택했다.[8] 그는 시위에 참여하면서 바이에른 행정부와 그들의 그리스 협력자들을 겨냥한 풍자시를 썼다. 그러나 젊은 왕을 나쁜 충고 때문에 그릇된 길로 나아간 선의의 군주로 묘사하면서 항상 조심했다. 결국 테오도로스는 바이에른 정치의 또 다른 비판자들과 함께 재판을 받아야 했는데, 운을 맞추어 자신의 변론apologia를 읊었다고 알려져 있다.[9] 두 형제는 유력 정치인들의 호감을 샀는데, 그중에는 유명 변호인이자 향후 아테네 대학교의 교수에 이어 총장이 되는 페리클리스 아르기로풀로스Periklis Argyropoulos(1801~1860), 유력 정치가 이오아니스 콜레티스Ioannis Kolettis(1773~1847)가 있다.[10] 이오아니스로부터 호감을 얻으면서 테오도

로스는 법과의 연루에서 아무 탈 없이 벗어날 수 있었다.[11]

1834년 바이에른 섭정은 수도를 아테네로 옮겼으며, 아크로폴리스Acropolis 기슭의 다소 보잘것없는 마을이었던 곳을 새로운 왕국의 중심지로 바꾸기 위해 의식적인 노력을 기울였다. 이를 위해 새로운 수도에 많은 기관이 설립되었는데, 그중에는 아테네 대학교(1838)와 폴리테크닉스 스쿨Polytechnics School(1838)이 있었다. 처음에 새로운 기관에 충원될 교수들은 이미 왕의 일행인 바이에른 학자들과 파리나 독일 땅에서 공부한 소수의 그리스 학자들 중에서 임명되었다.[12] 자격 있는 학자의 수는 상당히 적었고 직책에 대한 논쟁도 거의 없었다. 그런 상황에서 이미 풍자적이고 논쟁적인 기사로 명성을 쌓은 테오도로스 오르파니디스는 파리에서 공부할 4년 장학금을 확보했다. 그런데 조언자들이 놀랐듯이 그는 저널리즘이나 문학이 아닌 식물학을 선택했고, 그 유명한 국립자연사박물관Muséum d'Histoire Naturelle에서 일하다가 1848년에 그리스로 돌아왔다.[13] 1839년 아테네 대학교에서 학업을 시작한 디미트리오스 오르파니디스는 1841년 형을 따라 해외로 나갔고, 1850년 공인 의사가 되어 파리 대학에서 돌아왔다. 두 형제 모두 중요한 직책을 맡아, 테오도로스는 1850년 아테네 대학교에서 식물학 교수가 되었고 디미트리오스는 같은 해에 시립병원장이 되었다.

합동 임명은 우연이 아니었다. 당시 교육부 장관이었던 이오아니스 콜레티스는 오르파니디스 형제를 포함한 자신의 정치적 지지자들로 대학의 인력을 충원하려 했다.[14] 테오도로스는 두렵고 상당히 통렬한 정치적 논평가임에도 불구하고 오토의 아내인 아말리아 왕비Queen Amalia(1818~1875)와 식물원에 대한 자신의 열정을 나누는 우정을 발전시켰다.[15] 동생 디미트리오스는 1854년 아테네와 피레우스Piraeus를 죽음으로 몰아넣은 전염병이 발발했던 동안 보여준 활동으로 명성과 콜레티스의 지지를 얻었고, 그 과정에서 오토 왕으로부터 훈장을 받았다.[16]

오르파니디스 형제는 그들 말년의 수십 년 동안, 1868년 오토 왕의 퇴위 같은 정치적 폭풍들을 견뎌내며 친구나 적대자들로부터 꾸준히 존경, 적어도 존중을 받았다. 테오도로스는 죽을 때까지 시, 식물학, 정치학에 대한 격렬한 논쟁에 휘말리면서도 아테네 대학교가 개최한 권위 있는 여러 시 대회에서 우승했다. 그는 국제 과학회의에서 그리스를 대표했고 정치적 직책을 맡았으며, 시 대회에서 심사원으로 봉사했고 아테네 대학교의 대학장이 되었다.[17] 또한 그리스 현대 연극의 창시자 중 한 사람으로서 후원자 겸 지지자로 활동했다. 동생 디미트리오스는 30년 넘게 시립병원장을 지냈고 대학의 교수직을 겸하면서 국제 의학회의들에 참가했다. 디미트리오스는 수십 년간 그리스 의료위원회Medical Council of Greece를 관장하며 내무부에서 일했다. 마침내 그는 부유한 은행가와 상인, 오스만 제국의 고위 관료와 장관을 포함한 부유하고 저명한 고객들의 의사로 동양에 알려졌다. 그는 1898년에, 형은 13년 뒤에 사망했다.

오르파니디스 형제가 명성을 확립할 수 있었던 이유

오르파니디스의 이야기 전개에서 돋보이는 다수의 중요한 요인들, 즉 가족과 정치적 인맥, 학력, 명문직 임명, 엘리트 사회적 지위 같은 요인은 엘리트 지위를 얻고 저명한 지적 인물로 우뚝 선 그들의 성공을 설명하는 것처럼 보인다. 그러나 결정적인 질문들은 아직 제기되지 않았다. 이제 막 마련되고 있는 사회-정치적 공간에서 엘리트 가족이 된다는 것은 무엇을 의미했을까? 오르파니디스 형제가 최근의 혁명에 참여하지 않았고 그 시대의 주요 정치 인사에게 충성을 표하지도 않았다는 것을 고려할 때, 그들은 어떻게 정치적 후원을 확보했을까? 특히 유력자의 호감을 갑자기 잃을 수 있는 격동의 시기에, 그 형제가 적합한 사람들을 알게 되었다는 것은 결코 그저 주어진 일이 아니었다. 또한 그리스와 오스만 제국에서 그리스계 혈통의 유망한 청년들은 '외교관이나 상인'이 되리라 기대되던 그 시기에 왜 둘 다 지적 경력을 추구했을까?[18] 마지막으로, 두 형제는 수도, 섭정, 정치체가 몇 번이나 바뀐 그 나라에서 어떻게 평생 자신들의 가시적인 지위를 높이 유지할 수 있었을까?

오르파니디스가의 사례는 부르디외의 의미에서 장과 자본의 상호작용을 보여준다. 오르파니디스 가족은 적당히 성공한 그리스 상인 가족이었다. 오스만 제국에서 그것은 특별한 종류의 세계주의적이며 성공적인, 시대착오anachronism일 수도 있지만, 대부분의 중산층 사회계층을 의미했다.[19] 오르파니디스 가족은 경제자본에 접근할 수 있으며, 사회적 연결도 구축했다. 그들은 가족 인맥을 통해 다소 강요되다시피 시로스로 이사했다. 그 섬에서 그들의 경제적 자원은 문화자본으로 전환될 수 있었다.[20] 예를 들어, 문화자본으로 오르파니디스 형제는 그리스에서 학문적 자격을 갖춘 인력 공급이 여전히 부족했던 때에 교육을 받을 수 있었다. 국가기구들state apparatus도 교육을 가치 있게 만들었다. 나중에 그 가족은 나프플리오로, 그다음에는 아테네로 이주했다. 이는 수익을 낸 도박이었다. 상인에게는 훨씬 더 큰 상업 중심지인 파트라스와 시로스 같은 다른 그리스 도시들이 있었다. 하지만 오르파니디스 형제는 그리스의 수도에서 성년이 되었고 아테네로도 따라갔다. 이를 통해 그들은 교육 형태의 문화자본을 획득한 것은 물론 출현하는 그리스 지식계에서의 지위도 획득할 수 있었다. 게다가 그것은 이오아니스 콜레티스와 페리클리스 아르기로풀로스를 포함한 떠오르는 권력자들과의 인맥, 영향력 있는 지식인들의 찬사, 강력한 대중적 입지를 가져왔다. 이 모든 자산은 상징자본으로 이해될 수 있다.[21] 그 가족은 경제적 자원에서 상징적 권력으로 자본을 전환했고, 그러한 전환은 그들 가족에 의해 가능했다. 고등교육이 드물고 상업에 대한 중요성도 모호했던 시기에, 두 형제가 나프플리온 김나지움Nafplion Gymnasium에 다니려면 가족의 지원은 필수적이었다. 경제적 자산이 훌륭한 교육을 낳은 자본전환capital conversion은 오르파니디스 형제가 바이에른 섭정과 프랑스어로 의사소통을 할 수 있게 했다. 그들은 제대로 준비되어 있었고 유력 정치인들의 관심을 끌었다. 더욱이 테오도로스는 정치와 풍자시에 적극적으로 참여했는데, 그 당시 풍자시는 저널리즘과 함께 가장 널리 퍼진 정치적 논평 형식이었다. 이 또한 사회자본의 획득에 해당했지만, 앞으로 어떻게 될지는 모르는 것이었다. 당시 정치적 분위기는 매우 격앙되고 불안정했으며, 영향력 있는 다양한 행위자들은 서로 동맹을 맺거나 바이에른 섭정과 동맹을 형성했다. 특정 정치적 인물과의 연합은 나중에 해로운 것으로 판명될 수도 있었다. 따라서 테오도로스 오르파니디스가 장남으로서 1830년대에 획득한 사회자본과 문화자본은 나중에 무용지물이 될 수도 있었다. 그럼에도 불구하고, 두 형제는 경력의 초기 단계에서 이러한 자원을 모으는 데 매우 성공적이었다.

그 형제가 획득한 사회자본과 문화자본은 정치적이거나 상업적인 기획에 투자될 수도 있었다. 비교하자면 그리스에서 과학장scientific field은 거의 존재하지 않았다. 대학, 과학아카데미나 협회도 없었고 사실상 훈련된 과학인을 위한 자리도 없었다. 그러나 테오도로스 오르파니디스가 해외로 나간 무렵에는 아테네 대학교가 설립되었고, 과학의 여러 학과에 교수진이 필요했다.[22] 테오도로스는 식물학을 공부하기로 선택했는데, 이 분야는 아테네 대학교에 상응하는 교수직이 있는 분야였고 그리스처럼 근본적인 농업국가에서는 상징적인 의미가 있는 분야였다.[23] 테오도로스는 또한 이전의 학과장인 키리아코스 돔나도스Kyriakos Domnados(1789~1852)가 정치적 이유로 해고된 시기에 그리스로 돌아왔다. 이와 같이 테오도로스에게는 과학장에 진출해 그 지분을 추구할 수 있는 과학자본, 문화자본, 사회자본이 있었다. 나중에 그는 길고 잦은 식물학 여행, 식물원 돌보기, 과학 학술회의들에 참가하면서 계속 과학적인 영향력을 축적했다. 또한 시인이자 극장의 후원자로 활동하면서 문화장에서도 인정을 받았다.

디미트리오스 오르파니디스의 공적인 삶은 작지만 결정적인 방식으로 형의 삶과 엇갈린다. 그도 형과 같은 교육을 받았고 사회적 지위가 있었지만, 정치적으로는 적극적이지 않았다. 그런데 의학 경력은 순수하게 학문적인 연구보다 더 인정받고 수익성 있는 추구였다. 부르디외에 따르면, 장은 투쟁의 가치에 대한 암묵적 인정과 투쟁을 지배하는 규칙들의 실천적 통달에 대한 암묵적 인정인, 이해관계의 형태를 확립한다. 부르디외는 이것을 장의 **일루지오**illusio(환상)라고 부른다. 의학장의 **일루지오**는 과학장과 달랐다.[24] 디미트리오스는 해외에서 적합한 의료 자격증을 취득함으로써 다른 경로를 통해 탁월해질 수 있었다. 그의 일은 본질적으로 사회-정치적이어서 형이 하는 것처럼 떠들썩한 공인으로서의 현존을 흉내낼 필요가 없었다. 디미트리오스는 1854년 콜레라의 발병과 씨름했으며 정부 내에서 매우 명망 있는 직책과 그리스에서 유일한 의료 단체의 회장직을 얻었다. 디미트리오스 오르파니디스는 적합한 종류의 자본을 축적해 냈기에 의학적 게임의 규칙들이 그의 전략에 유리했으며, 이는 그를 의료 분야에서 우세하게 만들었다.

오르파니디스 가문이 추구한 삶의 전략이 그럴 수밖에 없었다거나 논란의 여지가 없었다고 볼 수 없는 이유를 강조하기 위해 그들의 이야기를 알렉산드로스 수초스Alexandros Soutsos(1803~1868)와 파나요티스 수초스Panagiotis Soutsos(1806~1868) 형제와 간략하게 대조하고 싶다. 그들은 젊은 테오도로스 오르파니디스에게 영감을 주었지만 같은 인정을 받지는 못했다.[25] 수초스 형제는 주지사들과 철학자들을 배출한 흠잡을 데 없는 혈통을 가지고 있었다. 그들은 정치에 깊이 관여했고, 매우 잘 교육받았으며, 시인들과 **학식을 쌓은 사람들**hommes des lettres로부터 환영을 받았다. 그러나 또한 그들은 끊임없이 국가의 실세들을 곤란하게 만들었는데, 패배한 쪽을 선택하게 되었고, 권력자들 사이에 친구가 거의 없었다. 그들은 게임의 이해관계인 과학장의 **일루지오**도 받아들이지 않았기에, 자신들의 자본 형태를 학문적 권력으로 전환할 수 없었다. 확실히 형제 중 한 명인 파나요티스는 가난하게 죽었다. 그들은 지식인으로는 좋게 평가되었지만 영향력 있는 지위를 확보하지 못했고, 변화하는 정치 및 문화 상황이 가하는 압력에도 견디지 못했다. 그들의 자본은 여러 다른 장들이 등장하고 자율적이 되어가는 시기에 문화장에만 국한되어 있었다.

이와 달리 오르파니디스 형제는 자본의 한 유형을 다른 것으로 전환할 수 있었고, 따라서 여러 장에서 탁월해졌다. 정치적 총애를 받아 해외에서 공부할 수 있었으며 명성 있는 직책을 맡아 복귀할 수 있었다. 그들 인맥의 사회자본은 문화자본으로 전환되었고, 그리스의 공적 영역에서 대학 교수직은 상당한 존경과 정치적 비중을 차지했기 때문에 그들의 문화자본은 계속 증가했다. 이는 이오아니스 콜레티스가 자신의 지지자들을 교수로 임명하도록 몰아간 이유들 중 하나이다. 게다가 명성 있는 직책을 맡은 후 오르파니디스 형제는 정치적 시 또는 서정적 시를 쓰고 콜레라 발생에 대처하고 주요한 정치적 순간에 참여함으로써 계속 많은 일을 하고 있었다.

이 모든 사건에서 그 가족은 서로 다른 장들 간의 자본전환의 뼈대를 형성했다. 초기의 경제자본은 오르파니디스 형제의 선조로부터 왔다. 이후 형 테오도로스의 명성은 동생 디미트리오스의 위상을 높였다. 아테네에서 콜레라가 발생하고 시장이 그 도시를 포기했을 때조차 콜레라와 싸운 디미트리오스의 공적인 행위는 형의 명성도 높였다.[26] 그러나 여기에는 더 깊이 작동한 과정이 있다. 즉, 과학장을 포함해 오르파니디스 형제가 관여하고 있던 하위장들subfields이 성립되는 과정이다. 그러므로 이들 형제가 서로 다른 장들에서 동시에 유력한 지위를 차지할 수 있게 되는 것은 기정사실이 아니었다. 그보다 형제가 동시에 시인, 의사, 교수로서 인정받을 수 있었던 것은 자원과 인맥을 지닌 가족을 통해서였다. 가족을 통해 획득한 자본이 그들 삶의 궤적을 가능하게 한 것이다. 따라서 이를 연고주의로 설명하는 것은 핵심을 놓친다. 두 형제 모두 동시대인들이 보기에 나무랄 데 없는 장점을 갖고 있었다. 그들은 그들의 지위를 누릴 사격이 있다고 여겨졌다. 디미트리오스와 테오도로스의 것과 같은 경력은 그 가족이 그리스 사회의 지형을 가로지르는 합법적 전략의 창시자로서 할 수 있는 역할을 확립하는 데 도움을 주었다. 오르파니디스 형제는 각자 그들이 속한 장의 규범과 이해관계를 따르면서, 그들의 친족관계에도 불구하고가 아니라, 친족관계이기 때문에 그리고 친족관계를 통해서 각자의 장을 확고히 할 수 있었다.

다른 나라에서 그리스로 돌아오다: 크리스토마노스 가족

오르파니디스 형제는 그리스 국가의 첫 수십 년 동안 일했다. 그런데 과학장을 만들고 지속시키는 데 가족이 했던 역할은 또 다른 시기에서도 볼 수 있다. 크리스토마노스 가족의 경우가 그런 예이다.

그 가족의 가장은 콘스탄티노스 크리스토마노스Konstantinos Christomanos (1815~1861)로, 오늘날 불가리아의 도시 멜레니코Meleniko에서 태어났다. 그는 정치적 이유로 여덟 살 때 생가를 떠날 수밖에 없어 오스트리아 비엔나Vienna에서 친척들과 함께 지내야만 했다.[27] 비엔나는 그리스 디아스포라의 일부인 그리스어를 사용하는 대규모 정교회 공동체를 받아들였다. 콘스탄티노스 크리스토마노스는 1839년 부유한 그리스 상인의 딸인 마리아 카자시Maria Kazasi와 결혼했다. 그녀는 1841년 아들 아나스타시오스Anastasios를 낳았다. 콘스탄티노스는 장인의 무역을 잇는 성공적인 상인이 되었다. 콘스탄티노스는 충분히 번 돈으로 아들 아나스타시오스를 상류층 가정의 규범에 따라 교육시킬 수 있었다. 아나스타시오스는 집에서 저명한 여러 그리스 학자들에게 교육을 받았다. 그리고 비엔나의 폴리테크닉 인스티튜트Polytechnic Institute에서 안톤 슈뢰터Anton Schrötter 교수의 일요일 화학 수업에도 참석했다. 처음에 가족은 그에게 가업을 맡기려고 계획했었다. 그러나 가족의 자유주의적인 사고방식으로 아나스타시오스는 과학에 대한 관심을 계속 추구할 수 있었는데, 이는 다소 이례적이었다. 심지어 콘스탄티노스의 건강이 좋지 않아 1855년에 가족이 그리스로 다시 이주할 수밖에 없게 된 후에도 아나스타시오스는 비엔나에 남아 학업을 계속할 수 있었다.

1858년 아나스타시오스는 그리스로 돌아와 처음에는 아테네 대학교에서 공부할 계획을 세웠다. 그런데 제약 화학자인 사비에르 랜더러Xavier Landerer와 아나스타시오스 콘스탄티니디스Anastasios Konstantinidis, 필리포스 이오안누Phillipos Ioannou 등 다른 학자들은 콘스탄티노스에게 아들을 유럽으로 돌려보내 계속 공부를 시키라고 설득했다. 아나스타시오스는 비엔나 기술대학교Technical University of Vienna에서 아주 짧게 있다가 기센 대학교University of Giessen로, 그 후 베를린으로 그리고 마침내 칼스루헤Karlsruhe로 옮겼다(1859~1861). 그는 칼스루헤 학술회의에 참석했으며, 1861년 하이델베르크 대학교University of Heidelberg의 학생이 되었다.

1861년 콘스탄티노스가 사망한 후 가족의 재정 상태는 상당히 악화되었지만 아나스타시오스의 어머니는 아나스타시오스가 공부를 계속해야 한다고 주장했다. 경제자본에 대한 접근성이 갑자기 손실된 가족은 가족의 전략을 전면 재조정할 수밖에 없었다. 아나스타시오스는 교육을 통한 문화자본과 사회적 인맥을 통한 상징권력을 추구하려던 전략을 포기하고, 아버지의 재정적 우세를 재건하려는 시도를 할 수밖에 없었을 수도 있었다. 그런데 그 당시 아테네 대학교는 진행 중인 그리스 지역 통합이 야기한 전반적인 혼란으로 인해 점진적인 변화를 겪고 있었다. 제대로 교육받고 적합한 곳에 인맥을 갖고 있는, 잘 훈련된 젊은 남성을 위한 자리가 있을 수 있었다.

로베르트 빌헬름 분젠Robert Wihelm Bunsen은 화학자인 아나스타시오스 크리스토마노스에게 프랑크푸르트 밀리딩거Millidinger에 있는 염색공장의 한 자리를 확보해 주었으나, 그리스 교육부 장관 에파메논다스 델리기오르기스Epameinondas Deligiorgis는 1862년 그리스 과학교육의 구조조정을 도와달라며 크리스토마노스를 그리스로 다시 불러들였다. 델리기오르기스는 그 시대의 정치적 거물이었으므로 젊은 크리스토마노스의 강력한 후원자 역할을 할 수 있었다. 그러나 실제 주동자는 교육부의 사무총장 게오르기오스 파파도풀로스Georgios Papadopoulos 교수로서, 그는 크리스토마노스 가족의 오랜 친구였고 그 당시 그 가족의 법적 신탁관리인이었다. 크리스토마노스는 파파도풀로스의 영향력으로 아테네 대학교의 화학교수로 임명되었다. 전문직으로 자리 잡은 그는 그 후 궁정의 바이에른 의사인 안톤 폰 린더마이어Anton von Lindermayer의 딸과 결혼했다. 크리스토마노스는 그리스와 해외 모두에서 그리스 화학의 대표자로 인정받았다.[28]

아나스타시오스의 첫째 아들 콘스탄티노스 크리스토마노스Konstantinos Christomanos(1867~1911)는 유명하고 악명 높은 시인이자 극작가가 되었다. 그는 처음에 의사가 되기 위해 공부했지만, 그 분야를 포기하고 비엔나와 인스브루크Innsbruck에서 철학과 문헌학을 공부했다. 콘스탄티노스는 21세의 나이에 비엔나에서 오스트리아의 엘리자베트 황후Empress Elisabeth('시시Sisi')를 만나 그녀의 가정교사로 채용되었다. 콘스탄티노스가 시시에 관해 쓴 일기에서 발췌한 내용을 무단 출판해 발생한 스캔들 때문에, 콘스탄티노스는 그리스로 돌아와 '뉴 에이지New Age'로 알려진 급진적인 연극 단체를 설립했다. 콘스탄티노스의 희곡은 폭넓은 관심을 끌었고, 그가 지적이고 예술적인 인물로 명성을 확립하는 데 도움을 주었다. 그는 나중에 여러 새로운 배우와 여배우들을 후원했는데, 그중 키벨리Kyveli는 후에 전설적인 그리스 연기자가 되었다. 콘스탄티노스는 신체적인 기형에도 불구하고 유명한 플레이보이였으며 현대 그리스에서 처음으로 자동차를 소유한 사람 중 한 명이었다.[29]

아나스타시오스의 또 다른 아들 안토니오스 크리스토마노스Antonios Christomanos(1871~1933)는 비엔나에서 의학을 공부하고 1894년에 졸업했다. 그리스로 돌아와서는 아테네 중앙 병원인 에반젤리스모스Evangelismos의 여러 부서에서 일하다가 마침내 그곳의 병리학 원장이 되었고 1912년 아테네 대학교의 교수가 되었다. 그는 또한 그 시대의 정치 발전에도 상당히 관여했다. 안토니오스는 1921년 의료 경력에서 떠났고, 이후 국회의원으로 선출되었다. 나중에 교통부 장관과 보건부 장관을 역임했다.[30]

이름이 할아버지와 같은 그의 아들 아나스타시오스 크리스토마노스도 테살로니키대학교 의대Medical School of the University of Thessaloniki의 최초의 생화학 교수였다.

가문의 운

크리스토마노스 가문은 19세기 그리스에서 성공적인 경력 전략을 세우는 과정들을 더 잘 이해하도록 도와준다. 다시 한번 오르파니디스 형제의 경우와 마찬가지로, 크리스토마노스 가문 또한 초기에 상업 활동을 통해 경제자본을 획득했다. 그리스 상인은 국제적인 지위로 인해 다음 세대를 위한 사회자본과 문화자본을 획득할 수 있었는데, 이는 비엔나 또는 다른 곳에서 부를 기반으로 한 교육 기회와 사회적 인맥이 많았기 때문이다. 그리스 국가의 건국 및 이와 함께 등장한 기관들은 경력이 좋은 학식자들에게 새로운 길을 열어주었다. 아나스타시오스 크리스토마노스는 상업 경력에서 벗어나 더 수준 높은 과학 공부를 추구했는데, 이는 그 당시 그의 사회적 지위에서 보면 이례적인 결정이었다. 문화자본과 경제자본은 과학자본으로 전환되고 있었다. 그러나 1860년대의 과학장은 테오도로스 오르파니디스가 경력을 시작했을 때보다 더 많이 확립되었다. 크리스토마노스가 아테네로 유학 갔던 1858년에는 멘토 역할을 할 수 있는 과학자들이 있었다. 그의 가족은 그에게 '적합한 가정교육'과 중요한 인맥을 주었는데, 이는 랜더러 그리고 이오안누와 같이 확고하게 자리 잡은 학자들이 크리스토마노스의 아버지에게 아들이 어떻게 과학 경력을 계속해야 하는지를 조언했다는 사실에서 잘 드러난다.[31] 크리스토마노스 가족은 멘토십 형성에 가장 중요한 교점이었다. 그 결과, 크리스토마노스는 비엔나로 돌아가서도 그리스 지식인들과 인맥을 유지했다. 그는 명문

대학교에서 저명한 화학자들 밑에서 공부하고 또한 화학을 전공으로 선택함으로써 과학자본을 획득했다. 그리스에는 전문 화학자가 거의 없었고, 나라는 새로운 기술적 진전을 요구하는 현대화의 수사를 개발하고 있었다. 1862년 크리스토마노스가 비엔나에서 돌아왔을 때, 그는 진행 중인 정치적 변화를 조종하기 위해 자신의 인맥을 이용할 수 있었다. 오토 왕은 같은 해에 폐위되어 구정권과 그에 동반한 정당들의 종말을 알렸다. 가족의 신탁관리인인 게오르기오스 파파도풀로스는 1862년에 임시정부의 교육부 장관이었던 에파메논다스 델리기오르기스와 긴밀히 협력했다. 델리기오르기스의 권력은 점점 커져 3년 후 그는 수상이 되었다. 크리스토마노스 가문은 게오르기오스 파파도풀로스와의 유대를 통해 자신들 편의 정치적 영향력이 증대되는 것으로부터 혜택을 입었다.

가족의 경제자본이 감소했을 때조차 크리스토마노스 가문의 사회적 및 문화적 자산은 아나스타시오스 크리스토마노스가 영향력 있는 지위를 확보하기에 충분했다. 다시 한번 정치적 후원과 해외의 강력한 증빙서류들이 결정적이었다. 그럼에도 크리스토마노스의 임명은 동시대인들에게 편애로 보이지 않았다. 편애와는 정반대로, 초기 현대 그리스의 과학장 통합에는 이런 종류의 자격 증명이 규범이 되어가고 있었다. 그리고 실제로 크리스토마노스는 극심한 경제불황 시기에 새로운 화학 실험실 건설과 같은 거대 프로젝트를 추진할 수 있을 정도로 존경받는 공공지식인public intellectual의 모범이 되었다. 그는 유명했고, 사회적으로 존경받았으며, 국내외로 인맥이 많았다. 게다가 크리스토마노스는 테오도로스 오르파니디스와 달리 직접적인 정치 행동이나 개입을 거의 하지 않았다. 그럴 필요가 없었다. 과학장은 이제 훨씬 자율적이었다. 그때쯤에는 문화자본과 사회자본을 과학자본으로 전환하거나 다시 되돌리는, 합법적이고 잘 확립된 전략들이 있었다. 크리스토마노스는 신중한 정치적 후원, 존경할 만한 혈통, 신사다운 차림새, 흠잡을 데 없는 교육 및 과학적 자격 등과 같은 것이 가장 효과적일 때 그것들을 모두 사용했다. 반대로, 과학적 권위와 인정은 정부의 직책, 명망 있는 원정대, 실험실 기금, 임명 통제권을 가능하게 했다. 그러한 행동들에 필요한 경제적 기반은 일찍이 희미해져 버렸다.

이러한 사실상의 자급자족은 3세대의 삶의 궤적에서 볼 수 있다. 그들에게는 비엔나 같은 학문의 중심지에서 값비싼 공부를 할 수 있는 경제자본과 사회자본이 있었다. 형 콘스탄티노스 크리스토마노스는 성공적으로 예술에 참여할 수 있었다. 동생 안토니오스는 좀 더 범위를 좁혀 과학을 추구했다. 그런데 안토니오스가 정치장으로 성공적인 이동할 수 있었던 이유는 문화자본과 사회자본이 과학장과 교차하며 연관되어 있었기 때문이다. 그리고 그 가족은 교차로의 핵심에 있었다. 즉, 콘스탄티노스는 가족의 지원으로 해외에서 공부할 수 있었고, 가족의 인맥을 통해 예술의 후원자이자 연극계의 거물 역할을 할 수 있었다. 안토니오스에게는 가족의 역할이 훨씬 더 중요했다. 그는 아버지의 과학자본으로 해외 유학을 할 수 있었고, 가족의 사회자본으로 중요한 병원에서 자리를 확보할 수 있었다. 그리고 그의 아들에게도 똑같이 할 수 있었다.

가족은 자본이 세대와 장들을 가로질러 순환하는 중심지hub였다. 가족들을 결집시킬 수 있던 자원들의 유형은 문화, 사회, 상징자본을 획득할 수 있게 했다. 가족들은 영향력도 유지했고 상속과 양도의 전략을 가능하게 했다. 실제로 그리스 과학자로서의 삶, 또는 좀 더 구체적으로 과학장에서의 이해관계, 참여 규칙, 가능한 행위들은 이러한 전환에 달려 있었다. 그리고 한 세대쯤 지나자 전환의 경제적 기반은 가려졌고 상징적인 것과 문화적인 것만 눈에 보이게 남았다. 행위자들의 업적, 기풍, 공공참여는 기념일이나 기념도서들에서 찬양되고 논의되었다. 그러나 그것들을 가능하게 한 경제자본은 이러한 회고 속에 숨겨져 있었다.

결론: 그리스에서 과학적 실천이 출현한 데 대한 재검토

그리스 국가의 첫 수십 년 동안 새로운 정치체 수립이 수반한 제도적, 사회적, 지적 변화들은 그리스에서 과학적 실천이 출현하기 위한 맥락을 만들었다. 그러나 내부의 과학연구에 초점을 맞춘 분석은 과학적 실천에서 특정 가문들이 반복적으로 나타나는 것을 설명하기에 막막할 것이다. 그와 반대로, 과학의 출현과 공고화는 종종 같은 이름을 가진, 행동 양식과 삶의 궤적들이 비슷한 행위자들에게 의존했다.

우리는 과학적 실천과 가족을 분석적으로 결합시키기 위해 피에르 부르디외의 이론적 개념들을 사용했다. 서로 다른 두 가문에 대한 연구는 우선 그들이 놀랄 만큼 비슷한 배경을 지녔다고 시사했다. 두 가문 모두 유럽과 오스만 제국, 특히 비엔나, 스미르나, 치오스Chios, 이오안니나Ioannina에서 성공한 상업적 이익에서 비롯했다. 이들은 성공했지만 부유한 거물은 아니었으며, 그들에게 과학같이 난해한 장에서의 경력은 존경할 만한 것이 못 되었을 것이다. 양 가문에서 경제자본과 이와 연관된 사회적 권력과 상징적 권력은 다음 세대로 전해졌고, 이는 일제히 잘 자란 신사처럼 행동하고 말하는 체화된 능력으로 정의된 문화자본으로 변형되었다. 더욱이 문화자본은 학문적 자격 형태로 제도화되었고, 책과 수집품의 형태로 객관화되었다. 그리스 학자들은 명망 있는 과학자들의 추천으로도 혜택을 받았다. 정치적 후원자들은 대학의 임용을 지원했고 힘 있는 교수들은 내부의 지원 네트워크를 휘둘렀다. 경제자본과 상징자본은 여러 행위자들에게 가능했지만, 문화자본으로의 변형은 달성하기가 더 어려웠다. 바이에른 정권에 의해 중앙집권적인 정부가 등장하고 아테네 대학교가 설립되었을 때, 문화자본은 매우 유익해졌다.

그리스 학자들은 그 시대의 다른 지식인들과 비슷한 배경을 지녔다. 형제들은 비슷한 기관에서 비슷한 교육을 받고 똑같은 정치적 후원자들의 환심을 사고는 했다. 상당히 다른 여러 분야에서 그들이 임용되면서 그들의 경제자본은 가시성도 희미해지고 많은 경우에는 심지어 존재조차 사라졌으며, 문화자본과 사회자본은 훨씬 더 두드러지고는 했다. 같은 가족의 사람들은 시를 쓰고 소설을 출판하고 정치적 임명을 확보하면서, 각기 다른 여러 장에서의 활동을 성공적으로 추구할 수 있었다. 그들의 상징자본과 문화자본은 증식되어 그 후 그들의 아들에게, 어떤 경우에는 조카들에게 물려지고는 했다.[32] 3세대는 20세기 초반에 예술장이나 과학장에서 활동할 수 있었으며 종종 이전 세대의 다양한 역할을 모방하고는 했다.

이 모든 평행적이고 장-확장적인 전략들에서 활동의 중요한 연결점을 형성한 것은 가족이었다. 그러나 이는 한 형제의 성공을 행위자인 다른 형제에게서 찾아야 한다거나 조카의 성공을 삼촌의 행위에서 찾아야 한다는 말이 아니다. 그것은 핵심을 곡해하는 것이다. 오히려 문제는 어떻게, 그리고 어떤 전제 조건하에서, 형제들이 비슷하지만 동일하지 않은 장들에서 성공적인 경력을 추구할 수 있었으며, 그 후 어떻게 그들 아들들의 성공적인 경력도 가능했는가 하는 것이다. 여기서 우리는 각각 3대에 걸친 비슷한 양식을 목격한다. 상이한 가족들 간의 많은 유사점은 가족의 역할을 한 단위로 추적하는 데 도움을 준다. 처음에는 가족회사와 사업이 확장되고 성공적인 결혼이 이루어졌으며, 이에 따라 경제적 자원이 이용 가능해졌다. 이것이 경제자본 축적의 전형적인 첫 단계이며, 경제자본은 문화자본과 사회자본을 확보하는 데 쓰인다. 명백할지라도, 우리가 반드시 주목해야만 하는 것은, 19세기 초 그리스인들에게 이는 오직 가족을 통해서만 가능했다는 점이다. 자녀들을 일류 학교에 보내고, 중앙 도시로 이주하고, 새로운 국가의 신흥 정치 엘리트들과의 관계를 추구하면서, 그들에게 올바른 교육을 확보한 것은 가족이었다. 이 단계에서, 가족은 교육적 자격과 가문의 친구였던 정치 멘토들을 통해 문화자본과 사회자본을 자식들에게 물려주었다. 더욱 중요한 것은 2세대가 과학자본을 획득한 방식이 다른 방법으로는 불가능한 방식이었다는 점이다. 즉, 정치적 후원이야 여러 방법으로 확보할 수 있었겠지만, 해외 과학자와 과학박사의 추천은 오직 해외에서 받아와야만 의미가 있었다. 그러한 전략의 전제조건은 오로지 가족을 통해서만 가능했다.

문화자본과 사회자본이 축적된 초기 단계 이후, 가문의 상징적인 행운은 2세대 형제와 아들들의 행동으로 강화되었다. 크리스토마노스 가문의 경우처럼 경제기반이 무너진 경우라도, 문화적 자산과 상징적 자산으로 승리 전략들을 추구할 수 있었다. 그리스에서 과학장이 공고해짐에 따라 문화장 및 정치장과 관련된 그것의 동반적 중요성이 확립되고 있었으며, 장들이 진행됨에 따라 그 중요성은 지속적으로 재협상되었다. 마침내 그리스 과학자들은 명망과 사회적 지위를 부여받았다. 그들의 과학자본은 문화자본, 사회자본, 따라서 상징권력으로 돌아가는 재전환reconversion을 지원할 정도로 충분히 견고했다.[33] 마침내 이러한 형태의 자본들이 다음 세대로 전해져 그들이 자유롭게 과학적 및 지적 추구를 할 수 있게 된 것도, 문화적 자격과 사회적 자격을 다양하게 구축하고 확장했던 가족의 행위를 통해서였다.

따라서 19세기 그리스 같은 공간들에서는 과학장을 공고하게 하는 데 무엇이 투입되는지, 어떤 과정들이 과학적 실천을 확립하는 데 기여하는지가 매우 중요했다. 부르디외의 이론적 통찰이 제시하는 것은, 가족, 사회적 명망, 문화적 자격과 같은 요인들이 존재하며, 이러한 요인들은 결정적으로 기여함에도 불구하고 눈에 띄지 않게 되거나 일반론으로 뭉뚱그려지는 경향이 있다는 것이다. 가족의 역할을 '연고주의'나 '후견주의' 또는 개발이론의 또 다른 장치들로 묘사하는 것은 19세기와 그 이후에 과학장, 상징장, 문화장이 발생하고 협상되는 다중적이고 복잡한 과정들을 놓치는 것이다. 적어도 그리스의 경우, 과학자들은 존경받는 지식인이자 국제적 신사임은 물론 누군가의 아들, 아버지, 형제였던 것으로 보인다.

제9장

아버지, 아들, 기업가정신

오토 페테르손과 한스 페테르손, 그리고 20세기 초 해양학의 상속

스타판 베리비크
Staffan Bergwik

스웨덴의 해양학자이며 물리학자인 한스 페테르손Hans Petterson(1888~1966)은 자신 이전과 이후의 상당수의 다른 과학자들과 마찬가지로 어려서부터 과학 활동을 접할 수 있었다. 그는 "과학계의 엘리트들이 모였던" 가정에서 과학과 문화적 관심사에 둘러싸여 자랐다.[1] 나중에 그는 아내 다그마르Dagmar(네 벤델née Wendel, 1888~1978)의 도움으로 자신이 받은 양육의 '분위기'를 자신의 가정에 되살렸다.[2] 한스는 1914년에 물리학 박사 학위를 받았고, 1920년대에 비엔나의 라듐연구소Radium Institute에서 그가 유명해진 분야인 방사능 연구를 한 후 스웨덴으로 돌아왔다. 1930년에 그는 스웨덴 최초의 해양학 교수로 임명되었다. 1890년대 이후 그의 아버지 오토 페테르손Otto Pettersson(1848~1941)은 해양학에 점점 더 국제적인 영향력을 행사하고 있었다. '명망 있는 해양학자'인 아버지와 가족 영

지에 있는 실험실과 함께 성장한 한스 페테르손은 과학을 가족관계의 산물로 물려받았다.[3]

20세기 초 스웨덴의 자연과학은 많은 경우에 가족유대family ties에 기반한 기업이었다. 가족 안에서 학문 권력이 이전되는 것은 반복되는 관행이었다. 그럼에도 불구하고 제도적 변형은 진행 중이어서, 새로운 연구 분야, 기관, 실험실이 창설되었으며, 그 과정은 자원에 대한 경쟁을 유발했다. 이 장에서는 가족 기반 특권과 신흥 기관이라는, 역사적으로 특수한 배경에서 해양학을 과학의 한 분과로 물려받는 메커니즘을 분석한다. 상속 과정은 결코 순조롭지 않았으며, 사실상 긴장으로 가득 차 있었음이 분명해질 것이다.

첫째, 나는 자신의 가족에서 후계자를 만들려는 오토 페테르손의 노력이 어떻게 그가 세운 새로운 제도적 구성institutional configurations(실험실, 위원회, 자문위원회 대학직)과 공동 진화했는지 탐구한다. 또한 가족생활이 그가 해양학 분야를 형성했던 그 맥락을 어떻게 구축했는지 고찰한다. 오토 페테르손은 부르주아 규범에 따라 개인 생활을 살아간 학문적 가장이었다. 가족의 리더가 지닌 특권의 일부로 그는 그의 아이들을 통제하고 있었다. 나는 더 구체적으로 어떻게 그가 상속이 가능해진 학문적 기반시설을 만들었는지, 어떻게 이를 통해 아들의 경력을 촉진시켰는지를 다룬다.

둘째, 한스 페테르손으로 돌아가 그가 해양학을 계승하고 아버지의 작업을 모방한 방식을 살핀다. 나는 아버지의 연구를 계승한 아들의 양식과 학자라면 자신의 독자적인 연구를 생산해야 한다는 제도화된 규범 사이에 긴장이 있었다고 주장할 것이다. 그렇다면 이 반복과 독창성 사이의 긴장은 한스 페테르손의 경력에 어떻게 작용했을까? 오토는 해양학을 해류의 물리학과 기후학적 문제 쪽으로 연구한 반면, 한스는 새롭게 급성장하는 원자물리학 영역에서의 연구를 선호했다. 비록 한스가 아버지의 연구 관심사를 다시 시작하지는 않았더라도, 연구 분야를 만들고 학문기관을 세우고 성패가 달린 제도적 자원을 놓고 상대와 싸우면서 아버지의 기업가적 학문 스타일을 모방했다고 주장할 것이다. 한스는 이와 같이 그 당시 엘리트 학자들의 일반적인 행동 양식을 모방했지만, 그 일차적 준거점은 그의 아버지였다.

가족, 상속, 그리고 지식의 이전

과학사에서의 가족생활과 가내 장소들에 대한 기존 연구는 주로 결혼과 '협력적 부부collaborative couples'를 다루었다. 지식 형성의 실천이 어떻게 젠더화된 규범과 얽혀 있는가는 주요한 관심사였다. 페테르손 가족의 관계는 이런 연구가 보여준 양식을 따랐다. 예를 들면, 다그마르 페테르손은 보조자로서 광범위한 아내 역할을 수행했다. 비록 이를 다룬 문헌들이 과학적 삶의 친밀한 사적 측면들에 대한 역사를 서술하는 보다 폭넓은 경향의 일부이긴 하지만, 가족 세대들 간의 지식 이전에는 큰 관심을 기울이지 않았다.[4]

이와 달리 나는 과학학science studies에서 잘 확립되어 있는 지식 이전에 관한 논의를 분석적으로 이용할 것이다. 이 분야의 학자들은 적어도 1980년대부터 지식 형성은 국지적으로 위치하며 맥락적으로 결정된다고 주장해왔다. 과학사학자와 과학사회학자들은, 그렇다 하더라도, 지식 순환의 복잡한 특성에 대한 탐구의 중요성도 강조했다. 만약 지식이 한 맥락에서 다음 맥락으로 확산된다면, 그 움직임의 원인은 무엇일까?[5] '운송 중인 지식knowledge in transit'의 두 가지 특징이 상속과 모방의 메커니즘을 이해하는

데 매우 중요하다. 첫째는 '과학적 사실들facts과 인공물들antifacts이 이동할 수 있게 하는 광범위한 네트워크', 얀 골린스키Jan Golinski의 말에 따르면 '과학 인프라' 구축의 중요성이다.[6] 국지적 장소와 그 너머 세계와의 연결 고리는 다면적이며, 예를 들어 과학협회나 학술원은 물론 훈련된 전문 인력, 인공물, 기기 등도 포함한다.[7] 내가 이 장에서 보여주듯이, 오토 페테르손은 그것을 통해 해양학이 다음 세대로 이동할 수 있었던 기반시설을 창설하기 위해 거듭 노력했다.

둘째로, 지식 이동의 특성에 대한 연구는 국지적 지식 형성의 이전이 결코 단순 모방과 같지 않다는 것을 보여주었다. 과학이 이동되면, 과학은 전용되고 따라서 바뀐다. 즉, 새로운 의미가 추가되며 문맥은 결코 온전히 복제될 수 없다. 지식의 전송은 이해와 조정만큼이나 변형과 갈등을 수반한다.[8] 이 논의를 바탕으로 나는 아버지에서 아들로의 해양학 '계승'은 '변경 없이' 일어나지 않았다고 주장할 것이다.[9] 과학적 결과, 기기, 실무자의 이동에 대한 대부분의 논의는 다른 장소로의 지리적 이전이나 더 폭넓은 청중으로의 문화적 순환에 맞춰져 있다.[10] 세대 간 이전에 대한 질문은 주목을 덜 받았는데, 아마 새로운 학자들을 양성하는 것은 과학사와 과학사회학에서 일반적으로 과소 연구되었기 때문일 것이다.[11]

질리언 비어Gillian Beer는 모방 과정을 통한 지식의 유지 과정을 논의했다. 그녀는 내가 말하고자 하는 반복과 변형 간의 긴장을 포착한다. 그녀는 과학적 실천은 '과학의 방법들에 대한 의식적 보수성'과 동시에 새로운 '탐구와 성과'들에 대한 평가를 포함한다고 주장한다. 즉, "세대를 넘어가면서 지속된 기억은 우리로 하여금 단지 그 기억을 모방만 하게 하는 것이 아니라 과거에서 갈라져 나오게도 한다."[12] 더욱이 비어의 주장은 모방 과정의 역사적 특수성을 포착한다. 즉, 그녀는 "급변하는 시기에" "배워야 할 필수적인 기술은 맹목적으로 모방하지도 않고 맹목적으로 삭제하지도 않는 방법일 것이다"라고 주장한다.[13] 20세기 초는 정확히 그러한 상황이었다. 즉, 한스 페테르손은 과학적 연구가 재생산되는 구조에 묶여 있었지만, 그 틀 역시 새로운 연구를 요구했다. 오토 페테르손이 확립하고자 했던 일관성은 그가 자신의 해양학적 기획을 아들에게 물려주려 할 때 반복적으로 위협받았다.

해양학의 확립: 가족 사업

20세기 초 스웨덴에서 여러 자연과학은 가족 관계에 상당히 의존했다. 그 관계는 아버지가 가구의 리더이자 아이들의 유일한 수호자인, 가부장적 부르주아 사회에 자리 잡고 있었다. 그 학문적 과학자는 항상 가족 지향적인 사람이었다.[14] 오토 페테르손은 당대의 규범과 잘 맞았다. 즉, 그는 자기 가족들을 통제하는 데 전혀 주저하지 않았다.[15] 더구나 그는 학문 기관을 세우고 새로운 연구 분야를 확립해 가던 스웨덴 학자 집단에 속해 있었다. 그렇다면 생산적인 과학적 맥락을 구축하는 데 가족의 중요성은 무엇이었을까?

몇몇 연구는 어떻게 과학이 20세기의 전환기에 전문화되었는지를 기관의 창설, 유료직, 교육 실험실에서의 훈련, 전문 출간물들, 과학 경력에 대한 보상체계를 통해 상세히 설명했다.[16] 실제로 오토 페테르손의 노력은 학문 분과 형성의 양식을 따랐다. 그는 자율적인 실험실 부지를 설립했으며 그곳에서 공동체를 강화하려고 했다. 페테르손은 1881년 스톡홀름에서 화학 교수가 된 후 해양학에 관심을 갖기 시작했다. 그는 친하고 부유한 동료인 구스타프 에크만Gustaf Ekman과 함께 '과학적 협력의 반세

기' 동안 '스웨덴 해양학'을 설립했다.[17]

1892년 페테르손은 스웨덴 서해안의 홀마Holma 부지를 매입했는데, 그곳은 예테보리Gothenburg에서 북쪽으로 약 100km 떨어진 굴마르 피오르Gullmars Fjord 해안에 위치했다. 그 땅의 일부가 작은 섬 보르뇌Bornö였으며, 1902년 그곳에 연구 단지가 세워졌다. 이 섬은 굴마르 피오르가 자연 분지를 형성했기 때문에 해양수 표본을 위한 독특한 자리였다. 1895년에 페테르손은 보르뇌를 '요새'로 건설하려는 그들의 계획을 에크만에게 알렸다.[18] 그 비유가 적절한 이유는 그 섬이 스웨덴 최초의 해양학 중심지였기 때문이다. 이전에는 연구가 예테보리, 웁살라, 스톡홀름으로 '분산되어' 있었다. 서해안 크리스티네베리Kristineberg에 있는 새로운 연구소에서 몇 가지 연구가 행해졌지만, 대부분은 해양동물학에 관한 것이었고 핵심적인 수로학 기기들은 예테보리에 자리 잡고 있었다.[19]

페테르손과 에크만도 1901년 보르뇌에서 스웨덴 수로-생물위원회Swedish Hydrographic-Biological Commission를 창설했다. 그들은 그 기지에 개인 재산으로 자금을 댔지만, 스웨덴 국가는 수로-생물위원회를 통해 그 기지를 페테르손에게서 임차했다. 이 협정은 보르뇌가 정부로 이양되어 현대화되는 1932년까지 시행되었다.[20] 보르뇌와 수로-생물위원회의 창설은 페테르손이 스톡홀름의 유니버시티 칼리지University College 화학과 교수직을 사임하고 홀마로 영구히 옮겨간 1909년에 마무리되었다. 페테르손은 국가 기관들을 창설하는 것 외에도 가장 중요한 국제 해양학 기관인 국제해양탐험기구International Council for the Exploration of the Seas를 설립하는 데 중요한 역할을 했다. 그와 에크만은 결단력 있게 협의회를 계획했고 그 협의회는 1902년에 발족되었다. 페테르손은 1930년대까지 협의회에서 영향력 있는 직책을 맡았는데, 1915년에서 1920년까지 회장을 역임했

다.[21]

해양학의 이 새로운 학문기관들은 사적인 관계들과 깊게 얽혀 있었는데, 이는 실천과 이념으로서의 가족이 오토 페테르손에게 엄청나게 중요했기 때문이다. 새 기관들에 대한 서술은 가족 은유들로 활기찼다. 페테르손 자신은 보르뇌를 '진정한 가정'으로 특징지었다. 돌이켜보면, 그 연구 기지는 '스웨덴 해양학의 **요람**'으로, 페테르손은 국제해양탐험기구의 '아버지'로 불려왔다.[22] 페테르손은 홀마에서 노르웨이 사람인 그의 아내 아그네스 이르겐스Agnes Irgens(1851~1928)와 1876년에서 1894년 사이에 태어난 여섯 명의 자녀와 함께 살았다. 한스는 다섯 째였다. 오토는 해양학을 발전시키기 위해 가족을 '시스템'에 등록시켰다. 아들들은 연구보조원이 되었고 딸들은 비서가 되었다.[23] 아그네스 이르겐스의 역할과 중요성에 대해서는 거의 쓰인 게 없어서, 그의 기록보관소에는 한스가 그녀에게 보낸 단 한 통의 편지밖에 없다.[24] 오토 페테르손에 관한 문헌으로 미루어 볼 때, 그녀는 과학 보조원이라는 일반적인 역할은 하지 않았다.[25]

홀마의 많은 경쟁부지들도 전체 가구가 과학 연구를 중심으로 형성되었다.[26] 사실상 페테르손 가문은 똑같이 유력한 스웨덴 학자들의 양식을 반복했다. 예를 들어, 오토의 오랜 친구이자 동료인 스반테 아레니우스Svante Arrhenius는 물리화학 분야의 국제적 권위자인데, 1905년 스톡홀름에서 그의 국제적 동료의 것들에 맞먹는 합동실험실과 과학가정을 구축했다.[27] 웁살라에서는 유력한 물리학 집단의 일원인 물리학 교수 크누트 옹스트룀Knut Ångström이 1909년 발족한 새로운 물리학 연구소에 그의 가족을 통합시켰다.[28] 페테르손, 아레니우스, 옹스트룀은 모두 영향력 있는 스웨덴 학자로, 잘 정비된 연구환경이 원장의 거처를 포함하고 있는 독일 실험실 모델의 영향을 받았다.[29] 게다가 자연과학은 보다 광범위한 가정생활 규범들의 일부였다. 역사가 리어노어 다비도프Leonore Davidoff가 19세기 영국의 상황을 논의했듯이, 19세기 영국에서 가정은 공공생활의 중요한 무대였을 뿐만 아니라 가부장들이 전문가적 분투를 벌이는 튼튼한 기반이었다.[30]

상속 문제: 아들 교육을 위한 틀

영향력 있는 몇몇 스웨덴 가족은 똑같은 상속 양식을 보여주었다. 즉, 아들들이 대개 같은 학문 분과에서 그리고 때로는 같은 교수직에서 아버지를 계승했다. 웁살라 대학교의 물리학 교수 안데르스Anders와 크누트 옹스트룀, 만네와 카이 시그반Manne and Kai Siegbahn 등이 이런 관행의 경우이다. 더 일반적으로 가족은 힘 있는 자들을 모집할 수 있는 경기장이었다. 아이들의 선택과 야망, 안녕은 학자들 사이에서 반복되는 대화 주제였다.[31] 이에 따라 오토 페테르손은 그의 아들이 자신이 수년에 걸쳐 발전시켰던 기관들과 함께 해양학 분야를 물려받을 수 있게 하는 틀을 만들었다.

1900년경 스웨덴에서는 여러 자연과학의 제도적 확장이 '베버주의적Weberian'이라고 묘사되었다. 즉, 새로운 학문 분야들이 개인의 교수직을 통해 생산되고, 이어서 하나의 기관과 공식적인 학문 분야가 뒤따랐다.[32] 해양학의 경우, 그 아버지의 노력으로 만들어진 최초의 교수직을 얻은 이가 아들이었다. 1929년 오토 페테르손은 자신의 오랜 공동연구자 구스타프 에크만에게 편지를 써서 어떻게 "우리 뒤를 이어 과학을 계승할 수 있는 진정한 수로학자를 키울 것인가"에 대해 논의했다.[33] 이와 연관된 오토의 핵심 관심사는 학문적 권력을 모으고 "가족도 함께 지키는" 것이었다.[34] 둘 다 과학적인 겉모습persona과 학문적 리더 역할의 일부였다. 더구나 이 초점 둘 다 학문적 해양학 분야에 대한 통제력을 유지하려는 오토의 능력을 증진시켰다.

보르뇌의 실험실을 포함한 홀마의 국지적 환경은 후계자 육성의 틀에 매우 중요했다. 남학생 한스 페테르손은 여름 방학 동안에 이미 보르뇌 실험실의 조교로 등록되었다. 그는 1913년 아버지의 주선 덕분에 연봉을 받는 수로-생물위원회 조교로 고용되었다. 그다음 해에 구스타프 에크만은 해양학 부교수직을 위한 자금을 확보해서, 한스가 스웨덴 대학의 새로운 학문 분야에서 첫 직책을 맡을 수 있게 했다.[35] 그러나 성공적인 학자가 되기 위해서는 한스 역시 스웨덴의 서쪽 해안 너머의 학문적 환경으로 갈 필요가 있었다. 이에 따라 그는 웁살라 대학교에 진학해 학부를 마쳤고, 스톡홀름의 유니버시티 칼리지에서 아버지의 친구 스반테 아레니우스의 지도하에 박사학위를 취득했다.

그러나 스웨덴 대학들 사이에서 이동하는 것만으로는 충분하지 않았다. 스웨덴 학자들 사이에서는 외국 대학에서 오래 머무는 것이 좋은 학문적 훈련의 일부로 여겨졌다. 그런 까닭에 한스 페테르손은 아버지와 다른 스웨덴 과학자들처럼 해외에서 시간을 보내야만 했다.[36] 오토는 아들에게 외국 대학에서 '한두 학기' 지내는 것이 이로울 것이라고 말했다.[37] 한스가 유니버시티 칼리지 런던University College London의 윌리엄 램지 경Sir William Ramsay의 연구실에서 1년을 보내도록 주선이 이루어졌는데, 램지 경은 여러 일로 홀마에 왔던 객원이자 오토의 오랜 친구이며 후원자였다.[38] 영국에서 한스는 아버지의 다른 동료들, 특히 '심해deep-sea 연구의 원로'인 스코틀랜드 사람 존 머리John Murray를 만나 토론을 즐겼다. 램지와 머리 모두 중요한 멘토가 되었으며, 한스는 그들이 "나의 상상력에 불을 붙였다"라고 말했다.[39]

램지는 한스에게 실험하는 기술을 가르쳤으며, 한스는 런던에서 라돈의 원자량을 측정하기 위한 정밀 기기에 관해 연구했다. 머리는 이 스웨덴 청년에게 해양학의 최신 동향, 특히 바닥 퇴적물의 방사능 측정을 소개했는데, 이것이 결국 한스의 해양학 연구에서 핵심 주제가 되었다. 마찬가지로 중요한 것은 램지와 머리가 조언, 격려, 런던왕립학회와 같은 영향력 있는 과학기관과 접촉할 수 있는 기회를 제공했다는 점이다. 그러한 기회가 한스를 크게 감동시켰고 그를 유럽의 과학 엘리트들과의 인맥에 들어가게 했다.[40]

한스가 비록 그의 가정영역 밖으로 이동했어도, 가족 관계는 그가 학자로 형성되는 데 필수적인 인프라였다. 홀마에서 연구원들은 전문가로서의 관계와 개인으로서의 관계 간의 차이를 허무는 방식으로 사회화되었다. 홈메이드 우정과 과학적 협동은 합쳐졌다. 즉, 동료들은 비공식 네트워크에서 서로의 친족을 지원했다.[41] 가정과 가족의 이념과 실천도 국경을 넘나들었다. 영국에서의 1년 동안, 한스는 램지나 머리 가정에 방문한 것을 일기에 기록했다. 이 장소들은 한스의 전문 과학계 입문에 중요한 장소였다. 예를 들어, 1911년 성탄절 때에는 에든버러에 있는 머리 가족을 방문했다. 성탄절에는 게임과 친교를 즐기며 시간을 보냈는데, 과학적인 대화가 맞물려 있었다.

> 숙녀들이 보이지 않고 항구에 우리 남자들만 앉아 있을 때 제임스 경 Sir James은 바닥 퇴적물의 방사능을 연구하겠다는 자신의 계획에 대해 말하며, 표면에서 바닥 아래로 내려가 쌓이는 방사물에 대한 그의 이론을 공유했다. 마침내 머리 부인이 같이 게임하자며 우리를 불렀다.[42]

스웨덴과 영국의 가내 장소들이 램지와 머리 같은 멘토들에게 접근할 기회를 주었다. 이념과 사회적 실천으로서의 가정에서는 여러 장소로 쉽게 이동할 수 있었고 문화적으로 다가가기도 쉬웠다. 오토는 영국에 나타나지 않았고 그의 오랜 동료들에게 아들을 교육하게 했다. 하지만 자신의 네트워크를 통해 아들 한스가 연구자로 형성되는 틀을 만들었다.

후계 확보를 위한 오토 페테르손의 고투(1914~1928)

영국 방문은 1912년에 끝났고, 오토 페테르손은 아들이 너무 오랫동안 떠나 있는 것을 원치 않았다. 그의 최우선 순위는 자신의 스웨덴 해양학 상속이 확보될 수 있는 보르뇌와 예테보리 유니버시티 칼리지로 한스를 다시 데려오는 것이었다. 오토는 1912년 11월 런던의 아들에게 보낸 편지에서 그를 조교로 채용할 계획을 밝히며, "너는 편안히 네 연구에 힘쓸 수 있다"라고 썼다.[43] 그리고 한스에게 구스타프 에크만이 부교수 자리를 제공했기 때문에 "보르뇌로 갈 것"이라고 웁살라와 스톡홀름에 있는 그의 교수들에게 알리라고 말했다.[44]

그 계획들은 1914년에 실행되어, 그 후 1921년까지 한스는 아버지의 조교로 예테보리와 홀마에서 살며 일했다. 동시에 오토는 자신이 추구하던 계승을 달성하려고 고군분투했다. 그는 아들에게 "가정이 제공하는 기회들을 버리면 안 된다"라고 강조하면서, "미래가 구스타프(에크만), 너와 나, 3인방에게 놓이게 될 가능성이 매우 크다"라고 알렸다.[45] 그러나 스웨덴 학계에서 상속이 흔히 있었다 해도, 그리 간단한 일은 아니었다.

가부장으로서 오토 페테르손은 자식들이 하려는 전문직과 삶의 동반자 선택을 통제하는 특권을 가졌다. 한스가—과학과 가정생활이 깊이 얽혀 있는—오토가 만들어놓은 학문 환경을 이어 받으려면 적합한 아내를 찾는 것이 중요할 것이다. 다행히 다그마르 벤델Dagmar Wendel은 그런 기대에 부응했다. 그녀와 한스는 웁살라에서 서로 학생일 때 만났다. 벤델은 1914년 화학 공부를 마치고 고향인 예테보리로 돌아와 한스와 재회했으며, 한스는 그녀가 보르뇌에서 화학 조교 자리를 얻도록 도왔다. 그들은 1917년에 결혼했고, 이후 벤델은 남편의 중요한 협력자로 남았다. 약혼 당시 오토는 그녀가 '우리'에게 좋다고 판단했지만, 동시에 결혼 생활은 과학직에 있는 사람으로 하여금 자신의 전문가적 미래를 가족 부양 면에서 고려하게끔 한다고 강조했다.[46] 그 가부장은 그 부부를 홀마에 정착시킬 목적으로 거주 공간을 제의했다. 신혼부부는 그 제의를 거절하고 주로 예테보리에서 살았다.[47]

한스 페테르손은 해양학에서 자신의 경력을 물려받으라고 촉구하는 아버지의 상당한 노력에 거듭 좌절했다. 1921년, 적어도 부분적으로는 아버지와의 갈등으로, 그는 다그마르와 함께 스웨덴을 떠나 원자물리학을 연구할 계획으로 비엔나의 라듐연구소로 갔다. 이제 그의 하루하루는 오토의 손에서 벗어나게 되었다. 그러나 아버지는 예테보리에서 해양학을 떠맡도록 아들을 설득하는 목표를 포기하지 않았다. 그리고 중요한 점은 오토는 한스가 비엔나에 있는 내내 그를 재정적으로 지원했는데, 그럼에도 불구하고 한스는 자신과 가족을 부양하기 위해 스웨덴에서 가르치는 일을 어느 정도 계속해야만 했다는 것이다. 그 부부에게는 루거Rutger와 아그네스Agnes라는 두 아이가 있었다. 1926년 말 38세의 한스는 돈을 추가해서 "저를 지원하겠다는 아버지의 친절한 약속에 감사드린다"라고 썼다.[48]

그러나 통제력을 유지하는 다른 길도 있었다. 한스가 비엔나에 체류하는 동안 받은 아버지의 편지들은 그 부부의 의도를 확인하려는 것이 특징이었다. 그는 아들에게 "무슨 연구를 하고 있는지 알려달라"라고 재촉했고, 마찬가지로 며느리에게도 "너희들 계획을 계속 알려달라"라고 요청했다.[49] 페테르손은 그들이 집에 돌아오리라는 희망을 버리지 않고 계속 참견했다. "너희 계획이 무엇인지 솔직하게 말해다오. 내가 모르는 것보다 알고 발전시키는 것이 더 좋단다."[50] 그는 또한 한스가 시간을 쪼개 비엔나와 예테보리를 오가며 "해양학자로서의 기회"를 지킬 수 있다는 타협안도 제시했다.[51] 게다가 예테보리의 지방 신문에 "수로학에 관한 소소한 기사를 쓰는 일"을 고려해 보겠냐고도 물었다.[52]

오토는 1920년대 내내 비엔나에서 가능한 미래를 강조하며 어떤 미래가 가능한지를 물었는데, 이는 곧 밝혀질 것이었다. 에밀리에 멜비Emilie Mellbye는 한스의 믿을 만한 누나였다. 형제자매들은 아버지를 다루는 전략을 포함해 가족사를 논의했다. 1928년 페테르손은 자신의 누나에게 아버지는 "우리가 원자를 운동 삼아 쪼개고 있다는 우스운 생각을 가지고 있다"라면서 "이제 그 정도면 충분하다"라고 말했다.[53] 오토는 다그마르에게 지금이 "가능한 그의 미래와 관련해 한스가 스웨덴으로 이사할 때"라고 말했다.[54] 그는 아들에게 "내가 만든" "훌륭한 연단이 너에게 있다는 것을 고려해 주기를" 간청했다.[55] "자신이 어깨에 짊어진 것을 나에게 유산으로 남기려는" 아버지의 계획은 한스에게 비밀이 아니었다. 그러나 아들의 관심사는 '다른 방향'을 가리키고 있었다. 즉, 한스는 수로학 연구를 '당분간의 생계 수단'으로 보았다. "갖지도 않은 관심사를 꾸며내는 것"은 사기를 꺾는 것이었다.[56]

실제로 1921년과 1928년 사이에 오토는 아들이 오스트리아에서 자신의 연구 프로그램을 만들어 관리하며 남게 될까 봐 걱정했다. 그래서 그는 잠시 다른 아들 빌헬름Wilhelm에게 희망을 돌렸다. "당연히 나는 더 이상 내가 없는 이곳의 미래를 위해 빌헬름을 수로학 연구에 참여시키고 싶구나."[57] 빌헬름은 베를린으로 건너가 1925년 해양학 연구소에서 박사학위를 받았다. 오토는 빌헬름이 베를린에서 국제해양탐험기구에 취직하는 것을 도왔는데, 아들은 큰 저항을 받았다. 그를 조직에서 제거하려는 계획들이 취해졌다. 오토는 격렬하게 항의했고, 국제해양탐험기구의 어느 누구도 오토에게 반대하기를 원하지 않았다. 그 대신, 이 기구는 빌헬름의 임무를 불필요하게 만들었다. 이 사건은 젊은 해양학자들이 기성세대의 '연고주의'에 항의한 결과로 해석되고 있다.[58] 빌헬름은 베를린에서 몇 년을 보낸 후 해양학을 떠나 농학자로 이전의 경력을 이어갔다.

한편, 한스 페테르손은 라듐연구소에서 자신의 연구를 계속하기가 곤란해졌다. 1927년에 연구 집단을 설립하려는 그의 꿈은 시간, 에너지, 돈을 막대하게 투자했음에도 불구하고 산산조각이 났다.[59] 그 자신의 말에 따르면, 그는 예테보리 유니버시티 칼리지의 해양학으로 "돌아갈 수밖에 없었다."[60] 한스의 아버지는 열심히 노력해서 그곳에 그를 위한 교수직을 만들어놓았다.[61] 한스는 누나 에밀리에에게 그 직책을 만든 것은 "스웨덴 해양학의 계승을 확보하고자 하는" 아버지 소망의 "결과"이자 수로-생물 위원회 의장과 예테보리 주의 총독 오스카르 폰 쉬도브Oskar von Sydow가 보내준 "아버지에 대한 선의"의 "결과"라고 설명했다.[62] 그러나 비록 한스가 공개채용 과정 없이 교수직에 임명되는 것이 그 당시에는 가능했더라도, 여전히 동료 위원회는 그의 유능함을 밝혀야만 했다. 이제 오토는 심사위원 선정에 영향력을 행사하려고 애썼다.[63] 결국 그는 성공했다. 1930년에 한스는 스웨덴에서 최초의 해양학 정교수가 되었다. 이로써 가족의 일원을 위해 만든 학문 분과를 확보하려는 아버지의 노력은 끝났다. 오토는 아들의 임명 소식을 듣고 "나의 사랑하는 한스, 행운을 빈다. 이제 우리는 너의 성공을 빌며 샴페인으로 건배할 것이다"[64]라고 축하 편지를 썼다. 오토에 대한 부고에서 물리학 교수 카를 베네딕스Carl Benedicks는 "그의 아들 중 한 명이 그의 일을 계속했다는 사실이 커다란 충족감의 원천이었을 것"이라고 말했다.[65]

한스 페테르손의 관심사: 새로운 것을 생각해내기

지금까지는 학문기관들을 만들고 자신의 해양학 왕조의 계승을 확보하는 데 주력했던 오토 페테르손의 두 가지 노력에 초점을 맞추었다. 그러면 한스 페테르손은 어떤 식으로 아버지의 과학을 모방했을까? 나는 그가 아버지의 연구 관심사를 반복했다기보다 그의 기업가적 학문 양식을 흉내냈다고 주장할 것이며, 이는 또 다른 몇몇 엘리트 스웨덴 과학자들 사이에서도 반복되었다고 주장할 것이다. 실제로 그의 아버지는 한스에게 가장 중요한 지향점이었고 학문적 기업가정신이라는 특별한 스타일의 본보기였다.

그렇다면 이 기업가적 양식의 실천과 이념은 무엇이었을까? 무엇보다 한스는 자신의 연구 영역을 개발하고 새로운 과학기관을 설립하겠다는 상호 연결된 열망을 되풀이했다. 이런 점들에서 그의 아버지는 훌륭한 롤모델이었다. 즉, 오토는 아들에게 "새로운 것을 내놓는 것"이 기본이라는 것을 알게 했다.[66] 말 그대로 자기 경력의 모든 단계에서, 한스는 급성장하는 원자물리학 분야에서 독자적인 경력을 창출하기 위해 애썼다. 이와 같이 과학을 모방한다는 것은 역설적이었다. 즉, 한편으로 그것은 멘토들이 했던 것을 반복한다는 것을 의미했다. 다른 한편으로 과학 분야는 독창성을 요구했다.

1890년대부터 오토 페테르손은 해양생물학에서 벗어나 해양물리학을 향해 해양학을 발전시키면서, 특히 여러 해수층의 파도 현상과 해수의 이동을 다루었다.[67] 그는 해양학 기기를 개발하는 데 관심을 가졌으며 해양과 대기의 상호작용을 탐구했다. 한 무리의 스웨덴 학자들도 이런 관심사를 공유했는데, 그중 스반테 아레니우스는 '우주물리학'이라는 것에 맞춘 연구 프로그램을 개발했다.[68]

오토와 달리, 한스 페테르손의 가장 중요한 과학적 관심사는 원자물리학과 방사능이었다. 실제로 한스는 1920년대에 비엔나와 케임브리지 물리학자들 간에 오고간 원자의 본성에 대한 맹렬한 논쟁에 참여한 것으로 매우 유명하다. 어니스트 러더퍼드Ernest Rutherford 경이 한스의 으뜸가는 상대였고, 결국 스웨덴의 한스는 논쟁에서 졌다. 한스는 자신의 경력 내내 원자물리학을 해양학에 응용하는 데 주력했다. 그가 방사능 연구를 시작했을 때, 그는 해양학과 지구물리학 분야에서 대략 30개의 출간물을 갖고 있었다. 동시에 방사능은 '승인된 원숙한' 학문 분과였으며, 해양학과의 연결고리는 이미 마련되어 있었다. 한스는 주로 해저 퇴적물에서 나오는 라듐을 연구했다.[69]

아버지에게서 벗어나 독자적인 연구를 추구하려는 한스의 열망은, 19세기 후반 동안 변형되어 왔던 학문 체계에서 형태화되었다. 유럽과 미국에서도 우세해져 갔던 독일 대학모형에서, 학문의 전문화가 증가함에 따라, 대학들의 최우선 사명은 연구가 되었다. 박사학위 취득을 위한 논문 요건은 과학에 '진정한 기여'를 촉진했고, '새로운' 대학들은 '지식의 진전에 헌신'하게 되었다.[70] 이 모형에 따라 1850년대와 1870년대 스웨덴의 대학 개혁은 현대적인 박사학위를 확립했다. 이전의 학생들은 단지 자신들의 교수가 내놓은 논문을 옹호했을 뿐이었다. 이제 그들은 독자적인 연구 결과를 내도록 기대되었다. 더구나 1850년대의 규정은 과학자로서의 자질이 학문적 직책의 임명에 결정적이어야 한다고 명기했다.[71] 이 제도적 틀은 한스에게 독자적 연구의 규범을 절감하게 했으며, 아버지와 긴장된 관계를 맺는 주요한 원인이 되었다. 1914년과 1921년 사이에 한스는 보르뇌와 예테보리 유니버시티 칼리지에서 아버지의 조교로 있었고, 이는 에밀리에에게 보낸 편지에서 뚜렷이 드러나듯이 점점 더 고통만 커지는 결과를 낳았다. 1916년 한스는 에밀리에에게 불화를 알리며 무익하고 반복적인 일에 대한 은유인, 자신의 '얼음-사막'을 이겨낼 수 있도록 도움을 요청했다.[72] 홀마, 보르뇌, 해양학 분야 전체에 대한 아버지의 영향력 때문에 한스의 삶은 '험난한 바다'였다.[73]

한스는 아버지가 수로-생물위원회에서 학문적 자유가 더 많이 보장된 직책을 만들기를 바랐다. 게다가 한스는 "위원회의 물리학자로 채용해 달라"고 요청했지만 오토는 한스가 '첫 번째 조교'로 남기를 원했다.[74] 수로-생물위원회에서 아들의 임무는 "아버지의 뒷일을 처리하는" 것을 포함한 '잡일'이었다.[75] 한스는 일반적으로 구세대 해양학자들에게 비판적이었다. 누나에게 "내가 그들에게 얼마나 질렸는지 몰라"라며 불평했다.[76] 그의 아버지와 에크만이 "나를 붙잡고 늘어지는 일"이 매일 증가했다.[77] 한스는 누나에게 조언을 해달라고 조르면서 그녀가 "나를 구출할 계획"이 있는지 궁금해 했다.[78] "아버지가 원하면 할 수 있는데도 아버지는 그렇게 하지 않는다"[79]라는 말에서 보듯, 오토가 그 직책의 조건을 바꾸려 하지 않는 것도 분노에 한몫했다. 오토 역시 협력에 문제가 있다며 고심했다. 오토는 한스에게 "너의 관심사를 염두에 두고" 해양학의 제도적 환경을 조정하거나 아니면 "우리가 즉시 헤어질" 수 있다고 엄중하게 말했다.[80] 오토가 자신의 선의를 유지하려면 한스는 그와의 "다툼과 논쟁"을 피할 필요가 있었다.[81] 1920년대 중반 한스는 아버지와의 관계에 대해 에밀리에에게 이렇게 요약했다. "지난 10년간 계속된 가족 갈등과 아버지와의 끔찍한 '협업'에 지쳤어."[82]

기관 설립의 모방: 예테보리에서 비엔나로, 그리고 다시 예테보리로

엘리자베스 크로퍼드Elisabeth Crawford와 아르투르 스반손Artur Svansson에 따르면, 오토 페테르손의 해양학 작업은 '근면 정신'으로 이루어졌다.[83] 그는 기업가적 양식을 계발하고 "수많은 기획을 가장 추진적인 방식으로 시작했다."[84] "미래를 위한 좋은 계획"이 최우선 의제였다.[85] 1890년대 해양학에 관심을 갖게 되면서 오토는 "국제적으로는 물론 스웨덴에서도 거의 단독으로" 그 분야를 체계화했다.[86] 그는 웁살라 물리학자들, 특히 크누트 옹스트룀, 만네 시그반, 테오도르 스베드베리, 스반테 아레니우스와 작은 집단을 이루어 함께 새로운 제도적 환경을 만들고 활용했다.[87]

한스 페테르손은 아버지가 보르뇌를 관장했듯이, 1921년부터 머물던 비엔나에서 기관을 설립하는 관행을 따라하려고 했다. 한스의 목표는 빛 원소들의 인공붕괴에 관한 연구를 비롯한 원자 연구의 온상을 만드는 것이었다. 한스는 비엔나가 "내 주요 연구 관심사를 따라 무엇인가를 하는 게 불가능해서 신경이 곤두섰던 예테보리보다 훨씬 낫다"고 느꼈다.[88] 한스는 1920년부터 계속 스테판 마이어Stefan Meyer 디렉터와 함께 일했지만 공식 직책은 없었다. 한스는 "놀라울 정도로 활력이 넘치고 기발"했으며, 독립적인 재정으로 자신의 연구, 조교, 기기들을 조달함으로써 라듐 연구소에서 주도적인 역할을 하게 되었다.[89] 오스트리아의 소식을 누나에게 보내면서 그는 집필, '돈 간청하기', 실험, 결과 발표, 조교들의 사기 고취 등의 업무에 균형을 맞출 필요가 있다고 말했다.[90] 실제로 라듐연구소는 연구환경으로서 큰 잠재력을 가지고 있었다. 즉, 그 연구소는 과학, 정치적 격변, 당대 문화에 대한 일상적 토론이 함께하는 활기찬 사회적 환경을 담고 있었다. 비엔나가 현대 건축, 음악, 그림, 철학의 중심지였기에 페테르손은 그 도시의 융성한 문화생활을 즐겼다. 또한 메디지너 비에르텔Mediziner Viertel로 알려진 지역에도 학문기관들이 설립되고 있었다.[91] 한스도 앞서 아버지와 마찬가지로 동료들에게 둘러싸였다. 한 무리의 젊은 연구자들이 라듐연구소에 왔는데, 그중에는 그의 오랜 협력자인 엘리자베트 로나Elisabeth Rona, 마리에타 블라우Marietta Blau, 허사 웜바허Hertha Wambacher 등이 있었다.[92] 오토 페테르손은 에크만에게 조교들이 아들을 '연방 대통령Bundespresident'이라고 부른다며, 아들이 "일을 정말 잘 이끈다"고 단정했다.[93] 그러나 비록 한스가 아버지처럼 연구 환경을 세우려 했더라도, 오토의 경영 방식과는 정반대로, 연구 지도자로서 '반위계적 방식'을 계발했다는 점에 주목해야 한다.[94]

한스는 다른 문제들에서, 특히 연구자금 모금을 추진하면서 아버지의 접근법을 더욱 뚜렷하게 흉내 냈다. 오토는 아직 국가의 연구 지원이 자리 잡지 않은 시기에 민간 후원자들로부터 보르뇌를 위한 자금을 확보하는 데 성공했었다.[95] 재력가에게 어떻게 접근할 것인가가 아버지와 아들이 벌이는 토의의 핵심이 되었는데, 아들은 "그의 연구에 기부자의 관심을 끌어들이는" 능력이 "탁월함"을 입증했다.[96] 한스는 "재정적 지원을 열렬히 찾았으며" 스웨덴 후원자들과 국제교육위원회International Education Board로부터 받은 보조금은 그 자신뿐만 아니라 라듐연구소의 물질문화도 강화시켰다.[97] 마리아 렌테치Maria Rentetzi의 말대로 "페테르손은 기금을 모으는 아버지의 재능을 물려받았다."[98]

그러나 부분적인 성공에도 불구하고, 비엔나에 탄탄한 원자물리학 기관을 세우려는 열망은 결코 실현되지 않았다. 한스 페테르손은 부득이하게 정말로 "몹시 슬퍼하며" 오스트리아를 떠나야 했다.[99] 한스는 1928년에 스톡홀름 유니버시티 칼리지의 물리학 교수가 될 수 있는 일시적인 기회가 있었지만, 임명되지는 않았다(그 이유에 대해서는 뒤에 더 자세히 설명할 것이다). 그 대신 아버지와 아들은 예테보리의 교수직을 통해 아들의 연구를 위한 플랫폼을 만들자고 전략을 세웠다.[100] 스웨덴에서는 결실이 많을 연구 의제를 만들려는 노력이 계속되었다.

교수직 신설은 아들의 자리를 확보하려는 오토 페테르손의 노력에서 비롯되었다. 한스는 물리학에 대한 관심을 "폐기할 준비가 되어 있지 않다"라고 강조하면서도, 교수직이 "아버지의 연구와 구스타프(에크만)의 연구를 계속 해나갈 나의 능력과 관련해 일어날 수 있는 가장 좋은 일"이 될 것이라고 인정했다.[101] 교수직 이름은 중요한 상징적 문제가 되었다. 기부편지에 그 자리는 해양학에 있어야만 한다는 조건이 명시되어 있어서 '물리학' 칭호를 붙일 수 없었기 때문이다. 자신의 연구 관심사를 지키고 싶은 한스는 그 대신 '해양학과 방사능'이라는 칭호를 제안했다.[102] 한스는 방사능을 절대로 '포기'하고 싶지 않았으며, 그 자리에 대한 검토위원들이 그가 해양학 교수직에 적임이 아니라고 할까 봐 우려했다.[103] 결국 그 자리에는 '해양학'이라는 칭호가 붙었다. 그러나 오토의 아이디어는 동나지 않았다. 오토는 한스에게 방사능이 해양학의 현재 문제이고 자신이 해수의 라듐 연구로 교육받았으며 심사위원들이 '이 전공을 염두에 두고 있다'는 것을 예테보리 유니버시티 칼리지의 총장에게 '사적으로' 말하라고 권유했다.[104] 오토는 예테보리 동료들에게 아들이 방사능과 해양학의 교차로에서 일하고 있다고 이미 설명했다.[105] 이제 그는 아들에게 "너의 미래를 확보하기 위해 **은밀히** 준비하려면" 집으로 돌아오라고 촉구했다.[106]

해양학 교수로 임용된 후 한스는 기관 설립 관행을 지속하며 더 큰 성공을 거두었다. 그는 자신의 아버지처럼 발렌베리Wallenberg 은행 가문의 자금을 확보해 1939년 예테보리에 새로운 해양학연구소Oceanographic Institute를 개설할 수 있었다. 이 유증은 '스웨덴 해양학에 대한 일련의 기부'에서 마지막이었고, 한스의 연구 관심사에 따라 연구소 설계를 가능하게 했다.[107] 스웨덴 서해안에 위치한 그 연구소의 부지는 자연과학의 국제적 중심부에서 떨어져 있었지만 페테르손은 지역의 강력한 정치적 지원을 받았다.[108] 요컨대, 그 맥락은 준-가족 기획으로서, 비엔나의 북적이는 과학 환경에서는 불가능했을 방식으로 통제되고 유지될 수 있었다. 1939년 1월 24일, 이 연구소의 개소식에 91세의 오토 페테르손이 참석했다.[109] 이는 스웨덴 해양학을 확립하고 통제하려는 가족의 분투가 일군 가장 큰 성과로 볼 수 있다. 그러나 한스가 1956년까지 그곳의 디렉터로 있었기 때문에 한스의 독자적인 장소로도 볼 수 있다. 물론, 역설적이게도 이는 아버지의 기업가적 양식을 흉내 내어 성취한 것이었다.

적대감의 상속, 논쟁의 반복

그런데 새로운 학문 분야가 형성되던 스웨덴 학계와 기업가적 학문 양식의 또 다른 핵심적 부분은 편을 모으고 적과 싸우는 것이었다. 사적인 적대감과 강한 경쟁심이 만연했다. 실제로 "갈등의 문화"가 있었다.[110] 나는 제도적 관행으로서의 논쟁이 아버지에게서 아들에게로 상관적인 두 가지 방식으로 상속되었다고 제안하고 싶다. 첫째, 적대감이 그 안에서 여러 세대에 걸쳐 지속되었던, 잘 확립된 학문 네트워크가 있었다. 둘째, 한스 페테르손은 적어도 부분적으로 과학적 논쟁을 부추기는 아버지의 관행을 모방했다.

오토 페테르손이 아들에게 '상속'하기 원치 않은 몇 가지 중에 '적대감'이 있었다. 대신 누구든 그 아버지의 적에 대해 "그가 스스로 판단할 수 있을 때까지 보통 사람"[111]으로 간주하길 원했다. 그러나 그러한 소망은 학자들의 경쟁적 네트워크가 존재하는 학계의 구조를 간과한 것이었다. 한스 페테르손의 경력은 물려받은 논란으로 두어 차례 좌절되었지만, 스웨덴 학계에 경쟁적 네트워크가 있다는 것은 아버지의 편이 그를 지지한다는 것을 의미하기도 했다.

상속된 적대감은 1928년 한스가 스톡홀름 유니버시티 칼리지의 물리학 교수직에 지원했을 때 결정적이었다. 2년 전 그 대학의 부총장은 공개 채용 절차 없이 한스가 아버지의 친구 아레니우스의 뒤를 잇도록 하는 계획을 세웠다. 기회는 차단되었는데, 이에 반대하는 사람들 중 한 명이 웁살라 대학교의 물리학 교수인 만네 시그반이었다. 한스는 스웨덴 친구들과의 서신을 통해 시그반이 자신에 대한 강력한 비판자임을 알게 되었고, 시그반이 자신의 적수 러더퍼드의 연구를 높이 평가한다는 것도 알게 되었다.[112] 시그반과 한스 사이의 이런 긴장은 웁살라와 스톡홀름의 학자들 간의 오랜 경쟁관계를 기반으로 이해되어야 한다. 비록 한스가 웁살라 대학교에서 자신의 학문 경력을 시작했더라도, 오토는 1870년대부터 웁살라에 기반을 둔 물리학자들과 분쟁했다. 그는 1881년에 새로운 스톡홀름 유니버시티 칼리지로 옮겨갔고, 거기에서 아레니우스와 카를 베네딕스 등 다른 이들과 학문 네트워크를 형성했다. 이 학자들은 웁살라 물리학자들이 자신들의 실험 기술만 강조하고 물리학의 원대한 이론적 주장들에 회의주의적이라며, 그들의 보수적인 이상을 비판했다.[113] 오토의 네트워크에 있는 충성심이 그의 아들에게 전해졌다. 1920년대 내내 아레니우스와 베네딕스는 스톡홀름에서 한스의 지지자 역할을 했는데, 주로 한스의 급료와 스웨덴 왕립과학한림원Royal Swedish Academy of Sciences과의 출판물 문제에서 한스를 대변했다. 동시에 웁살라 물리학자들은 주로 시그반이 대변했다.[114]

이렇게 계속되며 재생산된 경쟁은 한스가 얻은 기회에 영향을 주었다. 시그반이 스톡홀름 교수직 심사위원 네 명 중 한 명으로 선출되었기 때문이다. 다른 심사위원 중 한 명인 베네딕스는 세 번째 심사위원과 함께 한스를 교수직에 추천했다. 시그반과 네 번째 심사위원은 한스보다 에릭 헐텐Erik Hulthén을 추천했는데, 그 대학의 고용위원회가 그들의 추천을 따랐다. 그 문제에는 시그반의 비판이 결정적이었다. 누나와 아버지에게 보낸 편지에서 한스는 시그반을 '적수'로 묘사하며 그의 영향력이 '약점'이었다고 썼다. "시그반은 나를 엄청 반대했다."[115] 페테르손 가족이 곧 있을 예테보리의 교수직 임명을 논의했을 때, 한스는 시그반을 주요 상대로 지목했다. 한스는 그 교수직이 물리학에 있으면 안 된다고 주장했다. 그 경우 시그반이 자신의 영향력을 또 행사할 수 있고 잠재적으로 한스를 "스톡홀름에서 이미 그랬듯이 과학적 사기꾼"으로 몰아갈 수 있기 때문이었다.[116]

대학의 고정직에 대한 다툼은 널리 퍼져 있었다. 자리는 거의 없었으나 학문적 힘이 있는 자리였다. 즉, 스톡홀름의 교수직은 한스 페테르손에게 자신의 방사능 연구를 확고하게 했을 것이다.[117] 따라서 유서 깊고 물려받은 적대감은 기관의 자원이 걸린 문제일 때 전면에 떠올랐다. 로저

스터워Roger Stuewer는 한스를 "정력적이고 매력적이며 호전적인 사람으로, 독재적이고 지배적이며 성미가 급할 수 있다"라고 묘사했다. 다른 학자들은 스웨덴 사람 한스의 '호전적인 어조'에 간헐적으로 대응했다.[118] 그렇지만 나는 이것이 한스의 개인적인 성격적 특성을 가리킨다기보다, 그가 논쟁을 학문적 상호작용의 한 양식으로 모방했다고 제안하고 싶다. 오토 페테르손은 감정적이며 분노를 자주 '폭발'한다고 묘사된다. 그는 논쟁을 피하지 않았다. "사실상 그는 논쟁을 추구했다."[119] 전투는 오토에게 정상적인 과학 관행이었다. 오토는 자신의 동료들과 함께 로버트 마크 프리드먼Robert Marc Friedman이 제안한 현대의 '맹렬한 분쟁 문화'의 전달자였음이 분명하다.[120]

인공붕괴에 관한 러더퍼드와의 논쟁은 한스 페테르손의 경력을 결정적으로 형성했다.[121] 한 분야로서의 방사능은 개인적 및 전문적인 제휴와 반감은 물론 실험실들 간의 경쟁으로부터도 크게 영향 받았다.[122] 더구나 비엔나의 연구원들은 전투적 양식을 훈련 받았다. 즉, 그들은 동맹을 모집하고 라듐연구소에 온 객원들에게 자신들의 결과가 정확하다는 것을 설득하려고 했다.[123] 논쟁은 페테르손 부자간에 반복되는 주제였고, 오토는 한스에게 러더퍼드와의 논쟁에 대처하는 방법을 애써 알려주었다. "냉랭한 어조로 가능한 한 우세하게 요점만 주고받도록 하라."[124] 반면에 한스는 "합의에 이를 때까지" 할 수 있는 모든 일을 하겠다고 아버지에게 단언했다. 그러나 그는 오토에게 "이 신사들의 주요 관심사"는 "그들 명성의 정점에 머무는 것"이라 생각한다고도 말했다.[125] 상대편을 비엔나로 오게 하는 전략은 "어느 정도 효과를 낼 수도 있습니다. 나는 내가 가지고 있는 으뜸 패를 내놓지 않도록 조심해야 합니다. 그것은 카드의 반을 쥔 신사를 상대로 게임에서 진다는 것을 의미할 수도 있기 때문입니다."[126]

오토는 케임브리지 물리학자들과의 분쟁 내내 한스에게 정확하게 행동하는 법을 가르치려고 애썼다. 오토는 한스가 멀리서 싸우며 결과와 실험들을 서로 숨기기보다, 상대에게 계획된 연구와 발견들을 공개적으로 알려야 한다고 생각했다.[127] 더구나 오토는 러더퍼드에 대한 비평은 호전적인 공격 없이 더 '우아하게' 수행될 것이라고 주장했다. 때리고 싶은 마음이 간절할 때는 "팔을 오므려야 한다"라고 했다. 기본적인 조언은 "용기를 가지고, 절대 과신하지 말라"는 것이었다.[128] 반면에 한스는 자신에게는 "아버지가 생각하는 명성과 야망의 절반"도 없다고 아버지에게 확실히 말했다.[129] 논쟁은 학문적 맥락을 구성하는 필수적인 부분이었다. 한스는 특히 연구 분야를 확립하고 지배하려는 기업가적 양식의 일환으로 그 관행을 따라했다. 오토는 비엔나에서 한 한스의 행동을 확실히 이해할 수 있었다. 즉, 오토는 확립된 가정들을 뒤엎는 것이 "젊은이에게는" 유혹적일 수 있다는 것을 인정했다.[130]

결론

1928년 스톡홀름의 교수직을 거절당했을 때, 한스 페테르손은 심사위원 중 두 명이 '개척자들'을 방해하려 한다고 고발하는 공문을 작성했다.[131] 한스의 주장에 따르면, 반대자들은 연구에 대해 그저 훌륭한 스승이 꼼꼼한 실험실 작업으로 일군 것을 베끼는 일이라 생각했다. 그 대신 한스는 연구 프로그램 안의 그러한 소소한 발전은 새 땅을 딛는 '개척 단계'와 균형이 맞아야 하는 것임을 입증했다.[132] 더욱이 한스는, 예를 들어 윌리엄 램지의 "연구 증진의 정신"같이, 일련의 다른 규범들을 배웠다고 주장했다.[133]

이 주장은 스웨덴 해양학 계승자로서의 한스의 학문적 삶이 지닌 긴장을 압축해서 보여준다. 과학의 상속은 이전에 과학사 및 과학사회학에서 지적된 지식이동의 두 가지 측면을 포함했다. 첫째, 한스는 주로 자신의 아버지가 구축한 지식 이전의 기반을 갖고 있었으며, 이는 가족관계를 새로운 기관 형태의 창설과 합병시켰다. 오토는 특히 보르뇌, 스웨덴 수로-생물위원회, 예테보리 유니버시티 칼리지에서 해양학 현장과 자원을 대대적으로 통제함으로써 아들의 경력을 촉진시켰다. 이 모두가 전문가적 입지를 확고하게 했다. 그러나 중대한 점은, 비록 기존의 연구에서 똑같이 주목받지 않았더라도 가족이 지식 이전의 기반에서 동일하게 중요한 부분이었다는 것이다. 가족 안에서 과학을 전수하는 것이 오토에게 가장 중요한 관심사였으며 스웨덴 학자들 간에 반복되는 관행이었다. 실제로 가족생활의 이념과 실천은 한스가 해외에 나갔을 때조차 중요했다. 그 이념과 실천을 통해 오토는 아들을 윌리엄 램지와 존 머리 같은 과학적인 롤 모델과 인맥을 맺게 할 수 있었다.

둘째, 지식의 이전과 모방은 단순한 베끼기를 의미하지 않는다. 자신을 둘러싼 가혹한 학문적 지형을 고려할 때 한스는 아버지가 제안한 축적된 자원을 거절할 수 없었다. 그럼에도 불구하고, 그는 아버지의 연구 관심사를 되풀이하지 않았다. 그보다는 오토의 기업가적 양식을 흉내 냈다. 달리 말하면, 페테르손은 학문의 기반구조를 물려받아, 그 안에서 학문적 기업의 관행과 태도를 최선을 다해 모방함으로써 해양학의 길을 구체화했다. 비엔나와 예테보리에서는 아버지의 비전을 복제해 연구 분야를 만들고 지배했으며, 그 분야에 중추적인 연구 단지와 기관을 설립했다. 한스의 기업가적 야망은 또한 그가 부족한 자원을 얻기 위한 분투의 관행뿐만 아니라 네트워크에 기반한 소규모 학계의 오래된 적대감도 물려받았다는 것을 의미했다. 기업가적 양식을 모방하는 것은 과학의 이주에 관해 이전의 연구가 지적한 지식 이전의 역설을 낳았다. 지식을 전송한다는 것은 비록 어떤 경계 안에서라도 그 내용과 의미가 변한다는 것을 의미했다.

과학의 상속은 역사적으로 특정한 맥락에서 일어났다. 페테르손 가문은 부르주아적 가족생활 양식에 따라 살던 극소수의 유력한 행위자들이 스웨덴 학계를 통제하던 시대에 살았다. 과학자가 가족의 우두머리였으며, 학문 분야들의 상속이 핵심 관심사였다. 이와 동시에 20세기 학문기관들이 설립되고 있었다. 페테르손 부자는 물론 그들의 몇몇 동료들도 이 설립 과정에서 핵심 자원들을 얻을 수 있었다. 그러나 가족 기반의 해양학 이전에 도움이 된 바로 그 기관들 또한 독자적 연구의 가치 규범들을 확립했다. 현대적인 대학들은 연구에 대한 독자적인 공헌을 요구했다. 따라서 아들이 그저 아버지의 업적을 단순히 반복해서는 성공할 수 없었다.

제10장

실험실 사회

스웨덴에서의 과학과 가정(1900~1950)

스벤 비드말름
Sven Widmalm

과학과 사생활은 공동 진화했다. 이 사실은 많은 역사적 연구를 통해 확립되었으며, 학문 연구의 젠더화된 권력 구조에 반영되어 있다. 여성의 노동시장 참여가 예로부터 유별나게 높았던 스웨덴에서, 여성들은 현재 대학 박사수료자의 약 절반과 교수직의 20%를 약간 넘는 비율을 차지하고 있다.[1] 적어도 1970년대부터 세금으로 지원되는 육아와 같은 복지 조항들로 인해 여성들이 학문 경력을 추구하기가 더 쉬워졌지만, 만성적인 가족 내 전통적인 노동 분업으로 여성은 남성보다 더 많은 가족 책임의 몫을 떠맡았고 대개 시간제 근무로 이 방정식을 해결했다.[2] 이것은 경력에 해로운 영향을 주었고, 여성들의 스웨덴 고등교육 기관 진입과 그들의 최상위 대표성이 불일치하는 원인이 되었다.[3] 마찬가지로 유동성에 대한 요구와 경쟁력에 대한 강조는 맞벌이가정에 부담을 주었다.[4]

연구정책과 가족 또는 젠더정책은—1990년대 이후 그 정책들이 기회균등을 상호 강조한 것처럼—특정 측면에서는 협력하고 있지만, 요약된 통계가 시사하듯이 갈등과 모순도 있었다. 스웨덴의 연구정책과 가족정책 간의 관계를 더 잘 이해하려면 이와 크게 관련된 복지국가의 역사적 맥락을 고찰해야 한다. 이 장에서는 과학과 사생활의 공동 진화는 미시사적 관점은 물론 신흥 복지국가의 연구정책과 가족정책의 관점에서도 보아야 한다고 제안한다.

전통적으로 가족정책은 복지국가의 중심 영역으로 여겨졌지만 연구정책은 그렇지 않았다. 그러나 1940년대부터 연구와 고등교육에 대한 정부 지원의 증가는 시민들에게 사회 서비스를 제공하는 광범위한 기관의 동시대적 창립과 별개로 보기 힘들다. 연구와 교육은 정신적으로는 물론 물질적으로도 국민들을 이롭게 할 서비스로 여겨졌다. 그래서 과학은 스웨덴의 복지지향적 사회민주주의가 담은 전반적인 비전에 필수적이었으며, 특히 사회과학에서는 '사회공학'을 통해 그리고 '개혁 기술관료들'이 정치 문제에 기술 및 과학적 해법을 활용함으로써 실행되었다.[5] 때때로 복지국가는 '사회적 실험실social laboratory'에 학문적 방법과 모형들을 적용하는 실험으로 묘사되었다(스웨덴의 상대적인 사회문화적 동질성은 실험실의 표준화된 작업환경과 은유적으로 비교된다).[6] 마찬가지로 실험실도 사회의 축소판, 즉 '실험실 사회laboratory society'로 간주될 수 있다. 실험실 사회는 과학가족에 지속적인 영향을 미칠 수 있는 국가 차원의 조치들이 시행되기 훨씬 전에, 사생활과 과학을 결합하는 새로운 방식을 실험하는 무대였다. 동시에 정책 변화가 과학 내 젠더화된 권력 관계와 성별 노동 분업에 현저한 영향을 미치기까지는 오랜 시간이 걸리곤 했다.

가족정책과 연구정책은 둘 다 1930년대와 1940년대에 시작되어 그 후

점차적으로 시행된 복지-개혁 통합 정책의 일부였기 때문에, 적어도 비전 수준에서 그 정책들은 어느 정도 같은 논리를 따랐다. 여성의 취업시장 진입을 촉진하기 위한 정책들이 구상되고 때맞추어 시행되었다. 동시에 시장의 이해관계가 연구정책에서 강조되었다. 두 경우 모두 미개발 인적자원을 사용함으로써 얻을 수 있는 이점을 강조했다.

여기서 조사될 1900년에서 1950년 사이의 기간은 구체적인 변화의 영향이 아직은 제한적인, 떠오르는 이데올로기적 통합 기간이었다. 공공육아는 1930년대에 제시된 개혁 프로그램에서 중요했지만, 1968년까지 오직 5%의 아이들만 그러한 서비스를 이용할 수 있었다. 이 수치는 그다음 10년 동안 다섯 배 증가했다.[7] 1940년까지 25~64세의 연령층에서 여성 고용은 20~30%인 반면, 남성 고용은 90~100%였다. 여성들은 1950년경부터 노동시장에 대규모로 진출하기 시작했으며, 마침내 1990년경에는 남성들과 비슷한 고용 수준에 도달했다.[8] 공학, 의학, 과학의 경우, 출발점은 매우 낮았지만, 상황은 비슷한 속도로 나아갔다. 1960년에 25~64세 여성들의 약 35%가 고용되었을 때, 그들은 과학 교육을 받은 인력의 7%를 차지하고 있었다. 1985년까지 그 연령대의 70~80%가 일했을 때, 과학 교육을 받은 여성 고용인의 비율은 16%로 증가했다.[9] 남녀 간 고용 차이는 가장 높은 학력에서 훨씬 더 컸다. 1980년부터 1985년 사이에 공학, 과학, 의학 박사학위를 받은 630명의 여성 중 22명이 12년 내에 교수가 되었다. 남성의 경우 그 수치는 각각 3188명과 230명이었다. 따라서 여성들은 박사학위자의 16%를 차지했고 과학 직업에서의 여성비율도 같은 16%였지만, 학문적 피라미드의 정상에 도달한 사람들 중 여성은 단지 9%에 불과했다.[10]

연구정책과 가족정책이 같은 복지-개혁 통합 정책의 일부였어도, 그

정책들이 실제로 **중첩**되기까지는 상당한 시간이 걸렸다. 이 장에서는 스웨덴 복지국가의 형성기에 있었던 가족정책과 과학정책 간의 상관관계와 모순을 탐구한다. 가족정책과 과학정책 모두 스웨덴 사회민주주의와 연관된 복지정책의 중요한 측면들로 간주되어야만 하는데, 이 점은 과학정책에 대한 이전 연구에서 간과되어 왔다. 가족정책과 과학정책이 교차하는 데 실패했다는 사실이 앞서 말한 젠더화된 학문 노동시장 배후의 근본 원인으로 보인다. 결코 스웨덴 특유의 것은 아닌 이 현상을 여기서 자세히 설명할 수는 없지만, 그 현상을 어떻게 해석할 것인가에 대한 몇 가지 제안이 결론 부분에서 제시될 것이다. 게다가 이 장에서는 과학적인 가족생활과 폭넓은 정책 변화 간의 관계를 논할 것인데, 과학사가들이 미시사적 관점에서 자주 다루었던 쟁점들에 새로운 관점들을 추가할 것이다.[11] 폭넓은 쟁점들을 해명하기 위해 사용된 경험적 사례는 테오도르 스베드베리Theodor (The) Svedberg(1884~1971)의 사례이다. 그는 유명한 화학자로서, 그의 과학 경력은 제1, 2차 세계대전 사이 스웨덴 과학의 현대화를 상징하며, 그의 가족생활은 스웨덴 복지국가의 형성기에 가족정책과 과학정책 간에 일어난 긴장을 보여준다.

복지와 권력

복지국가는 '사회적 시민권social citizenship' 관점에서 정의되어 왔다. 사회적 시민권은 실업보험이나 공중보건의료와 같이 민주주의 국가가 제공하는 기초 사회보장 조항이다.[12] 스칸디나비아, 특히 스웨덴은 이런 종류의 가장 광범위한 정책을 가진 것으로 종종 주장되어 왔다. 복지국가에 대한 영향력 있는 해석은 발테르 코르피Walter Korpi와 괴스타 에스핑-안데르센Gøsta Esping-Andersen 같은 사회학자들이 진척시킨 이른바 권력자원이론Power Resources Theory과 연관된 해석이다. 이 견해에 따르면 권력은 세 가지 사회적 영역, 즉 경제적 교환, 통치, 사생활의 영역에 분배된다.[13] 에스핑-안데르센은 스웨덴 것과 같은 포괄적 복지 체제는 상품화된 노동의 근본적인 불안정을 어느 정도 균형 잡아주는 보장책을 제공한다고 주장했다. 탈상품화decommodification는 서구식 민주주의 나라들에서 시민권의 힘을 통해 노동인구에 대한 자율성을 부분적으로 회복한다는 것을 의미한다. 그렇지 않다면 노동인구는 도덕과 관계없는 시장의 '법칙들'에 종속되었을 것이다.

권력자원이론에 대해서는 여러 가지 부적절함이 지적되었는데, 여기서는 두 가지가 특히 중요하다. 첫째, 그 이론은 원래 개념이 젠더를 고려하지 않는gender blind 몰성적인 이론이었다. 줄리아 오코너Julia S. O'Connor와 앤 숄라 올로프Ann Shola Orloff가 지적했듯이, 권력자원이론은 여성의 노동시장 진입을 상품화와 그에 따른 자율성 상실의 단계로 해석하는데, 역사적으로는 오히려 그 반대였다. 즉, 고용 가능성이 증가하면서 남성 가장에 대한 의존도와 가사의 족쇄가 줄어들었다. 오코너와 올로프는 탈상품화 개념은 여성들이 가정 밖에서 자율적인 삶을 영위할 가능성 조항을 포함해야 하며, 이를 촉진하는 정책들이 복지국가의 중요한 측면이라고 제시했다.[14] 앞으로 보겠지만, 비록 예를 들어 배우자 간의 성평등같이 가정 밖보다는 가정 **안에서의** 자율성을 강조했어도, 여성의 자율성female autonomy 이념은 스웨덴 복지국가의 초기 비전 단계에서 중요했다.

둘째, 권력자원이론은 현재의 초국가적 자본주의 시대에서는 잘 작동하지 않으며, 그 모형이 향후 활용되려면 원래의 경제적 및 정치적 권력자원 말고도 다른 권력자원들을 반드시 고려해야 한다는 지적을 받아왔다.[15] 나는 그러한 자원 중 하나가 지식knowledge이라고 생각하는데, 지식은 '지식 정치knowledge politics'가 있는 소위 지식경제knowledge economy에 필수적이며 사회민주주의 복지국가 초기에 이미 상당한 관심을 받았다.[16] 교육은 양 세계대전 사이에 그리고 그 이전에도 권력자원이었고, 경제적 자원이 부족할 때 개인적 자율성을 획득할 기회를 제공했다. 스웨덴 사회민주노동당Swedish Social Democratic Workers' Party은 자유교회운동과 여성운동 같은 다른 사회운동과 마찬가지로 일찍부터 교육적 쟁점을 강조하면서 해방적인 교육적 이상을 예시하고 있다. 그러나 이 시기에 지식은 연구와 개발에서처럼, 국가 차원의 정치적 및 경제적 자원으로도 인식되었다.

1940년경 스웨덴에서 연구와 고등교육은 경제발전과 안보에 필수적이라고 여겨졌다. 이 시기에 출현한 학문 연구정책들은 같은 시기의 경제정책들과 비슷한 방식으로 그리고 비슷한 장기적 효과를 거두도록, 연구공동체, 정부, 산업계 간의 공동협력으로 구축되었다.[17] 관계자들은 학문 연구가 시장과 직접 연결되어야만 한다는 의미에서 상품화 달성을 목표로 삼았다. 그리고 과학에서의 상품화는 정부의 규제를 통해 완화되어 자율성이 완전히 상실되지 않는다는 인식도 있었다. 이와 비슷하게 당대의 가족정책도 여성들의 노동시장 진입을 장려함과 동시에 전통적인 잡일을 덜어주어 가족 안에서 여성의 자율성을 강화할 개혁들을 추진함으로써, 상품화와 탈상품화의 균형을 맞추려고 노력했다.

이러한 정책들은 20세기 전반기 스웨덴에 놓인 과학가족의 현대화를 위한 전제 조건 중 일부이다. 여성이 많은 분야에서 고용에 대한 권리뿐만 아니라 결혼과 출산 후에도 여성의 직업을 유지할 권리를 얻으면서 그리고 과학과 산업 간의 긴밀한 연계가 형성되면서, 가족정책과 과학정책은 시장화marketization를 위해 노력했다고 할 수 있다. 이러한 경향은 화학자인 테오도르 스베드베리에게 영향을 주었는데, 그는 네 번의 결혼으로 12명의 자녀가 있는 거대가족을 거느렸다. 스베드베리의 사례는 과학가족에서의 젠더 문제들과 그가 본보기이자 주도자였던 산업지향적 연구정책의 추진을 예시하기 위해 사용될 것이다.

동반자 모형: 초기의 실패

스베드베리는 제1차 세계대전 이전 10년 동안 자연과학 분야의 여성 연구자들의 첫 '물결'이라는 맥락에서, 결혼과 과학적 협업을 결합하는 실험을 했다. 스베드베리는 또한 스웨덴 과학 현대화의 중요한 추진가였다. 그의 첫 번째 아내 안드레아 (디아) 안드렌Andrea (Dea) Andreen(1888~1990)은 임상 의사, 당뇨병 검사 실험실 디렉터, 의학 연구원, 영향력 있는 페미니스트, 성 교육자, 평화 운동가였다. 더욱이 그녀는 1930년대에 수립되어 이후 수십 년 동안 시행될 가족정책을 구축하는 데 도움을 주었다.[18] 스베드베리와 안드렌은 헤어지고 나서 각자 가장 큰 공헌을 했다는 사실만 빼면, 군나르 뮈르달Gunnar Myrdal과 알바 뮈르달Alva Myrdal이나 악셀 회저Axel Höjer와 시그네 회저Signe Höjer같이 신생 스웨덴 복지국가에서 잘 알려진 몇몇 커플과 비교될 수 있을 것이다. 그들의 결혼이 일찍이 파국을 맞았다고 해도, 학문 연구에서 원활한 전문적 관계를 맺으려고 했기 때문에 그들은 과학가족을 분명히 보여주는 대표자들이다.

19세기 내내 가부장적 모형은 부르주아 가족뿐만 아니라 학문적 과학도 특징지었다.[19] 젊은 연구자들은 교수의 감독 아래 교육을 받았는데, 이들 교수는 학부뿐만 아니라 학문 분야도 상징했다. 교수는 학부에서 전제적으로 군림했으며, 실제로 자신의 대학에서 그 학문 분야의 유일한 대표자였다. 보통 야심찬 과학자들은 박사학위를 취득했고, 그다음 평점이 충분히 좋으면 학문적인 경력으로 나가거나 아닌 경우 **김나지움**gymnasium 교사가 되었다.[20] 두 경우 모두 그들은 경제적 보장과 사회적 지위를 지닌 1인 봉급 가족의 부양자가 되리라 기대되었다. 대학의 학부장으로서 남성 과학자는 소수의 지적 상속자 집단을 부양하고 그들이 무르익어 혼자의 힘으로 꾸려갈 때까지 그들을 지도하도록 기대되었다. 이것은 마셜 살린스Marshall Sahlins가 산후친족post-natal kinship이라고 불렀던 것에 근거한 재생산의 사회적 형태였다.[21] 1900년 즈음에는 가부장적 모형에 균열이 나타나고 있었지만, 그 모형이 허물어지려면 오랜 시간이 걸릴 것이었다.

스웨덴 여성들은 1873년에야 스웨덴 대학에 다닐 수 있게 되었다. 이에 따라 고등교육은 물론 학문 연구에도 여성 참여가 가능해졌다. 1900년까지 소수의 여성 박사들은 자신들의 학문적 확립을 위해 애썼지만, 자격을 다 갖춘 학문 경력으로 가는 길은 그들이 예상했던 것보다 훨씬 더 길다고 밝혀졌다.[22] 한편 '**동반자적 결혼**kamratäktenskap, companionship marriages'에 의한 연구협업이 과학가족의 대안으로 등장했다.[23] 전문적 동반관계partnerships의 배우자로 합류한 여성들은 보조원으로 일하는 경향이 있었고 돈을 받는다 해도 매우 변동적이었다. 이런 식의 배치는 스베드베리의 동료들 사이에서 상당히 일반적이었으며, 1930년대까지 스웨덴 대학 연구의 회색경제grey economy의 일부였을 것이다.[24]

과학계에서 배우자들 간의 성공적인 협업 현상인 '창조적 커플들creative couples'은 역사적으로 상당히 큰 주목을 받았다.[25] 그러나 그러한 협업은 여러 가지 이유로 종종 엉망이 되었다. 스베드베리의 가장 유명한 화학 동료 중 두 명은 자신들의 몫을 불공정하게 나누는 부부간 협업을 시도했다. 스반테 아레니우스Svante Arrhenius는 화학을 공부하는 학생인 소피아 루드벡Sofia Rudbeck과 결혼했다. 그 당시 '대단히 해방적'이었던 소피아는 1892년에 전문 화학자가 되려는 의도를 분명히 했으며, 상당히 여성혐오적인 웁살라를 떠나 보다 진보적인 스톡홀름 유니버시티 칼리지로 왔다.[26] 거기서 아레니우스를 만났고 아레니우스는 소피아를 즉시 개인 연구 보조원으로 고용했다. 결혼한 후, 루드벡이 독자적인 화학 경력이 불가능할 것임을 깨달으면서 금방 이혼으로 이어졌다. 아레니우스의 다음번 결혼에서 그 조건은 전통적으로 가부장적이었을 것이다.[27]

한스 폰 오일러Hans von Euler와 아스트리드 클레베Astrid Cleve의 동반관계는 훨씬 생산적이었지만 결국은 실패했다. 폰 오일러는 스톡홀름 유니버시티 칼리지에서 아레니우스와 함께 일하기 위해 세기의 전환기에 독일에서 스웨덴으로 왔다. 1902년에 폰 오일러는 클레베와 결혼했고 1906년에 스톡홀름에서 유기화학 교수가 되었다. 클레베는 자연과학 분야(식물학)에서 스웨덴 최초의 여성 박사였을 뿐만 아니라, 웁살라 대학교의 화학 교수 P.T. 클레베P.T. Cleve의 딸이기도 했다. 그녀는 화학에 박식했으며, 그녀가 폰 오일러와 결혼했을 때 과학적 협업은 그 거래의 일부였던 것으로 보인다. 즉, 그들은 10년 넘게 많은 논문을 함께 발표했다. 이혼 후 클레베는 남편의 경력을 진척시키기 위해 그녀 자신의 연구 관심분야를 단념했는데, 이는 다섯 명의 아이를 돌보며 집에 머물러야 했기 때문이 아니라 그의 연구 프로그램을 감수해야 했기 때문이라고 말했다. 이혼하고 1년이 지난 후 폰 오일러는 베트 아프 우글라스Beth af Ugglas와 결혼했으며, 나머지 긴 연구 생활 내내 그녀와 협업했다.[28]

1909년에 25세인 스베드베리와 21세인 의대생 안드렌이 결혼했다. 스베드베리의 경력은 눈부셨다. 그는 28세가 되기 직전 1912년에 물리 화학으로 개인 교수직을 받았다. 그때쯤 안드렌의 분야는 이미 의학에서 화학으로 바뀌었는데, 스베드베리가 그들이 실험실에서 함께 일하려면 그게 더 편리하다고 생각했기 때문이다. 안드렌은 다른 면에서는 남편을 따르지 않았다. 그녀는 루터 국교Lutheran State Church와 우익 정치의 급진적인 청년운동에 관여했으나, 스베드베리는 니체주의자, 스트린드베리Strindberg 추종자, 무신론자, 일원론자였고 정치적으로 좌파였다.[29] 스베드베리는 자신을 과학적 **초인**Übermensch으로 상상했는데, 이는 그의 이른 과학적 성공과 한 무리의 젊은 제자들을 카리스마적으로 이끄는 그의 능력으로 증명된 듯 보였다.

스베드베리는 자신들의 결혼생활 파국을 정치와 종교의 차이 탓으로 돌리고는 했다. 그러나 그는 또한 결혼 생활과 연구를 병행하려 한 자신의 야심을 비난하면서 아내가 의학 경력을 추구하고 싶어 할 때 그녀를 보조원으로 삼은 것이 실수였다고도 주장했다.[30] 이혼하고 50년이 지난 후, 그는 자신들의 첫 아이 힐레비Hillevi의 탄생을 다음과 같이 묘사했다. "지금 내 기분은 어떤가? 나는 그 아이가, 나와 디아Dea, 우리를 더 가깝게 만들었다고 생각하며, 특히 그녀가 만족했다고 생각한다. 나는 하고 있는 연구가 많았기 때문에 그 사건은 내 인생을 크게 바꾸지 않았다."[31] 실제로 스베드베리는 그 결혼에 대해 가정에서뿐만 아니라 실험실에서도 협업 관계를 구축하려 했던 시도가 실패한 것으로 묘사했다.

1914년 11월 19일, 스베드베리 부부가 교회평의회에 나타났다. 이혼 소송을 제기한 사람은 스베드베리였고, 배우자들은 법에 의해 '경고받는' 절차를 밟도록 요구받았다. 사실상 이 과정은 스베드베리에 대한 강력한 비난에 해당했다. 그는 다른 여성과 사랑에 빠졌다는 비난을 받았으며 부도덕하게 행동했다는 이유로 대주교뿐만 아니라 대성당 주교로부터도 강력하게 비난받았다. 스베드베리가 철학적 급진주의자로 알려졌기 때문에 이러한 비난은 진행 중인, 현대화의 **문화투쟁**Kulturkampf이 벌어진 것으로 읽힐 수도 있다. 이 사건은 스베드베리가 불륜을 부인해야만 하는 일종의 희극적인 사건이었는데, 인정하면 그의 품성에 오점을 남길 뿐만 아니라 법적인 이유에서 그에게 재정적으로도 재앙이 될 것이기 때문이었다.[32] 그럼에도 그것은 사실이었고, 1917년 스베드베리는 스웨덴의 로이드Lloyd 해운 회사의 최고경영자의 딸인 제인 프로디Jane Frodi와 결혼했다. 스베드베리는 그녀에 대해 '별나고, 엉뚱하며, 여성적'이라면서, 안드렌과 정반대로 묘사했다.[33] 프로디는 가정주부의 역할을 맡았으며, 초원심분리기로 수행하는 초기 실험에 모유를 제공한 것 외에는 스베드베르크의 과학 연구에 전혀 참여하지 않았던 것으로 보인다.

당시에는 이혼에 따른 사회적 비용이 높았을 수 있다. 폰 오일러의 또 다른 여성 때문에 아스트리드 클레베가 버림받았을 때, 그녀의 지지자들은 폰 오일러의 스웨덴 왕립 과학아카데미 당선을 반대하는 캠페인을 벌였다. 그러나 실패했다. 스베드베리와 안드렌이 이혼했을 때, 스베드베리는 자신들의 친구들이 정파와 종파로 나뉘었고, 그때 그가 속해 있던 좌익 현대화 진영과 한층 더 적극 어울리게 되었다고 주장했다. 스베드베리의 스승 오스카르 비드만Oskar Widman은 이렇게 말했다고 한다. "스톡홀름 대학교에서는 그들(스반테 아레니우스, 한스 폰 오일러)이 이혼했지만, 웁살라 대학교는 그러한 스캔들을 면할 것이라고 생각했다."[34] 이 세 명의 화학자 이혼남은 모두 미래의 노벨상 수상자였다. 따라서 스베드베리가 자서전에서 말한 일화는 아마도 탁월한 남성들은 가정생활에서 일반적인 사회 기준에 부합할 필요가 없다는 자의식적인 인정을 반영하고 있을 것이다.[35] 역사적 관점에서 볼 때 이 세 건의 이혼은 복지시대 이전에 과학자로서의 생활과 사생활의 결합을 어렵게 한 큰 장애물들을 예시하고 있다.

이혼 후 안드렌과 클레베는 자신들의 오랜 과학적 관심사인 의학과 생물학을 다시 시작했으며, 루드벡은 사진작가로 경력을 쌓았다. 클레베는 규조류에 대한 저명한 전문가가 되었고 전 남편 폰 오일러도 속해 있는 극우파에서 정치적으로 활동하곤 했다. 안드렌의 정치는 좌파로 나아갔으며, 전문 경력과 가정 안팎의 평등에 대한 여성의 권리를 옹호하는 선도적인 대변인이 되었다. 1933년에 그녀는 의약화학 박사학위를 받았다. 안드렌이 속했던 페미니스트 운동은 동반자 결혼 모형—1910년경 안드렌이 시도했을 때에는 사실상 불가능했던 모형—을 실제로 가능하게 만들려는 정책변화를 촉진하기 위해 양 대전 사이의 기간 동안 활발하게 활동했다.

지금까지 과학적 연구에서 여성의 경력 가능성에 대해 제기한 질문은 대체로 학문적인 것이었다. 1900년에서 1950년 사이에 전체 박사학위자 대비 여성 박사학위자의 수는 1%에서 5%로 꾸준히 증가했다. 그러나 이와 달리 자연과학에서는 절대수가 거의 증가하지 않아, 기간 내내 2년에 한 명 정도였다.[36] 20세기 중반 이전에 여성 박사들이 대학에서 과학 경력을 만들지 못한 것은 악순환의 결과였다. 즉, 경력 기회가 거의 없을 것이라는 전망은 명백히 소수의 여성만 과학으로 유인했다. 여성들은 1925년이 되어서야 대학을 포함한 '상위' 공직에서 고용할 권리를 얻었다. 그 후에도 또 다른 장애물들, 예를 들어 가족과 과학 경력을 양립하는 데 따르는 현실적 어려움이 있었고 노골적 차별도 여전히 남아 있었다.

양 대전 사이의 페미니스트 가족 정책

제1차 세계대전 후, 여성 참정권을 쟁취하고 과세와 이혼법을 비롯한 그 밖의 관련 개혁들이 시행되었을 때 스웨덴의 페미니스트 운동은 여성의 노동권에 초점을 맞추었다.[37] 그 대표적인 예가 안드렌으로, 그녀는 정치적으로 꾸준히 좌파였다가 결국 사회민주당에 입당하고 나중에는 스탈린 평화상을 받았다. 1920년대 초에 의학교육을 마친 안드렌은 사회문제에 초점을 맞추며, 여성 성인교육을 위한 사립학교를 운영하는 '포겔스타드 그룹Fogelstad group' 중심의 페미니스트 네트워크에서 활발히 활동하면서 이 그룹의 잡지인 ≪티데바벳Tidevarvet≫에 빈번히 글을 썼다.[38]

여성들이 고위 공직을 추구할 수 있는 형식적 권리를 얻었을 때 주로 사회민주주의 국회의원들이 즉각 정치적으로 반발했다. 그들은 기혼여성은 이 부분의 노동시장에서 제외되어야 한다고 생각했다.[39] 기혼여성의 노동권에 관한 논의는 그 노동권이 법으로 보장되는 1939년까지 계속되었다. 안드렌과 같은 학계의 여성들에게 이는 핵심적인 페미니스트 쟁점이었다. 안드렌은 피할 수 없는 현대화라는 일반적인 주장을 사용해 "모든 것이 이 방향으로 가고 있다"라고 주장했다.[40] 그녀는 "매일" "여성들의 삶을 둘러싼 장벽들"이 서서히 파괴되면서 "새로운 역사"가 쓰인다고 선언했다.[41] 포겔스타드 그룹은 자신들의 이상을 묘사하기 위해 '동반자 사회companionship society'라는 용어를 사용했는데, 안드렌에 따르면 여기에서 성별 간의 차이는 너무 하찮아서 실질적인 고려를 할 가치가 없다고 간주되어야 했다. 그녀는 남편과 아내가 자식에 대한 책임을 동등하게 분담하면 안 된다고 할 이유가 없다고 주장했다.[42] 1932년 알바 뮈르달의 표현대로, 결혼한 여성도 일할 수 있어야 하고 맞벌이 부부도 아이를 가질 수 있어야 한다.[43]

이렇게 정의된 가족 문제는, 1934년 사회민주당 당원인 알바 뮈르달과 그녀의 남편 군나르가 스웨덴의 출생 위기 추정에 관한 영향력 있는 책을 발간하면서 정치적 논의의 중심에 떠올랐다. 많은 사람들은 그들이 중요한 정치적 문제로 본 저출산을 여성의 노동시장 진입에 대한 반론으로 해석했다.[44] 뮈르달 부부는 여성의 노동권은 불가피하며 일과 출산을 양립할 수 있게 하는 복지 개혁들을 통해 출산율이 유지되어야 한다고 주장함으로써 이러한 출생 위기에 대한 해석을 완전히 뒤엎었다. 요컨대 그들과 안드렌 같은 또 다른 진보주의자들은 가정생활과 여성노동의 문제를 탈상품화의 문제로 제시했다. 즉, 복지조항들은 여성의 경제적 역량을 강화해야 하며 **그리고** 가족을 사회의 근본 단위로 보존해야 한다고 제시했다. 논의는 역사적 불가피성에 대한 수사학으로 틀을 잡았다. 예를 들어 가족을 "결국 기술이 주도하는, 전체 사회의 발전"의 함수로 묘사했다.[45] 뮈르달과 그와 같은 생각을 가진 개혁가들은 가부장적 가족 모형을 역사적 삽입구historical parenthesis로 보았으며, 여성의 광범위한 노동시장 진입은 이념적으로 바람직할 뿐만 아니라 역사적으로도 불가피하다고 보았다.[46] 알바 뮈르달이 말했듯이, "페미니즘은 이전에는 남성의 것인 새 영역들에 대한 권리를 주장하기 위해 공격전을 벌이는 것이 아니라, 산업화가 여성에게서 빼앗아간 과제를 되찾기 위한 방어에 관여한다."[47]

이와 같이 뮈르달 부부는 가족을 보존하고 출산율을 높이려면 가족에 관한 모든 것이 바뀌어야 한다고 영리하게 주장했다. 그들은 합리화와 최첨단 사회과학의 적용을 통해 가족정책의 문제를 해결할 수 있다고 보고, 주로 미국의 사례들에서 고무되기를 기대했다. 그들은 미국의 사회학자 윌리엄 오그번William Ogburn을 해결책으로까지는 아니더라도 문제 확인을 위한 지침으로 활용했다. 즉, 현대 사회는 과학기술 발전의 누적 효과에 맞추어 조정되어야 하며, 특히 가족은 전통적인 기능을 급격히 상실함으로써 '부적응' 상태가 되고 있다는 것이었다.[48] 동시에 여성의 노동권은 주로 노동시장 관점에서 논의되었다. 이제 막 사회민주노동자당Social Democratic

Workers' Party에 입당을 결심했던 이 학문적 엘리트 부부는 학문적 엘리트에 합류할 여성의 권리를 거의 우선시하지 않았다.

가족개혁과 젠더 관계는 스웨덴의 사회적 실험실에서 1930년대 중반까지 복지정책의 목표로 인식되고 있었다. 이제 앞으로 수십 년 동안 정책개발 의제를 정할 몇몇 정부 위원회가 발족되었다. 1938년 알바 뮈르달을 간사로 하고 또 다른 탁월한 페미니스트들이 참여하는 '여성 일자리 위원회committee on women's work'가 작성한 한 보고서는, 기혼여성을 노동시장에서 배제하려는 정치적 시도들은 **"사회적 제도로서의 결혼을 약화시킬 것이다"**라는 주장을 실었다.[49] 1935년에는 안드레아 안드렌과 군나르 뮈르달이 포함된 또 다른 정부위원회가 출생 위기를 조사하기 위해 설립되었다. 여기에서도 가족이 보존되려면 여성으로 하여금 일과 출산을 양립하게 할 수 있는 정책이 필요하다고 주장했다.[50] 또 다른 중요한 논쟁은 여성 인적자본이 필요하다는 것으로, 사회가 경제적으로 생산적인 여성의 잠재력을 활용하지 **않을 수 없을** 것이라는 주장이다.[51]

뮈르달과 다른 이들이 제안한 조치는 젠더 관심사로 수정된 권력자원 이론으로 설명될 수 있다. 정부는 평등주의적 가족 형태를 장려하는 서비스를 제공함으로써 여성이 노동시장에 참여할 수 있게 해야 하고 **그리고** 높은 출산율을 유지할 수 있게 해야 한다. 자녀는 네 명이 이상적이라고 생각되었다. 이렇게 하여 가족정책은 가족 안에서는 물론 경제적 의미에서의 여성해방도 촉진할 것이며 노동시장에 새로운 자원을 제공할 것이다. 그러므로 경제적 측면은—전형적인 사회민주주의적 방식으로—많은 관심을 받은 반면, 학문적 지식이라는 권력자원은 아니었다. 알바 뮈르달은 이 모형을 "건설적인 사회공학"을 통해 수행된 "스웨덴의 민주적 가족과 인구정책 실험"으로 외국 청중에게 자랑스럽게 소개했다.[52]

전쟁 중의 기술-지향 연구정책

테오도르 스베드베리의 전처가 성평등과 합리적인 가족생활을 촉진하는 운동에 참여하면서, 스베드베리는 실험실 연구에서 현대화의 명목상 대표가 되었다. 그의 웁살라 대학교 물리화학연구소는 복지국가의 초기 연구정책에서는 과학-산업 관계가 어떻게 조직되어야 하는가에 대한 이상적인 새로운 실험실의 본보기로, 대중언론에서는 진보적인 가족 가치의 본보기로 이상화되었다. 스베드베리는 체계적인 팀워크, 유연한 기획, 산업과 긴밀한 협업을 도입함으로써 실험실 연구를 변화시켰다. 그 역시 진보적인 사회과학자들과 마찬가지로 1923년에 안식년을 보낸 미국에서 대부분의 영감을 얻었다.[53] 스베드베리가 1926년 노벨상을 수상했을 때 초현대적인 새로운 과학 실험실을 짓고 장비를 갖추는 데 필요한 돈은 스웨덴 정부와 록펠러 재단이 제공했다. 1930년대 중반부터 산업과의 협업이 활발해졌고, 이는 기술적 및 학문적 직원을 충원하는 것과 그가 재정적으로 처참했다고 말한 두 번째 이혼을 하는 데 재정적 기반이 되었다.[54] 과학에 대한 정부 지원이 대폭 증가한 현대적인 연구정책이 전쟁 기간 중에 협상되었을 때, 스베드베리는 핵심 인물로 그리고 그의 실험실은 본보기로 여겨지고는 했다.

새롭게 떠오른 연구정책도 가족정책과 마찬가지로, 통제될 수 없고 오히려 정치적 및 사회적 적응을 요구하는 역사적 힘의 필연적인 결과로 묘사되었다. 핵심적인 야망은 연구를 더욱 경제적으로 생산적이게 만들고 정부출연 과학과 산업 간의 협업을 장려하는 것이었다. 목표는 학문 연구의 상품화였다. 그러한 정책을 위한 계획들은 1940년대 초 과학기술 연구에 관한 다량의 야심찬 보고서로 작성되었고, 이 보고서는 가족정책 보고서가 했던 바와 상당히 비슷하게 향후 몇 년간의 추가적인 정책 주도권을 위한 발판을 마련했다. 즉각적인 결과에는 과학기술 연구위원회와 수많은 산업 연구기관의 설립이 포함된다.[55] 스베드베리와 그의 몇몇 동료가 정책 보고서 제작에 관여했는데, 그럼에도 불구하고 그 보고서가 스베드베리의 **대학** 연구소를 이상적인 **과학기술** 연구 조직으로 묘사했다는 것은 놀라운 일이다. 그 보고서는 두 종류의 연구기관을 구분했다. 하나는 수직적이고 다른 하나는 수평적이다. 전자는 전통적인 대학 분과들처럼 분과 학문지향적discipline-oriented이었다. 후자는 다학문적multidisciplinary으로 여러 과학의 과학기술과 방법론을 사용했다. 보고서의 설명에 따르면 그런 기관들이 거의 없는 이유는 이런 조직은 특히 값비싼 장비와 여러 학문 부문에서의 탁월한 리더십을 요구하기 때문이었다. 실제로 유일하게 언급된 본보기는 웁살라에 있는 스베드베리의 연구소였다. 보고서는 이 연구소가 선호할 만한 조직 형태이며, 유연하고 다기능적이며 효율적이라고 말했다.[56]

두 종류의 조직은 다른 형태의 리더십을 요구했다. 수직적인 조직은 선의의 가부장제로 묘사되었는데, 이는 디렉터가 모든 활동에 관여하는 소규모 운영 조직으로, 최소한 그 디렉터에게는 과학적 자유가 있었다. 수평적 조직은 훨씬 더 자유롭다고 예상되었다. 그 조직은 규율적인 리더십보다 부서, 위원회 등등의 시스템을 책임지는 디렉터가 있는 경영 구조를 요구했다. 요컨대, 부서의 리더들 간에 엇갈리는 이해관계가 강력하고 '공정한 중앙 리더십'에 의해 견제되는 거대 산업기업과 유사했다.[57] 그러한 조직의 필요성은 현대화와 관련해 설명되었다. 즉, '진보'는 실험실이 '근본적으로 바뀌었다'는 것을 의미했다. 이는 선진 기술에 대한 수요가 크게 증가했기 때문이다. 따라서 연구원들을 무엇이든 최고의 장비가 아닌 것으로 연구하게 하는 것은 "우리가 하면 안 되는 국가의 지적 자원 낭비"일 것이다.[58] 선진 기술만 필요한 것이 아니었다. 일상적인 분석 작업, 사진 작업, 기술 유지관리 등을 위한 일련의 보조 기능들도 요구되었다. 그 보고서는 그런 체제하에서는 연구자들의 '충분한 자율성' 역시 보장될 수 있을 것이며, 특히 여러 부서장에게는 자신들이 예정된 연구프로그램을 계속하는 한 큰 자율권을 갖게 될 것이라며 낙관적으로 예측했다.[59] 이렇게 연구의 개발은 전통적인 핵심 가치도 동시에 보존하는 정부 정책들에 의해 지속될 것이다. 이를 권력자원이론의 관용어로 말한다면, 상품화는 국가가 지원하는 학문의 자유를 통해 균형을 이룰 것이다.[60] 여러 자연과학에서의 연구에 관한 또 다른 광범위한 보고서는 1945년 과학연구위원회의 창설로 이어졌다. 기초연구의 중요성은 다시 기술적 및 경제적 용어로 규정되었고 학문의 자유 역시 강조되었는데, 그때 버니바 부시Vannevar Bush의 미국 대선 보고서인 『과학: 끝없는 미개척 분야Science: The Endless Frontier』가 언급되었다.[61]

그러나 여성 과학자들의 경력은 가족정책에서도 그랬듯이 연구정책에서도 관심사가 아니었다. 전임이 아닌 남성 강사들의 낮은 봉급이 가족 형성의 관점에서 문제라고 언급되었는데, 이는 1930년대의 출생에 대한 우려의 메아리였다.[62] 그러나 여성들은 단지 그들을 위해 암묵적으로 마련된 보조 역할과 관련해서만 언급되었다.[63] 또한 초기 연구정책에는 복지 프로젝트에 속하는 성-평등 열망에 대한 신호가 전혀 없었다. 사실상 과학의 공학적 측면에 대한 막대한 강조는 자연과학을 전쟁 전의 자연과학보다 훨씬 더 남성적인 추구로 단정 짓는 데 도움이 되었을 것이다. 여성 노동권을 보장하는 개혁들을 비롯한 가족정책의 목표가 핵가족과 양성을 아우르는 노동시장 간에 접점을 만드는 것이었고 과학정책의 목표는 학술연구와 산업 간의 접점을 만드는 것이었지만, 남성-지배적인 '경성hard' 과학과 공학에서 여성의 교두보를 확립하는 데에는 거의 관심이 없었다. 기술지향적인 전문지식은 남성의 권력자원으로 오랫동안 계속 각인될 것이다.

『미네르바로 가는 젊은이의 길』

그럼에도 1940년경 여성들은 전문 경력을 추구하려는 전망을 가지고 스베드베리의 실험실을 비롯해 학문적 과학에 진출하고 있었다. 그 즈음 스베드베리는, 자신도 규정을 도왔던, 신홍 정책의 이상을 따르는 환경에서 연구하는 대규모의 젊은 연구자팀을 구성했다. 그의 학생들은 전통적인 대학의 학부에서와 달리, 박사학위를 받은 다음 일자리를 찾으려고 서두를 필요가 없었다. 즉, 그들은 졸업하지 않고도 록펠러나 화학산업, 또는 정부로부터의 외부 기금이 지원되는 프로젝트 기반의 교차-학문 간 연구를 수행하면서 해마다 실험실에 남아 있을 수 있었다. 그럼에도 이 남성 제자들은 아르네 티셀리우스Arne Tiselius만큼은 아니더라도 훌륭한 경력을 만들 수 있었다. 아르네 티셀리우스는 스베드베리의 도움을 받아 1938년 생화학에서 개인 교수직을 얻었고, 10년 후 전기이동electrophoresis에 대한 연구로 노벨상을 수상했다.[64]

스베드베리의 연구소는 앞서 논의한 연구정책 보고서에서 옹호된 '수평적' 조직의 본보기였다. 그 일에는 몇 명의 과학 지도자들이 있었다. 스베드베리와 티셀리우스는 각각 물리화학과 생화학을 대표하는 종신 교수였지만 객원 교수들도 있었다. 더욱이 전통적인 하향식 권력구조는 스베드베리, 티셀리우스, 그들의 부서장들이 지휘하는 다양한 프로젝트의 존재로 무너졌다. 과학기술 발전에 활동이 집중되면서, 스베드베리는 기계 작업장을 설립하고 숙련된 기술자를 여러 명 고용했다. 과학적 작업은 직원과 객원 연구원들이 내놓은 방대한 연산 작업을 처리하는 계산 부서의 창설을 통해 더욱 합리화되었다.

스베드베리의 연구소는 다양한 프로젝트를 통해 정부와 민간 기업 간의 다각적인 접점을 구축했는데, 이는 학제 간 교류가 두드러지는 지적 구조를 비롯해 내부 조직을 유동적으로 만들었다. 1940년경에 만들어진 그 연구소의 조직도에는 기금 제공자 명단이 있다. 대학 이외에도 여섯 개의 민간 자금지원 기관과 여덟 개의 산업 기업이 참여했다.[65] 정부는 그 연구소에 기본 기금을 지원했으며 연구도 위탁했는데, 이는 전쟁 중에 이른바 고무줄gummibandet이라는 합성고무 개발을 위한 새로운 연구 부서의 창설로 이어졌다. 1940년대까지 스베드베리의 실험실은 정책의 전형으로 묘사되었고 산업계는 그 실험실을 모방했다.[66] 연구 방향은 물론 조직과 관련해서도, 앞으로 다가올 일들의 모양을 거기에서 볼 수 있는 것처럼 보였다.

1941년 핀란드-스웨덴 생리학자이자 나중에 노벨상을 수상한 랑나르 그라니트Ragnar Granit는 『미네르바로 가는 젊은이의 길Young Man's Road to Minerva』이라는 수필집을 발표해, 연구의 길을 가려고 고민하는 젊은이들을 겨냥해 과학자로서의 삶에 대한 생생한 모습을 보여주었다. 이 책의 표제 에세이는 연구의 집단적 성격과 연구 환경의 중요성을 강조했는데, 그중 그라니트는 장밋빛 동성사회적homosocial 상황을 묘사했다.

> 과학 환경이라는 낯선 분위기를 정의하는 것은 그리 쉽지 않다. 그것은 미묘하며 단순한 많은 요소들로 구성된다. 즉, 지도하는 사람의 연

구에 대한 헌신, 확고한 문제, 개방적 비판, 소수의 젊은이들이 각자 자기 몫을 떠맡을 태세, 그들의 열정이 그것들이다. 이 모든 것의 결실은 동료 간의 고귀한 경쟁, 고도의 개인적 훈련과 자기-비판, 공통 이상에 대한 불멸의 충성이다.[67]

그라니트는 특히 문학 소설에서 개별 연구자라는 일반적인 이상화가 연구에 대한 그릇된 이미지를 낳았다면서, 연구는 본질적으로 집단주의적이라고 주장했다.[68] 이렇게 과학을 집단적인 기획collective enterprise으로 나타내는 암묵적인 도전이 스베드베리의 연구소에서 받아들여졌다. 1942년에는 그라니트의 책과 똑같은 제목의 사진앨범이 그곳에서 제작되었다. 그 사진앨범은 연구와 기술개발을 위해 일하거나 그러한 활동과 연관된 유지보수 업무를 하는, 거의 100명의 단체 초상화를 이름과 직업을 식별해서 싣고 있다.[69] 이 앨범의 초상화에 실린 대부분 짧고 익살스러운 말들은 현대과학의 전형으로 여겨지는 실험실의 사회적 관계들을 이해하는 열쇠를 제공한다. 젠더 관계는 아직 극적으로는 아니지만 변화하고 있었다. 어떤 의미에서 실제로 그 관계는 스베드베리와 안드렌이 실패로 끝난 그들의 동반자 결혼을 막 시작하려던 40년 전의 상황에 맞추어 이루어지고 있었다.

그 앨범에는 스베드베리부터 청소하는 여성들에 이르는 모든 직장동료들이 "우리의 교사, 우리의 친구, 우리의 우두머리"로 묘사되어 있다. 교수들이 제일 먼저이며 그다음이 학문 위계에서 그들 바로 아래인 사람들로, 비非종신 대학강사docents(도슨트), 박사과정 수료자, 학생 순서였다. 대학강사 스벤 브로훌트Sven Brohult는 박사학위를 받는 데 약 10년이 걸렸고, 스베드베리와 다른 이들이 함께 설립한 기기 회사를 이끌다가 스웨덴

엔지니어링 아카데미Swedish Engineering Academy의 최고경영자와 전후 스웨덴의 과학-산업 관계에서 중심인물이 되었다. 그는 이 연구소의 "잡역부"이자 "여성들에게 헌신적인 기사"로 묘사되었다.[70] 초상화 양식과 브로홀트가 실험실에 전혀 나타나지 않았다는 취지의 논평은 그가 이 무렵 경영자 경력의 길로 들어섰음을 나타내며, 그 연구소의 침투성permeability에 대해 언급되던 것을 예시한다.

그 앨범에서 첫 번째로, 그러니까 학문적으로 가장 높은 순위의 사진에 등장하는 여성은 잉리드 모링Ingrid Moring으로 그녀의 약혼자 스티그 클라에손Stig Claesson과 함께 있다(〈그림 10.1〉 참조). 그들은 후에 결혼하지만 이혼했으며 둘 다 학문 경력을 추구했다. 스티그 클라에손은 스베드베리의 뒤를 이을 것이었다. 사진의 설명에 따르면, 이 커플은 "학부의 공인된 로맨스 바람"을 대표했다.[71] 학문적 사다리 아래로 갈수록 더 많은 여성이 나타났다. 그들은 대부분 대졸 학사로 자격을 덜 갖추어도 되는 연구 작업을 했지만, 아마도 박사학위를 목표로 하고 있었을 것이다. 젠더화된 실험실 구조는 이 앨범을 대충 훑어만 보아도 명백하다. 여성은 약 10%로 소수일 뿐만 아니라 위계적 지위도 낮았으며, 여러 정부 보고서에서 여성의 지위를 추정해 보건대 그들 대부분은 일종의 보조원이었다. 성별에 따라 앨범 제목을 선택한 것은 당연히 이 상황을 설명하며 또한 강화했을 것이다.

그 앨범에서는 학문적 직원 다음에 고무줄 부서, 계산실이 실렸으며, 마지막으로 작업장과 관리를 담당하는 기술 지원팀이 실렸다. 고무줄 부서의 유일한 여성 멤버는 이전 성이 블롬크비스트Blomqvist인 화학 전공생 잉리드 스베드베리Ingrid Svedberg였다. 그녀가 또한 4년 동안 스베드베리의 세 번째 아내이기도 했다는 사실은 사진 설명에서 직접 언급되지는 않는

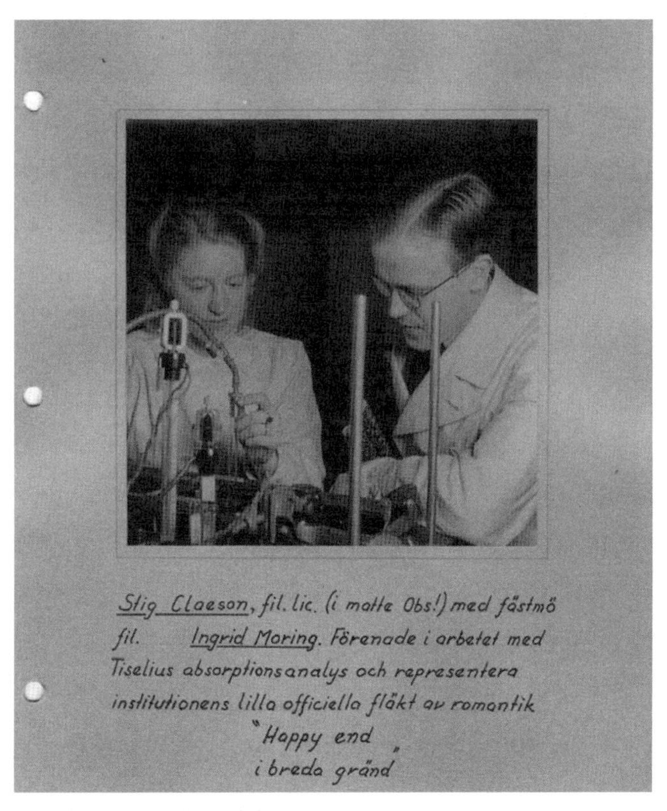

그림 10.1 **잉리드 모링과 스티그 클라에손**(앨범 설명에서는 성의 철자가 틀림)

자료: *Ung mans vag till Minerva*, 웁살라 대학교 도서관 소장.

다. 대신에 다음과 같이 약간 모호한 말이 실려 있다.

> 잉리드 스베드베리. 학생, 수업과 연구에서 일찍 유괴되어 고무 분자의 구조와 그 밖의 숨겨진 비밀을 탐구함. 동료이며 반목하는 고무줄 요소들 간의 응집력.[72]

여성에게는 대체로 약간 야한 논평이 실리거나 그렇지 않으면 젠더화된 논평이 실렸다. 어떤 이는 '모호한' 이야기들을 음미한다고 했고, 다른 이는 결혼해서 그녀의 등짝을 긁어주는 것을 좋아한다고 했다. 일부 젊은 이도 가벼운 성적 풍자로 묘사되었기 때문에, 업무 관계를 넘어 성적 긴장과 사회적 상호작용이 있는 직장이라는 인상을 준다.

그 앨범은 그 연구 기관을 랑나르 그라니트가 현대과학의 전형이라고 말했던 협업적 **공동사회**Gemeinschaft로 나타냈지만, 그 앨범의 포괄성은 그라니트가 경력이 싹트는 과학자들을 문학적으로 제시하지 않았던 방식으로 여성의 참여를 가시화했다. 이 공동체는 독재적이지는 않지만 위계적으로 조직되어 있는데, 학문적 직원이 맨 위이고 정부-지원에 속한 부서인 고무줄 부서가 그다음이며, 계산실, 작업장, 서비스 부서인 관리팀으로 나아간다. 조직은 젠더화되어 있지만 남성 지배에는 균열이 있다. 그 사진 앨범이 주는 전체적인 인상은 집단적인 노고와 놀이, 그리고 남성, 여성, 심지어 아이들(작업장의 견습생) 간의 동지애이다.

다른 곳에서 나는 전쟁 중 스베드베리의 미디어 이미지를 논했는데, 그는 과학적 천재, 위대한 발명가, 현대화의 주역, 도덕적으로 모범적인 인물로 묘사되었다.[73] 이렇게 기획된 미디어 이미지에는 완전히 현대적인 스베드베리 **부부**의 초상화가 들어 있다(〈그림 10.2〉 참조). 즉, 그들은 개인의 가사는 물론 실험실 운영도 거들며 나란히 일하는 과학자이다. 만일 잡지에 실린 그런 이야기들을 믿는다면, 스베드베리는 안드레아 안드렌과 시도했지만 이루지 못한 것, 즉 자식도 있는 진정한 동반자적 결혼으로 작동하는 전문가적 관계를 마침내 성취한 것이다. 스베드베리 부부는 그 당시 진보적인 가족정책이 달성하려고 한 바를 실현한 것으로 보였다.

그러나 이는 사실과 거리가 멀었다. 스베드베리의 미출간 자서전과 당

그림 10.2 **미디어에 실린 테오도르 스베드베리와 잉리드 스베드베리**

자료: *Allers*(22 August 1944). ©nordiska museet

대의 문서로 보면 그 결혼은 순탄치 않은 재앙이었다. 스베드베리는 잉리드와의 관계가 '에로틱하게 색칠된 우정' 이상의 뭔가에 해당한다고 생각하지 않았다고 말했다. 그러나 그는 '릴란Lillan'—잉리드의 별명으로 자그마한 여성('작은 애')이라는 뜻이다—과 사랑에 빠졌고 "그녀가 나에게 전적으

로 헌신하는 것 같다"는 사실에 특히 감명을 받았다.[74]

두 사람이 만났을 때 잉리드 블롬크비스트는 법대생이었는데 그녀는 재빨리 화학으로 전공을 바꾸었으며, 스베드베리의 첫 결혼에서 본 유형을 되풀이했다. 그 후 그녀는 고무줄 부서에 합류했는데, 스베드베리에 따르면 이 이동이 재앙이었다. 블롬크비스트는 연구소의 운영에 간섭하기 시작했고, "그녀의 동료들과 너무 친밀해졌다." 그녀가 주관한 '고무줄 파티' 중 하나에서 참가자들은 창문을 열지 않은 채 연구소 밖 공원의 나무를 맞추는 활쏘기를 해서 30개 이상의 창유리를 깼다.[75] 다른 맥락에서 스베드베리는 고무줄 부서의 자유롭고 편한 분위기를 뚜렷한 장점으로 묘사하며 헌신과 활기찬 작업을 고무했다.[76] 그러나 아내의 행위에 관한 한 문제가 달랐다. 그 그룹의 젊은 구성원의 비관습적 방식들이 연구소 전체의 사기를 위협했는데, 특히 그녀의 지위가 디렉터의 아내였기 때문이다. 여러 가지 추문이 잇따라서, 결국 스베드베리는 블롬크비스트가 케임브리지의 한 실험실에 취직하도록 주선했다. 그렇게 그들은 이혼이 최종 확정되기 전 법적으로 요구되는 1년간의 별거를 채울 수 있었다. 그녀가 스웨덴으로 돌아가지 않자, 스베드베리는 자신의 세 자녀에 대한 양육권을 얻었다. 잉리드 블롬크비스트는 나중에 영국에서 재혼했고 그녀의 성과 이름을 모두 바꾸었다.[77]

연구소에서 블롬크비스트의 지위는 아무리 좋게 보더라도 모호했다. 스베드베리는 그의 아내에 따르면 '신'으로 여겨지는 과학계의 거장이었는데, 그에게 애정을 표하는 그녀의 용어는 실제로 스웨덴어에서 남성 가주인을 칭하는 '마스터master, husse'였다.[78] 그녀는 남편의 무급 보조원으로서가 아니라 진행 중인 여러 프로젝트 중 하나에 고용된 아래 직원, 즉 정규 팀원으로서의 역할을 즐겼다. 이 절의 앞에서 살펴본 바와 같이 사진 앨범에서 그녀는 그렇게 묘사되었다. 그녀는 디렉터의 부인이라는 지위와 학문적 자격이 부족하다는 사실에도 불구하고, 연구소 운영에 적극 참여하려고 노력한 것으로 보이며, 적어도 남편의 말에 따르면 남편을 많이 당황하게 했다. 그러나 그녀가 실제로 디렉터의 아내였기 때문에 야심찬 젊은 연구원들의 또래가 아니었으며, 게다가 고무줄 부서 동료들과 너무 자유롭게 어울려 당혹감도 안겨주었다. 그녀는 특권을 가진 디렉터의 아내이자 팀 동료로서의 역할을 동시에 수행하려고 노력한 것으로 보이는데, 결과는 참담했다.

스베드베리가 1914년 첫 이혼과 관련해 교회평의회에서 한 증언은 오해의 소지가 있었다. 왜냐하면 그 법은 루터교의 도덕과 법적 표명을 따르게 하려고, 이혼하는 부부들에게 외도에 대한 진실을 왜곡하도록 다소 강요했기 때문이다. 스베드베리와 그의 세 번째 아내에 대한 유쾌한 신문의 묘사도 마찬가지로 오해의 소지가 있었다. 신문에서는 현대의 과학 영웅이 진보적 가치들과 조화를 이루며 현대적인 결혼생활을 하리라고 가정했지만, 실제로 이 이상은 실현된 것과는 너무 멀었다. 첫 번째 아내를 화학자로 만들려는 스베드베리의 시도는 방향을 잘못 잡았을 수도 있다. 그러나 잉리드 블롬크비스트를 남편의 과학적 협업자로 가장한 것은 더욱 불길한 일이었다. 스베드베리는 자신과 배우자를 과학의 동반자partners로 소개하는 데 동의함으로써 자신이 자신의 과학, 언론, 정책적인 겉모습personae을 둘러싼 기대들을 충족시켰다는 점, 다시 말해 자신이 복지국가의 야망과 관련된 진보적 가치를 대변한다는 점을 내비쳤다. 그러나 실제로 그의 실험실, 결혼, 또는 그가 구상을 도운 정책들은 이 장에서 논의한 젠더화된 의미에서의 탈상품화를 향해 최소한의 조치만을 취했는데, 추정하건대 여성들은 이 과정을 통해 노동시장에 진입해 더 큰 자율성을 얻은 것으로 보인다. 이런 중에 스베드베리는 아내를 자신의 진보적 이미지를 높이기 위한 상품으로 삼았다.

끝맺는 말

20세기 중반 스웨덴의 가족정책과 연구정책 모두 경제발전을 위한 제도적 틀을 구축하고 평등과 민주적 가치를 증진시키는 과정에서 신흥 복지국가의 야망을 표현했다. 두 정책들의 핵심 목표는 인적자본인 여성과 과학자들의 잠재력을 최대한 활용하는 것이었다. 이것은 급속한 과학기술 향상이 낳은 문화지체cultural lag에 꼭 필요한 치료법으로 묘사되었다.

가족정책과 연구정책은 경제성장과 (여성과 과학자들에게도) 일자리를 제공하고 (여성과 과학자들을 포함한) 고용인들에게 권력자원을 제공하기 위해 자본과 공조하기를 원하는 사회민주주의자들의 야망 사이에서, 상품화와 탈상품화 간의 상호작용을 예증하고 있다. 권력자원이론에서 시민권은 가장 중요한 권력자원으로 간주된다. 페미니스트 연구원들은 여성이 중산층 노동시장으로 진입할 때 달성 가능한 경제적 자율성도 권력자원으로 간주되어야 한다고 지적해 왔다. 나는 '지식'도 마찬가지라고 주장한다. 가족 조직의 변화와 실험실 조직의 동시 변화는 이러한 제도들을 시장에 내놓을 수 있었고, 또한 예를 들어 세금-지원 양육과 학문의 자유에 대한 옹호 같은 자율성의 척도를 제공할 수 있었다. 그러나 이 시기에 여성을 **과학 분야**에서 인적자본으로 활용하려는 약간의 관심이 있었다고 해도 단기적이었기에, 가족정책과 연구정책이라는 그 두 복지 프로젝트는 장기적으로 평행선상에 머물렀다. 오랫동안 지식의 권력자원은 —적어도 기술지향적인 학문 과학에서는—젠더화되어 여성을 배제했다.

그 이유를 자세히 설명하는 것은 이 장의 범위를 벗어난다. 그러나 세기 중반쯤에 아마도 중요했을 두 가지 이유를 제안한다. 첫째, 스웨덴의 사회민주주의자들은 노동지향적이었던 반면 학문 과학은 엘리트 직업이었다. 여성들의 노동시장 진입을 촉진하는 것이 중요했으며, 그들을 학문 엘리트에 합류하도록 돕는 것은 사소한 관심이었을 것이다. 둘째, 1940년대에 만들어진 과학정책은 공학과 산업을 지향했는데, 이 두 영역은 대학보다 훨씬 더 남성 지배적이었다. 비록 '학문의 자유'가 연구의 상품화를 균형 잡는 데 도움을 주었어도, 그것은 과학에서 발판을 마련하지 못한 사람들에게는 전혀 도움이 되지 않는다.

스베드베리의 사례는 과학에서의 성공적인 현대화는 잘 보여주지만 가정생활이나 성의 정치학에서는 아니다. 안드렌과 동반자 모형을 아우르려는 시도는 어쩌면 진보적인 야망의 신호였을 수도 있다. 제인 프로디와의 두 번째 결혼은 완전히 '전통적'이었다고 보이나, 잉리드 블롬크비스트와의 세 번째 결혼에서 그가 동반자 모형 같은 것으로 복귀한 것은 그릇된 판단의 징후로 설명되어야만 한다. 스베드베리가 1914년에는 루터 교회에 의해 위험한 방탕자로 묘사되었으나, 1940년대에는 현대적 결혼을 한 현대인으로 묘사되었다는 사실은 시대가 변했음을 보여주었다. 그는 늘 그대로였다.

제11장

식물학자들 간의 연구협력, 학습과정, 신뢰

유사 친족관계, 학문적 이동성, 과학자들의 경력

헬레나 페테르손
Helena Pettersson

길을 따르다가 만난 사람들이 가족이다.[1]

서론

학계에서의 경력 경로와 학문적 연구공동체 구축은 오늘날 국지적 수준에서는 물론 글로벌 수준에서도 연구정치학research politics의 핵심 주제들이다. 세계적 공동체로서의 연구사회에 관한 담론은, 이동성mobility은 그 자체로 좋다는 것을 '당연시 여기는' 관점을 내세운다. 다른 한편, 안정성, '고향집', 그리고 삶의 지리적 중심점이 있는 '뿌리'에 관한 이념들은 여전히 삶의 질과 관련된 요소로 중시되고 있다. 이렇게 모순된 이상과 가치들은 초국가적 이동성과 가정생활, 그리고 고향집에 있는 느낌과의

결합을 복잡하게 만든다.[2]

이 장에서는 과학자들 간의 연구협력과 과학 경력에서의 유사 친족관계fictive kinship를 분석한다. 이 분석의 초점은 신진과학자들이 어떻게 유사 친족관계 과정에 관여하는지를 설명하는 것이다. 그들은 어떻게 과학적 네트워킹의 중요성을 이해하고 과학적 협업을 발전시키며 국제적인 박사후 연구를 수행하면서 연구원들과 긴밀한 유대관계를 형성할까? 신진과학자들은 새로운 과학적 기술과 업적들을 배우고 익혀야만 한다. 과학자들은 방문 중인 실험실의 구성원들과 어떻게 관계를 형성할까? 그리고 그들이 자신들의 경력에서 선임seniority이 된다는 것은 무슨 의미일까?

글로벌 네트워크를 가로지르는 학문적 이동성은 지식과 지식경제의 순환에 대한 오늘날의 담론과 실천에서 매우 중요하다. 국경을 넘는 연구 이주Research migration는 '두뇌 순환brain circulation'과 그것의 지적 및 경제적 결과들에 대한 담론에서 핵심 주제이다. 지식집약적 국가들 간의 경쟁력이 증가함에 따라, 연구자들이 어떻게 그러한 협업을 형성하는지, 그리고 상이한 연구 현장들을 오가야 한다는 사회적 및 문화적 명령을 어떻게 형성하는지를 분석하는 것이 중요해졌다.[3] 지그문트 바우만Zygmunt Bauman에 따르면 후기 근대성은 유목주의nomadism로 특징지어진다. 전통적인 역할, 가치, 정체성이 시험되며, 그것들은 '유동적liquid'이 된다. 이 맥락에서 유목주의는 단지 몸을 지리적으로 이주하는 것이 아니다. 오히려 유목주의는 보다 유동적인 상태로, 오랜 기간 구축된 지원의 기반시설들은 더 이상 안정된 일자리 보증도, 일정한 신원identities 체계도 명시하지 않는다.[4] 가족개념에 대한 정의나 가족관계들의 경우도 마찬가지이다. 오늘날의 지식 공동체에서 친족관계와 학문적 가족관계를 어떻게 이해할 것이며, 이동성, 연구의 국제화, 경쟁력에 관한 오늘날의 요구를 어떻게 이해할 것인가? 이 장에서는 신진과학자들이 어떻게 새로운 과학적 기술과 업적을 배우고 익히는가를 문제 삼는다. 그들은 또한 특히 비슷한 경력 단계에 있는 동년배 및 실험실의 동료 구성원들과 튼튼한 관계를 맺는다. 습득한 과학적 기술과 확장된 과학가족은 신진과학자들의 경력 개발에 핵심적인 자원이다. '유사 친족관계' 개념은 혈연으로가 아니라 권력관계, 물질적 재화, 긴밀한 연구협력으로 서로 결속되어 있는 사람과 집단 간의 권력과 충성관계를 분석하는 데 쓰인다.

데이터 수집과 방법

이 장의 논의는 2009년 가을과 2011년 봄 사이에 스웨덴의 한 식물학 센터에 근무하는 12명의 자료제공자에 대한 인터뷰와 수행/서술적 관찰을 통해 이루어진, 나의 민족지학적 현장연구ethnographic fieldwork의 녹취록과 현장기록들에 대한 나의 분석에 기초한다. 이것은 복잡한 문화적 맥락을 연구하기 위해 민족지학에서 잘 확립된 방법이다.[5] 나는 민족지학자로서 문화적 실천과 의미-형성 과정을 연구한다. 민족지학적 현장연구의 장점은 그것이 탐구 중인 과학 환경에 대한 포괄적인 이해를 낳는다는 것이다.

현장연구를 시작하기 전 나는 자료제공자들에게 프로젝트의 목적을 알렸고, 그들의 동의를 받아 현장 기록과 인터뷰를 사용했다. 나는 인터뷰를 통해 자신들의 업무관행과 문화에 대한 각 개인의 관점을 포착하고자 했다. 대부분의 경우 자료제공자들의 동의를 얻어 디지털 녹화장치로 인터뷰를 녹음했으며, 몇몇 경우에는 녹음 대신에 필기했다. 인터뷰 내용은 주제와 논제별로 분류해 분석했다. 나는 이 논제를 관찰로 수집한 또 다른 데이터와 맞춘 다음, 그 데이터를 함께 분석했다. 그리고 자료제공자의 이름과 특정 학문기관에 관련된 그들의 신원을 보호하기 위해 가명을 썼다.

참여적 관찰 대신 수행/서술적 관찰을 선택한 이유는 내가 자료제공자들의 과학 분야와 식물학에 대한 훈련이 부족했기 때문이다. 실제로 참여하기 위해서는 전문적인 배경 지식이 필요했을 것이다. 수행/서술적 관찰을 하면서, 식물학자들을 따라 다니며 그들이 일하는 일상 상황을 관찰하고 그들의 일에 대해 질문하며 정기적으로 현장기록을 남겼다. 그리고 이런 관찰을 바탕으로 인터뷰를 수행했다.

실험실 같은 연구 환경은 인간과 기계의 조합으로 구성된 복잡한 환경이다.[6] 민족지학자는 실험실을 문화현상으로 분석할 때 번역 행위를 수행한다. 실험실은 외부자들이 이해할 수 있도록 서술되어야만 한다. 내부의 시각과 외부의 시각 간의 균형은 민족지학자가 '전문적인 이방인'이 되는 곳에 있다.[7] 낯섦estrangement과 낯설게 하기defamiliarization는 여전히 민족지학적 연구의 독특한 도화선이며, 현장연구를 통해 파악되거나 발견될 무언가가 있다는 느낌을 준다.[8] 또한 나는 학문적 이동성이 일종의 엘리트 연구인 '상층 연구studying up'라 불리는 연구 분야의 일부라고 주장할 것이다.[9] '상층 연구'를 통해, 우리는 국지적 수준과 글로벌 수준의 학문 연구공동체 안에서의 지식과 권력-형성 과정들을 개념화한다.

과학과 학문계에 대한 문화학과 사회학은 복잡한 분야들이다. 학문계는 부족tribes이 있는 영역으로, 그리고 사회적 관계, 논리, 훈련과 연구 정체성의 사회화에 관한 내부 규칙을 가진 문화로 연구되어 왔다.[10] 샤론 트라위크Sharon Traweek의 입자물리학자들에 대한 인류학적 연구는 선구적인 연구로서, 물리학자들이 자신들의 연구 정체성과 연구관행의 젠더화된 구조를 습득하는 사회화에 대한 분석이 돋보인다.[11] 사회화 과정의 일부는 과학적 훈련의 각기 다른 단계들에 대한 필요성을 인정하는 것이다. 그러한 활동은 학문적 이동성을 통한 과학적 네트워크 안에서 유사 친족관계를 구축하는 것일 수 있다.

가족, 국제화, 학문적 이동성

'길을 따르다가 만난 사람들이 가족이다'라는 격언은 몇 년 전 어느 유목적인 연구원의 벽에 걸린 액자에서 접했다. 그녀를 데보라Deborah라고 부르자. 그녀는 미국, 유럽, 일본을 오가며 여러 대학에서 초빙교수로 연구를 수행하며 살았다. 그녀는 상이한 학문 환경에서 수년간 자신이 구축해 온 유사 친족관계의 중요성을 강조하면서, 유사 친족관계가 혈연에 근거한 친족관계만큼 중요하다고 말했다. 전 세계를 여행한 학자로서, 그녀는 학계에서 유사 친족관계를 형성할 기반이 자신에게 있음을 아는 것이 중요하다는 것을 깨달았다.

학문적 이동성은 문화적이고 젠더화된 가치와 관행으로 분석될 수 있다. 이러한 가치들은 고등교육에 들어가 그 교육 시스템을 통해 나아가는 초기 교육단계에서 접합된다. 그것은 공식적인 방법, 실험적 관행, 그리고 분과적이고 학문적인 지식에 대한 추정된 훈련을 포함한다.[12]

가족관계와 친족관계는 학문적 연구를 위한 조건이자 결과이다. 가족구조와 가족규범의 수준 변화는 과학적 실천 및 인식론의 변화와 상관적이다.[13] 과학자로서의 삶은 실험실 집단과 실험실에서 벗어난 삶과 얽혀 있다. 학문 경력과 가족에 관한 분석은 과학자들이 학문적 이동성을 자신들의 배우자와 가족과 관련해 어떻게 저울질하는지를 연구해 왔다. 다루어야 할 쟁점들 중 하나는, 어떻게 두 배우자가 자신들에게 있을 수 있는 이주 요건에도 불구하고 자신들의 야망을 충족할 수 있는가 하는 것이다. 공통 관심사는 한쪽 배우자가 공동-이주할 의향이 있는지, 또는 경력과 둘의 관계가 장거리를 넘어 유지할 만큼 충분히 중요한지의 여부이다. 고용 상황은 연구 현장들을 오갈 수 있도록 과학자들이 배우자/가족과 협상하길 강요한다.[14] 고등교육을 받은 사람은 그 배우자도 고등교육을 받은 경우가 많다. 특히 여성 연구원들이 더욱 그렇다. 1998년 3만 명의 교수진을 대상으로 한 미국의 연구는 미국 여성 물리학자들의 44%가 다른 물리학자들과 결혼했으며, 25%는 다른 분야의 과학자들과 결혼했다는 것을 보여주었다.[15]

젠더화된 정체성은 연인 관계와 경력이 어떻게 평가되는지에 도전할 수도 있다. 예를 들어, 자료제공자들 중에는 연인 관계도 맺지 않고 가정도 꾸리지 않기를 택한 여성 연구원들이 있다. 그들은 실험실 공간과 동료들을 자신들의 집과 친척으로 정의한다. 유사 친족관계는 신뢰, 협력, 경력 선택을 구축하는 중심 역할을 한다. 따라서 우리는 과학자들이 연구소에서 일주일에 최소 40시간을 보낸다는 점과 또한 협업은 아니더라도 장기적 또는 심지어 평생의 과학적 관계를 형성할 수도 있다는 점을 염두에 두고, 가족과도 같은 관계들 간의 중요도를 숙고할 수 있을 것이다.

친족관계와 학문적 상황

에밀 뒤르켐Émile Durkheim, 클로드 레비스트로스Claude Lévi-Strauss, 브로니슬라브 말리노프스키Bronisław Malinowski 같은 사회학자와 인류학자들은 친족kinship 개념을 문제시했다.[16] 혈연관계의 역할을 연구하는 것은 상이

한 여러 민족 집단 간의 그리고 인간의 사회적 및 문화적 조직들 간의 관련성을 이해하는 잘 확립된 방법이다.[17] 마셜 살린스Marshall Sahlins에 따르면 친족이라는 이념은 '존재의 상호성mutuality of being'이다. 그는 "'상호적 인간(들)', '삶 자체', '상호주관적 귀속'같이, 사람이 또 다른 사람의 존재에 본질적으로 내재한" 인간관계를 겨냥한다. 살린스는 '존재의 상호성'이란 친족관계가 출산, 사회적 구성, 또는 어떤 조합에 의해서건 국지적으로 이루어지는 민족지적으로 기록된 다양한 방법을 포괄한다고 주장했다. 또한 친족관계는 혈족이나 인척에 근거한 인간관계일 수 있다. 더 나아가 살린스는 친족관계를 정의하기 위한 가능한 근거로서 후손들의 집단 정렬을 지적했다. 살린스에 따르면, 또한 '존재의 상호성'은 또 다른 불가사의한 친족 유대의 결과를 유발한다. 친족 유대는 마치 종교적 서사에서 볼 수 있는 물려받은 덕목이나 불행처럼 한 사람이 하거나 당한 일이 다른 사람들에게서도 일어나는, 종종 '신비적'이라 말하는 종류의 것이다.[18]

친족관계에 대한 일반적인 이해는 혈통을 이어가는 후손 또는 혈연에 기반한 친척이라는, 생물학적 관계 개념이다. 친족관계를 조직하고 확장하는 방법의 예로는 혼인, 후손들의 혈통, 특정 구조와 조직들을 통하는 것이다. 1980년대에는 친족관계 용어의 사용에 대한 비판이 있었다. 왜냐하면 '어머니', '아버지', '사촌'과 같은 개념들은 상이한 문화적 맥락에서 의미가 다르기 때문이다. 그 비판은 친족제도를 서로 다른 의미를 지닌 상징적 관계로 이해하는 것보다 앞선 것이었다.[19]

이와 같이 친족관계는 단지 혈연-기반 관계로만 이해될 수 없다. 유사 친족관계는 법적인 가족 유대나 혈통으로 구축되지 않는 상징적인 관계이다. 입양은 부모임이 법적 절차를 통해 규정되는 하나의 사례이다. 법적 친족관계의 비생물학적 그리고 비인종적 관계들은 특히 국제적인 해외입양에서 가시화된다.[20] 부모임과 유사 친족관계는 멕시코에서 **콤파드라스고**compadrazgo라고 불리는 **의례적 친족관계** 현상을 통해 연구되어 왔는데, 여기서 부모임은 공유된다고 여겨진다. 마누엘 카를로스Manuel Carlos와 로버트 켐퍼Robert Kemper의 연구는 **의례적** 친족제도가 생물학적 친족관계보다 더 유연하며 게다가 우정보다 더 깊은 관계라고 주장한다. 사회적 및 경제적 동맹을 구축하기 위해 유사 친족관계를 어떻게 사용하는가에 대한 규범들이 있다. 이웃, 동료 이주자, 친척들이 보통 **절친들** compadres로 꼽힌다. 유사 친족관계는 내포적 관계와 외연적 관계들의 다중 구조를 통해, 후원자에서 수혜자로 그리고 수혜자에서 후원자로 가는 후원과 상호지원으로 구축된다.[21]

또한 친족관계는 개인들이 맺는 친교관계의 수준을 통해 그들에게 지위가 주어지는 관계로 이해될 수 있다. 더 많은 동맹을 지닌 사람이 권력이 더 많은 사람이다. 친척이 있는 사람들은 자신들의 친족관계를 통해 네트워크에 얽매인 사람들이다. 혈통pedigree은 보통 말이나 개 같은 가축과 관련된 생물학적 개념이다. 혈통표는 조상과 가계도를 기록하는 데 사용된다. 매릴린 스트래선Marilyn Strathern이 문제화했듯이, 생물학적 사실은 서구 사회의 친족관계에 대한 해석에서 핵심적인 역할을 했다. 이와 같이 친족관계는 자연과 문화의 개념적 만남이 이루어지는 장소이며, 지식 생산의 전환에서 중요한 역할을 한다.[22] 생식기술이 발달하고 국제 입양이 증가하면서, 자연과 생물학적 메커니즘을 통해 형성된 전통적인 생물학적 친족관계는 도전을 받고 있다.[23]

학문적 이동성에 참여하는 과학자들은 당대의 유목민으로 정의될 수 있다. 유목적 과학자들은 최첨단 장비를 갖춘 성공적인 연구 집단이나 실험실 같은 특정 공간에 묶여 있으며, 그 공간을 통해 사회적 관계와 권력 구조에도 묶여 있다. 다른 개인들도 결국에는 세계화된 학문적 문화에 영향 받고 이에 참여하는, 배우자나 가족들 같은 유목민들에게 묶여 있다.[24] 유목민들은 '부족 문화tribe culture'의 형태에 의존하고 있으며, 지금의 경우에는 부족화된 연구문화에 의존하고 있다. 그러한 문화는 국가 정체성과 매우 비슷한 과학적이고 전문가적인 정체성을 제공한다.[25] 유목민 집단에서는 예상되는 경력 경로와 경력 우선순위에 관한 특정 규범이 명확히 표명되며, 그 규범은 연구 수행 방법을 진척시킬 동기를 부여한다. 실험 관행도 집단이 연구를 조직하는 방법에 영향을 미치며, 이렇게 연구 의제의 출발점을 설명한다.[26]

커뮤니케이션의 변형과 세계경제의 변형은 영토 및 영토의 경계에 대한 우리의 개념을 바꾸었다. 연구자가 국가, 일터, 동료 집단, 협력 양상 간을 오가야 하는 국제적인 연구공동체에서, 정체성 형성 과정은 개인이 매일 자율적으로 기능하게 하는 데 핵심이 된다. 유사 친족관계의 발전은 전략의 역할을 한다.

친족과 겨루며 정착하기

세계화와 유목주의에 대한 학문적 담론에서 이주와 이동성은 뿌리가 없거나 어떤 친밀한 관계도 없는 사람들의 움직임으로 묘사될 수 있다.[27] 다른 연구 현장들을 오가는 연구자들은 혈족과 동료들로부터 떨어지게 된다. 한 대학에서 다른 대학으로의 이주는 이전 동료들과의 이별을 의미하며 때때로 가족과 친구들과의 이별도 의미한다. 자료제공자들 대다수에게 이동성은 그 자체가 학문 생활의 일부로 묘사된다. 따라서 연구 경력은 이동하겠다는 어떤 자발성을 요구한다. 이것은 몇몇 식물학자처럼 작은 나라에서 온 연구원들에게 특히 중요하다. 그런데 식물학에서 성공적인 경력을 추구할 수 있으려면 무언의 요구가 있다. 즉, 식물학에 남아 학자로서 계속 연구하고 싶다면 해외에 가서 신진연구원으로 일해야 하는 것이다. 미국이라면 더 좋다. 선임식물학자 존John은 다른 대학으로 옮기고 박사후 연구원 과정으로 들어가는 바로 그 행위가 대단히 중요한 단계라고 설명한다. 전문가적 활동으로서의 이동성으로 인해 지식과 방법을 획득할 것으로 예상되지만, 이는 그것 자체로 연구 관심사에 대한 표시이다. 존에 따르면 "그것은 당신이 정말로 진지하며, 식물학자로서의 경력을 향해 기꺼이 일한다는 것을 보여준다."[28]

위험 계산은 필수적이라 여겨진다. 유동적인 과학자가 되는 것, 대학이나 연구소를 바꾸는 것, 다른 나라에서 일하는 것은 대다수의 자료제공자들이 설명하듯이 위험-감수 상황으로 정의될 수 있을 것이다.[29] (미국 학문 체제에 비해) 대부분 유럽 대학 체제에서는, 과학자들이 다른 경력 단계를 검토할 때 대학이나 연구소를 꼭 바꾸어야 하는 것은 아니다. 스웨덴 체제에서는 박사학위를 취득한 그 대학에서 학문 경력을 계속하는 것이 드문 일이 아니다. 신진연구원 앤Anne은 만약 당신이 학계에서 과학자로 일하기로 결정한다면 정정당당히 '겨루는play the game' 법을 배울 필요가 있다고 말했다. 즉, 어떻게 '올바른 결정'을 내릴 것인가를 알기 위한 전략을 개발할 필요가 있다. 당신은 당신이 기꺼이 위험을 감수하고, 자신의 경력에 진지하며, 그만큼 기꺼이 국제적 이동성에 참여한다는 것을 보여줄 필요가 있다.

국가나 민족 공동체는 개인이 외국에서 새로운 상황에 정착하려고 할 때 중요한 집단들이다. 중부유럽 출신의 연구원 안드레아스Andreas는 박사학위를 마치고 박사후 연구원으로 미국에 건너갔다. 혈연, 가족, 친구들이 있는 곳에서 다른 나라 환경으로 전환하는 것은 힘든 일이었다. 그에게는 박사후 연구원을 시작하는 경력 단계가 필수적이었는데, 가족을 미국에 데려올 수는 없었다. 사회적 배경과 모국어에서 분리되는 것은 그의 전문가적 삶에 잠재적으로 부정적인 영향을 미칠 수도 있는 상황을 낳았다. 혈족관계를 대체하는 관계들은 사회적 및 문화적 낙하산으로 정의된다. 안드레아스의 경우에는 일 바깥에서 사회적으로 고립됨, 과학자로 발전할 수 있는 능력, 그리고 그 발전의 소질 사이에 상관관계가 강했다. 그의 말대로, 자신이 동향인 공동체를 통해 사회적으로 안정감을 느낄 수 없었다면 연구공동체의 일원이 되는 것이 불가능했다.

이에 비해 트라위크Traweek는 거대과학Big Science의 물리학자들과 '확장가족'을 분석했는데, 확장가족은 자료제공자의 현재 가족 개념이 제시하지 않은 관계의 한 유형이다. '가족' 개념은 노동 이주나 문화 공동체의 형성으로 말미암아 변형을 겪는다. 그러한 공동체는 일반적으로 구체적인 업무 목표 또는 젠더와 국적에 기초한 정체성 작업에 기반한다. 유동적인 학자들 사이에 안정된 사회적 환경이 없는 상황에서, 안정감은 확장가족 네트워크를 통해 얻을 수 있으며, 이는 유목적 연구자들의 인간관계에 대한 욕구를 채워준다.[30]

대부분의 인간에게 사회적 환경은 그들이 개인으로서 기능할 수 있는 능력에 아주 중요하다. 외국에 나가 새로운 환경에서 일하는 것, 예를 들어 박사후 연구원을 시작하듯 그다음 경력 단계로 전진하는 것은 신진과학자들을 취약하게 만든다. 그들은 새로운 팀, 실험실 장비, 연구 프로젝트 사이에서 방향을 잡을 필요가 있다. 혈족과 더 친밀한 관계들이 결여된 것은 새로운 동료들에 의해—그리고 아마도 동향인들에 의해—채워져야

만 한다.[31]

일을 통한 유사 친족관계 형성

> 실험실에서 매일 사람들을 만나며 그들의 연구와 그들이 **어떻게** 일하는지를 관찰한다. 이제 그들을 전문가로서도 그리고 사람으로서도 꽤 잘 알게 된다.[32]

식물과학에서 과학적 연구는 연구 집단을 통해 조직된다. 한 사람이 모든 데이터 수집과 모든 쓰기 작업을 포함한 연구 프로젝트를 단독으로 진행하는 인문 사회과학의 일부 학제에 비해, 식물학자들은 대규모 협력 팀에서 일한다. 각 집단은 통상 이 집단을 이끄는 연구책임자, 선임공동-연구책임자, 중급-경력 신진과학자, 박사후 연구원, 박사과정 학생, 그 외 연구 조교와 직원들로 구성된다. 일반적으로 연구는 식물을 제어하고 측정하며, 단백질을 분석하고, 단백체 기계를 돌리고, 데이터를 분석하고, 발표를 위해 결과를 작성하는 것으로 이루어진다. 그 집단의 모든 구성원에게는 자신들의 과업이 있는데, 어떤 것은 다른 것들보다 더 특정하다. 선임연구원 같은 일부 구성원은 데이터 수집이나 실험에 실질적으로 관여하지 않고, 그 대신 박사후 연구원이나 박사과정 학생들의 보조로 데이터 분석과 쓰기에 관여할 수도 있다.

실제적인 협력 경험이 매우 중요하다. 즉, 동료들은 어떻게 일하는가, 표본을 어떻게 다루는가, DNA와 단백질을 측정하거나 분석하기 위해 기계를 어떻게 사용하는가를 실제로 봐야 한다. 자료제공자들은 협업을 시작할 때 다른 참가자들에 대한 정보를 얻을 필요가 있다고 설명했다. 이는 그들이 연구 문제를 어떻게 정의하는지, 구체적인 실험 절차를 어떻게 아는지, 데이터를 어떻게 분석하는지, 신뢰할 만한 실험 프로토콜을 어떻게 작성하며 발표될 수 있는 것을 어떻게 가려내는지, 그리고 마지막으로 높은 수준의 저널에 발표하기 위해 어떻게 일관성 있는 적절한 설명을 작성할 수 있는지를 포함한다.

자료제공자 중 한 명에 따르면, 누구든 연구 집단에서는 경력의 단계와 관계없이 프로젝트를 위한 중요한 과업과 관련된 적어도 한 가지 역할을 맡는다. 그러므로 누구든 자신의 동료를 신뢰할 필요가 있다. 또 다른 자료제공자는 "동료들의 기술을 매일 관찰함으로써 그들의 신빙성과 신뢰성에 대한 견해를 형성할 수 있다"라고 말했다. 박사후 시기는 신진과학자가 다른 사람의 기술과 지식은 물론 어떻게 연구를 조직하는지, 어떻게 데이터를 결과로 그리고 마침내 출간물로 전환할 수 있는지를 더 잘 지켜보기 시작하는 시기이다.

국제적 경험을 지닌 신진과학자를 영입하는 게 중요하다는 인식이 자료제공자들 사이에 팽배했다. 예를 들어, 스웨덴의 식물학 센터에서 신진과학자들은 그 센터의 네트워크 확장과 연구의 우수성 성취라는 면에서, 센터의 의식적인 발전 프로그램의 일부였다. 박사후 시기는 단지 새로운 기술들을 갈고 닦는 것만이 아니라 그 연구 분야의 다른 동료가 지닌 전문지식에 대해 배우는 것도 포함한다. 자료제공자들의 경우에는 박사과정 기간이나 박사후 기간이나 자신과 연구실 간의 관계가 중요했다. 그들 중에는 해외에서 국제적인 박사후 연구원을 거친 후 영입되어 스웨덴으로 다시 돌아온 사례들이 있다. 현장 조사에서 선임연구책임자들이 지적했듯이, 이는 그 연구 센터 전체를 관장하는 책임자의 의식적인 경영 전략이었다.

새로운 네트워크는 20년에서 30년 또는 그 이상의 기간에 걸쳐 계속 구축될 것이다. 선임 랩리더lab leader는 연구원들의 박사후 기간 동안 그들에게 가장 중요한 인물이다. 그런데 같은 경력 집단에 있는 새로운 박사후 연구원들과 다른 연구원들은 수년 동안 병행하여 일하면서 나중에는 동료가 된다. 그들은 세대적인 동료이자 수십 년 동안 과학 회담의 참여자가 될 것이다.

유사 친족관계 구축: 과학가족의 확장

국제적 이동성의 이유와는 별도로, 돈독한 관계를 구축하는 것은 신진 연구원들이 장차 연구협력을 발전시킬 수 있는 능력을 갖춘 선임연구자로 성장하는 데 상당히 중요하다. 박사과정 학생들 또한 그들의 지도교수와 밀접하게 일하기 때문에, 가족의 아이들과 비슷하게 그들의 학문 분야 안에서 양육되고 성장하며 가치관으로 사회화되면서 그들 지도교수의 네트워크로 들어간다. 안나 페이소토Anna Peixoto가 보여주듯이, 지도교수는 박사과정 학생 자신의 네트워크와 박사후 연구원과 교수직이라는 잠재적인 경력 궤적에 결정적이라 여겨진다.[33] 그러나 선임연구원들 역시 실험실에서 대부분의 실제 연구를 수행하는 박사과정 학생들에게 의존하고 있다.

대부분의 자료제공자들은 네트워크 구축이 박사과정 단계에서 시작된다고 말했다. 그들은 이른 단계에서 학술회의에 가기 시작하는 것이 중요하다고 주장했다. 신진연구원에게 지도교수는 중요한 인물인데, 왜냐하면 지도교수를 통해 연구 네트워크를 개발하고 확대하며, 앞으로 전문적인 관계를 위한 인맥을 형성하기 때문이다. 자료제공자 한 명은 이 과정에서 학술회의의 역할에 대해 상세히 설명했다.

> 학술회의에 가는 것은 매우 중요합니다. 학술회의에 가면 자기 연구에 결정적인 사람들을 많이 만나며 네트워크를 형성할 수 있을 것입니다. 이게 정말 중요합니다! 장차 더 많은 인맥을 개발할 가능성에 영향을 미칠 수도 있고, 그러면 아마 취업 기회, 박사후 과정과 그 밖의 일들에도 영향을 미칠 것입니다.[34]

자료제공자들 사이에서 공통적인 대주제는 자신을 박사과정 학생으로 드러내는 것의 중요성인데, 이는 외부의 청중에게 자기 연구에 대한 비판적인 질문을 간청하고 또한 연구 결과들을 공유함으로써 이루어진다. 이를 행하는 것은 의미심장한 과업, 즉 박사과정 학생이 되는 것의 한 부분으로 정의될 수 있다. 그러나 자료제공자들이 강조했듯이, 그들이 학술회의에서 구축한 인맥의 대부분은 지도교수를 통해 소개받은 것이다.

네트워킹의 중대함을 논할 때, 자료제공자들은 '실패한 박사후 과정'도 언급했다. 이 경우 연구원은 그다지 생산적이지 않은 연구실에 있었을 수도 있지만 자신의 연구실 집단, 동료 박사후 연구원들, 실험실의 선임 구성원들과 좋은 관계를 유지하는 데 실패했을 수도 있다. 자료제공자들 중 한 명에 따르면, 박사후 연구원은 지식과 기술은 물론 사람도 포함하는 새로운 영역으로 들어가는 것이다. 그 집단 안에서 자신을 확립하고 다른 사람들에게 자신이 제공해야 하는 바를 보여줄 필요가 있다.

자료제공자 한 명은 많은 박사후 연구원들이 숙지하지 못한 장기적인 목표 중 하나는 자기 세대와 연구 관계를 구축해야 하는 것이라고 하면서, "사람은 누구나 한 세대, 아니 한 연령대에 속한다"라고 강조한다. 당대의 연구분야에서는 선임연구원들이 극히 중요하다. 그러나 서로 연결되어 협력 관계를 형성하고 향후 연구를 계획하는 일에는 자기 연령대의 연구원들이 더욱 중요하다. 한 자료제공자는 "각광 받는 선임연구원들을 쳐다보고만 있기는 너무 쉽다"라면서, 이는 자기 연령대에서 관심을 끌며 떠오르는 학자를 찾는 핵심을 놓칠 수 있는데, 바로 이들은 이 전문직에 30~40년 더 머물게 될 미래의 동료들이라고 말한다. 바로 그들과 함께 신뢰와 과학적 미덕을 요구하는 친족관계를 기반으로, 지속가능한 관계를 형성할 수 있다.

협력연구에서 유사 친족들 간의 신뢰

선임인 자료제공자 중 한 명은 협력, 특히 국제적인 연구에서의 협력은 신뢰의 문제라고 말했다. "신뢰 없이는 결코 협력을 시작할 수 없다. 신뢰는 실험실에서 함께 시간을 보내며 쌓인다." 킴Kim은 스웨덴에서 박사논문 심사를 마친 후 미국의 한 연구소로 갔다. 그녀는 그곳에 있는 동안 전문적으로나 사회적으로 다른 박사후 연구원들과 좋은 관계를 맺었다. 스웨덴으로 돌아온 후 그녀는 이전의 동료 박사후 연구원들과 계속 연락하고 이후 협력하기 시작했는데, 두 경우 모두 데이터 공유와 연구실 간 대학원생 교환에 관한 것이었다.

킴은 그녀와 그녀의 캐나다 전문직 동료가 같은 종류의 실험을 하면서 똑같은 실험 프로토콜을 따라 보다 광범위한 유사 실험들을 수행하기 위해 데이터를 비교하고 공유하기 시작한 상황을 묘사했다. 신뢰의 문제는 단지 한 명의 선임과학자에게만 국한되는 것이 아니라 그 그룹 리더의 실험에 참여하는 동료들과도 관련된다. 공동연구자는 실험 과정의 모든 단계를 통제할 필요가 있다. 비록 다른 실험의 데이터를 공유할 수 있다 해도, 그 공동연구자의 통제된 원original 실험을 수행할 기회가 없다는 점을 감안한다면 그 사람의 실험관행에 대한 큰 신뢰가 필요하다고 킴은 설명했다. 물론 실험의 복제는 가능하고 필요할 수도 있지만 시간소모적이다. 따라서 공동연구자의 시험 조건에 대한 자세한 지식, 예를 들어 실제로 시험하고 통제할 수 있는 것과 그렇게 할 수 없는 것에 대한 지식을 갖추는 것이 중요하다.

킴은 자신의 신뢰가 매우 중요했던 상황을 설명했다. 캐나다에 있는 한 연구실의 연구책임자인 킴의 파트너에게는 실험 설정의 작업을 맡아 분석되고 처리될 원시데이터를 수집하는 박사과정 학생이 있었다. 데이터는 매우 흥미롭게 보였고 일련의 발표에 중요한 기초가 될 것으로 예상되었다. 그런데 킴이 그 분석을 검토하기 위해 원시데이터를 이용하기 원했을 때, 그 박사과정 학생은 킴 및 스웨덴에 있는 킴의 집단과 공유하기를 거부했다. 따라서 킴은 실험 설정을 스스로 통제할 수 없었고 캐나다 동료에게 의존해야만 했다. 그 동료는 실험에서 그 박사과정 학생을 감독해 왔기에 데이터가 어떻게 수집되었는지에 대한 깊은 통찰력을 지녔을 가능성이 매우 높았다. 더욱이 킴과 캐나다 동료는 석사과정 학생들과 박사과정 학생들이 서로의 연구실을 방문하는 교류 체계를 발전시켜 왔다. 그 캐나다 박사과정 학생은 스웨덴의 실험실을 방문하기 위해 왔다. 이제 킴은 그 학생이 행하는 실험을 지켜보며 실험 기술을 관찰하고 실험의 설계와 데이터 해석에 대해 토론할 수 있었다.

그 방문과 방문 박사과정 학생을 만나 교류하는 일상 경험을 통해, 킴은 수집된 데이터가 믿을 만하다고 결론 내렸다. 과학적 관점에서 데이터는 정확해 보였고, 그녀는 실험 설정에서 아무런 결점도 발견하지 못했다. 사회적 관점에서 킴은 그 박사과정 학생이 아직 실험실 집단의 시스템에 사회화되지 않았다고 보았다. 그 시스템의 구성원들에게는 데이터에 접근하고 공유할 권리가 있다. 이는 일종의 친밀감에서 오는 행위이다.

카린 크노르-세티나Karin Knorr-Cetina가 지적했듯이 소규모 생명과학 분야의 과학자들은 입자물리학 같은 거대과학 분야의 과학자들과 달리 각각 다른 조건과 인식 문화epistemic cultures에 놓여 있다.[35] 언급된 사례에서 킴이 설명한 상황은 다른 대학들과 특히 해외에 있는 대학의 동료들과 협력할 때 일어나는 일상 업무의 일부이다. 실험 작업대와 연구 집단들로 구성된 실험실의 전체 환경에는 확신과 신뢰가 배어 있다.

선임seniority이 되려고 하는 연구원들에게는 이런 관계들이 중요해진다. 연구 집단은 그 안에서 그들이 긴밀한 업무 관계에 의존하는 핵심 환경이 된다. 그들의 지도교수와 랩 리더들에 대한 과학 분야 박사과정 학생들의 의존성은 친족관계 은유로 표현될 수 있다. 캐서린 하세Catherine Hasse와 스티네 트렌테묄레르Stine Trentemøller가 물리학자들을 대상으로 수행한 연구에서 보여주듯이, 선임 랩 리더들은 강력한 관리인 문화caretaker culture의 발전을 조장하는데, 그 문화 안에서 리더는 집단 내 개인의 효율성뿐만 아니라 집단 전체의 효율성도 계발하고 지켜나간다. 과학자들의 충성은 개인이 아니라 그 집단을 향한다.[36]

생물학적 혈족을 대체하는 유사 친족

> 매우 일 중심이 되죠. 나에게는 내 일이 있고, 애완동물들도 있어요. 사람들은 왜 항상 '진짜 가족'과 아이들이 있냐고 물을까요? …… 그리고, 아니, 내 남편에게는 절대 그런 질문을 하지 않아요![37]

학문적 일터가 일반적으로 가내 영역은 아니지만, 유사 친족관계가 생물학적 친족관계와 유사하기에 실제로 가내 영역을 닮은 상황이 존재한다. 연구실 구성원들과 그들이 협력하고 있는 외국의 연구실 간에는 긴밀한 유대가 있는데, 이것이 유사 친족관계가 된다. 그들의 관계는 혈족관계들을 대신할 수 있으며, 과학자들이 그 안에서 제휴하고 상호작용하는 바로 그 친족체계로 작용할 수 있다.

연구실의 외로운 천재라는 이미지는 여전히 강하게 젠더화된 이상이다.[38] 한 자료제공자가 의견을 밝혔듯이, 당신이 여성으로서 과학에 완전히 종사하며 헌신하려 한다고 해도 당신은 여전히 의심의 눈초리를 받는다. 위의 인용문에서 보듯이, 받아들일 만한 연구에 대한 헌신의 수준과 과학자의 젠더와의 관계를 당연시 여기는 억측들이 존재한다. 헌신적인 연구원은 여전히 남성의 역할로 남아 있다는 것이 가장 압도적인 억측이라고, 몇몇 자료제공자가 목소리를 높였다. 자료제공자들은 소명으로서의 과학science as a vocation이라는 낭만적 이념을 받아들이지는 않았지만, 오직 남성들만 과학적 연구를 동반하는 강한 사회적 유대를 실천하고 그 유대를 통해 자신들을 차별화할 수 있다는 가정에 비판적이었다.

"가족, 네, 생각하고 있죠. 그런데 아니죠. 그럴 시간이 없어요"라고 선임인 여성 자료제공자가 말했다. "아마 아이를 입양할 수도 있겠지만……." 그녀에게는 과학자로서의 관계가 가족 관계를 이루는 것보다 항상 더 중심적이었다. 이 장에서 보았듯이 동향인과 동료들이 친족을 대신할 수 있으며, 개별 연구자와 그 집단들 간의 돈독한 관계를 형성하는 것이 전문가로서의 삶을 이루는 데 가장 중요하다고 여겨진다. 그럼에도 불구하고, 여성들이 자녀를 갖지 않기로 선택하는 것은 논란의 여지가 있다. 여성 자료제공자들이 지적하듯이, 과학에 헌신하며 자신의 사생활을 희생하는 남성 과학자의 이상도 오늘날의 연구 문화에서 문제가 없지는 않지만, 여성이 이러한 이상을 추구하는 것보다는 덜 도발적이다.

과학적 실천을 통한 친족관계: 끝맺는 말

이 장의 목표는 과학자들 간의 연구협력과 과학 경력에서 보이는 유사 친족관계를 분석하는 것으로, 어떻게 신진과학자들이 과학적 네트워킹, 과학적 협업 형성, 유사 친족관계 과정 행위들의 중요성을 이해하는가에 초점을 맞추었다. 신진과학자들은 새로운 과학적 기술과 업적을 배우고 익혀야 한다. 그들은 또한 특히 비슷한 경력 단계에 있는 동년배와 연구실의 동료 구성원들과 튼튼한 관계를 형성한다. 습득한 과학적 기술과 확장된 과학가정은 신진과학자의 경력 개발에 핵심적인 자원이다.

이러한 맥락에서 친족관계는 마셜 살린스가 묘사한 '존재의 상호성' 관계이다. 그것은 실험실 안에서 국지적으로 이루어지지만, 또한 혈족이나 그 외 인척이나 동족 관계를 바탕으로 한 인간관계이기도 하다. 유사 친족관계의 구축은 개인들이 이 국제적 연구 상황에서 저 국제적 연구 상황으로 옮겨갈 때 효과적으로 기능할 수 있는 하나의 중요한 전략을 제공한다. 서로 다른 현장들을 오가는 연구원들은 혈족이나 동료와 종종 헤어지게 된다. 이동성은 그 자체가 학문 생활의 일부로 이해된다. 따라서 연구에서의 경력은 기꺼이 이주하려는 어떤 의지를 요구한다.

박사후 시기는 전문가적이면서도 사회적인 시기이다. 박사후 연구원은 다른 박사후 연구원들, 특히 자기 세대의 연구원들과 전문적으로나 사회적으로 좋은 관계를 맺는 것이 중요하다. 연구실에서 서로 함께 실험작업을 수행하면서 연구원들은 서로의 기술과 지식에 대해 알게 되고, 이런 친숙함이 연구협력의 토대가 된다. 국제적인 연구협력은 데이터와 실험 방법들을 공유하는 것과 관련된 신뢰의 문제이다. 신뢰는 과학적 방책뿐만 아니라 친척같이 가까운 사회적 관계에도 기반한다.

분석적 개념으로서 유사 친족관계는 경제, 성과주의 인사제도, 형식적인 조직 원칙들과 나란히 학계의 구성 요인들을 이해하는 데 사용될 수 있다. 유사 친족관계 분석을 통해 우리는 어떻게 비형식적인 관계가 집단 차원은 물론 개인 차원에서 협력, 채용 과정, 권력 관계를 형성하고 유지하는지 더 깊이 분석할 수 있다. 이는 국제적 연구협력과 학문적 이동성이 지식 생산의 토대로 제시되는 시점에서 더욱더 중요해진다.

Vasudhaiva Kutumbakam

제12장

세계는 한 가족

지식경제에서의 가족

알록 칸데카르
Aalok Khandekar

서론

이민과 초국가주의에 대한 학문적 연구는 초국가적 이주와 소수민족 집단거주지-기반 경제를 가능하게 한 가족 간의 유대와 친족관계 네트워크의 중심 장소를 기록했다.[1] 애너리 색서니언AnnaLee Saxenian이 보여주듯이, 고숙련자들의 이주조차도 민족적, 지역적, 국가적 유대에 기반하며 이를 고무시킨다. 고숙련자들의 초국가적 이주와 이것이 수반하는 사회적 및 문화적 변형을 이해하기 위한 가장 유력한 틀은 '지식경제knowledge economy'라는 틀이다. 지식경제는 현대 자본주의적 구성에서 지식, 전문가, 이동성 간 일련의 상호관계이다.[2] 아이와 옹Aihwa Ong의 주장에 따르면 지식경제는 그 안에서 사회적 시민권의 토대가 재규정되는 '소속의 새로운 생태학new ecology of belonging'으로 이해되어야만 하는데, 결국 지적자본과 기술경영 역량이 사회적 시민권의 주요 속성이 되어 점차 정치적 및 민족적 충성심을 대체한다.[3] 나의 질문들은 이를 배경으로 한다. 그렇게 격심한 사회문화적 전환의 일상 경험은 무엇인가? 그 전환은 어떤 종류의 불안과 혼란을 유발하는가? 그 불안과 혼란은 일상생활에서 어떻게 조직되고 관리되는가? 그리고 이 책의 주제들과 가장 직접적으로 관련되는 질문으로서, 현대 사회의 근본적 조직 단위인 가족은 이러한 초국가적 이동성을 어떻게 형성하는가? 가족의 외형은 그 과정에서 어떤 식으로 바뀌는가?

이 질문들에 대한 답변은 많으며 검토 중인 집단과 정치적-법적 환경의 특수성에 따라 변한다. 여기에서는 미국으로 간 인도 기술이민자들 중에서 2007년과 2010년 사이에 수행된 필자의 민족지학적 연구에서 얻은 일련의 답변에 초점을 맞춘다. 그들은 고등교육과 취업을 목적으로 이주한 공대생들과 전문직 종사자들이다. 이 연구에서 나는 인도 기술이민자들을 대상으로 인도와 미국에서 심층 인터뷰를 진행했으며, 인도 디아스포라 공동체와 관련된 여러 행사에서 광범위한 참여관찰을 수행했다. 이 연구는 또한 대학원 지원 에세이와 인도 기술이민자들이 쓴 전기서사biographical narratives를 비롯한 다양한 기록 자료를 기반으로 하는데, 그 자료들을 통해 그들이 몸소 겪은 경험과 그들이 지식경제에서 요구되는 것을 탐색한 전략을 들여다볼 수 있다. 이 장에서는 특히 인도 기술이민자 압헤이 파틸Abhay Patil이 쓴 자서전적 에세이의 의역판paraphrased version을 중시한다. 또한 참여관찰, 민족지학적 인터뷰, 1차 및 2차 기록을 통해 수집된 데이터를 이용해 파틸의 자서전적 에세이에 대한 나의 분석을 보완한다.

나의 주장은 두 부분으로 되어 있다. 첫째, 인도의 가족과 가족 가치에 대한 담론은 지식경제의 이주생활이 낳는 불안과 혼란을 조장하거나 관리하는 데 핵심이 된다는 것이다. 그리고 둘째로 내가 여기에서 보여주는 것은, 민족적 충성이 기업가적 및 기술경영적 시민권 양식으로 대체된다는 옹의 주장과 달리, 가족 가치에 대한 담론을 통해 매개되는 고양된 민족적 소속감이야말로 지식경제의 핵심인 초국가적 이동성을 활성화하는 데 결정적으로 중요하다는 것이다. 이 점에서 나의 주장은 국제적 정보기술(IT) 분야의 '인력 구매body-shopping'에 관한 비아오 시앙Biao Shiang의 연구와 유사한데, 그는 민족화ethnicization가 IT 분야의 유연화된 노동관리 체계가 기능하는 데 중심적이라고 파악한다.[4] 그러나 시앙과 달리, 인도 기술이민의 현재 사례에서 민족화는 불안정한 노동체제에서의 즉각적인 생존전략이라 할 수 없다. 그보다 여기에서 민족화는 가족 가치에 대한 담론에 의해 매개되며, 우선적으로 그렇지 않았다면 전문적이고 성공적인 사회 집단에 속했을 세계시민적 자아와 소속 개념들을 규명하기 위한 방편으로 나타난다.

나의 주장은 다음과 같이 구성된다. 다음 부분에서는 주요한 분석적 구성개념들을 제시한다. 특히 아이와 옹의 연구를 바탕으로 '지식경제' 개념을 더욱 자세히 설명한다. 그다음 남아시아주의South Asianist 학문을 바탕으로 '글로벌 인도인성Global Indianness' 개념과 그 안에서 가족의 위치를 진전시켜서, 그들의 증대된 초국가적 이동성에 대한 반응으로서 인도 기술이민자 사이에서 새로운 소속 개념들이 어떻게 규명되는지를 설명한다. 그다음, 기술 이민 서사에서 가족 구성체의 현저한 특징을 끌어내는 민족지학적 자료를 제시한다. 마지막 결론으로, 인도의 가족과 가족 가치에 대한 담론이 오늘날 인도 기술이민자들의 삶을 특징짓는 높은 수준의 초국가적 이동성을 조장하거나 관리하는 데 중심적인 역할을 한다는 나의 핵심 주장으로 돌아간다. 시종일관 나의 주장은 인도 기술이민자들이 지식경제에 참여할 수 있도록 하기 위해 글로벌 인도인성에 대한 새로운 개념이 규명되어야 한다는 것이다. 그리고 이러한 재규명은 인도의 가족과 가족 가치 개념들을 매개로 하는 담론의 공간에서 발생한다는 것이다.

지식경제, 글로벌 인도인성, 초국가적 인도 가족

지식경제

나는 아이와 옹을 따라 '지식경제'를 어떤 '전문지식의 생태학ecology of expertise'으로 이해한다. 즉, 그것은 "지식 흐름의 분포, …… 기술 자원, 관리기법 간에 …… 새로운 형태의 연계, 교환, 순환고리feedback loops를" 성립하는 "전 세계적 및 지역 기관, 행위자, 가치들 간의 기술적 흐름과 상호작용에 대한 의도적인 오케스트레이션orchestration"이다.[5] 옹에게 지식경제는 후기자본주의의 특수 사례이다. 후기자본주의의 분명한 특징은 전문가, 지식, (종종 초국가적인) 이동성 간의 관계가 어느 정도 의도적으로 관리된다는 점이다. 유동적 지식, 다국적 기업, 교육 및 연구 기관들은 지역 및 국가 경제성장이라는 이름으로 정부가 미리 계획한 신중한 계산—경제특구(SEZ), 이민요건 완화, 선택적 세금 감면 등의 창설로 입증된—을 통해 정렬된다. 더욱이 지식경제 관련 논의에서 성패가 달린 것은 전적으로는 아니라도 보통 기술과학 전문지식인데, 대체로 현대 글로벌 자본주의 지형에서 국가 경쟁력을 유지하는 열쇠라고 간주되는 것이 바이오-정보-나노-기술을 통해 창출되는 것과 같은 첨단기술 분야이기 때문이다.

그런데 옹은 이 전문지식의 새로운 생태학은 또한 필연적으로 '소속의 새로운 생태학'이라고 주장한다. 비록 지식경제가 정부의 의도적인 개입을 통해 작동하더라도, 그러한 조치의 효과는 '전문기술과 기업가적 가치들이 …… 민족성과 정치적 충성을 대체'해 사회적 시민권의 핵심 조항이 되는 전환을 일으킬 수 있느냐에 달려 있다. 다시 말해, 지식경제는 "지적 자본과 위험-감수 행동"을 본질적 덕목으로 옹호하는 "도덕적 합당moral worthiness에 대한 새로운 체제"를 도입함으로써 기능한다.[6] 이와 같이, 한편으로 지식경제는 다양한 제도적 행위자 간의 참신한 일련의 상호관계로 규명된다. 동시에 그러한 제도적 재구성은 오직 소속과 사회적 시민권의 바로 그 기초를 재규정하는 주체의 위치 전환을 수반하는 경우에만 효과적이다. 따라서 그야말로 지식경제는 자아, 소속, 공동체 같은 현대의 사회생활에서 가장 기본적인 몇몇 범주의 변형을 의미한다.

인도 기술이민자들의 경우, 그러한 인격성과 생활-세계에 대한 재규정은 이미 존재하는 인도인성 개념을 개정해 형성된다. 내가 아래에서 개괄적으로 설명하듯이, 초국가적으로 이동하는 인도 전문가들의 정체성에 대한 현대적 규명은 '글로벌 인도인성' 개념을 통해 이해될 수 있다. 이것은 이러한 기술이민자들이 전 세계적으로 더 퍼져나가더라도 본질적인 인도인의 핵심은 유지한다는 생각이다. 이 본질적인 인도인성의 소재지로서 '가족' 구성체는 새로 등장한 글로벌 인도인성 규명에 가장 중요한 부분이다. 내가 논증하겠지만, 글로벌 인도인성 개념 자체는 식민지 시대에 제정된 '새로운 중산층new middle class'의 문화정치 일환으로 시작된, 계속 진행 중인 역사적 과정의 연장으로 간주된다.[7] 이와 같이 이 장에서 나는 아이와 옹을 따라 지식경제가 낳는 새로운 소속 개념을 명백히 한다. 그러나 또한 옹과 달리 이러한 새로운 소속 개념은 가족 소속familial belonging 담론을 통해 중재되어, 친족관계와 민족성이라는 역사적으로 두드러진 개념을 훼손하기보다 계속 이어간다고 주장한다.

더 진행하기 전에 몇 가지 주의사항이 있다. 첫째, 여기에서 말하고 있는 중산층 개념은 사회학적으로 정확한 서술어라기보다 담론적이고 수행적인 범주이다. 실제로 몇몇 논평가는 사회경제적 및 문화적 표현에서 중산층 개념이 지닌 엄청난 다양성을 고려한다면, 이 사회집단의 실제 크기(추정치는 3000만 개에서 3억 개까지)를 측정하려는 시도는 쓸데없다고 말했다.[8] 담론적 구성체로서의 (새로운) 중산층―'현대 인도의 공공문화에서 정체성, 열망과 비판의 이정표'―이 흥미로운 이유는 효과적으로 관리하고 대표할 수 있는 방대한 이질성heterogeneity 때문이다.[9] 둘째, 다음 부문에서 보이겠지만, 여기에서 논의되고 있는 중산층은 사실상 근본적으로 초국가적이다. 최근 남아시아주의 학문은 인도의 중산층과 전체적인 디아스포릭 인도인 공동체 간의 상호연결 밀도가 그 둘의 엄격한 구분을 분석적으로 부적절하게 만든다고 지적했다.[10] 마지막으로, 나의 연구대상인 기술이민자들은 이 중산층 담론 안에 정확하게 자리 잡을 수 있다. 중산층이라는 더 큰 범주와 마찬가지로 이러한 전문직 이주자들 간에도―예를 들면 사회경제적 및 언어적 배경의 측면에서―상당한 다양성이 존재한다. 그러나 인도의 현대화 추구에서 과학기술-관련 전문직에 대한 역사적인 투자 그리고 IT 관련 전문직에 대한 지속적인 강조는, 이러한 인도 기술이민자들이 일반인의 상상력을 사로잡는 중산층 생활양식과 품위라는 바로 그 현대화의 약속을 실증하게 되었음을 의미한다.[11]

글로벌 인도인성과 인도 가족

글로벌 인도인성은 근본적으로 정신적 인도와 물질적 서구라는 본질화된 이항대립에 의해 구조화된 개념으로, 이 양쪽의 차이를 조종하며 양립할 수 있게 한다. 이 '자기-오리엔탈리즘적auto-orientalist'적인 사고체계에서 '인도'는 정신적으로나 도덕적으로 풍요로운 땅이지만 물질적 결핍과 무질서함도 똑같이 특징적인 땅으로서, 가난하고 불결하며 과학과 기술의 진보에서 뒤처져 있다고 여겨진다.[12] 반면에 '서구'(특히 미국)는 '기회의 땅'으로서 기술적으로 진보했고 물질적으로 풍요롭지만, 그럼에도 어떤 도덕적이며 정신적인 파탄을 나타내는 과도한 쾌락주의가 특징이다. 글로벌 인도인성 담론은 무엇보다 먼저 서구화된 습관과 생활양식에 대한 도덕적 한계를 규정함으로써, 이 대립범주들 간의 넓은 간극을 연결시킨다. 즉, 개인주의적이지만 가족 가치로 제한되며, 소비주의적이지만 인도인으로 쉽게 규약화될 수 있는 방식으로, 그리고 무엇보다 인도인의 정신적 기질에 의해 강력하게 지지되는 방식으로 소비한다. 다시 말해, 글로벌 인도인성은 '적합하게 인도인appropriately Indian'이 되는 방식을 규명하는데, 특히 훨씬 더 많은 수의 인도인들이 전문직의 초국가적 이동 회로에 들어가서 근본적으로 '다른other' 것에 훨씬 더 가까이 가고 있을 때 그 방식을 규명한다.[13]

인도와 서구에 대한 이런 본질화된 개념은, 식민지 시대의 인도 중산층이 자신들과 식민 통치자들 간의 차이를 규명하려 했던 역사적 과정에서 비롯된다.[14] 즉, 식민지 공간은 과학과 기술, 국정과 경제 같은 실체로 구성된 '외부' 물질적 영역과 언어, 연극, 문학, 가족 같은 문화적 실체를 포함한 '내부' 정신적 영역으로 분리된다고 생각했다. 외부 영역에는 서구의 우월성이 잘 확립되어 있었고 인도의 현대성 추구에서 모방되었다. 그러나 내부 영역에서는 무엇보다 인도가 가장 중요했다. 그래서 서구의 논리가 이 본질적인 인도 문화의 신성한 영역에 침입하는 것은 어떤 희생을 치르더라도 막아야 했다. 이 중산층 공간의 인도인성은 '문화의 규범화

cultural normalization'를 통해 달성되었다. 즉, 이는 인도의 발전과 진보를 향해 현대 서구의 계몽주의 이상을 수용하는 동안에도, 그 본질이 서구의 정체성과는 근본적으로 다른 인도의 정체성을 명확히 규명하는 과정이다. 당면 과제는 비서구적인 또는 독특하게 인도적인 근대성modernity을 규명하는 것이었다.[15]

1960년대의 경제 침체는 인도에서 서구 국가들로의, 특히 미국으로의 전문직 이민을 촉진시켰다.[16] 인도에서 미국으로 가는 전문직 이민의 두 번째 물결은 1990년대의 임박한 Y2K 위기로 촉발되었다. 이 때문에 IT 관련 노동에 대한 수요가 갑자기 방대하게 증가했으며, 이 틈새시장을 인도의 소프트웨어 전문가들이 장악하게 되었다.[17] 또한 초국가화trans-nationalization는 인도에 당도한 글로벌 상표들과 소비재 형태를 취했다. 1980년대부터 시작된 사회주의 경제의 자유화는 결정적으로 소비자-시민의 시대를 알리면서, 세계화와 국지화 그리고 근대와 전통에서 '이도저도 아닌' 상황에 처한 '열망 소비aspirational consumption'가 인도 중산층 동일시화의 전형적인 특징이 되었다.[18] 인도의 중산층은 그 과정에서 대단히 초국가화되었고, 이는 인도인성의 지배적 구조에 대한 추가적인 재규명을 하게끔 만들었다.

그러한 재규정에 대한 충동은 적어도 뚜렷한 두 방향에서 비롯된다. 하나는 인도 중산층을 구성하는 역사적으로 특수한 내부 논리에서 비롯된 것이고, 다른 하나는 중산층 스스로가 진입하고 있던 서구사회의 맥락에서 비롯된 것이다. 첫 번째 경우, 사회 조직의 서구적 양식들에 강력하게 그리고 도처에서 직면하는 것—초국가적 이주를 통해서든 아니면 가정에서 상품소비와 생활양식에 대한 전 세계적으로 굴절된 이미지의 유통을 통해서든 간에—은 반사적으로 인도 사회성의 기존 양식들을 질문하게 만든다.[19] 그러나 다른 한편, 서구에 만연한 인종적 위계질서에 속하는 것은 결코 시작하기에 간단한 실천이 아니었다. 예를 들어, 비자이 프라샤드Vijay Prashad의 주장에 따르면, 대개 미국에 있는 전문직 인도 이민자들의 디아스포릭 공동체는 백인들의 특권white privilege과 흑인들의 주변성black marginality이라는 두 극단의 중간 위치에 이중적인 방식으로 자리 잡는다. 즉, 그 공동체는 일단 경제성장에 실질적으로 기여하지만, 그 외에는 주류 사회와 사회적 및 문화적으로 떨어져 운영된다.[20] 이와 같이 신생 디아스포릭 공동체는 노동시장에 완전하게 통합되지만 사회적으로는 분리된 채로 남아, 인도인으로서의 문화-국가적 동일시가 공동체에게 유용한 가장 현저한 소속 형태로 지속된다.[21] 따라서 그 결과는 글로벌 분산과 상관없이 인도인의 뿌리에 깊이 닻을 내리고 있는, 강력하게 상호연결된 초국가적 계급이다.

이러한 상황의 접점에서 글로벌 인도인성 개념은 기존의 인도인성 개념을 현대적으로 재규명하는 것으로 출현한다. 즉, 인도인이지만 글로벌하게 인도인이다. 그것은 근본적으로 바뀐 인도 중산층 생활의 현황과 부합한다. 즉, 글로벌하게 분산되어 있지만 국가 인도와 깊게 연관되며, 소비주의적 논리에 영향을 받지만 가장 유력한 인도인성 개념들 안에서 그 개념을 규명하는 일에 관심이 있다.[22]

초국가적인 인도 가족

본질적 인도인성에 대한 그런 재규명은 가족 공간 안에서 집중적으로 행해진다. 파르타 차터지Partha Chatterjee에 따르면, '인도 전통'의 중심으로 확인된 국가, 즉 가족은 역사적으로 줄곧 '인도의 자주성과 인도와 서구와의 차이'에 대한 주장이 가장 생동적인 장소였다.[23] 그러한 차이를 주장하는 핵심 요소는, 예를 들어, '공동가족joint family'이라는 구성체를 통해 이루어졌다. 명백하게 인도의 친족제도로 규약화된 공동가족은 아버지, 아들, 그들의 아내와 자녀들로 이루어진다. 공동가족이란 세대 가구들이 보통 가구 차원에서 조직되는 돌봄, 요리, 청소 등의 일상적인 가내 활동을 하며, 대대로 내려오는 집에서 계속 공동거주하는 사회적 배치를 말한다. 공동가족이라는 범주가 망라하는 사회적 관계의 실제 특성과 범위는 다양하고, 공동가족의 생생한 경험이 공동가족의 유효성에 대한 어떤 주장도 강하게 누그러뜨리지만, 그럼에도 불구하고 공동가족에 대한 서사는 인도인의 사회생활에 배인 공동체 지향성의 강력함은 물론 그러한 친밀하고 인격적인 돌봄의 방식으로 물질적인 서구문화를 능가하는 정신적인 인도문화의 도덕적 우월성도 보여주는 결정적인 증거로 자주 언급된다.

근대화의 시작은 개인화를 자극하고 개인화와 연관된 지리-공간적 분산을 가져오며, 그다음 근본적으로 사회조직의 위와 같은 양식에 도전하고 결국 진정한 인도인성 상실에 대한 기본적인 불안을 촉발한다.[24] 지금 이 장의 맥락에서 중요한 것은, 기존의 여러 사회성의 잠재적인 붕괴를 통해 진정한 인도인의 자아 상실에 대한 불안감이 가장 즉시 나타나는 곳이 가족 공간—아이를 낳고 기르고 결혼하고 노인을 돌보는 관행이 행해지는 공간—이라는 점이다. 즉, 로런스 코언Lawrence Cohen이 매우 설득력 있게 주장하듯이, 인도인성에 대한 도전은 무엇보다도 먼저 "가족체familial body"에서 경험된다.[25] 그러한 불안은 전문직 인도인 이민자 주위에서 계속 맴돌고 있는데, 관련된 초국가적 분산을 고려할 때 인도인 가족생활의 일반적인 양식이 훨씬 더 심각하게 도전받고 있다. 예를 들어, 스미타 라다크리슈난Smitha Radhakrishnan의 민족지학 기록은 인도, 남아프리카공화국, 미국에 있는 IT 관련 인도 여성들은 자신들의 전문직업적 삶을 추구하면서도, 올바른 '균형'을 찾고 '좋은 가정'을 꾸리는 데 중점을 둔다고 강하게 강조한다.[26] 그렇다 하더라도 새로운 세대의 인도인들이 성년이 되면서 이러한 관심사들의 일부는 흐려지고 있다. 이는 한편으로는 인도인 연장자들이 주장했던 더 큰 자주성 때문이며, 또 한편으로는 글로벌하게 직업적 성취를 했다는 자부심이 그러한 불안감의 일부를 상쇄시키기 때문이다.[27]

인도 기술이민자들의 가족적 불안

압헤이Abhay는 40대 후반으로 부인과 두 아이와 함께 현재 인도 푸네Pune에 거주하고 있다.[28] 그는 1990년대 초 미국으로 건너가 2001년에 인도로 돌아온 IT 전문가이다. 미국에 있는 동안에는 캘리포니아 샌프란시스코 베이 지역에 살면서 인도인 공동체를 조직하고 적극적으로 참여했다. 인도에 돌아온 이후 IT 분야에서 계속 활동하고 있으며, 연극 공연과 정보권리 운동에도 적극 참여하고 있다.

압헤이는 1993년 처음 미국으로 떠날 때 인도인의 생활과 서구인의 생활 사이에 분명한 구분이 마음속에 있었다고 말한다. 그는 좋은 직장, 훨씬 더 나은 봉급, 세계에서 가장 선진국인 나라에서 살 수 있는 기회를 열망했다. 그러나 미국에 영원히 정착하기를 원한 적은 전혀 없었는데, 늘 그런 사람들을 인도에 대한 배반자로 여겨왔기 때문이다. 그러나 그가 미국에서 보낸 시간은 그 모든 것을 바꾸었다. 그가 인도를 떠날 때 인도로 돌아가겠다고 생각한 이유와 그가 실제로 돌아온 이유는 전혀 다르다. 그는 어느 특정 국가의 시민권이든 그것을 단지 사소한 일로 여기게 되었다. 그에게 훨씬 더 중요한 것은 사람들이 부여하는 가치와 그에 따라 행동하는 방식이다. 그는 처음에는 무슨 일이 있어도 미국에서 언제나 국외자outsider가 될 것이라고 느꼈지만, 이제 미국은 그 핵심이 곧 국외자(이주자)들의 나라라는 것을 이해하게 되었다.

압혜이를 인도로 돌아가게끔 실제로 추진한 것은 그가 생각하는 즉각적인 만족과 과도한 쾌락주의 미국 문화이다. 그가 정말로 극심히 흔들렸던 때는 닷컴dot-com 시대가 절정일 때 여덟 살 난 아들이 "아빠의 '순자산net worth'은 뭐야?"라고 물었을 때이다. 압혜이는 자신이 미국 문화를 특징짓는다고 느끼는 도덕적/정신적 파탄과 미국이 세계무대에서 보여주는 제국주의에 매우 비판적이다.

그럼에도 불구하고 대인관계에서는 미국에 대해 좋은 경험을 많이 했다. 그는 미국에서 경험할 수 있었던 재정적 안정감과 미국 사회에 만연한 자유주의적이며 세속적인 기풍—그는 이것이 미국 교육 시스템에서 기인한다고 본다—을 높이 평가한다. 그는 돈독한 우정도 많이 쌓았다. 비록 그가 상리Sangli에서 태어나 뭄바이Mumbai에서 자랐더라도 누군가가 그에게 어디서 왔는지 물으면, 그는 '베이 지역Bay Area'이라고 본능적으로 대답한다. 인도인들끼리는 여러 인종의 개인에게 흔히 인종 비방을 하기에 그는 미국에 살고 있는 인도인들에게 인종차별적 경향이 있다는 것을 인정하면서도, 차세대 인도 아이들이 이런 경향을 극복하려고 할 때 마음이 매우 든든해짐을 느낀다.

그렇다 하더라도, 한편으로는 중년의 위기로 촉발되고 또 한편으로는 가정생활, 직장생활, 주말여행, 축구경기, 친구 집에서 어울려 놀기로 반복되는 틀에 박힌 미국 생활을 경험하기 시작하면서, 자신이 인도로 돌아가고 싶어 한다는 것을 알았다. 그의 아내와 서로 감정이 통했기에 그들은 천천히 미국 생활을 마무리했고, 약 1년 반 후 인도의 푸네로 돌아와 자리를 잡았다.

인도로 돌아오니 그가 매일 마주치는 극심한 빈곤, 불결함, 부패가 압헤이를 괴롭혔다. 그러나 빈곤 그 자체보다 그런 빈곤에 대한 특권층 사람들의 불감증이 더 괴로웠다. 오랫동안 인도를 떠나서 살아 온 압하이는 주변의 이런 요소들을 떨쳐버릴 수가 없다. 떨쳐버리는 것은 그에게 어떤 '순수함의 상실loss of innocence'로 생각된다. 그는 이것이 인도로 돌아온 많은 개인들이 또 다시 인도를 떠나기로 결심하는 이유라는 것을 알지만, 그는 그대로 머물고 싶고 바라건대 긍정적 변화가 일어나게 하고 싶다. 이런 마음으로 그는 '생각은 세계적으로, 행동은 국지적으로think globally, act locally'라는 모토에 따라 전문적, 예술적, 사회적으로 여러 노력을 하며 살기 시작했다.

많은 인도인들이 자신들의 둥지로 돌아가기 시작했다. 압헤이는 이 개인들이 그들의 전문직업적 성공을 책임감 있게 활용할 수 있기를 희망한다. 이 개인들은 자신들의 사고에 세계적인 차원을 보탤 기회를 가졌고 그다음에 인도로 돌아온, '다시 태어난 인도 시민'이다. 시민의식의 좁은 개념을 초월하는 그들의 야망은 세계 시민의식global citizenship을 수행하는 것이다. 실제로 이들은 **바수두하바 쿠텀바캄**Vasudhaiva Kutumbakam('세계는 한 가족')을 실천하고 있는 개인이다.

압헤이의 것과 같은 전기서사는 초국가적인 인도 기술이민 주위에서 자주 목격되는데, 이는 이런 고숙련 이민자 사이에서의 초국가적 이동성으로 인해 야기되는 가장 흔한 불안 중 일부를 보여준다. 표준적인 서사는 다음과 같다. 해외로 (미국은 최근 몇 년간 주요 목적지였다) 나가는 인도의 IT 전문가나 엔지니어는 더 높은 교육과 우수한 경력 기회를 추구한다. 전문직업에서의 성공은 (비교적) 쉽게 다가온다. 그 후 전문직업적인 승진은 교외 주택지에서의 가족생활을 동반하는데, 가족생활은 보통 인도인 확대 공동체에 들어가 있다. 그렇다 해도 이 변경된 전문지식의 생태계에서 재정적 안녕을 성취하는 것은 비교적 수월한 반면, 여기에 속하는 것이 무엇을 의미하는지를 파악하는 것은 보통 수월하지 않다. 자신이 문화적으로 좀 더 친밀하고 쉽게 인식할 수 있는 사회구성체social formations를 세우고 깊이 관여함에도 불구하고, 문화적으로 낯선 환경에 거주하는 것은 평소의 사회성 양식을 불가피하게 재협상하게 한다.

일련의 협상은 일상생활에서 인도와 서구의 생활방식 간의 인지된 긴장을 해소하는 것을 포함한다. 여기서 서구 사회를 닫힌 가구closed households와 지나치게 격식을 차리는 생활양식으로 인지하는 것은 인도인의 환대를 좀 더 허물없는 양식으로 인지하는 것과 종종 대비된다. 압헤이가 겪은 일상적이고 틀에 맞추어진 미국 교외에서의 생활 경험도 이런 감성의 표현이다. 많은 기술이민자에게 미국적인 생활은 '예약문화'로 너무 경직되게 구조화되어 있는데, 이는 격의 없고 자발적인 교류를 위한 공간을 거의 남기지 않는다. 기술이민자들이 인도인 동료들과 나누는 교류는 미국인 지인들과 나누는 교류와 달리 훨씬 더 유연하다고 여겨진다. 예를 들어, 격의 없는 인도의 환대 규범에서는 사전 통지 없이 그들의 인도인 동료를 방문하는 것이 사회적 결례가 아니다.[29]

일상생활에서 상반되는 인도성과 서구성의 당김을 협상하는 다른 현상은 여러 미국 대학 캠퍼스 주변에 있는 인도 학생들만의 배타적 공동체를 설립하는 것이다. 미국 북동부의 기계공학과 대학원생인 스리니바스Srinivas는 그의 경험상 미국 대학에서 대부분의 인도인 대학원생은 더 넓은 인도인 대학원생 공동체의 일부로 함께 사는 경향이 있다고 설명한다. 그러므로 인도 학생들은 서로 아파트와 방을 공유하고, 더 큰 아파트 단지에는 결국 더 많은 인도 학생들이 살게 된다. 스리니바스에 따르면, 대체로 이는 미국 동료와 일상생활의 실질적 협력을 협상하는 것이 인도인 동료와 협상하는 것보다 더 힘들기 때문이다. 예를 들어, 방을 공유하는 것은 많은 인도 학생들 사이에서는 흔한 관행인데, 이는 인도 루피와 미국 달러 가치평가의 높은 격차를 감안할 때 임대료를 절약하기 위한 전략이며, 또한 그것이 인도의 가내 공간이 조직되는 흔한 방식이라는 점을 고려하면 이미 많은 사람들에게 익숙한 관행이다.

그런데 스리니바스의 설명으로는 그런 실질적인 협력을 미국인 동료와 함께 실현하는 것은, 개인 공간과 프라이버시의 사회 규범에 대한 이해가 대단히 이질적이라는 점을 고려하면 거의 불가능하다. 더 나아가 스리니바스는 공유아파트 안에서 사적 공간을 구분하기 위한 아파트 내 문 닫음closed doors과 같은 관행을 언급한다. 그는 이 관행을 서구 생활양식의 특징으로 인정하지만, 공동체주의 생활양식에 더욱 익숙한 그로서는 스스로를 소외시키는 관행이다. 식습관도 그러한 긴장의 또 다른 현장이다. 스리니바스에 따르면, 예를 들어 향신료를 많이 사용하는 인도 부엌에서 나는 강한 냄새는 다른 인도인과 동거할 때는 어떤 어려움도 야기하지 않지만, 인도 부엌에 익숙하지 않은 사람들에게는 자주 문제가 된다. 게다가 특별히 소고기가 힌두교 관습에 의해 금지되어 있다는 점을 감안할 때 육류 소비와 같은 식이 금기 사항도 일상 생활양식의 협상을 잠재적인 논쟁거리로 만든다. 인도와 미국의 생활양식에 대한 인지된 차이는 반드시 해결할 수 없는 것은 아니지만 인도인들만의 공동체에서 살면 간단히 피할 수 있다. 이렇게 가내 공간을 독특하게 인도인의 공간으로 코딩coding하는 것은, 파르타 차터지의 문화공간 내부와 외부 영역 간의 구별도 예증하며 이 두 활동 영역 간의 경계가 계속 구체화되는 나날의 실천도 예증한다.

지난 수십 년 동안, 가족은 인도 기술이민자들 사이에서 재정투자의 중심지로도 부상했다. 국외 이주가 증가함에 따라, 세계은행은 현재 인도가 세계에서 가장 큰 송금 수신국 중 하나라고 보고한다.[30] 의미심장하게도 이런 송금의 50% 이상이 정부-지원 투자 프로젝트가 아니라 가정 차원의 저축 계좌에 예치된다.[31] 부분적으로 이러한 투자 양식은 대다수 인도 기술이민자에 뿌리박힌 인도 정부에 대한 불신에서 비롯되지만, 동시에 그들의 가족과 인도 국가의 발전과 번영에 대한 강한 헌신에서도 비롯된다.[32] 부동산투자는 두 번째로 주요한 재정투자 수단이다. 예를 들어, 미국에 있는 대담자들 다수가 인도 고향의 아파트와 주택에 적극적으로 투자했다. 논리는 두 가지였다. 첫째, 인도의 부동산 시장은 투자의 금전가치가 크게 증가할 것으로 예상되는 호황 분야로 간주된다. 둘째, 고향에 투자하는 것은 그들의 부모나 형제들이 그들의 지역 대리인이 되어 그들이 다른 곳에서 사는 동안 그들의 재산을 유지하고 관리할 수 있다는 것을 의미했다.

서구의 사회성에 거북하게 자리한 인도인 생활방식의 구별성을 보여주는 다른 지표는 인도 기술이민자들 사이에서 지속되는, 공동가족생활의 이상화이다. 전통적으로 공동가족 가구는 확대가족이 가족주택을 공유하는 친족관계 제도를 지칭하는 반면, 공동가족에 대한 현대적 표명은 보통 아들과 딸, 손자, 조부모로 이루어진 직계가족으로 제한되는 다세대 가구를 지칭한다. 예를 들어, 기술이민에 대한 로히트 조시Rohit Josh의 이야기를 고찰해 보자.

로히트도 압헤이와 마찬가지로 수년간 미국에서 살다가 인도에 다시 자리를 잡기로 했다. 로히트는 오랫동안 미국에서 살아온 인도 공과대학교Indian Institute of Technology: IIT 출신의 화학 엔지니어이다.[33] 그는 미국에서 매우 성공적인 경력을 누린 후, 자신의 출생지인 푸네로 다시 이주하기로 결정했다. 로히트는 늘 인도로 돌아가기를 열망했지만, 그와 그의 아내는 이 결정을 신중하게 생각해야만 했다고 말한다. 조국으로 돌아가 소규모 사업가가 되거나 미국에 남아 기업계에서 고위 경영직에 오르는 것 중 하나를 선택해야만 했다. 그런데 그는 미국에서 성년이 되는 젊은 인도 세대도 항상 의식하고 있었다. 그들의 학교, 고등교육 시스템, 인도에 대한 그들의 생각, 미국의 가정생활, 젊은 세대와 그들 부모 사이의 긴장, 일찍이 사춘기에 표출되는 섹슈얼리티, 아주 어린 나이 때부터 매력적이고자 하는 소녀들 등 이 모든 것은 미국에서 두 딸을 키우는 로히트를 불안하게 만들었다. 그는 딸들을 미국에서 키우겠다는 전망이 잠재적으로 위험하고 스트레스가 많겠다고 생각했다. 이에 비하면 딸들이 인도에서 더 순조롭게 성인기를 맞을 것이라는 데에 그와 그의 아내는 동의했다. 남부 캘리포니아 어바인Irvine에 있는 그들의 주택은 아름다웠지만, 그들은 딸들이 거기에서 자라면 진짜 세상을 이해하지 못할 것이라고 생각하기 시작했다. 딸들은 조국의 하늘 아래에서 살면서 가족끼리 사는 즐거움, 친척과의 정기적인 교류, 조부모의 사랑을 경험함으로써 더 '자연스럽게' 성장할 것이었다. 그들은 이를 염두에 두고 인도로 돌아가겠다고 결정했지만, 미국으로 다시 돌아갈 수 있는 문은 열어두었다.

로히트의 서사는 인도의 생활양식과 서구의 생활양식 간의 인지된 긴장을 반복하는 것 외에도, 가내 공간의 젠더화와 글로벌 인도인성의 담론을 보다 일반적으로 암시한다. 매우 상이한 젠더와 섹슈얼리티 역학을 통해 구조화된 미국사회에서 딸들을 기른다는 전망이 로히트의 주요 관심사가 되면서, 결국 그를 인도로 돌아가게 만든다. 차터지가 주장하듯,

이런 염려 자체도 '인도 여성'에게 문화적 순수성과 진정성이라는 특별한 자질을 입혔던 보다 광범위한 인도의 반식민지 민족주의 역사에 기반한다.[34] 외부의 물질주의 영역에서 일하는 사람들이 대체로 남성이라는 점에서 인도 남성들이 타락한 서구 근대성으로부터 더 쉽게 영향을 받았다는 점을 고려할 때, 인도 여성은 내적, 정신적, 여성적인 인도의 본질과 정치제도 및 국가경영의 외적, 남성적 영역들 간의 경계와 긴장을 협상하면서 인도 남성이 더 감염되기 쉬웠던 서구 근대성의 타락에 대항해 인도의 문화적 가치를 보존하는 수호자가 되었다. 그리하여 근대적 국민성nationhood을 규명하는 일은 인도 여성이 자신의 방식으로 근대적이되 **너무** 근대적이지 않기를 요구한다. 결국 인도 여성은 자신의 의상과 매너리즘에서 전통과 근대성 간의 올바른 균형을 보여야만 했다. 그렇다면 미국의 문화적 가치 속에서 딸들을 키우는 것에 대한 로히트의 불안은 저 역사적 과정의 근대적 표명으로 해석될 수 있다. 그러한 협상은 인도인의 또 다른 사회생활 영역에서도 계속된다. 예를 들어, 인도 여성에게는 전문 인력에 참여하면서 동시에 가내 공간의 일차적 수호자가 되어야 하는 것 사이에서 올바른 '균형'을 찾는 과제가 계속 주어진다.[35]

기술이민자들이 말하는 또 다른 종류의 불안은 고령의 부모를 돌보는 것과 관련된다. 예를 들어, 스네하Sneha의 경우를 보자. 20대 후반인 스네하는 IIT 대학원생 출신으로 그 당시 미국 북동부의 유명 학교에서 화학공학 박사학위 과정을 밟고 있었다. 스네하와 그녀의 언니는 최근 미국으로 이주했다. 이제 자신의 가정을 꾸린 스네하의 언니는 미국에 영구히 이주하기로 결정했다. 이에 스네하는 딜레마에 빠졌다. 한편으로 그녀는 연구 중심 경력을 추구하고 싶은 생각이 간절했다. 이를 위해서는 미국에 있는 것이 인도에 있는 것보다 더 좋은 기회를 더 많이 접할 수 있다고 생각했다. 다른 한편으로 그녀는 인도에 계신 노부모를 돌보는 것에 대한 의무감도 언급했다. 이러한 자식으로서의 책임감은 대담자들에게 보다 일반적으로 공유되고 있었으며 친족관계와 나이 듦에 관한 남아시아의 문헌과 일치하는데, 이 지역은 부모와 나이 든 혈족에 대한 돌봄이 전통적으로 아들(그리고 때로는 딸)의 책임이었기에 결과적으로 가족 공간 안에서 돌봄이 조직되어 온 곳이다.[36] 실제로 최근까지도 우수하게 관리되는 요양시설처럼 일정한 형식을 갖춘 고령화 기반시설을 통한 돌봄의 방법이 거의 없었다. 더구나 가족 공간 밖의 제도화된 공식적 돌봄이라는 바로 그 생각을 담은 문화적 맥락은, 부모를 돌보아야 할 책임을 충분히 다하지 못했다는 자녀들의 개인적 및 도덕적 태만과 빈번히 연관된다.[37] 부모를 돌보는 것은 특히 어려운 딜레마를 일으킨다. 먼저, 법제도로는 자녀가 수월하고 영구적인 방식으로 부모를 미국에 모셔오기가 (불가능하지는 않지만) 힘들다. 게다가 부모 자신도 노년에 미국으로 이주하기를 상당히 꺼리는데, 매우 다른 생활방식에 또 익숙해져야 하는 것이 더 힘들게 여겨지기 때문이다. 따라서 이주자로서 부모를 돌보는 것은 문화적 역설을 제기한다. 즉, 돌봄에 대한 불안은 인도 기술이민 주위에서 가장 눈에 띄는 딜레마 중 하나이다.

'중매결혼' 관행이 계속 현저한 것은 가족과 인도인성 개념이 깊게 얽힌 또 다른 방식을 보여준다. '연애결혼'이 아닌 중매결혼은 인도인들 간에 결혼을 준비하는 전통적인 체제로서, 신랑과 신부의 혼인 관계가 각자의 가족에 의해 추진된다. 그러한 합의는 (개인보다는) 각자의 가족 간에 공식화되는데, 항상 그 가족은 언어, 카스트 신분, 계급적 배경이 상당히 비슷하다. 그러한 중매결혼의 성격이 전통적인 경우와 상당히 바뀌었지만, 그럼에도 불구하고 그 관행은 인도 기술이민자 사이에서는 계속 매우 현저하다.[38] 실제로 오직 인도인 의뢰인만을 위한 결혼 웹사이트는 오늘날 기술이민자들 사이에서 극도로 인기가 있으며, 도시 중산층 인도인들 사이에서는 그 인기가 더욱 일반적이다.[39] 이런 웹사이트의 개인 프로필은 언어와 카스트 신분 같은 본토의 요인들, 교육과 취업에 대한 배경 정보, 각자의 가족에 대한 정보, 그리고 더 최근에는 관련된 개인의 체류신분을 통해 정렬된다. 대담자들은 기술이민자 사이에서 '중매결혼'이 현저하게 지속되는 이유를 많이 언급한다. 여기에는 낭만적 관계를 맺는 인도와 서구의 방식 차이, 보다 일반적으로는 인도와 미국의 생활양식 차이, 다른 방식으로 얽히는 교차-문화적 협상의 어려움, 그리고 때때로 기존의 문화적 경계 안에 머무르려는 성향이 포함된다. 한 대담자의 표현대로, "내가 왜 내 방식대로 해서 부모님을 화나게 하겠는가?"

이와 같이 가족생활과 문화적 전통을 지키는 것에 대한 불안이 초국가적인 인도 기술이민의 주위에서 두드러진다. 이런 불안은 또한 가내 공간의 조직과 같이 매우 평범한 활동에서—어떤 본보기도 쉽게 구할 수 없을 만큼 심하게 바뀐 생활 상태에 직면해—올바른 인격에 대한 윤리적 성찰을 통해서도 구체화되는데, 특히 출산과 양육, 임박한 결혼, 노인 돌봄과 같이 사회적 전환의 가장 중요한 순간에 뚜렷해진다. 이러한 상황에서 인도 기술이민자들은 문화적으로 유용한 사고방식을 활용함과 동시에 자신들이 현재 발 딛고 있는 글로벌 생활이라는 변경된 맥락에서 그것들을 재규명한다. 글로벌 인도인성은 그들에게 이런 새로운, 존재 조건들을 이해할 수 있는 담론적 공간을 제공한다.

결론

인도 기술이민의 회로에서 전문가로서의 성공은 보통 보증된 결말로 간주된다. 초국가적 이동성은 교육과 고용에 대한 불안을 그다지 많이 일으키지는 않는다. 그보다는 오히려 자아와 공동체 개념에 대한 불안이 고숙련 이주자들에게서 가장 쉽게 눈에 띈다. 이러한 염려는 가족의 언어idiom로 표명된다. 어디에서 살며 일할 것인가, 어떻게 투자할 것인가, 누구와 결혼할 것인가, 어떻게 가족을 돌볼 것인가 등의 이주에 대한 딜레마는—그 자체가 오랜 역사적 과정의 현대적 표명으로서—근본적으로 가족생활의 본질에 대한 결정이며 그래서 가족공간 안에서 해결된다.

예를 들어, 압헤이의 경우에서 결정적인 순간은, 아이들이 아버지를 그가 지닌 '순 자산'이라는 금전적 가치로 평가했듯이, 가장 친밀한 사회관계에서도 서구적인 물질주의적 평가 논리를 내면화하고 있다는 자각의 형태를 취한다. 다른 이들은 로히트의 경우처럼, 인도와 서구 문화의 특징을 보여준다고 하는 젠더와 섹슈얼리티에 대한 엇갈리는 규범을 염려하고 있다. 그러한 국제화internationalizations가 가장 큰 도전을 야기한다. 왜냐하면 이는—종종 용인되고 때로는 공공생활에서 찬양되기조차 하는—서구의 개인주의적 논리가 신성한 사적 영역에 침입했음을 암시하기 때문이다. 서구의 물질주의적 논리는 사적 영역인 가족을 재정비함으로써 인도의 정신적 계류지를 대체하려는 조짐을 보이는데, 가족이야말로 인도 국가에 속해 있다는 것이 잉태되고 실행되는 핵심 장소이다. 서로 다른 개인들은 발생하는 딜레마도 다르게 해결한다. 즉, 어떤 이들은 현지의 문화 구성체cultural formations 안에 스스로 훨씬 더 단단히 눌러 앉고, 다른 이들은 공동체의 지배적인 이상을 전적으로 거부하며, 압헤이와 같은 또

표 12-1 **글로벌 인도인성의 두 부분**

인도	경제자유화를 특징으로 하는 '새로운' 인도	미국
고숙련 노동자	'모범적인 소수인종'	타자로서의 이주자
인도인	글로벌 인도인	서양인
빈곤	인도 방식으로 소비함	물질적 풍요
비공식적·개방적 환대	재구성된 인도 공동체	닫힌 가정
정신적/도덕적	물질 축적의 기초로서의 인도 정신주의	물질적
집단적/문화적	가족에 의해 제한되는 개인주의	개인적

다른 이들은 자신들이 훨씬 더 쉽게 속하는 것처럼 보이는 인도로 되돌아온다. 물론 압헤이 자신이 말하듯, 그러한 '귀환return' 이주는 그 자체가 도전이기에, 많은 이들이 오염, 빈곤, 엄청난 불평등, 지저분한 정치의 현지 상황과 협상하는 것이 불가능하다는 것을 깨닫고 다시 서구로 돌아간다. 그러나 각각의 경우에, 인도의 문화적 정수는 서구에서 이용 가능한 물질적 성공을 제한하고 한도를 정하기 위해 소환된다. 표 〈12.1〉은 새롭게 등장한 글로벌 인도인성 담론이 해결하고자 하는 이분법을 도식화한다.

결론적으로, 만약 지식경제가 세계화라는 현대 상황에서 소속이 규명되는 방식의 전환을 가져온다면, 인도 기술이민자들 사이에서 그러한 전환은 가족공간에서 경험되고 관리된다는 것이다. 이렇게 출현한 자아와 공동체 개념들은 글로벌 인도인성의 담론을 통해 규명된다. 글로벌 인도인성은 인도와 서구의 본질화된 개념들 사이에서 타협점을 명료하게 하는 구성체이다. 인도인 가족과 가족 가치에 대한 담론은 여기에서 중심적인 위치를 차지하며, 이것을 통해 인도성과 서구성의 차이가 일차적으로 규명된다. 따라서 가족생활에 대한 걱정, 그래서 결과적으로 견고한 문화

-국가적 인도인 정체성에 대한 지속적인 투자에 대한 걱정은 인도 기술 이민자들 사이에서 가장 일반적인 불안의 일부로 나타난다. 가족—담론적인 그리고 물질적인 구성체로서의—은 인도인 전문가들이 나아가는 초국가적인 고숙련자 이주 회로에서 가장 핵심에 놓여 있다. 좀 더 도발적으로 말하면, 인도인의 세계화를 가능하게 하는 것은 가족이다.

제4부

후기

Afterword

제13장

후기

과학과 가내 영역의 장기지속

앨릭스 쿠퍼
Alix Cooper

가내 환경은 과학의 현장으로서 오랜 역사를 가지고 있다. 이 책의 장들은 주로 18세기부터 오늘날까지, 근대의 시기에 초점을 맞추고 있다. 각 장은 근대 세계의 가구와 가족의 맥락이 가지각색의 개인들에게 과학에 관여할 수 있는 기회를 제공하면서, 자연에 대한 새로운 지식의 생성에 어느 정도로 지극히 생산적이었는지를 보여주었다. 급속한 과학기술의 변화 속에서 근대적인 실험실과 같은 새로운 과학 현장들이 출현했음에도, 가내 환경이야말로 그 모든 모호함과 모순에도 불구하고 과학적 기획에 매우 중대하다고 입증되었다.

그러나 이전 시대를 되돌아보면, 자연지식이 가내 영역 안에 자리한 것은 결코 근대 세계에 국한되지 않는다는 것을 알 수 있다. 예를 들어, 초기 근대에도 가구와 가족은 과학 추구의 중요한 맥락으로 기여했다.[1] 지난 수십 년 동안 초기 근대과학을 연구하는 사학자들은 이 현상에 대해 점점 더 자주 언급하고 분석하기 시작했다. 예를 들어, 어떤 사람들은 특히 16세기와 17세기에 가정주부의 부엌에서든 아니면 집안 어딘가에 특별한 목적으로 지은 (연금술적) 화학실험실에서든 간에 천연물질에 대한 많은 실험이 가정에서 수행되던 방식에 주의를 환기시켰다.[2] 다른 사람들은 어떻게 어떤 종류의 경험적 관측이 (예를 들어 천문학과 박물학에서처럼) 통상 역사가들이 가족에서 '과학자'로 간주했던 사람뿐만 아니라 아내, 아들, 딸 같은 다른 가족 구성원, 나아가 가내 하인, 조수, 또는 다른 가구 구성원들에 의해 빈번히 행해졌는지에 주목했다.[3] 또 다른 사람들은 아버지에서 아들로 이어지든 아니면 어떤 또 다른 상속 유형을 통해서든 간에 자연지식이 가족 안에서 세대를 거쳐 대물림되는 방식에 주의를 기울였다.[4] 아마도 가장 현저하게 드러난 것은, 적어도 어떤 경우에서는 가구 환경이 과학적 정보의 흐름을 중재하는 데 결정적이었다는 것이다. 예를 들어, 데버라 하크니스Debora Harkness가 설득력 있게 논증했듯이, 분주한 수학자이자 점성가인 존 디John Dee를 접견하는 것은 근면한 그의 아내 제인Jane에게 달려 있었는데, 그녀는 존 디의 서재에 들이는 방문객의 흐름을 관리했다.[5] 요컨대, 초기 근대는 근대와 마찬가지이거나 어쩌면 근대보다 훨씬 더 대다수의 과학적 연구가 실제로 가내 환경에서 이루어진 시대였던 것으로 보인다.

게다가 이러한 가내 환경들은 훨씬 더 이전 시대에서도 과학에 많은 결실을 가져온 것으로 보인다. 그러나 우리에게는 그것들에 대한 증거가 비교적 부족하다. 그런데 우리가 확실히 아는 것은 중세시대에 유럽 대학이 처음 등장했다는 것이다. 대학이 가내 영역과 전혀 다른 '상아탑'이라는 일반적인 인식을 고려할 때, 처음에 이 사실은 우리의 목적에 별로 의미심장해 보이지 않을 수도 있다. 그렇지만 중세 대학의 기본 구조 중 하나는 사실상 그 교수의 가구였다. 즉, 대학생들은 흔히 교수의 가정에 숙식비를 지불하고, 교수와 그의 가족과 식사를 하면서 과학이나 의학의 문제와 관련된 대화를 나누었다.[6] 그런데 이 방법은 중세 가정에서 자연세계에 대한 토론이 일어날 수 있는 유일한 방법이 아니었다. 중세 성기[중세 유럽의 역사에서 11세기부터 13세기까지의 부흥기_옮긴이]에는 중세 대학의 발단뿐만 아니라 길드 제도의 발단도 목격되는데, 길드 제도는 초기 근대까지 장인 활동을 잘 조직했다. 그리고 약물 실험과 같이 오늘날에야 과학과 관련된 것으로 간주되는 많은 활동이 대개 장인적 맥락에서 수행되었다. 의학에서도 그랬듯이 장인들의 직업은 일반적으로 길드에 의해 감독되었고 그리고/또는 한 가족 구성원에서 다른 가족 구성원으로 대물림되었으며, 가정과 작업장은 통상 같은 지붕 아래 있었다.[7] 따라서 이 같은 다양한 방법으로 중세 시대에도 적어도 몇몇 가내 환경은 자연지식 추구에 개방적인 것으로 판명되었다.

비록 대부분의 개인의 일상생활에 대해 남아 있는 정보가 부족함에도 불구하고, 이집트, 그리스, 로마와 같은 고대 지중해 환경에서는 이런 종류의 정보를 훨씬 더 일찍 찾을 수 있다. 예를 들어, 기원 후 첫 세기 동안 그리스-로마 이집트에 살았던 알렉산드리아의 수학자 히파티아Hypatia of Alexandria는 가장 초기의 여성 과학자 중 한 명으로 오늘날 잘 알려져 있다.[8] 여성 성취의 상징으로 여겨지는 그녀는 페미니스트 학술지와 과학에서의 여성사는 물론 다른 모든 종류의 문화 유물에도 자신의 이름을 새겼다.[9] 그러나 그녀는 또한 다른 방식으로 보일 수도 있다. 즉, 그녀는 과학적 능력과 재능이 가내 환경에서 처음 개발되었을지도 모를 한 개인의 사례이다. 그녀의 아버지는 그 유명한 알렉산드리아 도서관의 수학자였고, 그래서 그녀는 같은 종류의 수학 문제를 연구하고 결국 같은 기관에서 가르치며 여러 방식으로 아버지를 대신하고 계승했던 것으로 보인다.[10] 그녀의 경우는 고대 세계에서도 과학과 관련된 것들을 비롯한 여러 직업과 관심사가 가족이나 가내 환경에서 상속되고 전승될 수 있었을 것임을 시사한다. 고대 세계의 여성들이 가족 구성원들로부터 과학이나 의학 지식을 습득했던 것으로 보이는 다른 사례들은 어느 정도 이러한 주장을 지지한다.[11]

이와 같이 히파티아의 경우는 우리가 고대 지중해 세계에서 목격할 수 있는 좀 더 일반적인 유형, 즉 과학적 관심사를 가족이 계승하는 유형을 반영한다. 이같이 볼 수 있는 또 다른 사례는 보통 영어로 원로 플리니Pliny the Elder와 그의 조카 젊은 플리니Pliny the Younger로 언급되는 로마 박물학자의 경우이다. 우리는 이 두 개인의 이름이 후대의 과학에서 반복적으로 출현하는 유형을 보는데, 같은 가문 출신이지만 세대가 다른 이 자연 탐구자들을 서로 구별하기 위해 '원로Elder'와 '젊은Younger' 같은 이름표가 주어진다.[12] 삼촌과 조카 사이인 두 플리니는 원로 플리니가 베수비어스Vesuvius 분화를 조사하려고 과감히 집을 나섰다가 돌아오지 못하게 된 그 운명의 날에 같은 집에서 함께 살고 있었다고 밝혀졌다.[13] 원로 플리니는 유언장에서 특별히 자신의 원고와 동식물 수집품 등 그의 전 재산을 조카에게 맡기는 한편, 공식적으로 젊은 플리니를 자신의 아들로 입양했다.[14] 당시 겨우 19세였던 젊은 플리니는 양아버지의 자연-역사적인 관심사를 계속 추구하지는 못했다. 원로 플리니의 죽음으로 그렇게 할 엄두를 못 냈을 것이고, 그래서 젊은 플리니의 글들은 결국 다른 주제들을 논하고 있다. 그럼에도 불구하고, 여기에서도 우리는 학습된 경력과 그 업적들이 가내 환경에서 상속되었을 유형의 일부를 볼 수 있다.

또한 이러한 가정의 또는 가내의 과학 현장 유형들이 유럽 또는 '서구'에만 국한된 것 같지는 않다. 예를 들어, 동아시아 과학을 연구하는 학자들은 의학과 같은 특정 직업들이 어느 정도로 집안 내력인지를 언급해 왔다. 한 연구원이 밝혔듯이, 중국 송나라와 원나라에서는 내과의라는 직업이 세습 직업으로 보이는 경우가 많은데, 어떤 가문에는 4대나 5대의 의사들이 기록되어 있다.[15] 더욱이 최근 연구는 특히 중국 여성의 의학 현장으로 가구의 중요성을 보다 일반적으로 언급한다.[16] 그런 유형들은 동아시아에만 국한되지 않을 것이기에, 관심 있는 연구자들은 결국 이 패턴을 세계의 다른 지역에서도 찾을 수 있을 것이다.

그 증거가 시사하는 것으로 보이는 가내-기반 과학의 오랜 역사를 고려한다면, 실험실같이 보통 주택가와 멀리 떨어져 따로 건설되는 새로운 과학 공간들이 출현했음에도 불구하고 가내-기반 과학이 오늘날까지 계속 번성하고 있다는 것은 놀라운 일이 아닐 것이다. 이 책의 여러 장은 가구-기반 자연지식의 지속적인 힘을 증언한다. 사실 어떤 점에서는 새로운 기술로 인해 심지어 그 힘이 증가했을 수도 있다. 예를 들어, 최근 수십 년 동안 재택근무가 증가함에 따라, 이전에는 직장에서 개인의 실제 출근이 필요했던 많은 업무들이 이제는 '퍼스널' 그리고/또는 '모바일' 기기를 사용해 가정에서 수행될 수 있다. 그리고 컴퓨터 기술의 발전은 사람들로 하여금 집 뒷마당에서의 관찰 결과를 편리하게 입력하게 하면서 새로운 종류의 '시민 과학citizen science'을 촉발시켰다.[17] 우리는 가내-기반 과학의 새로운 시대를 눈앞에 둔 것 같다.

이것은 이 가내-기반 과학의 역사를 연대기적, 지리적, 사회적 복잡성 속에서 이해해야 할 중요성을 강화한다. 이 책은 지난 몇 세기 동안 여러 나라에서 일어났던 많은 변화를 탐구했지만, 향후 새롭고 글로벌한 과학사를 바탕으로 이전 시기 및 다른 대륙에 대한 더 많은 연구를 수행한다면 훨씬 더 광범위한 유형들을 구분할 수 있을 것이다. 예를 들어, 가내 환경에서의 과학 추구는 시대와 장소마다 어떻게 바뀌었는가? 획기적인 사회적 및 기술적 변화의 한가운데에서도 지속되었던 어떤 연속성이 있는가? 또는 이러한 변화가 가내의 과학 환경을 위한 새로운 착상 그리고/또는 활용으로 이어졌는가?

다른 연구 방향들도 손짓한다. 예를 들어, '공적' 그리고 '사적'에 대한 인식의 변화는 가내 환경에서의 과학적 실천에 어떤 영향을 주었는가? 긴장감이 팽팽한 이런 개념을 다루는 어려움을 감안할 때 이것은 대답하기 어려운 질문일 수 있지만, 이 책의 장들은 이러한 질문이 다루어질 수 있다는 것을 보여준다. 해결해야 할 그 밖의 질문들은 다음과 같다. 지금은 오직 극소수에게만 가능한 풀타임 입주 가내 직원을 두는 가구 구성의 변화는 그 가구 안에서 행해지는 과학의 종류에 어떤 영향을 주었는가? 남성 가장이 이제는 더 이상 필수적인 전형이 아니라면, 가족 안에서 젠더에 대한 생각을 바꾸는 것이 어떨까? 마찬가지로, 실험실과 같이 보다 공식적인 과학적 일터의 유사 친족관계 안에서도 젠더에 대한 생각을 바꾸는 것이 어떨까? 좀 더 개괄적으로, 개인들은 자연 세계에 대한 지식을 추구하려는 개인적 및 사회적 관심사의 제약 안에서 (그리고 이로 인해 가능해진 기회 안에서) 어떻게 일했을까? 이 책에 담긴 각 장의 업적에도 불구하고, 또한 그 장들의 도움을 받을지라도, 아직 탐구할 것이 많이 남아 있다.

주

서론. 가내성과 과학사학

1 S. Shapin (1988) 'The House of Experiment in Seventeenth-Century England', *Isis*, 79, 373~408: 378.

2 A. Cooper (2006) 'Homes and Households', in K. Park and L. Daston (eds) *The Cambridge History of Science*, Vol. 3: *Early Modern Science* (Cambridge: Cambridge University Press), pp. 224~237: 224.

3 이 논증은 Cooper, 'Homes and Households', p. 237에서 다음과 같이 요약되어 있다. "17세기 후반에 과학아카데미들과 그런 다른 기관들이 부상하면서, 가내 모형은 전문적인 연구 시설에서 자연지식을 생산하는, 보다 가시적인 다른 장소들에 의해 점차 가려지게 되었다."

4 P. Abir-Am and D. Outram (eds.) (1987) *Uneasy Careers and Intimate Lives: Women in Science, 1789~1979* (New Brunswick: Rutgers University Press); H.M. Pycior, N.G. Slack and P. Abir-Am (eds.) (1996) *Creative Couples in thc Sciences* (New Brunswick: Rutgers University Press); D. Coen (2007) *Vienna in the Age of Uncertainty: Science, Liberalism, and Private Life* (Chicago: University of Chicago Press); A. Lykknes, D.L. Opitz and B. Van Tiggelen (eds.) (2012) *For Better or for Worse? Collaborative Couples in the Sciences* (Basel: Birkhäuser). 과학에서의 여성들의 '보이지 않는' 일에 대해서는 M.W. Rossiter (1982) *Women Scientists in America: Struggles and Strategies to 1940* (Baltimore: Johns Hopkins University Press), pp. 72~74 참조. 과학의 성별화 때문에 비학문적 장소들로 간주되는 가내 부지들에 대해서는 C. von Oertzen, M. Rentetzi and E.S. Watkins (eds.) (2013) *Beyond the Academy: Histories of Gender and Knowledge, special issue of Centaurus, 55* (2) 참조.

5 1970년대 말, 말레이시아 농민 저항 분석에서 정치학자 제임스 C. 스콧(James C. Scott)이 발전시킨 '무대 위'와 '무대 밖' 범주는 과학가정에도 비슷하게 적용될 수 있다. J.C. Scott (1985) *Weapons of the Weak: Everyday Forms of Peasant Resistance* (New Haven: Yale University Press), p. 25. '사적인' 실험적 지식공간과 '공적인' 지식공간을 분리하는 가정의 '문턱(threshold)' 개념은 샤핀이 소개했다. 'The House of Experiment', pp. 374~376. 초기 근대의 가족기업으로서의 과학에 대해서는 L. Schiebinger (1989) *The Mind Has No Sex? Women in the Origins of Modern Science* (Cambridge, MA: Harvard University Press) 참조.

6 예를 들어, 사적인 것과 공적인 것의 경계를 다루는 역사적 연구에 대해서는 L. Davidoff and C. Hall (1987) *Family Fortunes: Men and Women of the English Middle Class*

1750~1850 (Chicago: University of Chicago Press); J.B. Landes (ed.) (1998) *Feminism, the Public and the Private* (Oxford: Oxford University Press) 참조.

7 젠더에 대한 역사적 기록을 바로잡고 젠더를 관계적 범주로 탐구하려는 이중 야망에 대해서는 D.L. Opitz, A. Lykknes and B. Van Tiggelen (2012) 'Introduction', in Lykknes, Opitz, and Van Tiggelen, *For Better or for Worse*, pp. 1~15: 3 참조.

8 예를 들어, 클레어 G. 존스의 글은 과학계의 남성과 여성이 수행하는 '홈메이드 과학'에 대한 차별적 평가를 강조하며, 케이티 프라이스의 글은 가내 무선 기술에 대한 내러티브에서 몸의 젠더화를 분석한다. 예외적으로 남성성과 가내성 간의 관계에 초점을 맞추는 글은 J. Tosh (1999) *A Man's Place: Masculinity and the Middle-Class Home in Victorian England* (New Haven: Yale University Press) 참조. 그러나 과학에서의 남성성은 덜 연구되는 분야이며 앞으로 나올 오시리스(Osiris)의 저서로 재조명될 가망이 있을 것이다. E.L. Milam and R.A. Nye (eds) (2015) *Scientific Masculinities, Osiris, 15*.

9 예를 들어, S. Shapin and A. Ophir (1991) 'The Place of Knowledge: A Methodological Survey', *Science in Context, 4*, 3~22; P. Galison and E. Thompson (eds) (1999) *The Architecture of Science* (Cambridge, MA: MIT press); D.A. Finnegan (2008) 'The Spatial Turn: Geographical Approaches in the History of Science', *Journal of the History of Biology, 41*, 369~388 참조.

10 Finnegan, 'The Spatial Turn', p. 372; 또한 D.N. Livingstone and C.W.J. Withers (eds) (2011) *Geographies of Nineteenth-Century Science* (Chicago: University of Chicago Press) 참조.

11 역사서술의 발전에 대한 보다 상세한 개요는 D.L. Opitz (2016) 'Domestic Space', in B. Lightman (ed.) *Blackwell Companion to the History of Science* (Oxford: Wiley-Blackwell), forthcoming 참조.

12 과학사에서의 네트워크 접근법에 대해서는 J. Golinski (1998) *Making Natural Knowledge: Constructivism and the History of Science* (Cambridge: Cambridge University Press) 참조.

13 검토되는 네트워크 중에는 각각 메리 서머싯, 마리 뒤피에리, 제롬 랄랑드, 찰스 다윈의 가정에서 비롯된 비공식적인 것, 기후관측자 링크(Climatological Observers Link: COL)와 같은 국가적인 것, 국제여성농업원예연맹(Women's Agricultural and Horticultural International Union)과 같은 국제적인 것이 있다.

14 특히 가족애의 영원한 중요성에 대해서는 D.R. Coen (2014) 'The Common World: Histories of Science and Domestic Intimacy', *Modern Intellectual History, 11*, 417~438 참조.

15 '홈메이드' 과학의 의미를 형성하는 '거대과학, 작은 과학(Big Science, Little Science)' 이데올로기에 대한 상세한 설명은 D.L. Opitz (2012) '"Not merely wifely devotion": Collaborating in the Construction of Science at Terling Place', in Lykknes, Opitz and Van Tiggelen, *For Better or For Worse*, pp. 33~56: 34~35 참조.

16 '보이지 않는 기술자' 범주에 대해서는 S. Shapin (1989) 'The Invisible Technician', *American Scientist, 77*, 554~563 참조.

17 M. Terrall (2014) *Catching Nature in the Act: Réaumur and the Practice of Natural History in the Eighteenth Century* (Chicago: University of Chicago Press).

18 작스-다윈 논쟁은 S. De Chadarevian (1996) 'Laboratory Science versus Country-House

Experiments: The Controversy between Julius Sachs and Charles Darwin', *British Journal for the History of Science, 29*, 17~41 참조.

19 에어턴의 왕립학회 회원 지명과 기각에 대해서는 J. Mason (1995) 'Hertha Ayrton and the Admission of Women to the Royal Society of London', *Notes and Records of the Royal Society of London, 49*, 125~140 참조.

20 P. Abir-Am and D. Outram (1987) 'Introduction', in Abir-Am and Outram, *Uneasy Careers and Intimate Lives*, pp. 1~16: 4.

21 B. Van Tiggelen (2013) 'Agnes Pockels: The Shaping of a "*forschende Hausfrau*"', 맨체스터에서 열린 제24차 국제 과학사·기술사·의학사 회의에서 발표된 논문. 아그네스 포켈스와 그녀의 연구를 둘러싼 이미지의 젠더화에 대해서는 S.G. Kohlstedt and D.L. Opitz (2002) 'Re-Imag(in)ing Women in Science: Crafting Identity and Negotiating Gender in Science', in I.H. Stamhuis, T. Koetsier, C. De Pater and A. Van Helden (eds) *The Changing Image of the Sciences* (Amsterdam: Kluwer), pp. 105~139: 120~123 참조.

22 가내 과학에 대한 역사학과 수정주의적 시각에 대한 검토는 S. Stage and V.B. Vincenti (eds) (1997) *Rethinking Home Economics: Women and the History of a Profession* (Ithaca: Cornell University Press) 참조. 특히 미국의 맥락에서 유용한 자료는 S.A. Leavitt (2002) *From Catharine Beecher to Martha Stewart: A Cultural History of Domestic Advice* (Chapel Hill: University of North Carolina Press).

23 과학에서의 성직자 전통에 대해서는 D. Noble (1993) A World without Women (New York: Alfred A. Knopf) 참조. 가족과 친족관계에 관한 생의학적 정의와 문화적 정의 간의 접점에 대해서는 L. Jordanova (1999) *Nature Displayed: Gender, Science and Medicine, 1760~1820* (London: Longman), pp. 161~227: 'Part III: Family Values'을, 프랜시스 갤턴(Francis Galton)이 주창했던 우생학의 과학가정 이상화에 대해서는 D. Kevles (1985) *In the Name of Eugenics: Genetics and the Uses of Human Heredity* (Berkeley: University of California Press), esp. pp. 3~40 참조.

24 P. Ariès and G. Duby (eds) (1992~1998) *A History of Private Life*, 5 Vols. (Cambridge: Harvard University Press).

25 G. Gooday (2008) 'Placing or Replacing the Laboratory in the History of Science?', *Isis*, 99, 783~795: 783.

제1장. 배드민턴 하우스에서의 식물연구

1 Letter from J. Weir, 26 July 1696, British Library, London, MS Sloane (hereafter MS Sloane) 3343, fol.270.

2 식물학을 견고하게 한 식물 명명의 분류체계와 절차를 강화했다고 인정받는 두 저서는 C. Linnaeus (1737) *Critica botanica* and C. Linnaeus (1753) *Species Plantarum*과 W. Stearn (1971) *'Sources of Information about Botanic Gardens and Herbaria', Biological Journal of the Linnaean Society, 3*, 225~233: 229 참조.

3 E. Kent (1829) 'Considerations on Botany, as a Study for Young People...', *The Magazine of Natural History and Journal of Zoology, Botany, Mineralogy, Geology, and Meteorology, 1*, 124~135: 132.

4 William Withering, Jr. (1830) *An Arrangement of British Plants (Birmingham)*, pp. xxxviii-ix, as quoted in E. Dolan (2008) Seeing *Suffering in Women's Literature of the Romantic Era* (Aldershot: Ashgate), pp. 107~108.

5 M. Cavendish (1666) *Observations on Experimental Philosophy* (London) pp. 102~103; F. Harris (1997) 'Living in the Neighbourhood of Science: Mary Evelyn, Margaret Cavendish and the Greshamites', in L. Hunter and S. Hutton (eds) *Women, Science and Medicine, 1500~1700: Mothers and Sisters of the Royal Society* (Stroud: Sutton Publishing), p. 210.

6 M. Evelyn to R. Bohun, 4 January [1674], in W. Bray (1859) *Diary and Correspondence of John Evelyn*, 4 Vols. (London: Bohn), Vol. 4, pp. 31~32, as quoted in Harris, 'Living in the Neighbourhood', p. 213.

7 서머싯은 결혼을 통해 왕립학회 초대 회장인 윌리엄 브레레튼(William Brereton) 그리고 로버트 보일(Robert Boyle)과 인연을 맺었다.

8 실제로 집안의 여러 대소사 및 식물학적 교육과 훈련은 모성의 수행 능력을 가르칠 수 있는 유용한 수단으로 여겨지게 되었다. A. Shteir (1996) Cultivating Women, *Cultivating Science: Flora's Daughters and Botany in England, 1760 to 1860* (Baltimore: Johns Hopkins University Press), pp. 4, 76~77. 그러나 19세기까지, 여성들에 의한 공헌의 대부분은 보조원의 자격으로 이루어졌거나 기관의 프로젝트에 종속되었다. M. Creese (1998) *Ladies in the Laboratory? American and British Women in Science, 1800~1900* (Lanham, MD: The Scarecrow Press), p. 367. 또한 E.B. Keeney (1992) *The Botanizers Amateur Scientists in Nineteenth-Century America* (Chapel Hill: University of North Carolina Press), pp. 69~82 참조.

9 두 개의 중요한 수집품은 배드민턴 하우스와 영국 국립도서관에 소장되어 있다. 영국 국립도서관 카탈로그는 아직도 그녀의 많은 물품을 보퍼트 공작에게 귀속시키고 있다. D. Chambers (1997) '"Storys of Plants": The Assembling of Mary Capel Somerset's Botanical Collection at Badminton', *Journal of the History of Collections, 9*, 49~60: 59 no. 15. 나는 영국 국립도서관의 문서 필체와 배드민턴 영지에서 얻은 문서를 비교해 이 점을 확인했다. M. Somerset to H. Somerset [1678], Badminton Muniments, Badminton House, Gloucester (hereafter Bad. Mun.), FmE 4/1/6.

10 M. McClain (2001) *Beaufort: The Duke and his Duchess, 1657~1715* (New Haven: Yale University Press), pp. 116, 121.

11 비록 공식적으로는 존 호스킨스(John Hoskins)에 의해 지명되었지만, 찰스의 회원직은 그의 스승인 에드워드 체임벌린(Edward Chamberlayne)이 수행한 협상의 결과임이 분명하다. A.R. Hall and M.B. Hall (eds) (1965) *The Correspondence of Henry Oldenburg*, 13 Vols. (Madison: University of Wisconsin Press), Vol. 10, pp. 16, 85.

12 J. Munroe (2011) '"My innocent diversion of gardening": Mary Somerset's Plants', *Renaissance Studies, 25*, 111~123: 112. 메리의 지속적인 식물 구입 지출을 보여주는 신용거래의 사례들은 피어리슨 씨(Mr. Piereson)로부터 구입한 튤립의 미발표 목록, September 1692, MS Sloane 4070, fol.75; M. Gillythrow, 정원 용품에 대한 미공개 기록, [n.d.], MS Sloane 4071, fol.108; 정원 용품에 대한 미발표 기사, 1696, MS Sloane 4071, fol. 234 참조.

13 C. Horwood (2007) Potted History: The Story of Plants in the Home (London: Frances

Lincoln), p. 37.

14 B.D. Henning (1983) 'Capel, Hon. Henry (1638~1696), of Kew, Surr.', in B.D. Henning (ed.) *The History of Parliament: the House of Commons 1660~1690* (London: The History of Parliament Trust), http://www.historyofparliamentonline.org/volume/1660-1690/member/capel-hon-henry-1638-96, date accessed 17 September 2014; H. Durant (1973) *Henry 1st Duke of Beaufort and his Duchess, Mary* (Pontypool: The Griffin Press), p. 35.

15 E. H. Whittle (1989) 'The Renaissance Gardens of Raglan Castle', *Garden History*, 17, 83~94: 85.

16 Munroe, 'Innocent Diversion', p. 112; McClain, *Beaufort*, pp. 92~93; Chambers, 'Storys', p. 51.

17 에드워드는 새로운 물 펌프로 약간의 성공을 거두었지만, 결국 가족을 큰 위험에 빠뜨렸고, 헨리는 아버지가 땅을 팔지 못하도록 법적 대응을 할 수밖에 없었다. 물 펌프에 대해서는 A.P. Usher (1929) *A History of Mechanical Inventions* (New York: Dover Publications), pp. 343~347을, 가족 분쟁의 범위에 대해서는 McClain, Beaufort, pp. 13~15, 37, 94, 132를 참조. 후작의 영구 기관 기본 디자인은 다음에서 찾을 수 있다. G. Hiscox (1904) *Mechanical Appliances: Mechanical Movements and Novelties of Construction* (New York: Norman W. Henley), p. 366.

18 4만 파운드 이상의 가치가 있음에도 불구하고 '물-통제형(water-commanding)' 엔진에 대해 수여된 99년 독점은 수포로 돌아갔던 것 같다. Usher, History, p. 344.

19 McClain, *Beaufort*, p. 118, n. 33.

20 McClain, *Beaufort*, pp. 118~119.

21 이 강한 해석에 대한 예는 McClain, *Beaufort*, p. 89.

22 McClain, *Beaufort*, pp. 118~120.

23 챔버스에 따르면, 그녀의 수집은 1690년대에 시작되었다. Chambers, 'Storys', p. 49. 그녀는 동종 요법 의약품을 만들기 위해 정원에서 허브와 식물들을 재배하기 시작했는데, 그녀의 조제법들도 남아 있다. McClain, *Beaufort*, p. 118.

24 이 연구는 세 가지 버전으로 출간되었다. J. Glanvill (1670) *The Way of Happiness Represented in its Difficulties and Incouragements, and Cleared from Many Popular and Dangerous Mistakes* (London: James Collins/London: Gedeon Schaw); Glanvill (1671) *The Way to Happiness Represented in its Difficulties and Incouragements, and Cleared from Many Popular and Dangerous Mistakes* (London: Gedeon Shaw); J. Glanvill (1677) *Way of Happiness and Salvation Rescued from Vulgar Errours* (London: James Collins).

25 J. Davies (2012) 'Preaching Science: The Influences of Science and Philosophy on Joseph Glanvill's Sermons and Pastoral Care', in M.K. Harmes, L. Henderson, B. Harmes, and A. Antonio (eds) *The British World: Religion, Memory, Society, Culture* (Toowoomba: University of Southern Queensland), pp. 375~388: 382~385.

26 이런 주장들에 대한 보다 광범위한 논의는 Davies, 'Preaching Science', pp. 375~388 참조.

27 글랜빌의 이름은 1681년 시중 목사의 명단에 들어 있다. 그런데 그의 이름에 선이 그어져 있는데, 이는 아마 1680년 열병으로 뜻하지 않게 사망한 후 그어졌을 것이다. National Archives,

Kew, Records of the Lord Chamberlain LC3/24, fol.14.

28 M. Somerset, unpublished diary, Bad. Mun. FmF 1/6/1/ f.10v, as quoted in McClain, *Beaufort*, pp. 119~120.

29 M. Somerset to H. Somerset, undated [1678], Bad. Mun. FmE 4/1/6.

30 메리의 계정들, 영수증, 주문서, 영국 국립도서관의 슬론 원고(Sloane Manuscripts)에 있는 메리 서머싯의 다양한 소장품 카탈로그의 초안 버전들을 합친 상당한 양의 서신이 있다. 자세한 내용은 McClain, *Beaufort*, pp. 219~221 참조.

31 Horwood, Potted History, p. 36.

32 MS Sloan 3343 and 4071 alone contain references to plants received from Yorkshire, Wales, Oxford, and Camden (British Isles); Nuremburg (Free Imperial City); Leiden and Amsterdam (Dutch Republic); Rome and Sicily (Italy); Paris and Montpellier (France); Spain; Madeira and the Portugal mainland; Candia (Crete); Persia; China; India; Surinam; both the East and West Indies; the Straits of Magellan; the Cape of Good Hope; Barbados (Jamaica); the British Colony of Virginia.

33 M. Somerset to H. Sloane, 19 February [no year], MS Sloane 4061, fol.1.

34 셰라드의 정확한 고용 일자는 나와 있지 않지만, 1700년 9월 21일 그가 메리 서머싯을 대신해 동료에게 편지를 쓸 때 그는 분명히 고용되어 있었다. W. Sherard, 21 September 1700, MS Sloane 4063, fol.44. 또한 J. Dandy (1958) *The Sloane Herbarium* (London: Trustees of the British Museum), p. 210 참조.

35 McClain, *Beaufort*, p. 211; Series of letters from M. Somerset to H. Sloane, [c.1699~1700], MS Sloane 4061, fol.3, 5, 7, and 9.

36 M. Somerset to H. Sloane, 19 February [no year], MS Sloane 4061, fol.1.

37 W. Sherard, 21 September 1700, MS Sloane 4063, fol.44. 수신자는 아마도 런던의 약제상이자 왕립학회 회원인 제임스 페티버(James Petiver)일 것이다. 정원에 대한 기여자는 George London(윌리엄 III세의 정원사), Robert Southwell, Richard Bradley, Samuel Doody, Henry Hyde, second Earl of Clarendon, and Mary's brother-in-law, Captain Robert Knox 등이 있다. 더 세부적인 내용은 초대 보퍼트 공작 및 공작부인의 미발표 자료, MS Sloane 3343 and MS Sloane 4071 참조.

38 J. Bobart to G. Adams, 4 February 1696, MS Sloane 3343, fol.142.

39 미발표 식물 목록, June 1696, MS Sloane 3343, fol.117; 미발표 식물 목록, July 1698, MS Sloane 3343, fol.119.

40 J. Petiver (1692~1703) *Museum Petiverianum* (London) no. 890 and J. Petiver (1710~1712) 'An Account of Divers Rare Plants', *Philosophical Transactions*, 27, 375~394: 392; Dandy, *Sloane Herbarium*, p. 210.

41 Petiver (1702) *Gazophylacium Naturæ and Artis* (London), Vol. 1, p. 7; Petiver, Museum Petiverianum (London), no. 94, as quoted in Dandy, Sloane Herbarium, p. 210.

42 Leonard Plukenet(1705) *Amaltheum Botanicum* (London); Society of Gardeners (1730) *Catalogus Plantarum* (London), p. vii; Dandy, *Sloane Herbarium*, p. 210.

43 J. Bobart to G. Adams, 28 March 1694, MS Sloane 3343, fol.37; J. Bobart to G. Adams, 4 February 1696, MS Sloane 3343, fol.142.

44 M. Somerset to H. Sloane, 19 February [no year], MS Sloane 4061, fol.1, 15.

45 메리는 슬론의 식물표본집을 위해 두 권을 선물했다. Natural History Museum, Botany Library, HS 66 and HS 235. 그 안의 표본들에 적힌 날짜는 1701~1714년이다. 댄디는 이 편집의 상당 부분이 공작부인이 사망한 1714년 1월 7일 이후에 이루어졌다고 제시한다. 그러나 보다 최근의 자료는 그녀가 1715년 1월에 사망했다고 본다. Dandy, *Sloane Herbarium*, pp. 210~211. 현재 슬론의 식물표본집: HS 235의 일부로 포함되어 있는 메리 서머싯이 슬론에게 준 납작하게 누른 식물들에 관한 편지에 대해서는 Sloane 4061, fol.19 참조.

46 서머싯은 1700년대에 건강 악화로 고생하고 '노인의 약함을 극복하기 위해' 고군분투했다. M. Somerset to H. Sloane, 19 February [no year], MS Sloane 4061, fol.1.

47 McClain, *Beaufort*, p. 198.

48 Dandy, *Sloane Herbarium*, p. 211.

49 Dandy, *Sloane Herbarium*, p. 211.

50 이 저서에 나오는 메리의 식물표본집의 간편한 목록에 대해서는 Dandy, *Sloane Herbarium*, pp. 212~214 참조.

51 한 계좌는 첼시에 오렌지나무 온실과 마구간이 함께 건설되어 목공만으로 140파운드가 소요되었다는 것과 그 외 건설에 관련된 비용을 보여준다. MS Sloane 4071, fol.197.

52 M. Laird (2006) '"Perpetual Spring" or Tempestuous Fall: The Greenhouse and the Great Storm of 1703 in the Life of John Evelyn and His Contemporaries', *Garden History, 34*, 153~173: 164~165.

53 런던의 영국 자연사박물관의 식물학 도서관 큐레이터인 마크 스펜서(Mark Spencer)가 여러 권의 식물 표본집을 친절하게 보여준 덕분에 이 부분을 쓸 수 있었다.

54 M. Beaufort to H. Sloane, 19 December [no year], MS Sloane 4061, fol.19.

55 W. Orem to G. Adams, 6 August 1695, MS Sloane 4071, fol.242.

56 예를 들면, M. Somerset, 첨부 카탈로그에 언급된 도서 목록, 미발표, 1699, MS Sloane 4070, fol.79; 첨부 카탈로그에 언급된 식물의 미발표 목록, 1699, MS Sloane 4072, fol.210 등이 있다.

57 이들과 그의 저서, 린네우스와의 관계에 대한 요약은 W. Stearn (1958) 'Botanical Exploration to the Time of Linnaeus', *Proceedings of the Linnaean Society of London, 169*, 173~196 참조.

58 *Philosophical Transactions*의 미발표 형태 목록, [n.d.], MS Sloane 4071, fol.243~246; Chambers, 'Storys', p. 57.

59 슬론이 보낸 발표되지 않은 씨 목록 [24 November 1699], MS Sloane 3343, fol.97; Chambers, 'Storys', p. 57. 추가적인 예는 공개되지 않은 여러 사람의 노트 [n.d.], MS Sloane 4072, fol.27~31 참조.

60 MS Sloane 4070, fol.197~198에서 날짜가 표기되지 않은 어휘 목록은 서머싯이 직접 썼지만, MS Sloane 4072, fol.177~178에서 발견된 날짜가 없는, 서로 다른 식물 종 분류표는 그녀를 위해 작성된 것으로 보인다.

61 공개되지 않은 여러 사람의 노트, [n.d.], MS Sloane 4072, fol.27~31.

62 Stearn, 'Botanical Exploration', pp. 192~194; Stearn, 'Sources', esp. pp. 228, 230.

63 Munroe, 'Innocent Diversion', pp. 114~115; Chambers, 'Storys', p. 50.

64 예를 들어, 다음의 자료를 볼 수 있다. *Philosophical Transactions*의 미발표 형태 목록, [n.d.], MS Sloane 4071, fol.79; *Philosophical Transactions*의 미발표 노트, 1694, MS

Sloane 4072, fol.188~189, 베일(Beale) 및 거래의 구속력에 관해 배드민턴에서 고슬린 씨(Mr. Gosline)에게 보낸 편지 초안, 18 July 1706, MS Sloane 3343, fol.115. Dated only 10 July, 한 편지에서 1698~1699년 배드민턴에 지어진 오랑제리와 1700년의 남편의 건강에 대해 언급하고 있다. 그러므로 그 편지는 1669년 또는 1700년에 쓰였음에 틀림없다. M. Somerset to H. Sloane, 10 July [c.1700], MS Sloane 4061, fol.26r.

65 찰스 서머싯이 1673년에서 1675년 사이에 대륙을 여행하는 동안, 그리고 올든버그의 군경력 이전에 그들이 주고받은 서신에 대해서는 Hall and Hall, *The Correspondence of Henry Oldenburg*, Vols. 10 and 11 참조.

66 M. Somerset, 미발표 희망 식물 목록 [n.d.], MS Sloane 4071, fol.163~164.

67 M. Somerset to H. Sloane, 10 July [1699/1700], MS Sloane 4061, fol.26.

68 The Royal Society (2014) 'Somerset; Charles (1660~1698); Marquess of Worcester', *The Royal Society Archive of Past Fellows*, 〈https://royalsociety.org/library/collections/biographical-records/〉 (home page), date accessed 17 September 2014; The Royal Society (1701) *Journal Book* 1696~1702, entry dated 26 November 1701, JBC/9 as quoted in The Royal Society (2014) 'Somerset, Henry (1684~1714), 2nd Duke of Beaufort', The Royal Society Archive of Past Fellows, 〈https://royalsociety.org/library/ collections/biographical-records/〉 (home page), date accessed 17 September 2014.

69 S. I. Mintz (1952) 'The Duchess of Newcastle's Visit to the Royal Society', *The Journal of English and Germanic Philology*, 51, 168~176.

70 이 여성들 모두 이 저서에서 공헌자로 소개되어 있다. Hunter and Hutton, *Women, Science and Medicine*.

71 D. Atkinson (1996) 'The "Philosophical Transactions of the Royal Society of London," 1675~1975: A Sociohistorical Discourse Analysis', *Language in Society, 25*, 333~371: 368, n. 7.

72 S. Hutton (1997) 'Anne Conway, Margaret Cavendish and Seventeenth-Century Scientific Thought', in Hunter and Hutton, *Women, Science and Medicine*, p. 223; E. Keller (1997) 'Producing Petty Gods: Margaret Cavendish's Critique of Experimental Science', ELH, 64, 447~471: 447~448.

73 L. Hunter (1997) 'Sisters of the Royal Society: The Circle of Katherine Jones, Lady Ranelagh', in Hunter and Hutton, *Women, Science and Medicine*, p. 191.

74 R. Iliffe and F. Willmoth (1997) 'Astronomy and the Domestic Sphere: Margaret Flamsteed and Caroline Herschel as Assistant-Astronomers', in Hunter and Hutton, *Women, Science and Medicine*, p. 249.

75 헌터는 왕립학회가 형성되던 시기에 수년간 학회의 과학 활동에 관여했던 몇몇 여성이, 왕립학회가 정통성을 확립하기 위해 매진함에 따라 여러 행사와 연구에서 점점 더 적극적으로 배제되었다고 제시했다. 그런데 헌터는 이를 존 베일(John Beale)의 편지에서 '숙녀들의 화학(Ladies' Chemistry)'이라고 잘못 인용하여 폄하한 것을 근거로 제시했다. 실제로 원문에서는 '항간의 숙녀-화학 기술(the vulgar Art of Lady-Chymistry)'이라고 적혀 있다. 이와 같이 이 편지는 화학에 대한 의인화된 표현을 폄하하는 것이지, 숙녀들이 수행한 화학과는 아무런 관계가 없다. Hunter, 'Sisters of the Royal Society', p. 188.

76 M. Somerset, 미출간 노트, [n.d.], MS Sloane 3343, fol.33; [Author unknown], 페루 왕실사

에서 발췌한 뿌리와 식물에 대한 미공개 노트, [n.d.], MS Sloane 4072, fol.179~180, 229. '식물에 대한 설명을 제공하지만 형태에 대한 설명은 없는 책'의 다른 목록은 Sloane 4071, fol.310~311에서 찾을 수 있다.

77 메리 서머싯의 연락책인 위어 씨는 1696년 7월 26일 바베이도스에서 그녀에게 편지를 썼다. "당신은 두 종류의 월계수에 대해 글을 썼는데, 둥근 잎사귀가 있는 월계수와 긴 잎사귀가 있는 월계수는 이 섬에서 찾을 수 없습니다." Sloane 3343, fol.270.

78 보퍼트 공작부인이 원하는 식물에 대한 미발표 노트, [n.d.], MS Sloane 4071, fol.110.

79 M. Somerset, 책에서 어떤 형태도 발견되지 않은 배드민턴에서 자라는 식물에 대한 미발표 설명, [1693], MS Sloane 4070, fol.74.

80 M. Somerset, 미발표 연구 노트, [n.d.], MS Sloane 4071, fol.111v.

81 보퍼트 공작부인이 원하는 식물에 대한 미발표 노트, [n.d.], MS Sloane 4071, fol.110. 이 문제는 18세기 중반에 린네에 의해 해결되었다. Stearn, 'Sources', p. 229.

82 이에 대한 예시는 Munroe, 'Innocent Diversion', p. 119, Sloane Herbarium, HS 235 인용; Chambers, 'Storys', p. 57; M. Beaufort to H. Sloane, 23 September [no year], 4061, fol.17. 또한 보바트가 '리누스(Rinnus)' 식물로 생각한 수리남의 '암바-파자(Amba-paja)'와 '피식 너트(Phisick Nut)'에 대한 논의는 M. Somerset, 식물에 대한 미발표 설명, [after April 1693], MS Sloane 4071, fol.139 참조.

83 M. Somerset to H. Sloane, 19 December [no year], MS Sloane 4061, fol.19.

84 M. Somerset, W. Sherard에게 보낸 식물에 대한 미발표 노트, 1702, Sloane 4071, fol.236~239.

85 Munroe, 'Innocent Diversion', pp. 120~121.

86 Munroe, 'Innocent Diversion', p. 166; M. Somerset, 식물에 대한 미발표 설명, [n.d.], MS Sloane 4071, fol.142.

87 오류들의 목록에 대한 예는 M. Somerset, 미발표 연구 노트, MS Sloane 4070, fol.38 참조. 파킨슨의 오류를 언급하는 MS Sloane 3349, fol.1의 번식에 대해서는 the figure in Chambers, 'Storys', p. 51 참조.

88 M. Somerset, 미발표 연구 노트, MS Sloane 4070, fol.42.

89 메리의 은둔적 성향에 대해서는 McClain, *Beaufort*, p. 118 참조.

90 S. Brown and J. Petiver (1701) 'An Account of Part of a Collection of Curious Plants and Drugs, Lately Given to the Royal Society by the East India Company', *Philosophical Transactions, 22*, 579~594: 579; M. Somerset, Mrs. London에게 받은 씨 목록, August 1694, MS Sloane 3343, fol.58; 공개되지 않은 여러 사람의 노트, [n.d.], MS Sloane 3343, fol.130~131; M. Somerset, 미발표 노트, [n.d.], MS Sloane 3343, fol.273; M. Somerset to H. Sloane, [n.d.], MS Sloane 4061, fol.23.

91 J. Bobart to M. Somerset, 28 March 1694, MS Sloane 3343, fol.37. 이러한 활동들의 몇몇 결과에 대해서는 M. Somerset, 미발표 노트, [n.d.], MS Sloane 3343, fol.120~121 참조. 이 실험의 결과는 여기에서 보고된다. Brown and Petiver, 'An Account', p. 579.

92 서머싯은 '만발한' 게 너무 적다는 이유로 식물들의 배달을 지연시켰는데, 이는 식물들을 왕립의학회에 돌려주기로 예정되어 있었음을 보여준다. M. Somerset to H. Sloane, 13 December [1699], MS Sloane 4061, fol.21. 그러고 나서 그녀는 식물이 성숙하고 꽃 피우기를 기다리면서 그에게 잎의 표본들을 보냈다. M. Beaufort to H. Sloane, 10 July [1700]

Sloane 4061, fol.25~26. 왕립의학회(Royal College of Physicians)의 회원이자 면허소지자인 에드워드 스트로더(Edward Strother)가 슬론에게 보낸 편지는 해당 기관을 '컬리지(the College)'이라고 언급하고 있어 이 확인을 뒷받침한다. H. Sloane to E. Strother, [n.d.], MS Sloane 4061, fol.136.

93 Stearn, 'Sources', pp. 225, 231~232.

94 Dandy, *Sloane Herbarium*, pp. 214~215; J. Petiver (1713) 'Botanicum Hortense III', *Philosophical Transactions*, 28, 177~221: 204; J. Bobart to M. Somerset, 28 March 1694, MS Sloane 3343, fol.37.

95 Dandy, *Sloane Herbarium*, p. 212; McClain, Beaufort, p. 213. 식물학의 발전에서 식물 예술의 중요성에 대한 논의는 G. Saunders (1995) *Picturing Plants: An Analytical History of Botanical Illustration* (Los Angeles: University of California Press) 참조.

96 J. Kip and L. Knyff (1720) Britannia Illustrata (London), Figures 9~12; Chambers, 'Storys', pp. 53~54; McClain, *Beaufort*, p. 196 참조.

제2장. 계몽과학에서의 젠더와 공간

1 A.F. Fourcroy to M. Dupiéry [n.d.], 1799, Memorial Library Special Collections, University of Wisconsin-Madison, Cole Collection of Chemistry [hereafter 'Cole Coll.'], MS 34. On Dupiéry's vital statistics, Etat civil, Archives Départementales du Val D'Oise [hereafter 'ADVO'], 5Mi 223 참조. 프랑스어 자료는 모두 로랑 다메쟁이 번역했다.

2 이 주제에 대해서는 Terrall (1995) 'Gendered Spaces, Gendered Audiences: Inside and Outside the Paris Academy of Sciences', *Configurations*, 3, 207~232; D. Noble (1993) *A World without Women* (New York: Alfred A. Knopf); A. Cooper (2006) 'Homes and Households', in K. Park and L. Daston (eds) *The Cambridge History of Science*, Vol. 3: *Early Modern Science* (Cambridge: Cambridge University Press), pp. 224~237 참조. 17세기와 18세기의 이탈리아에서 로라 바시(Laura Bassi), 마담 뒤 샤틀레(Mme du Châtelet), 마리아 가에타나 아그네시(Maria Gaetana Agnesi) 등 여성이 여러 이탈리아 대학과 아카데미에서 제도적 인정을 받았다는 예외에 주목해야 한다. P. Findlen (1993) 'Science as a Career in Enlightenment Italy: The Strategies of Laura Bassi', *Isis*, 84, 441~469; M. Cavazza (1997) 'Minerva e Pigmalione: Carriere femminili nell'Italia del Settecento', *The Italianist*, 17, 5~17; M. Mazotti (2007) *The World of Maria Gaetana Agnesi, Mathematician of God* (Baltimore: The John Hopkins University Press).

3 살롱에서의 여성의 역할에 대해서는 A.Lilti (2005) *Le monde des salons: Sociabilité et mondanité à Paris au XVIIIe siècle* (Paris: Fayard) 참조.

4 M. Mommertz (2005) 'The Invisible Economy of Science: A New Approach to the History of Gender and Astronomy at the Eighteenth-Century Berlin Academy of Sciences', in J.P. Zinsser (ed.) *Men, Women, and the Birthing of Modern Science* (DeKalb: Northern Illinois Press), pp. 159~178.

5 M. Terrall (2014) *Catching Nature in the Act: Réaumur and the Practice of Natural History in the Eighteenth Century* (Chicago: University of Chicago Press).

6 당시 공장 노동자의 평균 임금은 하루 1리브르 미만이었다.

7 특히 계몽주의 시대에 대해서는 P. Bret and B. Van Tiggelen (eds) (2011) *Madame d'Arconville, Une femme de lettres et de sciences au siècle des Lumières* (Paris: Hermann); Zinsser, *Men, Women, and the Birthing of Modern Science*; P. Fara (2004) *Pandora's Breeches: Women, Science & Power in the Enlightenment* (London: Pimlico) 참조.

8 L. Hilaire-Pérez (2008) 'Steel and Toy Trade between England and France: The Huntsmans' Correspondence with the Blakeys (Sheffield-Paris, 1765~1769)', *Historical Metallurgy, 42*, 127~147; D. Goodman (2009) 'Marriage Choice and Marital Success', in D.I. Kertzer and M. Barbagli (eds) *Family and State in Early Modern Times*, 1500~1789 (New Haven: Yale University Press), pp. 26~61.

9 B. Ferland and C. Grenier (2013) '"Quelque longue que soit l'absence": procurations et pouvoir féminin à Québec au XVIIIe siècle', Clio, no. 37, 197~225.

10 사례들을 더 보려면 I. Lémonon (2016) 'Les femmes et la Philosophie Naturelle dans l'Europe des Lumières: architectes, ouvrières ou passeuses du savoir?' PhD thesis, École des hautes études en sciences sociales, Centre Alexandre Koyré, Paris, forthcoming 참조.

11 J. Lalande (1786/1817) *Bibliothèque universelle des dames Astronomie* (Paris: Ménard et Desenne); J. Lalande (1803) *Bibliographie astronomique* (Paris: Imprimerie de la République), p. 937; J. Lalande (1785/1820) *Astronomie des dames* (Paris: Ménard et Desenne).

12 Lalande to Dupiéry, 3 July 1794, in J.C. Pecker and S. Dumont (eds) (2007) *Lettres à Madame Du Pierry et au juge Honoré Flaugergues*, Vol. 1: Lalandiana (Paris Vrin), UR 17.

13 F. Briquet (1804) *Dictionnaire historique, littéraire et bibliographique des françaises et des étrangères naturalisées en France* (Paris: Treutel and Wurtz), p. 397; L. Alquié de Rieupeyroux (1893) *Anthologie des femmes écrivains poètes et prosateurs depuis l'origine de la langue française jusqu'à nos jours* (Paris: Bureau des causeries familiales); A. Rébière (1897) *Les femmes dans la science: Notes recueillies par* (Paris: Nonie and Cie); M. Ogilvie and J. Harvey (eds) (2000) *The Biographical Dictionary of Women in Science: Pioneering Lives from Ancient Times to the Mid-20th Century*, 2 Vols (London: Routledge); J.P. Poirier (2002) *Histoire des femmes de science en France* (Paris: Pygmalion); G. Chazal (2006) Les femmes de sciences (Paris: Ellipses).

14 제롬 랄랑드에 관한 최근 연구에 대해서는 특히 S. Dumont (2007) *Un astronome des Lumières: Jérôme Lalande* (Paris: Vuibert); G. Boistel, J. Lamy, and C. Le Lay (eds) (2010) *Jérôme Lalande (1732~1807): Une trajectoire scientifique* (Rennes: Presses universitaires de Rennes) 참조.

15 Dumont, Un astronome des Lumières, p. 120.

16 폰 자크 백작과 제롬 랄랑드 간의 서신은 Archives de l'Observatoire de Paris, MS 1090 참조.

17 Biographical notice of Julien Rivet, Archives de l'Académie des Sciences, inscriptions et belles-lettres de Toulouse (AA), 80015, VIII-1(M); J. Lamy (2005) 'L'observatoire de Toulouse de 1733 à 1908: entre savoir et pouvoir', *Cahiers d'histoire et de philosophie*

des sciences, no. 54, 135~152.

18 L. Amiable (1897) *Une loge maçonnique d'avant 1789: les Neuf Sœurs* (Paris: F. Alcan).

19 랄랑드는 1766년 이전에 베지에 아카데미 회원이 되었다. Louis XV, Etat des personnes que le Roi a nommées pour composer l'Académie *Royale des Sciences et Belles Lettres dont sa Majesté a autorisé l'établissement dans la ville de Béziers par ses lettres patentes du présent mois*, July 1766, Archives de l'Académie de Béziers, Archives départementales de l'Hérault, D232. 몬타우반의 경우는 1800년에 회원이 되었다고 기록되어 있다. Duc La Chapelle, *Registre des assemblées ordinaires de la section des sciences et arts mécaniques*, session on thermidor 15th year VI (2 August 1798), Collection of the Academy of Montauban, Archives départementales du Tarn-et-Garonne [hereafter 'ADTG'], 2J1 14.

20 Lalande to Dupiéry, 3 July 1794, in Pecker and Dumont, *Lettres à Madame Du Pierry et au juge Honoré Flaugergues*, UR 17; Dumont, *Un astronome des Lumières*, p. 325.

21 Lalande to Dupiéry, 3 July 1794, in Pecker and Dumont, *Lettres à Madame Du Pierry et au juge Honoré Flaugergues*, UR 17; Dumont, *Un astronome des Lumières*, pp. 64~65, 325.

22 P. de La Hire, Observation Diary, Observatoire de Paris, D2-1. 이 일기에 주목하게 해준 기 피콜레(Guy Picolet)에게 감사드린다.

23 J. Lalande, Observation Diary, Observatoire de Paris, C5:12.

24 Anon. (1789) 'Cours d'astronomie', *Journal de Paris*, 30 April 1789, 549~550; anon. (1789) 'Cours', *Journal de Paris*, 2 May 1789, 556; Mortgage forms of M. Dupiéry, ADVO, 4Q3 106. '공포정치'에 대해서는 S. Loomis, *Paris in the Terror: June 1793~July 1794* (New York: Lippincott) 참조.

25 Lalande to Dupiéry, 16 October 1793, in Pecker and Dumont, *Lettres à Madame Du Pierry et au juge Honoré Flaugergues*, UR 15.

26 Lalande to Dupiéry, 22 January 1801, in Pecker and Dumont, *Lettres à Madame Du Pierry et au juge Honoré Flaugergues*, UR 25. 뒤피에리는 혁명 이후 마지막 대통령이었던 루이제롬 고이어의 딸을 가르쳤다.

27 Mortgage forms of M. Dupiéry, ADVO, 4Q3 126 and 4Q3 130.

28 Post-mortem inventory of M. Dupiéry, ADVO, 2E29 144. 불행히도 그 서재의 목록은 존재하지 않는다.

29 Church records of la Ferté Bernard, 1746, Archives Départementales de la Sarthe, 1Mi 1137 R10 BMS 1741~1751, pp. 273~311.

30 남편의 직업에 대해서는 Archives Nationales, Archives Notariales, Minutes et répertoires du notaire Nicolas Gobin, 1793/09/06, MC/ET/X/612, and about their wedding, Minutes et répertoires du notaire François Brichard [hereafter 'ANAN-FB'], 1780/05/19, MC/ET/XXIII/771 참조. 뒤피에리 남편의 사망년도를 알려준 프랑수아즈 로네(Françoise Launay)에게 감사드린다.

31 Lalande to Dupiéry, 23 May 1795, in Pecker and Dumont, *Lettres à Madame Du Pierry et au juge Honoré Flaugergues*, UR 20.

32 Post-mortem inventory of Dupiéry's husband, 1780, ANAN-FB, MC/ET/ XXIII/771.

33 Lalande to Dupiéry, 13 October 1779, in Pecker and Dumont, Lettres à *Madame Du Pierry et au juge Honoré Flaugergues*, UR 1.

34 M. Du Pierry (1782) *Explication des Tables de la durée du jour et de la nuit pour la latitude de Paris, pour chaque jour de l'année* (Paris: Lottin).

35 J. Lalande (1783) *Ephémérides des mouvemens célestes pour le Méridien de Paris, 8*, 76~78 and iv.

36 J. Lalande (1784) *Ephémérides des mouvemens célestes pour le Méridien de Paris, Journal des sçavans*, December 1784, 812~814: 813; Anon. (1784) *'Ephémérides des mouvemens célestes', Mercure de France*, July 1784, 186~187: 187.

37 L. Euler (1786) *Introduction à l'analyse des infiniments petits, trans. F. Pezzi* (Strasbourg: Librairie Académique); Anon. (1787) 'Portrait de M. Herschel, dessiné par Madame Dupiery', *Journal des sçavans*, February 1787, 125; Anon. (1787) 'Gravures', *Journal encyclopédique universel*, 2, part 1, February 1787, 159; J. Lalande (1789) 'Tables des satellites de Saturne', in P. Méchain (ed.) *Connaissance des Tems...pour l'année commune 1791* (Paris: L'Imprimerie Royale), pp. 288~294.

38 A.F. Fourcroy (1786) Eléments d'histoire naturelle et de chimie (Paris: Cuchet), p. 369; Anon. (1787) 'Nouvelles littéraires', Journal des sçavans, March 1787, 176~191: 183.

39 Lalande to Dupiéry, 16 September 1791, in Pecker and Dumont, *Lettres à Madame Du Pierry et au juge Honoré Flaugergues*, UR 8.

40 M. Dupiéry (1801) *Table alphabétique et analytique des matières contenues dans les cinq tomes du Système des connaissances chimiques* (Paris: Baudouin); A.F. Fourcroy (1801) *Système des connaissances chimiques et de leurs applications aux phénomè nes de la nature et de l'art*, 5 Vols. (Paris: Baudouin).

41 태양 운동에 관한 표에 대해서는 *Sociétéd'Émulation (1789) Tableau général des ouvrages lus dans les séances de la société d'émulation de Bourg en Bresse, depuis son établissement, en Janvier 1783, jusqu'au premier Janvier 1789* (Bourg: Louis-Hyacinthe Goyffron), p. 31 참조. 팽그레의 기록들에 기초한 그녀의 계산에 관한 언급에 대해서는 J. Lalande (1803) *Bibliographie astronomique*, p. 704 참조. 그녀의 황도점(nonagésime) 표들은 분실되었어도 언급된 곳은 Anon. (1789) *'Nouvelles littéraires', Journal des sçavans*, August 1789, 558~573: 560 참조. '황도점'은 황도와 지평선이 교차하는 지점에서 계산된 황도의 90도를 가리킨다.

42 Lalande to Dupiéry, 25 August 1801, in Pecker and Dumont, *Lettres à Madame Du Pierry et au juge Honoré Flaugergues*, UR 27; Post-mortem inventory, ADVO, 2E29 144.

43 P.-A. Latreille and J.B. Godart (eds) (1819) *Encyclopédie méthodique: Histoire naturelle* (Paris: Agassi), Vol. 9, p. 129.

44 현재 이 원고들은 추적할 수 없지만 그것들이 언급된 곳은 Will and post-mortem inventory of Dupiéry, 1830, ADVO, 2E29 144 참조.

45 Lalande to Dupiéry, 23 July 1788, in Pecker and Dumont, *Lettres à Madame Du Pierry et au juge Honoré Flaugergues*, UR 2. 랄랑드가 계산팀과 수행한 협업에서 니콜-르네 르포트(Nicole-Reine Lepaute)가 수행한 역할에 대해서는 Boistel, Lamy, and Le Lay, *Jérôme Lalande*, p. 19 참조.

46 예를 들어, 그는 도미니크-프랑수아 리바드(Dominique-François Rivard)의 논문을 발전시키는 과정에서 그녀의 교정(proofreading) 능력을 인정했다. F. Rivard (1797) Traité de la sphère et du calendrier, ed. J. Lalande (Paris: Guillaume); Anon. (1798) 'Livres nouveaux', *Journal Typographique et Bibliographique*, 24 March 1798, 176~183: 179.

47 Lalande to Dupiéry, 23 July 1788, 12 August 1788, and 16 September 1791, in Pecker and Dumont, *Lettres à Madame Du Pierry et au juge Honoré Flaugergues*, UR2, UR5, and UR8 참조.

48 Lamy, 'L'observatoire de Toulouse de 1733 à 1908'; P.A. Kidwell (1984) 'Women Astronomers in Britain 1780~1930', Isis, 75, 534~546, S. Shapin (1989) 'The Invisible Technician', *American Scientist, 77*, 554~563.

49 Lalande to Dupiéry, 23 May 1795, in Pecker and Dumont, *Lettres à Madame Du Pierry et au juge Honoré Flaugergues*, UR 20 참조.

50 Anon., 'Cours d'astronomie'; Anon., 'Cours'; Anon. (1790), 'Astronomie', *Gazette nationale*, 12 March 1790, 586.

51 Anon., 'Astronomie'.

52 Anon., 'Cours d'astronomie', p. 549.

53 프랑수아 아라고(François Arago)가 1812년부터 파리 천문대에서, 그 후 콜레주 드 프랑스(Collège de France)에서 개설한 주간 강좌를 예로 들 수 있다.

54 Anon. (1737) [Advertisement], *Mercure de France*, September 1737, 2032~2033; Anon. (1738) [Advertisement], *Mercure de France*, December 1738, 2912.

55 Briquet, *Dictionnaire historique, littéraire et bibliographique des françaises*, p. 161.

56 Fourcroy, unfinished note and letter to Dupiéry, messidor 6th year7 (24June 1799); Beaudouin, letter to Dupiéry, germinal 17th year 7 (6 April 1799), Cole Coll. MS 34; Lalande to Dupiéry, 16 May 1802, in Pecker and Dumont, *Lettres à Madame Du Pierry et au juge Honoré Flaugergues*, UR 28 참조.

57 이에 대해서는 P. Corsi (ed.) (2008) *L'herbier de Jean-Baptiste Lamarck*, Liasse no. 8, p. 8, http://www.lamarck.cnrs.fr/ (home page), date accessed 20 January 2015와 G. Aymonin (1981) *'L'herbier de Lamarck', Revue d'histoire des sciences*, 34, 25~58 참조.

58 Will and post-mortem inventory of Dupiéry.

59 Minutes et répertoires du notaire François Brichard, 1780, ANAN-FB, MC/ET/XXIII/771. 남편이 세상을 떠난 후, 그녀는 1200리브르의 연금, 5500리브르 상당의 가구, 보석, 의복과 기타 연금을 받았다.

60 Lalande to Dupiéry, 6 May 1793, in Pecker and Dumont, *Lettres à Madame Du Pierry et au juge Honoré Flaugergues*, UR 11.

61 Lalande to Dupiéry, 15 July 1797, 25 August 1801, and 16 May 1802, in Pecker and Dumont, *Lettres à Madame Du Pierry et au juge Honoré Flaugergues*, UR22, UR27, and UR 28.

62 Boistel, Lamy, and Le Lay, *Jérôme Lalande*, pp. 33~49.

63 Manuscripts of the Comité de Trésorerie 1764~1766, Archives de l'Académie des sciences, P. Bret (ed.) (2012), *Oeuvres de Lavoisier: Correspondance*, Vol. VII: *1792~1794* (Paris: Académie des sciences), p. 491.

64 Fourcroy to Dupiéry, thermidor 16th year 9 (4 August 1801), Cole Coll. MS 34. 그 액수는 2년에 걸쳐 약 1200프랑에 해당한다.

65 Archives économiques et financières, Registre Journal des versements des copies d'inscriptions au grand livre de la dette publique (5 pour cent consolidés), DGLP 16/24~17/24.

66 Will and post-mortem inventory of Dupiéry.

67 M. Dupiéry, Mortgage Forms, 23 January 1813 and 26 April 1813, ADVO, 4Q3 126 and 4Q3 130.

68 Manuscrit des séances des *Annales de chimie*, session on floréal 17th year 9 (8 May 1801), Archives de la bibliothèque de l'Ecole Polytechnique. 이 학술지는 처음에 과학아카데미의 후원으로 1789년에 라부아지에와 그의 동료들에 의해 창간되었다. 푸르크루아는 티니를 이 학술지의 편집위원회에 추천했다.

69 Lalande, 공증 기록을 작성하기 위한 초안, n.d., Archives de la Bibliothèque Inguimbertine, Fonds Raspail, Ms 2762, fol.62. The annual budget of the Paris Académie des sciences amounted to about 72,000 francs, to be divided up between the different savants: P. Bret, *Oeuvres de Lavoisier*, Vol. VII, p. 472.

70 Lalande, Observation Diary.

71 Lalande to Dupiéry, 29 July 1788 and 7 August 1788, in Pecker and Dumont, *Lettres à Madame Du Pierry et au juge Honoré Flaugergues*, UR 3 and UR 4.

72 Dumont, *Un astronome des Lumières*, p. 4.

73 그녀가 맺은 네트워크의 다른 멤버들로는 앙드레 투앵(André Thouin), 샤를 오귀스탱 쿨롱(Charles Augustin Coulomb), 안토니우스 셰퍼드(Antony Shepherd), 로제 바리(Roger Barry), 베르톨레 드 보르도(Bertholet de Bordeaux), 주세페 피아치(Guiseppe Piazzi), 파로(Faro)가 있다.

74 그 외에 물리학자이자 학술원 회원인 콰트레메르 디종발(Quatremère d'Isjonval)의 부인 마담 디종발(Meme D'Isjonval), 극작가이자 왕립 음악아카데미 상임서기의 부인인 마담 졸리보(Meme Jolliveau), 화가인 그랑지레(Mr. Grangeret) 등이 있다.

75 K. Kawashima (2013) *Emilie du Châtelet et Marie-Anne Lavoisier: Science et genre au XVIIIe siècle*, trans. A. Lécaille-Okamura (Paris: Champion), pp. 288~289.

76 Lalande to Dupiéry, 28 April 1793 and 2 January 1801, in Pecker and Dumont, *Lettres à Madame Du Pierry et au juge Honoré Flaugergues*, UR 10 and UR 24.

77 ['Citoyen Robert'], *Registre des assemblées ordinaires de la section des sciences et arts mécaniques*, session on germinal 15th year VII (15 April 1799), Collection of the Academy of Montauban, ADTG, 2J1 14; 베지에의 회원 명단은 Louis XV, *Etat des personnes que la Roi nominées pour composer l'Académie Royale des Sciences et Belles Lettres* 참조.

78 A.M. Quesnay de Beaurepaire (1788) *Mémoires, statuts et prospectus concernant l'académie des sciences et beaux arts des Etats-Unis de l'Amérique, établie à Richmond capitale de la Virginie* (Paris: Cailleau).

79 Anon. (1787) 'France', *Journal politique de Bruxelles, Supplement to Mercure de France*, December 1787, 172~182: 179; M. Riboux (1785) *Eloge d'Agnès Sorel*

surnommée la Belle Agnès (Lyon: Faucheux). 프리메이슨과 에뮬레이션 학회(Société d'Emulation)와의 연관성을 알려준 제롬 크로예(Jérôme Croyet)에게 감사드린다.

제3장. 다윈의 과학가정과 가내성의 특징

이 글을 논평해 준 벤 브래들리(Ben Bradley)와 드보라 코언(Deborah Coen)에게 매우 감사드린다.

1 다윈 작업의 가내 환경에 대해서는 J. Browne (1995) *Charles Darwin: Voyaging* (New York: Knopf); J. Browne (2002) Charles Darwin: *The Power of Place* (New York: Knopf)를, 신사과학 일반에 대해서는 J. Morrell and A. Thackray (1981) *Gentlemen of Science: Early Years of the British Association for the Advancement of Science* (Oxford: Clarendon); R. Barton (2003) 'Men of Science: Language, Identity and Professionalization in the Mid-Victorian Scientific Community', *History of Science, 42*, 73~119; P. White (2003) *Thomas Huxley: Making the 'Man of Science'* (Cambridge: Cambridge University Press), pp. 32~66을 참조.

2 근대과학에서 가정과 가족애의 지속적인 중요성에 대해서는 D. Coen (2014) 'The Common World: Histories of Science and Domestic Intimacy', *Modern Intellectual History, 11*, 417~438; D. Coen (2007) *Vienna in the Age of Uncertainty: Science, Liberalism, and Private Life* (Chicago: University of Chicago Press) 참조.

3 E. Richards (1983) 'Darwin and the Descent of Woman', in D. Oldroyd and I. Langham (eds) *The Wider Domain of Evolutionary Thought* (Dordrecht: Reidel), pp. 57~111; C.E. Russett (1989) *Sexual Science: The Victorian Construction of Womanhood* (Cambridge, MA: Harvard University Press).

4 F. Cowell (1975) *The Athenaeum: Club and Social Life in London, 1824~1974* (London: Heinemann).

5 C. Darwin to C. Lyell, [9 August 1838], in F. Burkhardt et al. (eds) (1985~2014) *The Correspondence of Charles Darwin*, 23 Vols. (Cambridge: Cambridge University Press), Vol. 2, p. 95.

6 J. Tosh (1999) *A Man's Place: Masculinity and the Middle-Class Home in Victorian England* (New Haven: Yale University Press), pp. 127~129.

7 K.M. Lyell (ed.) (1881) *Life, Letters and Journals of Sir Charles Lyell, Bart.* (London: Murray), Vol. 1, p. 263.

8 C. Darwin, 'Notes on Marriage', in Burkhardt et al., *Correspondence*, Vol. 2, pp. 443~445.

9 P. Barrett et al. (eds) (1987) *Charles Darwin's Notebooks*, 1836~1844 (Cambridge: Cambridge University Press).

10 C. Darwin, 'Notes on Marriage', p. 444; A. Vickery (1993) 'Golden Age to Separate Spheres? A Review of the Categories and Chronology of English Women's History', *Historical Journal, 36*, 383~414; L. Davidoff and C. Hall (1987) *Family Fortunes: Men and Women of the English Middle-Class, 1780~1850* (Chicago: University of Chicago Press).

11 Darwin, 'Notes on Marriage', p. 445.

12 C. Darwin to E. Wedgwood, [20 January 1839], in Burkhardt et al. *Correspondence*, Vol. 2, p. 165.

13 D. Sabean (1998) *Kinship in Neckarhausen 1700~1870* (Cambridge: Cambridge University Press).

14 D. Sabean (2004) 'From Clan to Kindred', in S. Muller-Wille and H.-J. Rheinberger (eds) *Heredity Produced: At the Crossroads of Biology, Politics, and Culture, 1500~1870* (Cambridge, MA: MIT Press), pp. 51~53; C. Johnson (2002) 'The Sibling Archipelago: Brother-Sister Love and Class Formation in Nineteenth-Century France', L'HOMME: *Zeitschrift fur Feministische Geschichtswissenschaft, 13*, 50~67.

15 E. Darwin to C. Darwin, [c. February 1839], in Burkhardt et al., *Correspondence*, Vol. 2, p. 173.

16 R. Keynes (2001) *Annie's Box: Darwin, His Daughter and Human Evolution* (London: Fourth Estate), pp. 59~64.

17 E. Wedgwood to C. Darwin, [23 January 1839] and E. Darwin to C. Darwin, [c. February 1839], in Burkhardt et al., *Correspondence*, Vol. 2, pp. 169, 172.

18 *White, Thomas Huxley: Making the 'Man of Science'*, pp. 121~129; P.White (2005) 'Ministers of Culture: Arnold, Huxley and the Liberal Anglican Reform of Learning', *History of Science, 43*, 115~138.

19 P. White (2010) 'Darwin's Church', in P. Clarke and T. Claydon (eds) *God's Bounty? The Churches and the Natural World* (Woodridge, Suffolk: Boydell Press), pp. 333~352.

20 집에 대한 자세한 설명은 H.Atkins (1974) *Down: The Home of the Darwins* (London: Royal College of Surgeons) 참조.

21 예를 들면, P. Findlen (1999) 'Masculine Prerogatives: Gender, Space, and Knowledge in the Early Modern Museum', in P. Galison and E. Thompson (eds) *The Architecture of Science* (Cambridge, MA: MIT Press), pp. 29~58 참조.

22 C. Lyell to C. Darwin, 6 and 8 September 1838, in Burkhardt et al., *Correspondence*, Vol. 2, p. 99.

23 G. de Beer (ed.) (1959) 'Darwin's Journal', *Bulletin of the British Museum (Natural History) Historical Series, 2*, 3~21.

24 E.P. Thompson (1991) *Customs in Common* (New York: New Press), pp. 385~386.

25 S. Schaffer (1988) 'Astronomers Mark Time: Discipline and the Personal Equation', *Science in Context, 2*, 115~145.

26 C. Darwin, Account Books, Down House, Kent 참조.

27 C. Darwin (1871) *The Descent of Man, and Selection in Relation to Sex*, 2 Vols. (London: Murray), Vol. 1, p. 169.

28 C. Darwin to W. E. Darwin, [22 June 1866], in Burkhardt et al., *Correspondence*, Vol. 6, pp. 213~214.

29 C. Darwin (1862) *The Various Contrivances by which Orchids Are Fertilised by Insects* (London: Murray).

30 C. Darwin to H. E. Darwin, [8 February 1870], in Burkhardt et al., *Correspondence*, Vol.

18, p. 25.

31 C. Darwin to H. E. Darwin, [20 March 1871], in Burkhardt et al., *Correspondence*, Vol. 19, p. 199.

32 여성 서신 상대자들의 광범위한 역할과 인정의 문제에 대해서는 J. Harvey (2009) 'Darwin's Angels: The Women Correspondents of Charles Darwin', *Intellectual History Review, 19*, 197~210; T. Gianquitto (2007) *'Good Observers of Nature': American Women and the Scientific Study of the Natural World* (Athens: University of Georgia Press) 참조.

33 C. Darwin (1872) *On the Expression of Emotions in Man and Animals* (London: Murray), pp. 89~90.

34 F. and A. Darwin to C. Darwin, [8 August 1874], in Burkhardt et al. *Correspondence*, Vol. 22, p. 411.

35 Browne, *Charles Darwin: The Power of Place*, pp. 10~13. 행정적인 모델에 대해서는 E.C. Spary (2000) *Utopia's Garden: French Natural History from Old Regime to Revolution* (Chicago: University of Chicago Press), pp. 49~98 참조.

36 사회적 관계를 형성하고 사회적 구별을 강화하는 편지들에 대해서는 A. Secord (1994) 'Corresponding Interests: Artisans and Gentlemen in Nineteenth-Century Natural History', *British Journal for the History of Science, 27*, 383~408 참조.

37 후커의 친교와 조상 전래의 소유지에 대해서는 J. Endersby (2008) *Imperial Nature: Joseph Hooker and the Practice of Victorian Science* (Chicago: University of Chicago Press), pp. 84~111; J. Endersby (2014) 'Odd Man Out: Was Joseph Hooker an Evolutionary Naturalist?' in G. Dawson and B. Lightman (eds) *Victorian Scientific Naturalism: Community, Identity, Continuity* (Chicago: University of Chicago Press), pp. 164~169 참조.

38 H. Huxley to E. Darwin, [22March1867], in Burkhardt et al., *Correspondence,* Vol. 18, p. 405.

39 Owen에 대해서는 A. Desmond (1982) *Archetypes and Ancestors: Palaeontology in Victorian London* (Chicago: University of Chicago Press), pp. 72~74를, Mivart에 대해서는 F. Turner (1974) *Between Science and Religion: The Reaction to Scientific Naturalism in Victorian Britain* (New Haven: Yale University Press)을 참조.

40 R. Owen (1860) 'Darwin on the Origin of Species', *Edinburgh Review, 111*, 487~532. 오언과 다윈의 대화에 대해서는 C. Darwin to C. Lyell, 10 December 1859, in Burkhardt et al., *Correspondence*, Vol. 7, pp. 421~423 참조.

41 마이바트 사태에 대한 개요는 Burkhardt et al., *Correspondence*, Vol. 22, pp. 635~645를, 다윈주의와 도덕적 타락에 대해서는 G. Dawson (2007) *Darwin, Literature and Victorian Respectability* (Cambridge: Cambridge University Press), pp. 77~81을 참조.

42 J. Secord (1985) 'Darwin and the Breeders: A Social History', in D. Kohn (ed.) *The Darwinian Heritage* (Princeton: Princeton University Press), pp. 519~542.

43 길들임, 야생, 제국에 대해서는 H. Ritvo (1987) *The Animal Estate: The English and Other Creatures in the Victorian Age* (Cambridge, MA: Harvard University Press) 참조.

44 식량 생산에 대해서는 C. Darwin (1868) *The Variation of Animals and Plants Under Domestication*, 2 Vols. (London: Murray), Vol. 1, pp. 308~310을, 가내 예술에 대해서는

E. Tylor (1865) *Researches into the Early History of Mankind and the Development of Civilization* (London: Murray), pp. 361~363을, 정착과 재산에 대해서는 J. Lubbock (1870) *On the Origin of Civilization and Primitive Condition of Man* (London: Longmans, Green, and Co.), pp. 308~320; G. Stocking (1987) *Victorian Anthropology* (New York: Free Press)를 참조.

45 Darwin, *Descent of Man*, Vol. 1, p. 160.

46 C. Darwin (1839) *Journal of Researches* (London: Murray), pp. 108~109.

47 Barrett, *Charles Darwin's Notebooks*, p. 409 (E 47).

48 Darwin, *Descent of Man*, Vol. 1, pp. 50, 74, 77; Vol. 2, p. 392.

49 C. Darwin, Observation notebook, in Burkhardt et al., *Correspondence*, Vol.4, pp. 415, 422.

50 Darwin, *Descent of Man*, Vol. 1, pp. 158~161.

51 Darwin, *Descent of Man*, Vol. 1, p. 258; Vol. 2, p. 382. E.L. Milam (2011) *Looking for a Few Good Males: Female Choice in Evolutionary Biology* (Baltimore: Johns Hopkins University Press), pp. 12~17 참조.

52 F. Galton (1874) *English Men of Science: Their Nature and Nurture* (London: Macmillan); C. Darwin to F. Galton, 28 May 1873, in Burkhardt et al., *Correspondence,* Vol. 21, p. 234.

53 C. Darwin (2008) 'Recollections of the Development of My Mind and Character', in J. Secord (ed.) *Charles Darwin: Evolutionary Writings* (Oxford: Oxford University Press), pp. 423~425.

54 F. Darwin (1887) *Life and Letters of Charles Darwin*, 3 Vols. (London: Murray), Vol. 1, p. 144.

55 F. Darwin to C. Darwin, [before 3 August 1878], Darwin Archive, Cambridge University Library, DAR 209.8: 152.

56 이 논쟁과 그것의 징계적 함축에 대한 검토는 S. De Chadarevian (1996) 'Laboratory Science versus Country-House Experiments: The Controversy between Julius Sachs and Charles Darwin', *British Journal for the History of Science, 29*, 17~41 참조.

제4장. 헨데리나 스콧과 허사 에어턴의 연구에 드러난 홈메이드 과학의 긴장감

1 Anon. (1899) 'Royal Society's Conversazione', *The Times*, London, 22 June 1899, p. 12.

2 H. Ayrton (1910) 'The Origin and Growth of Ripple-Mark', *Proceedings of the Royal Society of London*, Series A, *84*, 285~310.

3 왕립 천문학회 첫 번째 여성 회원들 중 애니 몬더에 대해 더 알려면 M. Bailey Ogilvie (2000) 'Obligatory Amateurs: Annie Maunder (1868~1947) and British Women Astronomers at the Dawn of Professional Astronomy', *British Journal for the History of Science, 33*, 67~84 참조.

4 M.R.S. Creese (2005) 'Saunders, Edith Rebecca (1865~1945)', *Oxford Dictionary of National Biography*, Oxford University Press, http://www.oxforddnb. com/view/article/37936, date accessed 18 August 2014. 도로테아 베이트는 K. Shindler (2005)

Discovering Dorothea: The Life of the Pioneering Fossil-Hunter Dorothea Bate (London: HarperCollins) 참조.

5 P.G. Abiram and D. Outram (eds) (1987) *Uneasy Careers and Intimate Lives: Women in Science, 1789~1979* (New Brunswick: Rutgers University Press); L. Schiebinger (1989) *The Mind Has No Sex? Women in the Origins of Modern Science* (Cambridge, MA: Harvard University Press), esp. pp. 245~264 참조.

6 S. Ardener (ed.) (1993) *Women and Space: Ground Rules and Social Maps* (Oxford: Berg) 참조.

7 R. Iliffe (2008) 'Technicians', *Notes and Records of the Royal Society of London, 62*, 3~16; H. Gay (2008), 'Technical Assistance in the World of London Science, 1850~1900', *Notes and Records of the Royal Society of London, 62*, 51~75 참조.

8 M.W. Rossiter (1993) 'The Matthew Matilda Effect in Science', *Social Studies of Science*, 23, 325~341.

9 예를 들어, M.L. Richmond (2001), 'Women in the Early History of Genetics: William Bateson and the Newnham College Mendelians, 1900~1910', *Isis, 92*, 55~90 참조.

10 J.N. Burstyn (1980) *Victorian Education and the Ideal of Womanhood* (London: Croom Helm); B. Caine (1986) *Destined to be Wives: The Sisters of Beatrice Webb* (Oxford: Clarendon Press) 참조.

11 C. Smith (1897) 'An Admirable Arrangement', *Lady's Realm, 2*, 76~81; M. Beetham (1996) *A Magazine of Her Own? Domesticity and Desire in the Women's Magazine* (London: Routledge), p. 133.

12 H.M. Pycior, N.G. Slack and P.G. Abir-Am (eds) (1996) *Creative Couples in the Sciences* (New Brunswick: Rutgers University Press).

13 Schiebinger, *The Mind Has No Sex?*, M. Wertheim (1997) *Pythagoras's Trousers: God, Physics and the Gender Wars* (London: Fourth Estate).

14 L. Jordanova (1993) *Sexual Visions: Images of Gender in Science and Medicine between the Eighteenth and Twentieth Centuries* (Madison: University of Wisconsin Press).

15 A.B. Shteir, 'Gender and "Modern" Botany in Victorian England', *Osiris, 12*, 29~38: 29.

16 Shteir, 'Gender and "Modern" Botany in Victorian England'.

17 J. Golinski (1999) 'Humphry Davy's Sexual Chemistry', *Configurations, 7*, 15~41.

18 P. Broks (1996) *Media Science before the Great War* (Basingstoke: Macmillan).

19 Anon. (1910) 'Hendericus M. Klaassen, FGS (1828~1910)', *Geological Magazine*, Decade V, 7, 191.

20 헬렌 거트루드 클라센(Helen Gertrude Klaassen)(1865~1951)은 케임브리지의 뉴넘 칼리지에서 물리학의 시연자이자 강사였다. Newnham College Archives, 'Klaassen, Helen Gertrude, Roll Card'와 P. Gould (1997) 'Women and the Culture of University Physics in Late Nineteenth-Century Cambridge', *British Journal for the History of Science, 30*, 127~149 참조.

21 F.W.O and A.C.S. (1934) 'Dukinfield Henry Scott 1854~1934', *Obituary Notices of the Royal Society, 1*, 205~227: 208.

22 R. Desmond (1995) *Kew: The History of the Royal Botanic Gardens* (London: Harvell Press), p. 287.

23 F.W.O. and A.C.S., 'Dukinfield Henry Scott', p. 224.

24 예를 들어, A.B.R. (1929) 'Mrs Henderina Scott', *Journal of Botany, 67*, 57 참조.

25 A.B.R., 'Mrs Henderina Scott'.

26 D.H. Scott (1897) *Introduction to Structural Botany* (London: Adam and Charles Black); D.H. Scott (1908) *Studies in Fossil Botany* (London: Adam and Charles Black).

27 F.W. Oliver (1929) 'Mrs Henderina Scott', *Proceedings of the Linnean Society of London, 141*, 146~147.

28 R. Scott (1906) 'On the Megaspore of Lepidostrobus Foliaceus', *New Phytologist, 5*, 116~118; R. Scott (1903) 'On the Movements of the Flowers of Sparmannia africana, and their Demonstration by Means of the Kinematograph', *Annals of Botany, 17*, 761~778; R. Scott (1908) 'On Bensonites fusiformis, sp. nov., a Fossil Associated with Stauropteris burntislandica, P. Bertrand, and on the Sporangia of the Latter', *Annals of Botany, 22*, 683~687; R. Scott (1911) 'On Traquairia', *Annals of Botany, 25*, 459~467.

29 R. Scott and E. Sargant (1898) 'On the Development of Arum Maculatum from the Seed', *Annals of Botany, 12*, 399~414. 에델 사르간트는 큐 가든의 조드렐 실험실에서 DH 스콧과 일했다. M.R.S. Creese (2004) 'Sargant, Ethel (1863~1918)', *Oxford Dictionary of National Biography* (online edn) Oxford University Press, http://www.oxforddnb.com/view/article/37935, date accessed 12 August 2014.

30 20세기 전반기에 석탄기 식물을 연구하는 영국 고식물학자 3분의 1 이상이 여성이었다. H.E. Fraser and C.J. Cleal (2007) 'The Contribution of British Women to Carboniferous Palaeobotany during the First Half of the 20th Century', *Geological Society of London Special Publications, 281*, 51~82.

31 1900년 초부터 린네학회는 때때로 여성 입회를 둘러싼 신랄한 논쟁에 휩싸였다. 1904년 12월 15일까지 헨데리나 스콧을 포함한 최초의 여성 15명이 회원으로 선출되었다. A.T. Gage and W.T. Stearns (2001) *A Bicentenary History of the Linnean Society of London* (London: Academic Press), pp. 88~93.

32 R. Scott (1907) 'Animated Photographs of Plants (Lecture given April 3 1906)', *Journal of the Royal Horticultural Society, 32*, 48~51.

33 카마토그래프에 대해서는 S. Herbert (2014) 'Leonard Ulrich Kamm', in S. Herbert and L. McKernan (eds) *Who's Who of Victorian Cinema*, http://www.victorian-cinema.net/kamm, date accessed 14 August 2014 참조.

34 R. Scott (1903) 'On the Movements of the Flowers of Sparmannia Africana, and their Demonstration by Means of the Kinematography', *Annals of Botany*, 17, 762~767; R. Scott (1904) 'Animated Photographs of Plants', *Knowledge and Scientific News*, May 1904, 83~86; R. Scott (1907) 'Animated Photographs of Plants', *Journal of the Royal Horticultural Society, 32*, 48~51.

35 F.W. Oliver, 'Mrs Henderina Scott', p. 146.

36 D. Lavery (2006) '"No more unexplored countries": The Early Promise and Disappointing Career of Time-Lapse Photography', *Film Studies, 9*, 1~8: 2. 또한 D. Parkinson (2012)

History of Film (2nd edn) (London: Thames and Hudson) 참조.

37 Bétonsalon (2012) Innerspace: Jean Comadon/David Dourard exhibition, Bétonsalon, Centre for Art and Research, http://betonsalon.net/PDF/Innerspace_betonsalon_DP-BR.pdf, date accessed 25 October 2014.

38 L. McKernan (2004) 'Smith, (Frank) Percy (1880~1945)', *Oxford Dictionary of National Biography* (online edn) Oxford University Press, http://www.oxforddnb.com/view/article/66096, date accessed 24 November 2014.

39 A.B.R., 'Mrs Henderina Scott', p. 57.

40 F.W.O. and A.C.S., 'Dukinfield, Henry Scott', p. 226.

41 H. Scott (n.d.) Form of Recommendation, Archives of the Linnean Society, London, Domestic Archives: Fellows.

42 D.H. Scott (n.d.) Autobiography, 미발표 원고, Archives of Linnean Society.

43 H. Ayrton (1903) *The Electric Arc* (London: The Electrician Printing and Publishing Company).

44 1945년 생화학자 마저리 스티븐슨(Marjory Stephenson)과 결정학자(crystallographer) 캐슬린 론스데일(Kathleen Lonsdale)이 회원으로 선출되었다. 1902년 에어턴의 지명에 대한 논의는 J. Mason (1995) 'Hertha Ayrton and the Admission of Women to the Royal Society of London', *Notes and Records of the Royal Society of London, 49*, 125~140 참조.

45 I. Zangwill (1908) 'Professor Ayrton', *The Times*, London, 11 November 1908, p. 15.

46 N. Jardine (1991) *The Scenes of Inquiry: On the Reality of Questions in the Sciences* (Oxford: Clarendon Press), pp. 94~120; G.J.N. Gooday (2004) *The Morals of Measurement: Accuracy, Irony and Trust in Late Victorian Electrical Practice* (Cambridge: Cambridge University Press), pp. 23~39 참조.

47 에어턴이 사용했던 물탱크에 부착된 압력 표시기가 새서 판독치를 왜곡했을 수 있다는 우려가 제기되었다. 에어턴은 장비를 재설계했고 그녀의 논문은 마침내 받아들여졌다. C.G. Jones (2009) *Femininity, Mathematics and Science, 1880~1914* (Basingstoke: Palgrave), pp. 133~134.

48 Royal Society of London, Library, Archives and Manuscripts (RSL), Referee Report 143/1904. 저자는 더블린 대학교의 지질 및 광물학 교수인 존 졸리(John Joly)였다.

49 H. Ayrton (1910) 'The Origin and Growth of Ripple-Marks', *Proceedings of the Royal Society of London, A84*, 285~310.

50 J. Tattersall and S. McMurran (1995) 'Hertha Ayrton: A Persistent Experimenter', *Journal of Women's History, 7*, 86~112: 103.

51 A.P. Trotter, *Memoirs*, 미발표 원고, [n.d.], p. 587, Institution of Electrical Engineers, Library and Archives.

52 E. Sharp (1926) *Hertha Ayrton, 1854~1923: A Memoir* (London: Arnold), p. 282.

53 이 사진과 연관되는 것은 과학의 전문화와 여성의 배제가 동시에 이루어지면서 실험실이 정력 넘치는 남성성과 남성다움을 발휘하는 장소로 발전했던 19세기 후반과 20세기 초, 연마적인(abrasive) 실험실 문화이다. Jones, *Femininity, Mathematics and Science*, pp. 117~142 참조.

54 E. Ayrton Zangwill (1924) *The Call* (London: Allen and Unwin), p. 9.

55 H. Gay (1996) 'Invisible Resource: William Crookes and His Circle of Support, 1871~1881', *British Journal for the History of Science, 29*, 311~336.

56 J. Tosh (2008) *A Man's Place: Masculinity and the Middle-Class Home in Victorian England* (New Haven: Yale University Press) 참조.

57 과학에서의 귀족의 저택 전통에 관한 논의에 대해서는 D.L. Opitz (2006) '"This house is a temple of research": Country-House Centres for Late Victorian Science', in D. Clifford, A. Warwick, E. Wadge and M. Willis (eds) *Repositioning Victorian Sciences: Shifting Centres in Nineteenth-Century Thinking* (New York: Anthem Press), pp. 143~156; S. Schaffer (1998) 'Physics Laboratories and the Victorian Country House', in C. Smith and J. Agar (eds) *Making Space for Science: Territorial Themes in the Shaping of Knowledge* (Basingstoke: Macmillan), pp. 149~180 참조.

58 C.V. Burek and B. Higgs (2007) 'The Role of Women in the History and Development of Geology: An Introduction', *Geological Society of London Special Publications, 281*, 1~8: 3.

59 Shindler, *Discovering Dorothea*.

60 이 부고문은 계속해서 스콧에 대해 "옛 멋을 느낄 수 있는 진정한 영국인, 그는 강렬한 국제적 공감력을 지녔다. 그에게 과학의 형제애는 진짜였다"라고 묘사한다. F.W.O. and A.C.S., 'Dukinfield Henry Scott', p. 225.

61 H.E. Armstrong (1923) 'Mrs Hertha Ayrton', *Nature, 112*, 800~1: 801.

제5장. '세레스의 나의 딸들'

나는 이 글의 초안에 논평과 제안을 해준 톰 포스터(Tom Foster), 제임스 머피(James Murphy), 마크 포라드(Mark Pohlad), 마크 로빈슨(Mark Robinson), 로샤나 실베스터(Roshanna Sylvester), 연구 조교 제러미 하이든(Jeremy Heiden)과 이 프로젝트에 2013년 리처치 펠로우십으로 도움을 준 펜실베이니아 지역 과학사 센터(Pennsylvania Area Center for History of Science)에 감사를 표한다.

1 J. Ruskin (1865) 'Of Queens' Gardens', in *Sesame and Lilies: Two Lectures Delivered at Manchester in 1864* (London: Smith and Elder), pp. 119~196: 147~148.

2 패트모어 시의 처음 두 책은 완전한 서사를 이루는 것으로 간주되어 대개 원문으로 인용된다. C. Patmore (1854) *The Angel in the House: The Betrothal* (London: John W. Parker and Sons); C. Patmore (1856) *The Angel in the House: The Espousals* (London: John W. Parker and Sons). '돕는 배필'에 대해서는 S. Smiles (1881) *Character* (Chicago: Bedford, Clarke and Company), p. 336 참조. 더 광범위한 문학적 경향과 그 이미지리의 신화적 성격에 대해서는 특히 M.J. Peterson (1984) 'No Angels in the House: The Victorian Myth and the Paget Women', *The American Historical Review, 89, 677~709*; L. Nead (1988) *Myths of Sexuality: Representations of Women in Victorian Britain* (Oxford: Basil Blackwell); J. Bristow (1996) 'Coventry Patmore and the Womanly Mission of the Mid-Victorian Poet', in A.H. Miller and J.E. Adams (eds) *Sexualities in Victorian Britain* (Bloomington: Indiana University Press), pp. 118~139 참조. 러스킨의 문장구조와 정원 조언문학에 적용

한 것을 보려면 특히 S. Bilston (2008) 'Queens of the Gardens: Victorian Women Gardeners and the Rise of the Gardening Advice Text', *Victorian Literature and Culture, 36*, 1~19 참조. 빌스턴은 러스킨이 여성적 영역을 가정을 넘어 영국 전체를 아우르게 확장했다며 그의 견해를 옹호했다. 또한 S.A. Weltman (1997) '"Be No More Housewives, But Queens": Queen Victoria and Ruskin's Domestic Mythology', in M. Homans and A. Munich (eds) *Remaking Queen Victoria* (Cambridge: Cambridge University Press), pp. 105~122 참조.

3 J. Habermas (1962) *Strukturwandel der Öffentlichkeit: Untersuchungen zu einer Kategorie der bürgerlichen Gesellschaft* (Neuwied am Rhein: Luchterhand). 미국 맥락에서의 문학과 논쟁들에 대한 개요는 L.K. Kerber (1988) 'Separate Spheres, Female Worlds, Woman's Place: The Rhetoric of Women's History', *The Journal of American History, 75*, 9~39; 영국의 맥락을 보려면 A. Vickery (1993) 'Golden Age to Separate Spheres? A Review of the Categories and Chronology of English Women's History', *The Historical Journal, 36*, 383~414 참조.

4 P. White (2003) *Thomas Huxley: Making the 'Man of Science'* (Cambridge: Cambridge University Press); P. Abir-Am and D. Outram (eds) (1987) *Uneasy Careers and Intimate Lives: Women in Science, 1789~1979* (New Brunswick: Rutgers University Press). 과학에서의 커플에 대해서는 H.M. Pycior, N.G. Slack and P.G. Abir-Am (eds) (1996) *Creative Couples in the Sciences* (New Brunswick: Rutgers University Press); A. Lykknes, D.L. Opitz and B. Van Tiggelen (eds) (2012) *For Better or for Worse? Collaborative Couples in the Sciences* (Basel: Birkhäuser) 참조.

5 M.L.Richmond (2006) 'The"Domestication"of Heredity: The Familial Organization of Geneticists at Cambridge, 1895~1910', *Journal of the History of Biology*, 39, 565~605; S.A. Leavitt (2002) *From Catharine Beecher to Martha Stewart: A Cultural History of Domestic Advice* (Chapel Hill: University of North Carolina Press).

6 역사 문헌 속의 긴장에 대해서는 S. Stage and V.B. Vincenti (eds) (1997) *Rethinking Home Economics: Women and the History of a Profession* (Ithaca: Cornell University Press) 참조. 정치적 도구로서의 가내성에 대해서는 P. Baker (1984) 'The Domestication of Politics: Women and American Political Society, 1780~1920', *The American Historical Review*, 89, 620~647 참조.

7 국가적으로 독특한 운동들 간의 국제적 네트워킹은 현재의 문헌에 없는 더 충분한 분석을 촉구한다. 예를 들어, 1899년 여성 농업 및 원예 국제연합(Women's Agricultural and Horticultural International Union)의 결성은 국제적 조직을 가능하게 하는 하나의 수단을 제공했다. P. King (1999) *Women Rule the Plot: The Story of the 100 Year Fight to Establish Women's Place in Farm and Garden* (London: Duckworth). 더욱 광범위한 국제 학술 여성 네트워크에 대해서는 C. von Oertzen (2014) *Science, Gender, and Internationalism: Women's Academic Networks, 1917~1955* (New York: Palgrave Macmillan) 참조. 이 연구의 연관성을 제시해 준 스타판 베리비크에게 감사드린다.

8 W. Cobbett (1922) *Cottage Economy* (London: C. Clement); S. McMurry (1984) 'Progressive Farm Families and their Houses, 1830~1855; A Study in Independent Design', *Agricultural History, 58*, 330~346; J.M. Jensen (1986) *Loosening the Bonds:*

Mid-Atlantic Farm Women, 1750~1850 (New Haven: Yale University Press).

9 Jensen, *Loosening the Bonds*.

10 영국과 아일랜드의 여성 농업교육의 역사는 주로 원예학교들과 관련되지만, 몇몇은 낙농과 농업의 또 다른 '더 가벼운 분야들'에 대한 교육을 다루고 있다. M. Forrest and V.M. Ingram (1999) 'Education for Lady Gardeners in Ireland', *Garden History, 27*, 206~218; M. Forrest (2005) 'Women's Horticultural Colleges in Dublin in the Early 20th Century', *Dublin Historical Record, 58*, 31~38; A. Meredith (2003) 'Horticultural Education in England, 1900~1940: Middle-Class Women and Private Gardening Schools', *Garden History, 31*, 67~79; N. Verdon (2012) 'Business and Pleasure: Middle-Class Women's Work and the Professionalization of Farming in England, 1890~1939', *Journal of British Studies, 51*, 393~415; D.L. Opitz (2013) '"A Triumph of Brains over Brute": Women and Science at the Horticultural College, Swanley, 1890~1910', *Isis, 104*, 30~62; D.L. Opitz (2014) '"Back to the land": Lady Warwick and the Movement for Women's Collegiate Agricultural Education', *Agricultural History Review, 62*, 119~145. 영국 농업교육을 보다 일반적으로 다루면서 또한 남녀공학과 여성만을 위한 기관들을 다룬 개요는 P. Brassley (2000) 'Agricultural Science and Education', in E.J.T. Collins (ed.) *The Agrarian History of England and Wales* (Cambridge: Cambridge University Press), pp. 594~649 참조. 미국에서 농업대학과 대학 분과들에서의 여성 입학을 조명한 고전적인 종합적 연구는 A.C. True (1969) *A History of Agricultural Education in the United States, 1785~1925* (New York: Arno Press) 참조. 각각 뉴멕시코, 유타, 아이오와의 '농업과 교육'을 주로 다룬 여성 농업교육에 관한 세 가지 연구가 농업사(Agricultural History) 특별호에 실렸다. J.M. Jensen (1986) 'Crossing Ethnic Barriers in the Southwest: Women's Agricultural Extension Education, 1914~1940', *Agricultural History, 60*, 169~181; C. Sturgis (1986) '"How're You Gonna Keep 'Em Down on the Farm?" Rural Women and the Urban Model in Utah', *Agricultural History, 60*, 182~199; D. Schweider (1986) 'Education and Change in the Lives of Iowa Farm Women, 1900~1940', *Agricultural History, 60*, 200~215. 특히 뉴잉글랜드에서 원예에 전념하는 학교들을 조명한 것은 V. Libby (2011) 'Cultivating Mind, Body, and Spirit: Educating the "New Woman" for Careers in Landscape Architecture', in L.A. Mozingo and L. Jewell (eds) *Women in Landscape Architecture: Essays on History and Practice* (Jefferson: McFarland), pp. 69~75 참조.

11 이것은 여성 대학교육의 정당성을 고취했던 로버타 와인(Roberta Wein)의 용어 '여성의 가정적 성스러움 숭배(the cult of feminine domestic sanctity)'에 근거했다. R. Wein (1974) 'Women's Colleges and Domesticity, 1875~1918', *History of Education Quarterly, 14*, 31~47: 31. 바버라 웰터(Barbara Welter)의 고전적 에세이에 따르면 '가내성'은 19세기 미국 문학에서 '진정한 여성다움 숭배'의 '주요한 네 가지 덕목' 중 하나였다. B. Welter (1966) 'The Cult of True Womanhood, 1820~1860', *American Quarterly, 18*, 151~174: 152. 영국에서 캐서린 홀(Catherine Hall)은 복음주의적 가내성의 중대함과 이른바 클래펌파(Clapham Sect)의 유세를 통해 그것의 홍보를 주장했다. C. Hall (1979) 'The Early Formation of Victorian Domestic Ideology', in S. Burman (ed.) *Fit Work for Women* (London: Croom Helm), pp. 15~32.

12 A. Brisbane (1840) *Social Destiny of Man: Or, Association and Reorganization of*

Industry (Philadelphia: C.F. Stollmeyer); C.J. Guarneri (1991) *The Utopian Alternative: Fourierism in Nineteenth-Century America* (Ithaca: Cornell University Press).

13 M. E. Dodge (1864) 'Woman on the Farm', *Harper's New Monthly Magazine, 29*, 357. 제임스 제이 맵스(James Jay Mapes)는 비료를 가지고 실험하며 미국의 농업과학 발전을 촉진시킨 유명한 농업 화학자이다. 그의 딸 메리(Mary)는 아동문학 작가로도 알려져 있는데, 1865년 저서 *Hans Brinker: or, the Silver Skates* (New York: James O'Kane)가 가장 유명하다. 그녀는 1861년에 여성 역할에 대한 자신의 기사를 처음 실은 저널 *The Working Farmer and The United States Journal*을 편집했다. M.R. Finlay (2000) 'Mapes, James Jay', in *American National Biography Online*, ed. J.A. Garraty and M.C. Carnes (New York: Oxford); C.M. Wright (1979) *Lady of the Silver Skates: The Life and Correspondence of Mary Mapes Dodge* (Jamestown: Clingstone), esp. pp. 19~28 참조.

14 D. Fink (1992) *Agrarian Women: Wives and Mothers in Rural Nebraska, 1880~1940* (Chapel Hill: University of North Carolina Press), pp. 22~24.

15 Brisbane, *Social Destiny of Man*. 특히 그런 주장들이 근거하고 있는 현대 생리학적 주장들에 대해서는 C.E. Russett (1989) *Sexual Science: The Victorian Construction of Womanhood* (Cambridge, MA: Harvard University Press) 참조. 수 드럼(Sue Drum)이 지적한 바와 같이, 체력에 대한 젠더화된 가정에 따른 노동 분업은 수의학에서도 행해졌다. "모든 수의사는 남자일 것이라고 생각되었다. 이 견해는 이해할 수 있다. 왜냐하면 대부분의 졸업생이 오랜 시간 어둡고 찬바람이 들어오는 헛간이나 마구간에서 약물을 주입하는데 큰 힘이 필요한 병든 말과 소를 치료하면서 생계를 유지했기 때문이다." S. Drum and H.E. Whiteley (1991) *Women in Veterinary Medicine: Profiles of Success* (Ames: Iowa State University), p. xi. 홍미롭게도, 브리즈번(Brisbane)과 다른 이들의 사회주의적 이념들은 여성들의 집 범위 바깥의 노동영역을 급진적으로 추진했는데, 그럼에도 바깥에서는 전통적인 성별 영역 분리를 되풀이했다.

16 Anonymous (1879) 'A Woman Farmer', *Demorest's Monthly Magazine, 15*, 479. 에밀리 페이스풀(Emily Faithfull)은 이 이야기를 그녀가 편집한 여성 정기 간행물에 실어 영국 독자들에게 알렸다. Anonymous (1879) 'Miscellanea', *The Victoria Magazine, 33*, 534~536. 토머스의 1875년 자서전적 설명은 'Women Agriculturalists' in P.A. Hanaford (1882) *Daughters of America; or, Women of the Century* (Augusta: True), pp. 704~708에 요약문으로 포함되어 있다.

17 Hanaford (1882) *Daughters of America*, pp. 705~706.

18 Hanaford (1882) *Daughters of America*, p. 704.

19 E. Faithfull (1884) *Three Visits to America* (Edinburgh: David Douglass), p. 249; B.J. Gisel (2001) *Kindred and Related Spirits: The Letters of John Muir and Jeanne C. Carr* (Salt Lake City: University of Utah Press).

20 F.P. Cobbe (1877) 'Correspondence', *The Woman's Gazette, 2*, 109. 또한 M.E. Phillips (1876) 'Lady Gardeners', *The Woman's Gazette, 1*, 126; F.P. Cobbe (1877) 'Correspondence', *The Woman's Gazette, 2*, 61 참조.

21 J. Chesney (1879) 'A New Vocation for Women', *Macmillan's Magazine, 60*, 341~346: 341~342. 또한 F.W. Burbidge (1877) *Horticulture* (London: Edward Stanford), esp. p. 233; J. O'Donnell (1878) 'What Women Can Be and Do', *Social Notes, 17*, 262~263 참조.

22 Opitz, 'Back to the land'; Opitz, 'A Triumph of Brains over Brute'.

23 C.W. Kimmins (1898) 'Introduction', in F.E. Warwick (ed.) *Progress in Women's Education in the British Empire* (London: Longmans and Green), pp. xv-xxvi.

24 G. Vernon (1898) 'The Training of Women in Dairy Work and Other Outdoor Industries', in Warwick (ed.) *Progress in Women's Education in the British Empire*, pp. 127~128.

25 Vernon, 'The Training of Women in Dairy Work', p. 133.

26 F.E. Warwick (1897) 'Woman and the Future of Agriculture', *The Land Magazine, 1*, 723~729.

27 Warwick, 'Woman and the Future of Agriculture', p. 724.

28 Warwick, 'Woman and the Future of Agriculture', p. 725, 원본 강조.

29 Anon. (1891) 'Robert Johnson, Esq., Director of The Colonial College', *Education: A Journal for the Scholastic World, 2*, 12~20: 20.

30 이론과 실습의 이 조합에 대해서는 Opitz, 'A Triumph of Brains over Brute'; S. Richards (1988) 'The South-Eastern Agricultural College and Public Support for Technical Education, 1894~1914', *Agricultural Historical Review, 36*, 172~187 참조.

31 영국에서 이것은 지주계급들 사이에서 광범위한 분할 매각의 추세로 나타났다. D. Cannadine (1999) *The Decline and Fall of the British Aristocracy* (New York: Vintage Books) 참조.

32 Anon. (1912) *The Pennsylvania School of Horticulture for Women*, prospectus, Temple University Ambler Archives, PSHW Collection. 식민 훈련원(Colonial Training Home)에 대해서는 J.A. Hammerton (1979) *Emigrant Gentlewomen: Genteel Poverty and Female Emigration, 1830~1914* (London: Croom Helm); S.R. Herstein (1985) *Mid-Victorian Feminist Barbara Leigh Smith Bodichon* (New Haven: Yale University Press) 참조. 스터들리에 대해서는 D.M. Garstang (1953) 'Studley College', *Agricultural Progress, 28*, 4~15를, 펜실베이니아 학교에 대해서는 V. Libby (2002) 'Jaine Haines' Vision: The Pennsylvania School of Horticulture for Women, 1910~1958', *Journal of the New England Garden Society, 10*, 44~52; J.R. Carey and M.A.B. Fry (2011) *A Century of Cultivation, 1911~2011* (Langhorne: Temple University) 참조.

33 Anon. (1901) 'Guild of Daughter of Ceres', *The Woman's Agricultural Times, 2(7)*, 13; F.E. Warwick (1903) 'Lady Warwick College, Studley Castle', *The Woman's Agricultural Times, 4(11)*, 161~164; J.E.T. (1893) 'A Visit to the Lady Gardeners at Swanley', *Shafts: A Magazine of Progressive Thought, 4*, June 1893, 82.

34 더 자세한 내용은 Opitz, 'A Triumph of Brains over Brute', and Opitz, 'Back to the land' 참조.

35 A. Balfour, K. Falmouth, M.G. Fawcett, E. Lyttelton, A. Knox, A. Dobson, T.E. Fuller, C.A.D. Miller and J.A. Cockburn (1904) 'Training for Colonial Life', *The Times*, London, 14 December 1904, 10. 미국의 맥락에서 이런 종류의 논리는 개척자들에게 적용되었다. J.R. Jeffrey (1979) *Frontier Women: The Trans-Mississippi West, 1840~1880* (New York: Hill and Wang). 비교의 관점에서 '잉여' 여성 문제에 대해서는 C. Bolt (1993) *The Women's Movements in the United States and Britain from the 1790s to the 1920s* (New York: Harvester Wheatsheaf), pp. 116~117 참조.

36 Cobbe, 'Correspondence', p. 109.

37 Mrs. C.W. Earle (1897) *Pot-Pourri from a Surrey Garden* (London: Smith, Elder and Co.), pp. 39~40.

38 A.G. Freer (1899) 'Horticulture as a Profession for the Educated', *Nineteenth Century, 46*, 769~781: 776; E. Crawford (2009) *Enterprising Women: The Garretts and their Circle* (London: Francis Boutle), p. 234.

39 M.R. Wilkins (1915) *The Work of Educated Women in Horticulture and Agriculture* (London: Jason Truscott and Sons), pp. 18~19.

40 J.L. Doan (1914) 'The Outlook in the Field of Horticulture', *Wise Acres, 1*(4), December 1914, 5~8: 5. 존 도언은 펜실베이니아 학교 초창기에 식물학을 가르쳤다. Carey and Fry, *A Century of Cultivation*, p. 14.

41 Doan, 'The Outlook in the Field of Horticulture', p. 5.

42 Anon. (1892) 'First Report, Women's Branch of the Horticultural College, Swanley, Kent, December 1892', in *Reports, 1892~1912*, bound volume of pamphlets, Hextable Heritage Centre, Swanley Town Council, SWAN00015. 그럼에도 온실은 경쟁적인 장소였다. 큐 왕립 식물원에서 남성들은 습관적으로 셔츠를 입지 않고 일했기 때문에, 스완리 출신 여성들이 그곳에서 수습공으로 일하기 시작했을 때 우려를 자아냈다. Opitz, 'A Triumph of Brains over Brute', p. 54.

43 이 기간 동안 몇몇 출처가 이 정도로 자세하게 농업과 원예에서의 여성 고용에 대한 체계적인 통계를 제공하며, 대학 기록은 한결같이 입증되지 않았다. 인상적인 개요에 대해서는 M.R. Wilkins (1915) *The Work of Educated Women in Horticulture and Agriculture* (London: Jason Truscott and Sons); E. Morrow (1985) 'A History of Swanley Horticultural College', *Wye: The Journal of the Agricola Club and Swanley Guild, 12*, 59~142; Carey and Fry, *A Century of Cultivation* 참조.

44 미국에 대해서는 W.L. Bowers (1971) 'Country-Life Reform, 1900~1920: A Neglected Aspect of Progressive Era History', *Agricultural History, 45*, 211~221 참조. 영국에 대해서는 J. Marsh (1982) *Back to the Land: The Pastoral Impulse in England, from 1880 to 1914* (London: Quartet Books) 참조.

45 F. Warwick (1901) 'Agricultural Education for Women', *The Times*, London, 13 May 1901, 10.

46 R. Challice (1903) 'The Lady Warwick College at Studley Castle', *West Sussex Gazette*, [n.d.], newspaper clipping, Museum of English Rural Life, University of Reading, FR WAR 5/6/4. 이 주제에 대해서는 Opitz, 'Back to the land' 참조.

47 L.H. Bailey (1911) *The Country-Life Movement in the United States* (New York: Macmillan), pp. 93~94. '여성 농민 문제'에 대해서는 E.A. Ramey (2014) *Class, Gender, and the American Family Farm in the 20th Century* (New York: Routledge) 참조.

48 Bailey, *The Country-Life Movement in the United States*, pp. 65, 81.

49 Anon., *The Pennsylvania School of Horticulture for Women*.

50 I.M. Bailey (1913) 'The Farm Woman's Share in the New Agriculture', *Michigan State Farmers' Institutes Bulletin*, no. 13, 108~111: 110.

51 Wilkins, *The Work of Educated Women in Horticulture and Agriculture*, p. 23; Carey

and Fry, *A Century of Cultivation*, p. 22; S.R. Grayzel (1999) 'Nostalgia, Gender, and the Countryside: Placing the "Land Girl" in First World War Britain', *Rural History, 10*, 155~170: 168. 제1차 세계대전 중 영국의 여성향토군에 대해 더 알려면 B. White (2014) *Women's Land Army in First World War Britain* (Basingstoke: Palgrave Macmillan)을, 미국의 여성향토군에 대해서는 E.F. Weiss (2008) *Fruits of Victory: The Woman's Land Army of America in the Great War* (Dulles: Potomac Books)를 참조.

52 M.W. Rossiter (1982) *Women Scientists in America: Struggles and Strategies to 1940* (Baltimore: Johns Hopkins University Press), p. 314.

53 Rossiter, *Women Scientists in America*, pp. 314~315. 스테이지(Stage)와 빈센티(Vincenti)의 기여로 진전된 수정주의적 노력에 대해서는 *Rethinking Home Economics* 참조.

54 Opitz, 'A Triumph of Brains over Brute'. 여성 유전학자에 대한 더 자세한 내용은 M.L. Richmond (2015) 'Women as Mendelians and Geneticists', *Science & Education, 24*, 125~150 참조.

제6장. 1920년대 펄프 픽션에서의 젠더 및 무선기술의 가내화

1 영국에서 초기 라디오 방송에 대한 기본 사료는 A. Briggs (1961) *The History of Broadcasting in the United Kingdom*, Vol. 1: *The Birth of Broadcasting 1896~1927* (London: Oxford University Press); P. Scannell and D. Cardiff (1991) *A Social History of British Broadcasting*, Vol. 1: 1922~1939 참조. *Serving the Nation* (Oxford: Blackwell). S. Street (2006) *Crossing the Ether: Pre-war Public Service Radio and Commercial Competition in the UK* (Eastleigh: John Libbey)는 BBC의 초기 독점이라는 견해를 반박한다. B. Hennessy (2005) *The Emergence of Broadcasting in Britain* (Lympstone: Southerleigh)에는 대중들이 쉽게 접근할 수 있는 문헌과 장비에 대한 유용한 논의가 있다. M. Pegg (1983) *Broadcasting and Society, 1918~1939* (London: Croom Helm)는 초기 라디오(무선) 기술 및 제도들과 관련해 계급과 공동체에 관한 질문을 고찰한다.

2 C. Mitchell (ed.) (2000) *Women and Radio: Airing Differences* (London: Routledge), p. 11.

3 R. Butsch (1998) 'Crystal Sets and Scarf-pin Radios: Gender, Technology and the Construction of American Radio Listening in the 1920s', *Media, Culture & Society, 20*, 557~572: 559.

4 S. Moores (2000) *Media and Everyday Life in Modern Society* (Edinburgh: Edinburgh University Press), p. 47.

5 J. Sconce (2000) *Haunted Media: Electronic Presence from Telegraphy* to Television (Durham, NC: Duke University Press), pp. 15, 61~62.

6 Sconce, *Haunted Media*, pp. 93~94.

7 L. Otis (2001) 'The Other End of the Wire: Uncertainties of Organic and Telegraphic Communication', *Configurations, 9*, 181~206: 182, 193.

8 *Moores, Media and Everyday Life in Modern Society*, p.44; Scannell and Cardiff, A Social History of British Broadcasting, Vol. 1, p. 314.

9 Hennessy, *The Emergence of Broadcasting in Britain*, pp. 156~164.
10 Scannell and Cardiff, *A Social History of British Broadcasting*, Vol. 1, pp. 315~316.
11 Scannell and Cardiff, *A Social History of British Broadcasting*, Vol. 1, p. 317.
12 J.C.W. Reith (1924) *Broadcast Over Britain* (London: Hodder and Stoughton), p. 88.
13 Reith, *Broadcast Over Britain*, p. 162.
14 Hennessy, *The Emergence of Broadcasting in Britain*, p. 127.
15 W.G. Contento and P. Stephensen-Payne (eds) (2014) 'Jenkins, George B(riggs, Jr.)', Galactic Central, The FictionMags Index, http://www.philsp.com/homeville/FMI/0start.htm (home page), date accessed 26 November 2014.
16 P. Stephensen-Pyne (ed.) (2014) 'Midnight (Mysteries/Mystery Stories)', Galactic Central, Checklists, http://www.philsp.com/mags/midnight.html, date accessed 26 November 2014.
17 M. Ashley (2006) *The Age of the Storytellers: British Popular Fiction Magazines, 1880~1950* (London: British Library), p. 127.
18 G.B. Jenkins (1923) 'Radio Death', *Hutchinson's Mystery-Story Magazine, 1*, May 1923, 63~69.
19 Jenkins, 'Radio Death', *Hutchinson's*, pp. 63~64.
20 Jenkins, 'Radio Death', *Hutchinson's*, p. 64.
21 G.B. Jenkins (1923) 'Radio Death', *Midnight Mystery Stories, 2*, 3 February 1923, 4~6, 10: 6.
22 Jenkins, 'Radio Death', *Hutchinson's*, p. 65.
23 Jenkins, 'Radio Death', *Hutchinson's*, p. 67.
24 Sconce, *Haunted Media*, pp. 69, 74.
25 L. Otis (2001) *Networking: Communicating with Bodies and Machines in the Nineteenth Century* (Ann Arbor: University of Michigan Press).
26 Moores, Media and Everyday Life in Modern Society, pp. 44~45.
27 A. Boris (2011) *Philadelphia Radio* (Charleston: Arcadia), p. 20; L.F. Sies (2000) *Encyclopaedia of American Radio* (Jefferson: McFarland), p. 602; A.P.M. Fleming (1922) 'Impressions of American Broadcasting', *The Broadcaster, 1*, November 1922, 207~208: 208.
28 I. Hartley (1983) *Goodnight Children Everywhere* (Southborough: Midas), pp. 16~22.
29 C.A. Lewis (1923) 'The Fun of Uncling', *The Broadcaster, 3*, August 1922, 54.
30 M.W. (1923) 'Decorative Loud-Speakers', *Modern Wireless, 1*, May 1923, 272; 'Francis' (1924) 'Wireless Without Worry', *Modern Wireless, 3*, November 1924, 645~646, 697.
31 M. Egan (1923) 'The Story of Wireless', *The Broadcaster, 3*, September 1923, 19~24: 23.
32 Anon. (1924) 'Protect your Life and Property from Damage by Lightning', *Modern Wireless, 3*, November 1924, 601; Anon. (1925) 'Automatic Earthing Plug and Lightning Arrester', *The Broadcaster, 6*, February 1925, 83; Anon. (1924) 'Aerials and Lightning Again', *Wireless World, 14*, 27 August 1924, 614.
33 M.V. Morrison (1923) 'Around the Radio World', *The Broadcaster, 3*, August 1923, 47~50: 47; A.M. Low (1923) 'Power by Wireless', *The Broadcaster, 3*, September 1923,

54~55; A.M. Low (1923) 'Tea Making by Wireless', *The Broadcaster, 3*, October 1923, 16.

34 Anon. (1923) 'Ten Little Amateurs', *The Broadcaster, 2*, April 1923, 28.

35 Anon. (1924) 'Around the Wireless World', *Wireless World, 13*, 12 March 1924, 746~747: 746; F.H. Philpott (1923) 'Contrasts', *Junior Wireless, 1*, December 1923, 50~51: 51; Anon. (1922) 'Wireless Experiences in Arabia', *The Broadcaster, 1*, September 1922, 101~105.

36 Anon. (1924) 'In Passing', *Modern Wireless, 3*, September 1924, 335~336: 335.

37 Ashley, *The Age of the Storytellers*, p. 238.

38 Anon. (1947) 'Flynn, Sir J[oshua] Albert', *Who Was Who* (London: A & C Black), Vol. 3, p. 458.

39 O. Oliver (1924) 'A Martyr to Wireless', *The Yellow Magazine*, 18 April 1924, 203~210: 203.

40 Oliver, 'A Martyr to Wireless', p. 205.

41 Oliver, 'A Martyr to Wireless', p. 206, 원본 강조.

42 Oliver, 'A Martyr to Wireless', p. 208.

43 Oliver, 'A Martyr to Wireless', p. 209, 원본 강조.

44 Butsch, 'Crystal Sets and Scarf-pin Radios', p. 565.

45 Butsch, 'Crystal Sets and Scarf-pin Radios', p. 566.

46 Butsch, 'Crystal Sets and Scarf-pin Radios', p. 567.

47 Oliver, 'A Martyr to Wireless', p. 209, 원본 강조.

48 Oliver, 'A Martyr to Wireless', p. 206.

49 Anon. (1916) 'Notes of the Month', *Wireless World, 4*, April 1916, 42~43: 42.

50 Anon. (1917) 'Notes of the Month', *Wireless World, 5*, October 1917, 478~479: 479.

51 Anon. (1917) 'Personal Notes', *Wireless World, 5*, May 1917, 142~143: 143.

52 Anon. (1918) 'Notes of the Month', *Wireless World, 5*, February 1918, 767~769: 768.

53 Anon. (1918) 'Personal Notes', *Wireless World, 5*, February 1918, 790.

54 Anon. (1918) 'Notes of the Month', *Wireless World, 5*, March 1918, 839~841.

55 Anon. (1918) 'Notes of the Month', p. 841.

56 Anon. (1919) 'Personal Notes', *Wireless World, 7*, October 1919, 422.

57 Anon. (1920) 'Notes and News', *Wireless World, 8*, 3 April 1920, 13~14: 14.

58 Anon. (1921) 'Wireless Club Reports', *Wireless World, 8*, 19 March 1921, 869~874: 870.

59 Anon. (1924) 'Notes & Club News', *Wireless World, 14*, 2 April 1924, 23~26: 23.

60 Anon. (1924) 'Notes & Club News', *Wireless World, 14*, 7 May 1924, 174~177: 174; Anon. (1924) 'Notes & Club News', *Wireless World, 14*, 3 September 1924, 662~665: 663.

61 Anon. (1922) 'Wireless Club Reports', *Wireless World, 10*, 9 September 1922, 767~770: 770.

62 Anon. (1921) Advertisement for University Engineering College, *Wireless World, 8*, 19 March 1921, x; Anon. (1921) Advertisement for C.W. Wireless, *Wireless World, 9*, 2 April 1921, ix; Anon. (1922) Advertisement for the London Telegraph Training College, Ltd., *Wireless World, 8*, 15 May 1920, ix.

63 Anon. (1924) 'Notes & Club News', *Wireless World, 14*, 4 June 1924, 286~288: 287.

64 Lambda (1923) 'Above and Below the Broadcast Wavelengths', *Modern Wireless, 2*, October 1923, 37~39: 37.
65 E.D.R. (1924) 'Take Your Wife', *The Broadcaster, 5*, September 1924, 71.
66 Anon. (1924) 'Boosts for the Retailer', *The Broadcaster, 4*, April 1924, 41.
67 Butsch, 'Crystal Sets and Scarf-pin Radios', p. 564.
68 만약 관련 출판물이 있다면, 다른 제목으로 출판되었을 것이다. '2.L.O.'라는 제목은 당연히 영국 청중들을 위한 것이기 때문이다.
69 A.J. Thompson (1925) 'A Call From 2.L.O.', *The Yellow Magazine*, 10 July 1925, 26~36: 26.
70 Thompson, 'A Call From 2.L.O.', p. 27.
71 Thompson, 'A Call From 2.L.O.', p. 28.
72 Thompson, 'A Call From 2.L.O.', p. 28.
73 Thompson, 'A Call From 2.L.O.', p. 29.
74 Thompson, 'A Call From 2.L.O.', p. 29.
75 Thompson, 'A Call From 2.L.O.', p. 33.
76 Thompson, 'A Call From 2.L.O.', p. 36.
77 Butsch, 'Crystal Sets and Scarf-pin Radios', pp. 561, 563.
78 Moores, *Media and Everyday Life in Modern Society*, p. 46.
79 C.F. Elwell, Ltd. (1922) Advertisement for Bull Dog Grip Connectors, *Wireless World, 11*, 4 November 1922, xxxi; Fellows Magneto Co. (1922) 'Listen In - With the Fellows', *Wireless World, 9*, 4 November 1922, inside back cover.
80 Anon. (1924) Advertisement for Brandes, *Modern Wireless, 3*, September 1924, 386.
81 Anon. (1924) Advertisement for Byford/Telefunken, *The Broadcaster, 5*, October 1924, 48C.
82 Scannell and Cardiff, *A Social History of British Broadcasting*, Vol. 1, p. 278.
83 G. Gooday (2008) *Domesticating Electricity: Technology, Uncertainty and Gender, 1880~1914* (London: Pickering and Chatto), p. 222.

제7장. 현대 홈메이드 기상과학

1 따라서 우리는 아마추어나 애호가들에 의해 생산된 환경지식을 '크라우드-소싱' 시책과 보다 공식화된 '참여형 모니터링 네트워크'라는 맥락에서 진지하게 다루는 신흥 학문들을 인정한다. S. Bell, M. Marzano, J. Cent, H. Kobierska, D. Podjed, D. Vandzinskaite, H. Reinert, A. Armaitiene, M. Grodzińska-Jurczak and R. Muršič (2008) 'What Counts? Volunteers and their Organizations in the Recording and Monitoring of Biodiversity', *Biodiversity Conservation, 17*, 3443~3454. 그러나 우리는 이 연구들이 아마추어 지식 생산의 형성에서 가정과 가내 생활을 거의 고려하지 않았다는 점에 주목한다.
2 M. Hulme (2008) 'Geographical Work at the Boundaries of Climate Change', *Transactions of the Institute of British Geographers, 33*, 5~11.
3 R. Stebbins (1992) *Amateurs, Professionals and Serious Leisure* (Montreal: McGill University Press).

4 이 과정은 최근 영국 기상청 기상관측 웹사이트 http://wow.metoffice.gov.uk의 구축으로 용이해졌다. 그것은 아마추어들 간에 역사적으로나 거의 실시간으로 데이터 공유를 가능하게 한다. S. Bell, D. Cornford and S. Bastin (2013) 'The State of Automated Amateur Weather Observations', *Weather, 68*, 36~41.

5 A. Blunt (2005) 'Cultural Geography: Cultural Geographies of Home', *Progress in Human Geography, 29*, 505~515.

6 K. Brickell (2012) 'Mapping and Doing Critical Geographies of Home', *Progress in Human Geography, 36*, 225~244.

7 예를 들어, R. Hitchings (2003) 'People, Plants and Performance: On Actor Network Theory and the Material Pleasures of the Private Garden', *Social and Cultural Geography, 4*, 99~113; M. Kaika (2004) 'Interrogating the Geographies of the Familiar: Domesticating Nature and Constructing the Autonomy of the Modern Home', *International Journal of Urban and Regional Research, 28*, 265~286; E. Power (2009) 'Domestic Temporalities: Nature Times in the House-as-Home', *Geoforum, 40*, 1024~1032; K. Walsh (2011) 'Migrant Masculinities and Domestic Space: British Home-Making Practices in Dubai', *Transactions of the Institute of British Geographers, 36*, 516~529 참조.

8 Blunt, 'Cultural Geography'.

9 Kaika, 'Interrogating the Geographies of the Familiar'.

10 Blunt, 'Cultural Geography'.

11 H.M. Collins and R. Evans (2002) 'The Third Wave of Science Studies: Studies of Expertise and Experience', *Social Studies of Science, 32*, 235~296.

12 D. Turnbull (2002) 'Travelling Knowledge: Narratives, Assemblage and Encounters', in M. Bourguet, C. Licoppe and H.O. Sibum (eds) *Instruments, Travel and Science: Itineraries of Precision from the Seventeenth to the Twentieth Century* (London: Routledge), pp. 273~294; S. Shapin (1998) 'Placing the View from Nowhere: Historical and Sociological Problems in the Location of Science', *Transactions of the Institute of British Geographers, 23*, 5~12.

13 R. Powell (2007) 'Geographies of Science: Histories, Localities, Practices, Futures', *Progress in Human Geography, 31*, 309~329.

14 D. Livingstone (2003) *Putting Science in Its Place: Geographies of Scientific Knowledge* (Chicago: University of Chicago Press).

15 Powell, 'Geographies of Science'.

16 '비인증 전문지식(non-certified expertise)'이라는 개념은 과학기술학(STS) 학자인 해리 콜린스(Harry Collins)와 로버트 에반스(Robert Evans)의 연구에서 나왔다. 이들은 과학 시행에서의 의사결정권과 정당성에 대한 보다 광범위한 관심의 맥락에서, 전문지식의 서로 다른 유형들을 고찰했다. 과학분야, 지금의 경우 기상학에서는 공식적 훈련, 자격증, 인증이 없는 개인들은 비인증 전문지식을 지녔다고 말할 수 있다. 해리 콜린스와 로버트 에반스의 'The Third Wave of Science Studies' 참조.

17 B. Greenhough (2006) 'Tales of an Island-Laboratory: Defining the Field in Geography and Science Studies', *Transactions of the Institute of British Geographers, 31*, 224~237.

18 M. Hulme (2009) *Why We Disagree about Climate Change* (Cambridge: Cambridge University Press); M. Hulme (2013) *Exploring Climate Change through Science and in Society: An Anthology of Mike Hulme's Essays, Interviews and Speeches* (Abingdon: Routledge); V. Jankovic and C. Barboza (eds) (2009) *Weather, Local Knowledge and Everyday Life: Issues in Integrated Climate Studies* (Rio de Janeiro: Mast).
19 Hulme, *Why We Disagree about Climate Change*.
20 Hulme, *Why We Disagree about Climate Change*, p. 25.
21 M. Hulme, S. Dessai, I. Lorenzoni, and D.R. Nelson (2009) 'Unstable Climates: Exploring the Statistical and Social Constructions of Normal Climate', *Geoforum, 40*, 197~206: 197; Jankovic and Barboza, *Weather, Local Knowledge and Everyday Life*.
22 D.N. Livingstone (2012) 'Reflections on the Cultural Spaces of Climate', *Climatic Change, 113*, 91~93.
23 S.K. Naylor (2006) 'Nationalising Provincial Weather: Meteorology in Nineteenth-Century Cornwall', *British Journal for the History of Science, 39*, 1~27; V. Jankovic (2001) *Reading the Skies: A Cultural History of the English Weather, 1650~1820* (Manchester: Manchester University Press).
24 S. Burt (2012) *The Weather Observer's Handbook* (Cambridge: Cambridge University Press). 이 책자는 기상관측을 위한 실용적인 안내서로, 전 세계 아마추어 및 전문가 날씨 관측 네트워크를 대상으로 한다.
25 인터뷰 내용은 모두 기록되었으며, 인터뷰 내용을 그대로 인용한 경우 COL 회원이 살고 있는 영국의 지역과 인터뷰가 이루어진 연도만 언급해 인터뷰 대상자의 익명성을 보장했다. 인터뷰 자료는 현재 모리스와 엔드필드가 보유하고 있다.
26 Interview with COL member, north-east, 2008.
27 Interview with COL member, south-east, 2008.
28 Interview with COL member, south-east, 2009.
29 Interview with COL member, south-east, 2008, 강조 추가.
30 Interview with COL member, north-east, 2008.
31 Interview with COL member, south-east, 2009.
32 Interview with COL member, south-east, 2009, 강조 추가.
33 Interview with COL member, north-west, 2008.
34 Interview with COL member, north-west, 2008.
35 Interview with COL member, south-east, 2009.
36 Interview with COL member, north-east, 2008.
37 Interview with COL member, south-east, 2009.
38 Interview with COL member, north-east, 2008.
39 Interview with COL member, south-east, 2009.
40 Interview with COL member, north-west, 2008.
41 Interview with COL member, south-east, 2008.
42 Interview with COL member, south-east, 2009.
43 Interview with COL member, south-east, 2008.
44 Interview with COL member, north-west, 2008.

45 Interview with COL member, north-west, 2008.
46 Interview with COL member, north-west, 2008
47 Interview with COL member, north-east, 2009.
48 Interview with COL member, north-west, 2008.
49 Interview with COL member, north-west, 2008.
50 Interview with COL member, north-west, 2009.
51 Interview with COL member, north-east, 2008.
52 Interview with COL member, Midlands, 2008.
53 S. Shapin (1989) 'The Invisible Technician', *American Scientist, 77*, 554~563.
54 이 쟁점에 대해서는 G. Endfield and C. Morris (2012) '"Well weather is not a girl thing is it?" Contemporary Amateur Meteorology, Gender Relations and the Shaping of Domestic Masculinity', *Social & Cultural Geography, 13*, 233~253 참조.
55 Interview with COL member, north-east, 2008.
56 Endfield and Morris, 'Well weather is not a girl thing is it?'
57 Interview with COL member, south-east, 2009.
58 Interview with COL member, south-east, 2009.
59 Brickell, 'Mapping and Doing Critical Geographies of Home'.
60 P. Eden (2009) 'Traditional Weather Observing in the UK: An Historical Overview', *Weather, 64*, 239~245.
61 Interview with COL member, south-east, 2009.

제8장. 상인, 과학자, 예술가

1 그의 초기 연구에서는 장(field) 개념에 대한 사례를 거의 볼 수 없다. 사례는 P. Bourdieu (1977) *Outline of a Theory of Practice* (Cambridge: Cambridge University Press) 참조. 그러나 이후 장 개념은 그의 실천 이론에 핵심이 된다. P. Bourdieu (1984) *Distinction: A Social Critique of the Judgment of Taste* (Cambridge, MA: Harvard University Press), p. 101 참조.
2 과학학에서의 부르디외의 현존감에 관한 논의에 대해서는 M. Albert and D. Kleinman (2011) 'Bringing Pierre Bourdieu to Science and Technology Studies', *Minerva, 49*, 263~273; D. Hess (2011) 'Bourdieu and Science Studies: Toward a Reflexive Sociology', *Minerva, 49*, 333~348 참조.
3 P. Bourdieu and L. Wacquant (1992) *An Invitation to Reflexive Sociology* (Chicago: University of Chicago Press), pp. 92~101; P. Bourdieu (1988) *Homo Academicus* (Stanford: Stanford University Press), pp. 73~127. 이 맥락에서 과학에 대한 논의는 P. Bourdieu (2004) *Science of Science and Reflexivity* (Chicago: University of Chicago Press), pp. 32~71; P. Bourdieu (1986) 'The Forms of Capital', in J.G. Richardson (ed.) *Handbook of Theory and Research for the Sociology of Education* (New York: Greenwood Press), pp. 46~58; P. Bourdieu (1983) 'The Field of Cultural Production, or: The Economic World Reversed', *Poetics, 12*, 311~356; P. Bourdieu (1989) *La Noblesse d'Etat: Grandes Écoles Et Esprit De Corps* (Paris: Les Editions de Minuit) 참조.

4 Bourdieu, 'The Forms of Capital'.

5 T. Stoianovich (1960) 'The Conquering Balkan Orthodox Merchant', *The Journal of Economic History, 20*, 234~313.

6 T. Orfanidis (1858) *Τίρι Λίρι· ή Το Κυνηγέσιον Εν Τη Νήσω Σύρω, Ποίημα Ηρωικοκωμικόν Εις Μέρη Επτά* (Athens: Lakonias)의 서론을 참조.

7 그 시대 중등교육과 고등교육은 그리스뿐만 아니라, 강력한 대학 전통이 없는 대부분의 지역에서 쉽게 구별되지 않았다. 카포디스트리아스(Kapodistrias)는 고등교육기관이 아닌 초등교육에 노력을 집중하기로 의식적인 결정을 내렸다. 그리스 교육에 대한 비교 토론에 대해서는 P. Kiprianos (2004) *Συγκριτική Ιστορία Της Ελληνικής Εκπαίδευσης* (Athens: Vivliorama) 참조.

8 새로운 국가의 수립은, 가장 고전적인 부르디외 학파적 의미에서, 그리스 문화장의 출현과 함께 진행되었다. 특정한 종류의 자본이 허용되었던 지식인들 간에는 지배를 위한 투쟁이 있었으며, 합법적인 주장과 운동으로 간주할 수 있을 구체적인 전제들도 있었고, 투쟁의 가치 자체에 대한 암묵적 수용도 있었다. 예를 들어, C. Guthenke (2008) *Placing Modern Greece: The Dynamics of Romantic Hellenism, 1770~1840* (Oxford: Oxford University Press), pp. 140~190 참조. 문화장 개념의 작동 논의에 대해서는 P. Bourdieu (1996) *The Rules of Art* (Cambridge: Polity), pp. 47~166 참조.

9 T. Orfanidis (1841) *Τα Κατά Την Εορτήν Της 25 Μαρτίου Τα Κατά Την Δίκην Των Εωρτασάντων Ταύτην Καί Εμμετρος Απολογία Θεό δωρου Ορφανίδου* (Athens: H Agathi Tyche).

10 이오아니스 콜레티스는 당대의 주요 정치적 인물 중 한 명이었다. 그는 3대 주요 정당 중 한 정당의 대표가 되었고, 총리를 두 번 역임했으며 여러 정부 부처의 장을 맡았다. 그는 또한 오스만 제국 치하에 남아 있는 그리스어를 사용하는 모든 정교회 인구의 완전한 해방을 요구하는 메갈리 이념 운동(Megali Idea movement)을 시작한 공로를 인정받았다. 19세기 그리스의 정치 환경에 대한 자세한 분석은 G. Hering (1992) *Die Politischen Parteien in Griechenland, 1821~1936* (Oldenbourg: Oldenbourg Wissenschaftsverlag) 참조.

11 T. Ampelas (1916) *Ο Θεό δωρος Ορφανίδης Και η Εποχή Του* (Athens: Sakkelariou), p. 27.

12 Orfanidis, *Τα Κατά Την Εορτήν Της 25 Μαρτίου*, pp. 143~174.

13 T. Orfanidis (1887) *'Επιστολή Ανέκδοτος'*, *Poikili Stoa, 7*, 254~256.

14 S. Petmezas (2009) 'From Privileged Outcasts to Power Players: The "Romantic" Redefinition of the Hellenic Nation in the Mid-Nineteenth Century', in R. Beaton and D. Ricks (eds) *The Making of Modern Greece: Nationalism, Romanticism, and the Uses of the Past (1797~1896)* (Farnham Surrey: Ashgate).

15 Ampelas, *Ο Θεό δωρος Ορφανίδης*, p. 86.

16 A. Kouzis (1939) *Ιστορία Της Ιατρικής Σχολής* (Athens: Pirsos), p. 30.

17 M. Stefanidis (1948) *Εκατονταετηρίς 1837~1937: Ιστορία Της Φυσικομαθημ ατικής Σχολής* (Athens: National Printers), Vol. A, p. 10.

18 P. Argyropoulos (1852), *'Βιογραφία: Κυριάκος Δομνάδος'*, *Efterpi, 6*, 132.

19 M. Chatziioannou (2010) 'Creating the Pre-Industrial Ottoman-Greek Merchant: Sources, Methods and Interpretations', in L.T. Baruh and V. Kechriotis (eds) *Economy and*

Society on Both Shores of the Aegean (Athens: Alpha Bank Historical Archives), pp. 311~335.

20 Bourdieu, 'The Forms of Capital', p. 51; D. Swartz (1998) *Culture and Power: The Sociology of Pierre Bourdieu* (Chicago: University of Chicago Press), pp. 88~93.

21 19세기 그리스 내내 엘리트 지식인 지위의 창출에서 공개 토론과 공개적 칭찬이 수행했던 기능은 고인에 대한 추도연설에서 가장 뚜렷이 볼 수 있다. 테오도로스 오르파니디스에 대한 추도연설은 E. Chronopoulos (1886) *'Θεόδωρος Ορφανίδης'*, *Poikili Stoa, 6*, 30; A. Paraschos (1889) *'Ελεγεία δια τον Θεόδωρο Ορφανίδη'*, *Poikili Stoa, 8*, 35 참조.

22 자세한 논의는 K. Tampakis (2012) 'Science Education and the Emergence of the Specialized Scientist in Nineteenth Century Greece', *Science & Education, 22*, 789~805 참조.

23 Stefanidis, *Εκατονταετηρίς 1837~1937*, Vol. A, pp. 11~16.

24 Bourdieu and Wacquant, *An Invitation to Reflexive Sociology*, p. 117 참조.

25 K.Dimaras(2000) *ΙστορίαΤηςΝεοελληνικήςΛογοτεχνίας:Από ΤιςΠρωτες Ρίζες Ως Τη ν Εποχή Μας* (Athens: Gnosi), pp. 61~370.

26 1939년에 출판된 아테네 의과대학사는 디미트리오스 오르파니디스가 테오도로스의 형제임을 애써 언급한다는 데 주목할 필요가 있다. 같은 맥락에서, 디미트리오스 오르파니디스의 아들인 게오르기오스가 1896년 아테네에서 열린 제1회 올림픽 경기의 우승자 중 한 명이었다는 것도 언급한다. 당시의 연대기들은 그의 혈통을 구체적으로 언급하고 있다. P. de Coubertin, T. Philemon, N. Politis and C. Anninos (1897) *The Olympic Games B.C. 776~A.D. 1896*, Part II: *The Olympic Games in 1896* (London: Grevel and Co.) 참조.

27 크리스토마노스의 짧은 일대기는 다음 회상들에 근거한다. N. Germanos (1896) *Βιογραφι καί σημειώσεις περί του καθηγητού Αναστασίου Κ. Χρηστομάνου. Τεύχος Πανηγυρ ικόν 1866~1896* (Athens: Paraskeva Leoni); A. Christomanos (1906) *Ητεσσαρακονταετ ηρίςτου Αναστασίου Χρηστομάνου* (Athens: Paraskeva Leoni).

28 간략한 과학적 일대기는 다음에서 볼 수 있다. M. Stefanidis (1952) *Ιςτορία της Φυσικομα θηματικής Φχολής* (Athens: National Printers), Vol. B, pp. 12~14; G. Vlahakis (2006) 'Alchemy Survived? An Alchemical Manuscript, Anastasios Christomanos and the Status of Chemistry in the 19th Century Greece', in I. Malaquias, E. Homburg and M.E. Callapez (eds) *Proceedings of the 5th International Congress for the History of Chemistry* (Lisbon: Sociedade Portuguesa de Quimica), pp. 598~605; G. Vlahakis (2000) 'Introducing Sciences in the New States: The Establishment of the Physics and Chemistry Laboratories in the University of Athens', in E. Nicolaidis and K. Chatzis (eds) *Science, Technology and the 19th Century State* (Athens: Institute for Neohellenic Research, National Hellenic Research Foundation), pp. 89~106.

29 콘스탄티노스 크리스토마노스에 관한 평가에 대해서는 I. Sarropoulou (ed.) (1999) *Ο Κων σταντίνος Χρηστομάνος και η εποχή του. 130 χρόνια από τη γέννησή του* (Athens: Aioria) 참조.

30 Kouzis, *Ιστορία της ιατρικής σχολής*, p. 16.

31 Germanos, *Βιογραφικαί σημειώσεις*, p. 13.

32 Stefanidis, *Ιστορία της Φυσικομαθηματικής Σχολής*, Vol. B, pp. 9~10, 16~17 참조.

33 상징권력 개념에 관한 더 나중의 공식화에 대해서는 P. Bourdieu (1991) *Language and Symbolic Power* (Cambridge, MA: Harvard University Press), pp. 163~170 참조.

제9장. 아버지, 아들, 기업가정신

나는 돈 오피츠(Don Opitz)와 브리지트 반 티겔렌(Brigitte Van Tiggelen)에게 깊이 빚지고 있다. 그들은 지금의 논문을 어떻게 개선할지에 대해 매우 중요한 제안들을 해주었다. 또한 나는 과학에서의 가족이라는 주제에 대해 고무적인 대화를 나누어준 스벤 비드말름(Sven Widmalm)과 헬레나 페테르손(Helena Pettersson)에게도 감사드린다. 익명의 세 명의 검토자가 이 글의 이전 판에 대해 유익한 비판을 해주었다. 이 연구는 스웨덴 국립연구위원회(Swedish National Research Council)가 후원하는 대규모 연구 프로젝트의 일부이다.

1 Anon. (1994) 'Hans Pettersson', *Fysik-aktuellt*, no. 3~4, September1994, 22~23. 이 기사는 원래 *Svenska dagbladet*, Stockholm, 27 January 1966에 있는 부고를 발췌한 것이다. 이 장의 모든 인용문은 내가 스웨덴어 원문에서 번역했다.
2 Anon., 'Hans Pettersson'.
3 H. Pettersson (1954) *Westward Ho with the Albatross* (London: Macmillan), p. vi.
4 H.M. Pycior, N.G. Slack and P.G. Abir-Am (eds) (1996) *Creative Couples in the Sciences* (New Brunswick: Rutgers University Press); P.G. Abir-Am and D. Outram (1987) 'Introduction', in P.G. Abir-Am and D. Outram (eds) *Uneasy Careers and Intimate Lives: Women in Science 1789~1979* (New Brunswick: Rutgers University Press); A. Lykknes, D.L. Opitz and B. Van Tiggelen (eds) (2012) *For Better or Worse? Collaborative Couples in the Sciences* (Basel: Birkhäuser).
5 J. Secord (2004) 'Knowledge in Transit', *Isis, 95*, 654~672: 655; S. Shapin (1995) 'Here and Everywhere: Sociology of Scientific Knowledge', *Annual Review of Sociology, 21*, 289~321: 307; A. Ophir and S. Shapin (1991) 'The Place of Knowledge: A Methodological Survey', *Science in Context, 4*, 3~21: 16.
6 J. Golinski (1998) *Making Natural Knowledge: Constructivism and the History of Science* (Cambridge: Cambridge University Press), pp. 169, 172.
7 Golinski, *Making Natural Knowledge*, pp. 169, 172~173; D. Livingstone (2003) *Putting Science in its Place: Geographies of Scientific Knowledge* (Chicago: University of Chicago Press), p. 139.
8 D. Hess (1997) Science Studies: *An Advanced Introduction* (New York: New York University); J. Secord, 'Knowledge in Transit'.
9 P. Galison (1997) *Image and Logic: A Material Culture of Microphysics* (Chicago: University of Chicago Press), p. 435.
10 Livingstone, *Putting Science in its Place*, p. 138.
11 D. Kaiser (ed.) (2005) *Pedagogy and the Practice of Science: Historical and Contemporary Perspectives* (Cambridge, MA: MIT Press); J. Rudolph (2008) 'Historical Writing on Science Education: A View of the Landscape', *Studies in Science Education, 44*, 63~82.

12 G. Beer (1996) *Open Fields: Science in Cultural Encounter (Oxford: Clarendon)*, pp. 4~5.

13 Beer, *Open Fields*, p. 4.

14 S. Bergwik (2014) 'An Assemblage of Science and Home: The Gendered Lifestyle of Svante Arrhenius and Twentieth Century Physical Chemistry', *Isis, 105*, 265~291.

15 A. Svansson (2006) *Otto Pettersson: Oceanografen, kemisten, uppfinnaren* (Göteborg: Tre böcker), pp. 125~126.

16 Golinski, *Making Natural Knowledge*, pp. 68~69.

17 H. Pettersson (1939) *Oceanografiska institutet* (Göteborg: Wettergren and Kerber), p. 3.

18 Svansson, *Otto Pettersson*, pp. 206~207; A. Rodhe (1999) 'Hans Petterssons dagbok 1911~1912: Inledning', *Vikarvet, 39*, 18~26: 23; H. Pettersson (1938) *En självbiografi* (Göteborg), p. 17; E. Crawford and A. Svansson (2003) *Neptun och Mammon: Otto Petterssons brev till Gustaf Ekman 1884~1929* (Göteborg: Tre böcker), p. 55.

19 F. Nornvall and A. Svansson (1998) 'Bornö Oceanographic Station: The Foundation of a Marine Station in Sweden', *History of Oceanography, 10*, 5~8: 7.

20 Nornvall and Svansson, 'Bornö Oceanographic Station', pp.6~7; Svansson, *Otto Pettersson*, pp. 71, 192~194.

21 Pettersson, *Westward Ho with the Albatross*, p.vi; M. Deacon (1997) *Scientists and the Sea 1650~1900* (Aldershot: Ashgate), pp. xiii-xiv, 388~390; Svansson, *Otto Pettersson*, pp. 127, 167.

22 Svansson, *Otto Pettersson*, pp. 127, 206~207.

23 Crawford and Svansson, *Neptun och Mammon*, pp. 9~10.

24 Hans Pettersson (hereafter HP) to Agnes Irgens 31 August 1923, in the Hans Pettersson Archive, Gothenburg University Library (hereafter HPA), Vol. 8.

25 Svansson, *Otto Pettersson*.

26 D. Coen (2007) *Vienna in the Age of Uncertainty: Science, Liberalism and Private Life* (Chicago: Chicago University Press), pp. 19~20; Abir-Am, Pycior and Slack, 'Introduction', pp. 4, 7.

27 Bergwik, 'An Assemblage of Science and Home'.

28 S. Widmalm (2001) *Det öppna laboratoriet: Uppsalafysiken och dess nätverk 1853~1910* (Stockholm: Atlantis).

29 M.J. Nye (1996) *Before Big Science: The Pursuit of Modern Chemistry and Physics* (New York: Twayne Publishers), pp. 9~12.

30 L. Davidoff (1995) *Worlds Between: Historical Perspectives on Gender and Class* (Oxford: Polity).

31 G. Kyle (1987) 'Genrebilder av kvinnor: En studie i sekelskiftets borgerliga familjehierarkier', *Historisk tidskrift, 107*, 36~40; Bergwik, 'An Assemblage of Science and Home'.

32 Widmalm, *Det öppna laboratoriet*, pp. 132, 135.

33 Svansson, *Otto Pettersson*, p. 114.

34 Otto Pettersson (hereafter OP) to HP, 5 May [no year], HPA, Vol. 11.

35 HP to Emilie Mellbye (hereafter EM), 6 September 1916, HPA, Vol. 8. 또한 Pettersson, *Oceanografiska institutet*, p. 4; Rodhe, 'Hans Petterssons dagbok', p. 25 참조.

36 H. Pettersson (1938) En självbiografi (Göteborg), p. 4; Widmalm, *Det öppna laboratoriet*.

37 OP to HP, 3 February 1909, HPA, Vol. 11.

38 Rodhe, 'Hans Petterssons dagbok', pp. 23~24; M. Rentetzi (2007) *Trafficking Materials and Gendered Experimental Practices: Radium Research in Early 20th Century Vienna* (New York: Columbia University Press), p. 116.

39 Pettersson, *Westward Ho with the Albatross*, p. vi.

40 Pettersson, *En självbiografi*, pp. 9~10; Rodhe, 'Hans Petterssons dagbok', pp. 18~22, 33~36, 41~44; Rentetzi, *Trafficking Materials*, p. 116; H. Pettersson (1927) *Atomernas sprängning: En studie i modern alkemi* (Stockholm: Geber), pp. 46, 48; Svansson, *Otto Pettersson*, pp. 21, 88.

41 S. Bergwik (2014) 'A Fractured Position in a Stable Partnership: Ebba Hult, Gerard De Geer and Early Twentieth Century Geology', *Science in Context, 27*, 423~451.

42 Rodhe, 'Hans Petterssons dagbok', 39.

43 OP to HP, [n.d., marked 'Holma 4 December'], HPA, Vol. 11.

44 OP to HP, [n.d., marked 'the 27th'], HPA, Vol. 11.

45 OP to HP, 20 June 1915, HPA, Vol. 11.

46 OP to HP, 16 May 1917, HPA, Vol. 11.

47 OP to HP, 16 May 1917, HPA, Vol.11; HP to EM, 13 June 1917, HPA, Vol.8.

48 OP to HP, 25 November [no year], HPA, Vol. 11; HP to OP, 27 December 1921, HPA, Vol. 8. 또한 Rodhe, 'Hans Petterssons dagbok', 18, 33; Rentetzi, *Trafficking Materials*, p. 116 참조.

49 OP to HP, [n.d., marked 'the27th'], HPA, Vol.11. OP to Dagmar Pettersson (hereafter DP), [n.d., marked 'Holma the 15th'], HPA, Vol. 12.

50 OP to HP, 19 February 1921, HPA, Vol. 11.

51. OP to HP, 7 June [no year], HPA, Vol. 11.

52 OP to HP, [n.d.], HPA, Vol. 11.

53 HP to EM, 28 August 1928, HPA, vol. 8. 또한 OP to HP, [n.d.], HPA, Vol. 11 참조.

54 OP to HP, 7 June [no year], HPA, Vol. 11; OP to DP, [n.d., marked 'Holma the 15th'], HPA, Vol. 12.

55 OP to HP, 7 June [no year], HPA, Vol. 11.

56 HP to EM, 7 October 1923, HPA, Vol. 8.

57 As quoted in Svansson, *Otto Pettersson*, p. 186.

58 Crawford and Svansson, *Neptun och Mammon*, pp. 173~174; Svansson, *Otto Pettersson*, pp. 186~189.

59 R. Stuewer (1985) 'Artificial Disintegration and the Cambridge-Vienna Controversy', in P. Achinstein and O. Hannaway (eds) *Observation, Experiment and Hypothesis in Modern Physical Science* (Cambridge, MA: MIT Press), p. 290.

60 HP to EM, 28 August 1928, HPA, Vol. 8.

61. Rentetzi, *Trafficking Materials*, pp. 164~165, 184.
62 HP to EM, 11 August 1928, and HP to EM, 23 August 1928, HPA, Vol. 8.
63 OP to HP, [n.d.], HPA, Vol. 11. 또한 Svansson, *Otto Pettersson*, p. 115 참조.
64 OP to HP, [n.d.], HPA, Vol. 11.
65 Svansson, *Otto Pettersson*, p. 122.
66 OP to HP, 25 November [no year], HPA, Vol. 11.
67 Deacon, *Scientists and the Sea*, pp. xiii-xiv, 388; Nornvall and Svansson, 'Bornö Oceanographic Station', 6.
68 E.T. Crawford (1996) *Arrhenius: From Ionic Theory to the Greenhouse Effect* (Canton: Science History Publications), pp. 121, 135~136.
69 J. Hughes (2003) 'Radioactivity and Nuclear Physics' in M.J. Nye (ed.) The Cambridge History of Science, Vol. 5: *The Modern Physical and Mathematical Sciences* (Cambridge: Cambridge University Press), pp. 350~374: 357; Stuewer, 'Artificial Disintegration and the Cambridge-Vienna Controversy'; Rentetzi, *Trafficking Materials*, pp. xix, 51.
70 O. Hannaway (1976) 'The German Model of Chemical Education in America: Ira Remsen at Johns Hopkins 1876~1913', *Ambix, 23*, 145~164: 145, 149.
71 Widmalm, *Det öppna laboratoriet*, pp. 135~136.
72 HP to EM, 28 June 1916, HPA, Vol. 8.
73 HP to EM, 17 January [no year], HPA, Vol. 8.
74 HP to EM, [n.d., probably 1917], HPA, Vol. 8.
75 HP to EM, [n.d., probably 1917], HPA, Vol. 8.
76 HP to EM, 24 August 1918, HPA, Vol. 8.
77 HP to EM, 31 March [no year, probably 1915 or 1916], HPA, Vol. 8.
78 HP to EM, 14 March [no year], HPA, Vol. 8.
79 HP to EM, [n.d., probably 1917], HPA, Vol. 8.
80 OP to HP, 12 June [no year], HPA, Vol. 11.
81 OP to HP, 12 June [no year], HPA, Vol. 11.
82 HP to EM [n.d.], HPA, Vol. 8.
83 Crawford and Svansson, *Neptun and Mammon*, p. 8.
84 G. Ekman (1923) 'Till Otto Pettersson', in G. Ekman (ed.) *Festskrift tillägnad professor Otto Pettersson den 12 februari 1923* (Helsingfors: Holger Schildt), p. 98.
85 Crawford and Svansson, *Neptun och Mammon*, p. 62.
86 Crawford, *Arrhenius*, p. 19.
87 A. Elzinga (1997) 'From Arrhenius to Megascience: Interplay between Science and Public Decisionmaking', *Ambio, 26*, 72~76.
88 HP to EM, 7 April 1924, 15 April 1928, HPA, Vol. 8.
89 Rentetzi, *Trafficking Materials*, p.118; M.Rehn (2001) 'Auktoritet och atomsprängning: Hans Pettersson och Cambridge-Wienkontroversen', *Lychnos*, pp. 103~131: 107; Stuewer, 'Artificial Disintegration', p. 246.
90 HP to EM, 27 May 1918, HP to EM, 20 December 1926, HP to EM, 25 December 1926, and

HP to EM, 28 August 1928, HPA, Vol. 8.

91 Rentetzi, *Trafficking Materials*, pp. xvi-xviii, 40~52, 65~70, 83~84; Coen, *Vienna in the Age of Uncertainty*, pp. 2, 20; E. Rona (1978) *How It Came About: Radioactivity, Nuclear Physics, Atomic Energy* (Oak Ridge: Oak Ridge Associated Universities), p. 61.

92 Rentetzi, *Trafficking Materials*, p. xix.

93 Crawford and Svansson, *Neptun och Mammon*, p. 181.

94 Rentetzi, *Trafficking Materials*, pp. 160, 168.

95 Widmalm, *Det öppna laboratoriet*, pp. 122~124.

96 OP to HP, 13 December [no year], HPA, Vol. 11 참조. 또한 B. Lindberg and I. Nilsson (1996) *Göteborgs universitets historia* (Göteborg: University of Gothenburg), p. 212 참조.

97 Lindberg and Nilsson, *Göteborgs universitets historia*, p. 212; Rentetzi, *Trafficking Materials*, pp. xix, 118, 149~151, 184.

98 Rentetzi, *Trafficking Materials*, p. 118.

99 HP to EM, 22 November 1927, HPA, Vol. 8.

100 HP to EM, 3 April 1928, HPA, Vol. 8.

101 HP to OP, [n.d.], HPA, Vol. 8.

102 HP to OP, [n.d.], HPA, Vol. 8.

103 HP to EM, 23 August 1928, HPA, Vol. 8; OPto HP, 12 August [no year], HPA, Vol. 8.

104 OP to HP, 12 August [no year]. 또한 OP to HP [n.d., marked '8th'], HPA, Vol. 11 참조.

105 OP to HP, 7 August [no year], HPA, Vol. 11.

106 OP to HP, 7 August [no year], HPA, Vol. 11.

107 Pettersson, En självbiografi, p.19; Pettersson, *Westward Ho with the Albatross*, p. vi; Pettersson, 'Oceanografiska institutet', 5, 15.

108 Lindberg and Nilsson, *Göteborgs universitets historia*, pp. 209~210.

109 Svansson, *Otto Pettersson*, p. 122.

110 R.M. Friedman (2001) *The Politics of Excellence: Behind the Nobel Prize in Science* (New York: W.H. Freeman), pp. 48~53; Widmalm, *Det öppna laboratoriet*, pp. 136~148, 156~169.

111 OP to HP, 10 November 1912, HPA, Vol. 11.

112 Rentetzi, *Trafficking Materials*, p. 184; Rehn, 'Auktoritet och atomsprängning', p. 117; Stuewer, 'Artificial Disintegration', p. 291.

113 Rodhe, 'Hans Petterssons dagbok', pp.19, 23; Rentetzi, *Trafficking Materials*, p. 116; Widmalm, *Det öppna laboratoriet*, pp. 136~142.

114 Rehn, 'Auktoritet och atomsprängning', p. 116.

115 HP to EM, 12 December 1925, 20 December 1926, 15 October 1927, HPA, Vol. 8. 또한 Rehn, 'Auktoritet och atomsprängning'; T. Kaiserfeld (1997) *Vetenskap och karriär: Svenska fysiker som lektorer, akademiker och industriforskare under 1900-talets fö rsta hälft* (Lund: Arkiv), pp. 96~97 참조.

116 HP to OP [n.d.], HPA, Vol. 8.

117 HP to EM, 28 August 1926, 20 December 1926, HPA, Vol. 8. 또한 Lindberg and Nilsson, *Göteborgs universitets historia*, p. 212; Rentetzi, *Trafficking Materials*, p. 184 참조.

118 Stuewer, *Artificial Disintegration*, pp. 247~251, 269.
119 Crawford and Svansson, *Neptun och Mammon*, pp. 19, 60.
120 Friedman, *The Politics of Excellence*, p. 48.
121 OP to HP, 25 November [no year], HPA, Vol. 11.
122 Hughes, 'Radioactivity and Nuclear Physics', p. 358.
123 Rehn, 'Auktoritet och atomsprängning', pp. 108, 111.
124 HP to EM, 7 April 1924, 22 November 1927, HPA, Vol. 8; OP to HP, 25 November [no year], HPA, Vol. 11.
125 HP to OP, 19 December 1926, HPA, Vol. 8.
126 HP to OP, 19 December 1926, HPA, Vol. 8.
127 Svansson, *Otto Pettersson*, p. 108.
128 OP to HP, [n.d.], HPA, Vol. 8. 또한 OP to HP, [n.d., marked '15th Kungstornet 7'], HPA, Vol. 11 참조.
129 HP to OP, 19 December 1926, HPA, Vol. 8.
130 OP to HP, [n.d.], HPA, Vol. 11.
131 Rehn, 'Auktoritet och atomsprängning', pp. 117~121.
132 Rehn, 'Auktoritet och atomsprängning', p. 120.
133 Rehn, 'Auktoritet och atomsprängning', p. 120.

제10장. 실험실 사회

이 글에서는 스타판 베리비크(Staffan Bergwik), 마츠 베너(Mats Benner), 오사 룬드크비스트(Åsa Lundqvist), 보 스트로트(Bo Stråth), 마야 본데스탐(Maja Bondestam), 웁살라 대학교의 과학사학과의 연구세미나 회원의 논평들이 매우 유익했다. 테오도르 스베드베리의 자서전과 그 밖의 개인적 문서들을 이용할 수 있게 해준 마르기트 스베드베리(Margit Svedberg)에게 감사드린다.

1 S. Lundgren (2012) (ed.) *Universitet och högskolor, personal*, Series UF 23 SM 1201 (Örebro: Statistiska centralbyrån), http://www.scb.se (home page), date accessed 15 January 2015, p. 32.
2 Å. Lövström (2004) *Den könsuppdelade arbetsmarknaden*, SOU 2004:43 (Stockholm: Arbetsmarknadsdepartementet). 이것은 'SOU' 칭호로 표시되는 정부 보고서이다. 'SOU'는 *Statens offentliga utredningar*(Public government reports, 정부 보고서)의 줄임말이다. 스웨덴 가족정책들에 관한 개요에 대해서는 Å. Lundqvist and C. Roman (2008) 'Construction(s) of Swedish Family Policy, 1930~2000', *Journal of Family History, 33*, 216~236 참조.
3 세계 최고 수준의 여성 취업시장 참여에 관한 통계에 대해서는 Anon. (2012) *På tal om kvinnor och män: Lathund om jämställdhet* (Örebro: Statistiska centralbyrån), http://www.scb.se (home page), date accessed 15 January 2015, pp. 50~71 참조. 스웨덴 통계청(Swedish Central Bureau of Statistics: SCB)은 특히 성평등에 관한 통계를 전문으로 하는 웹사이트를 만들었다. http://www.scb.se/Jamstalldhet. 또한 L. Bernhardtz (2012) 'Ojämn fördelning av makten', *Välfärd, 1*, 18~19 참조.

4 H. Pettersson (2011) 'Gender and Transnational Plant Scientists: Negotiating Academic Mobility, Career Commitments and Private Lives', *Gender, 1*, 99~116.

5 H. Björck (2008) *Folkhemsbyggare* (Stockholm: Atlantis), pp. 199~237; P. Lundin, N. Stenlås and J. Gribbe (2010) *Science for Welfare and Warfare: Technology and State Initiative in Cold War Sweden* (Sagamore Beach: Science History Publications).

6 A. Larsson (2001) *Det moderna samhällets vetenskap: Om etableringen av sociologi i Sverige 1930~1955* (Umeå: Umeå Universitet); C. Marklund (2009) 'The Social Laboratory, the Middle Way and the Swedish Model: Three Frames for the Image of Sweden', *Scandinavian Journal of History, 34*, 264~285.

7 J. Lewis and G. Åström (1992) 'Equality, Difference, and State Welfare: Labor Market and Family Policies in Sweden', *Feminist Studies, 19*, 59~87: 68~69.

8 Anon. (1989) *Tidsseriehäfte: Förvärvsarbetande, folk-och bostadsräkningarna 1910~1985* (Stockholm: Statistiska centralbyrån), pp. 7, 13.

9 Anon., *Tidsseriehäfte*, pp. 14~15.

10 H. Dryler, M. Inkinen and A. Lagerkvist (2011) *Forskarkarriär för både kvinnor och män? Statistisk uppföljning och kunskapsöversikt*, Högskoleverkets rapportserie 2011:6 R (Stockholm: Högskoleverket), p. 173.

11 이 책의 서론을 볼 것.

12 G. Esping-Andersen (1998) *The Three Worlds of Welfare Capitalism* (Princeton: Princeton University Press), p. 135.

13 W. Korpi (1998) 'The Iceberg of Power below the Surface: A Preface to Power Resources Theory', in J.S. O'Connor and G.M. Olsen (eds) *Power Resources Theory and the Welfare State: A Critical Approach* (Toronto: Toronto University Press), pp. vii-xiv; Å. Lundqvist (2007) *Familjen i den svenska modellen* (Umeå: Boréa), pp. 31~33.

14 J.S. O'Connor (1993) 'Gender, Class and Citizenship in the Comparative Analysis of Welfare State Regimes: Theoretical and Methodological Issues', *The British Journal of Sociology, 44*, 501~518; A.S. Orloff (1993) 'Gender and the Social Rights of Citizenship: The Comparative Analysis of Gender Relations and Welfare States', *American Sociological Review, 58*, 303~328; A.S. Orloff (1996) 'Gender in the Welfare State', *Annual Review of Sociology, 22*, 51~78; J.S. O'Connor (1996) 'Understanding Women in Welfare States', *Current Sociology, 44*, 1~12; A.S. Orloff (2009) 'Gendering the Comparative Analysis of Welfare States: An Unfinished Agenda', *Sociological Theory, 27*, 317~343.

15 J. Myles and J. Quadagno (2002) 'Political Theories of the Welfare State', *Social Service Review, 76*, 34~57.

16 N. Stehr (2005) *Knowledge Politics: Governing the Consequences of Science and Technology* (Boulder: Paradigm Publishers).

17 Y. Hirdman, J. Björkman and U. Lundberg (2012) *Sveriges historia: 1920~1965* (Stockholm: Norstedt), pp. 178~301.

18 일관성과 명료성을 위해, 다음에서 논의되는 여성들이 결혼해서 남편의 성을 취했더라도 그들의 결혼 전 성을 사용할 것이다.

19 L. Davidoff (2004) 'The Legacy of the Nineteenth-Century Bourgeois Family and the Wool Merchant's Son', *Transactions of the Royal Historical Society, 14*, 25~46; D. Tjeder (2003) *The Power of Character: Middle-Class Masculinities, 1800~1900* (Stockholm: Department of History, Stockholm University).

20 G. Blomqvist (1992) *Elfenbenstorn eller statsskepp? Stat, universitet och akademisk frihet i vardag och vision från Agardh till Schück* (Lund: Lund University Press); *T. Kaiserfeld (1997) Vetenskap och karriär: Svenska fysiker som lektorer, akademiker och industriforskare under 1900-talets första hälft* (Lund: Arkiv).

21 M. Sahlins (2011) 'What Kinship Is (Part One)', *Journal of the Royal Anthropological Institute, 17*, 2~19: 3~6.

22 T. Rönnholm (1999) 'Kunskapens kvinnor: Sekelskiftets studentskor i mötet med den manliga universitetsvärlden', PhD thesis, Umeå: Umeå universitet; H. Markusson Winkvist (2003) *Som isolerade öar: De lagerkransade kvinnorna och akademin under 1900-talets första hälft* (Eslöv: B. Östlings bokförlag Symposion).

23 C. Florin (2011) 'Hemmen med de öppna dörrarna: Gulli och Henrik Petrini och kamratäktenskapen i kvinnornas rösträttsrörelse', in A. Berg, C. Florin, and P. Wisselgren (eds) *Par i vetenskap och politik: Intellektuella äktenskap i moderniteten* (Umeå: Borea), pp. 88~118; A. Berg (2011) 'Det poli tiska privatlivet: Samarbete, konflikter och kompromisser i Signe och Axel Höjers äktenskap', in Berg, Florin, and Wisselgren (eds) *Par i vetenskap och politik*, pp. 252~300. 동반자 결혼에 대해서는 K. Fjelkestam (2002) *Ungkarlsflickor, kamrathustrur och manhaftiga lesbianer: Modernitetens litterära gestalter i mellankrigstidens Sverige* (Eslöv: B. Östlings bokfö rlag Symposion) 참조.

24 S. Bergwik (2014) 'A Fractured Position in a Stable Partnership: Ebba Hult De Geer, Gerard De Geer and Early Twentieth Century Swedish Geology', *Science in Context, 27*, 423~451.

25 Berg, Florin, and Wisselgren (2011) *Par i vetenskap och politik*; H.M. Pycior, N.G. Slack and P.G. Abir-Am (eds) (1996) *Creative Couples in the Sciences* (New Brunswick: Rutgers University Press); A. Lykknes, D.L. Opitz, and B. Van Tiggelen (eds) (2012) *For Better or for Worse? Collaborative Couples in the Sciences* (Basel: Birkhäuser).

26 E. Crawford (1996) *Arrhenius: From Ionic Theory to the Greenhouse Effect* (Canton: Science History Publications), pp. 123~129.

27 S. Bergwik (2014) 'An Assemblage of Science and Home: The Gendered Lifestyle of Svante Arrhenius and Early Twentieth-Century Physical Chemistry', Isis, 105, 265~291.

28 K. Espmark (2012) 'Utanför gränserna: En vetenskapshistorisk biografi om Astrid Cleve von Euler', PhD thesis, Umeå: Umeå universitet; K. Espmark and C. Nordlund (2012) 'Married for Science, Divorced for Love: Success and Failure in the Collaboration between Astrid Cleve and Hans von Euler-Chelpin', in Lykknes, Opitz, and Van Tiggelen, For *Better or for Worse*, pp. 81~102.

29 A. Lundgren (1992) 'Tre sagor: The Svedberg och Andrea Andreen', *Lychnos*, 1992, 172~183.

30 U. Nilsson (2005) *Det heta könet: Gynekologin i Sverige kring förra sekelskiftet* (Stockholm: Wahlström and Widstrand), pp. 305~307; T. Svedberg, 'Fragment', unpublished autobiography, 1961, University Archive, Uppsala University Library, Archives of the Department of Physical Chemistry, The Svedberg Papers [hereafter 'UUATS'], F4 A:9, p. 64.

31 Svedberg, 'Fragment', p. 66. 스웨덴어 원문은 모두 저자가 번역한 것이다.

32 이혼 서류는 다음을 참조. 'Utdrag af Domboken I brottmål, hållen vid Rådsturätten i Upsala den 7 December 1914' [copy], in 'Utdrag af Uppsala Rådhusrätts dombok i civilmål år 1915' [copy], in UUATS, F4:A8. N. Le Bouteillec, Z. Bersbo and P. Festy (2011) 'Freedom to Divorce or Protection of Marriage? The Divorce Laws in Denmark, Norway, and Sweden in the Early Twentieth Century', *Journal of Family History, 36*, 191~209: 194~196.

33 Svedberg, 'Fragment', pp. 87~89.

34 Svedberg, 'Fragment', p. 87.

35 전문가적 요구와 부부간의 요구를 동시에 충족시키는 것과 관련된 압박의 또 다른 사례는 M. Björkman (2011) *Den anfrätta stammen: Nils von Hofsten, eugeniken och steriliseringarna 1909~1963* (Lund: Arkiv) 참조.

36 Markusson Winkvist, Som isolerade öar, pp. 231~235가 이 계산들을 위해 사용된 데이터를 제공한다. 이 데이터는 스웨덴의 네 개 대학과 관계있지만 고등교육과 연구의 주요 의료기관인 카롤린스카 연구소(Karolinska Institute)와는 관계없다. 그 연구소는 안드레아 안드렌이 1933년에 박사학위를 받은 곳이며 1937년에 스웨덴 국립대학의 첫 여성 교수가 임명된 곳이다.

37 Z. Bersbo (2011) 'Rätt för kvinnan att blifva människa — fullt och helt': Svenska kvinnors ekonomiska medborgarskap 1921~1971', PhD thesis, Växjö: Linnaeus University Press, 88~137.

38 H. Levin (2003) *En radikal herrgårdsfröken: Elisabeth Tamm på Fogelstad — liv och verk* (Stockholm: Carlsson), pp. 127~128.

39 R. Frangeur (1998) *Yrkeskvinna eller makens tjänarinna? Striden om yrkesrätten för gifta kvinnor i mellankrigstidens Sverige* (Lund: Arkiv).

40 A. Andreen-Svedberg (1927) 'Ett dåraktigt och skadligt företag', *Tidevarvet, 5*(10), 2.

41 A. Andreen-Svedberg (1927) 'Vad vilja vi bli?', Tidevarvet, 5(39), 1.

42 'Spoof' (1929) 'Drömmen om kamratsamhället', Tidevarvet, 7(26), 1, 3. The article is a report from the annual meeting of the Fogelstad group. A. Andreen-Svedberg (1933) 'Kollektivhus — ett samhällsintresse', *Tidevarvet, 11*(3), 1, 4.

43 A. Myrdal (1932) 'Kollektiv bostadsform', Tiden, 10, 601~608. Y. Hirdman (1989) *Att lä gga livet tillrätta: Studier i svensk folkhemspolitik* (Stockholm: Carlsson), pp. 92~127.

44 A.-K. Hatje (1974) *Befolkningsfrågan och välfärden: Debatten om familjepolitik och nativitetsökning under 1930- och 1940-talen* (Stockholm: Allmänna förlaget); P. Tistedt (2013) *Visioner om medborgerliga publiker: Medier och socialreformism på 1930-talet* (Höör: Brutus Östlings förlag Symposion).

45 A. Myrdal and G. Myrdal (1935) *Kris I befolkningsfrågan* (7th edn) (Stockholm: Albert

Bonniers förlag), p. 288.

46 Lundqvist, *Familjen i den svenska modellen*, pp. 43~45.

47 A. Myrdal (1938) 'Den nyare tidens revolution i kvinnans ställning', in A. Myrdal, et al., *Kvinnan, familjen och samhället* (Stockholm: Kooperativa förbundets bokförlag), pp. 5~41: 7.

48 Myrdal and Myrdal, *Kris i befolkningsfrågan*, pp. 72~74; A. Myrdal (1944) *Folk och familj* (Stockholm: Kooperativa förbundets bokförlag), pp. 22~27; A. Myrdal (1945) *Nation and Family: The Swedish Experiment in Democratic Family and Population Policy* (London: Kegan Paul, Trench, Trubner, and Co.), pp. 4~7.

49 K. Hesselgren (1938) *Betänkande angående gift kvinnas förvärvsarbete m.m.*, SOU 1938:47 (Stockholm: Finansdepartementet), p. 29, 원본 강조.

50 N. Wohlin (1938) *Yttrande med socialetiska synpunkter på befolkningsfrågan*, SOU 1938:19 (Stockholm: Socialdepartementet), pp. 16~23.

51 Myrdal, *Folk och familj*, pp. 465~466; Bersbo, *'Rätt för kvinnan'*, pp. 92~97.

52 Myrdal, Nation and Family, p. 1; Myrdal, *Folk och familj*, pp. 20, 31~4.

53 B. Elzen, (1988) *Scientists and Rotors: The Development of Biochemical Ultracentrifuges* (Enschede: University of Twente), pp. 311~321; L.E. Kay (1993) *The Molecular Vision of Life: Caltech, the Rockefeller Foundation, and the Rise of the New Biology* (Oxford: Oxford University Press), 22~57; Svedberg, 'Fragment', pp. 255~257.

54 Svedberg,'Fragment', p. 191; S. Widmalm (2006) 'A Machine to Work in: The Ultracentrifuge and the Modernist Laboratory Ideal', in H. Fors, A. Houltz and E. Baraldi (eds) *Taking Place: Locating Science, Technology and Business Studies* (Sagamore Beach: Science History Publications), pp. 59~80.

55 I. Pettersson (2012) *Handslaget: Svensk industriell forskningspolitik 1940~1980* (Stockholm: Avdelningen för historiska studier av teknik, vetenskap och miljö, Kungliga Tekniska högskolan); H. Weinberger (1996) *Nätverksentreprenören: En historia om teknisk forskning och industriellt utvecklingsarbete från den Malmska utredningen till Styrelsen för teknisk utveckling* (Stockholm: Avd. för teknik-och vetenskapshistoria, Tekniska högskolan).

56 G. Malm (1942) *Utredning rörande den teknisk-vetenskapliga forskningens ordnande I*, SOU 1942:6 (Stockholm: Handelsdepartementet), p. 115.

57 Malm, Utredning, p. 119.

58 Malm, Utredning, p. 120.

59 Malm, Utredning, pp. 118, 121.

60 S. Widmalm (2004) 'The Svedberg and the Boundary between Science and Industry: Laboratory Practice, Policy, and Media Images', *History and Technology, 20*, 1~27.

61 S. Tunberg (1945) *Naturvetenskapliga forskningskommittén I*, SOU 1945:48 (Stockholm: Ecklesiastikdepartementet), p. 235; V. Bush (1945) *Science: The Endless Frontier* (Washington: U.S. Government Printing Office). 과학연구위원회 창설 배경의 이데올로기에 대해서는 T. Nybom (1997) *Kunskap-politik-samhälle: Essäer om kunskapssyn, universitet och forskningspolitik 1900~2000* (Hargshamn: Arete), pp.

74~79 참조.

62 Tunberg, *Naturvetenskapliga*, p. 60.

63 Tunberg, *Naturvetenskapliga*, pp. 80, 82, 121, 165.

64 S. Widmalm (2006) 'Ett vetenskapligt nätverk: The Svedberg och hans lärjungar', in Y. Hasselberg and T. Pettersson (eds) *'Bäste Broder!' Nätverk, Entreprenörskap och Innovation i Svenskt Näringsliv* (Hedemora: Gidlunds), pp. 152~179; A. Lundgren (1999) 'Naturvetenskaplig institutionalisering: The Svedberg, Arne Tiselius och biokemin', in S. Widmalm (ed.) *Vetenskapsbärarna: Naturvetenskapen i det svenska samhället, 1880~1950* (Hedemora: Gidlunds förlag), pp. 117~143.

65 Documents concerning the 'Investigation into the organization of technological research' (*Utredning rörande den teknisk-vetenskapliga forskningens ordnande*), YK 860, Vol. 2, Riksarkivet ('The National Archives'), Stockholm.

66 Widmalm 'The Svedberg and the Boundary'; Widmalm, 'A Machine to Work In'.

67 R. Granit (1941) *Ung mans väg till Minerva* (Stockholm: Norstedts), p. 36.

68 Granit, *Ung mans väg*, p. 36.

69 이런 관행이 얼마나 흔했는지는 알려지지 않았다. 이런 종류의 내부 사진 기록에 대한 적어도 다른 하나의 사례는 웁살라의 인종생물학 정부연구소(Government Institute of Race Biology)의 초기 몇 년에 대한 것이다. 스베드베리의 연구소 사진 앨범이 있는 곳은 UUATS, F4, E:6.

70 *Ung mans väg till Minerva*, photograph album, UUATS, F4, E:6.

71 *Ung mans väg till Minerva*, photograph album, UUATS, F4, E:6.

72 *Ung mans väg till Minerva, photograph album*, UUATS, F4, E:6.

73 S. Widmalm (2004) 'Trollkarlen från Uppsala: Bilder av The Svedberg och vetenskapen under andra världskriget', in A. Ekström (ed.) *Den mediala vetenskapen* (Nora: Nya Doxa), pp. 107~139; Widmalm 'The Svedberg and the Boundary'.

74 Svedberg, 'Fragment', p. 187.

75 Svedberg, 'Fragment', pp. 228, 230, 258.

76 Kurt Winberg to Stockholm City Court (*Stockholms Rådhusrätt*), 19 January 1950, UUATS, F4:A8.

77 Svedberg, 'Fragment', p. 235.

78 Ingrid Svedberg to The Svedberg, undated, UUATS, F4:A8. 이 컬렉션에 있는 많은 편지에는 'master(husse)'라는 단어가 쓰여 있다.

제11장. 식물학자들 간의 연구협력, 학습과정, 신뢰

본문에 대해 건설적인 논평을 해준 이 책의 편집자들에게 감사하고 싶다. 또한 학계의 과학가족에 대해 함께 토론해 준 스타판 베리비크와 스벤 비드말름에게도 감사하고 싶다. 마지막으로 유사 친족관계라는 개념을 소개해 준 샤론 트라위크(Sharon Traweek)에게 감사하고 싶다.

1 어느 유목적인 연구원 가정의 벽에 걸린 액자에서.

2 이에 대해서는 L. Ackers (1998) *Shifting Spaces: Women, Citizenship and Migration*

within the European Union (Bristol: Policy Press); B. Cantwell (2011) 'Transnational Mobility and International Academic Employment: Gatekeeping in an Academic Competition Arena', *Minerva, 49*, 425~445; Å. Perez-Karlsson (2014) Meeting the Other and Oneself: Experience and Learning in International, Upper Secondary Sojourns', PhD thesis, Umeå: Umeå University; U. Hannerz (1996) *Transnational Connections: Culture, People, Places* (London: Routledge) 참조.

3 M. Fontes (2007) 'Scientific Mobility Policies: How Portuguese Scientists Envisage the Return Home', *Science and Public Policy, 34*, 284~298; D. Fornahl, D.C. Zellner and D.B. Audretsch (2005) *The Role of Labour and Informal Networks for Knowledge Transfer* (New York: Springer); J. Gaillard and A.M. Gaillard (1997) 'Introduction: The International Mobility of Brains: Exodus or Circulation?', *Science, Technology & Society, 2*, 195~228.

4 정체성 형성에 관한 논의에 대해서는 Z. Bauman (2002) *Liquid Modernity* (Cambridge: Polity Press), pp. 8*ff.*, 160*ff.* Also compare with B. Czarniawska and G. Sevòn (eds) (2005) *Global Ideas: How Ideas, Objects and Practices Travel in the Global Economy* (Malmö: Liber and Copenhagen Business School Press) 참조.

5 A. Gray (2002) *Research Practice for Cultural Studies: Ethnographic Methods and Lived Cultures* (London: Sage); C. Kruse (2006) *The Making of Valid Data* (Linköping: Linköping University); H. Pettersson (2007) 'Boundaries, Believers, and Bodies: A Cultural Analysis of a Multi-Disciplinary Research Community', PhD thesis, Umeå: Umeå University; G. McCracken (1991) *The Long Interview* (London: Sage Publications).

6 실험실에 대한 고전적인 인류학적 연구는 S. Traweek (1988) Beamtimes and Lifetimes: *The World of High Energy Physicists* (Cambridge, MA: Harvard University Press) 참조. 또한 K. Knorr-Cetina (1985) *The Manufacture of Knowledge: An Essay on the Constructivist and Contextual Nature of Science* (Oxford: Pergamon); B. Latour and S. Woolgar (1986) *Laboratory Life: The Construction of Scientific Facts* (Princeton: Princeton University Press); K. Barad (2007) *Meeting the Universe Halfway: Quantum Physics and the Entanglement of Matter and Meaning* (Durham, NC: Duke University Press); L. Suchman (1987) *Plans and Situated Action: The Problem of Human-Machine Communication* (Cambridge: Cambridge University Press) 참조.

7 M. Agar (1980) *The Professional Stranger: An Informal Introduction to Ethnography* (New York: Academic Press).

8 G. Marcus (1998) *Ethnography through Thick and Thin* (Princeton: Princeton University Press).

9 L. Nader (1972) 'Up the Anthropologist', in D. Hymes (ed.) *Reinventing Anthropology* (New York: Random House), pp. 284~311.

10 T. Becher and P.R. Trowler (2001) *Academic Tribes and Territories* (London: Open University Press); L. Gerholm and T. Gerholm (1992) *Doktorshatten* (Stockholm: Carlssons).

11 Traweek, *Beamtimes and Lifetimes*; S. Traweek (1995) 'Bodies of Evidence: Law and Order, Sexy Machines, and the Erotics of Fieldwork among Physicists', in S. Foster (ed.)

Choreographing History (Bloomington: Indiana University Press), pp. 211~228; S. Traweek (2000) 'Faultlines', in R. Reid and S. Traweek (eds) *Doing Science + Culture* (London: Routledge), pp. 21~48.

12 O. Edqvist (2006) *Internationalisering av svensk forskning* (Stockholm: SISTER); S. Mahroum (2000) 'Scientists and Global Spaces', Technology in Society, 22, 513~523; O. Edqvist (2009) *Gränslös forskning* (Nora: Nya Doxa); G. Melin (1997) 'Co-Production of Scientific Knowledge', PhD thesis, Umeå: Umeå University; G. Melin (2003) *Effekter av postdoktorala utlandsvistelser* (Stockholm: Swedish Institute for Studies in Education and Research). 또한 A. Berthoin (2000) 'Types of Knowledge Gained by Expatriate Managers', *Journal of General Management, 26*, 32~51 참조.

13 U. Felt and T. Stöckelová (2009) 'Modes of Ordering and Boundaries that Matter in Academic Knowledge Production', in U. Felt (ed.) *Knowing and Living in Academic Research* (Prague: Institute of Sociology of the Academy of the Sciences), pp. 41~126; H. Pettersson (2011) 'Gender and Transnational Plant Scientists: Negotiating Academic Mobility, Career Commitments, and Private Life', *Gender, 1*, 99~116 참조.

14 S. Benckert and E-M. Staberg (2000) *Val, villkor, värderingar: Samtal med kvinnliga fysiker och kemister* (Umeå: Umeå University); G. Sonnert (1996) *Gender Differences in Science Careers* (New Brunswick: Rutger University Press); I. Wagner (2006) 'Career Coupling: Career Making in the Elite World of Musicians and Scientists', *Qualitative Sociology Review, 2*, 26~35.

15 L. McNeil and M. Sher (1998) *Report on the Dual-Career Couple Survey*, http://www.physics.wm.edu/~sher/survey.html, date accessed 31 January 2015; M.A. Eisenhart and D.C. Holland (2001) 'Gender Constructs and Career Commitment: The Influence on Peer Culture on Women in College', in M. Wyer, M. Barbercheck, D. Geisman, H.O. Ozturk, and M. Wayne (eds) *Women, Science and Technology: A Reader in Feminist Science Studies* (London: Routledge), pp. 26~35.

16 D. Parkin (1997) *Kinship: An Introduction to Basic Concepts* (Oxford: Wiley-Blackwell) pp. 135ff.

17 Feinberg and M. Ottenheimer (2001) *The Cultural Analysis of Kinship: The Legacy of David M. Schneider* (Chicago: University of Illinois Press); J. Carsten (2004) *After Kinship* (Cambridge: Cambridge University Press); J. Carsten (2000) *Cultures of Relatedness: New Approaches to the Study of Kinship* (Cambridge: Cambridge University Press) 참조.

18 M. Sahlins (2011) 'What Kinship Is (Part One)', *Journal of the Royal Anthropological Institute, 17*, 2~19.

19 D. Schneider (1980) *American Kinship: A Cultural Account* (Chicago: Chicago University Press); D. Schneider (1984) *A Critique of the Study of Kinship* (Ann Arbor: University of Michigan Press) 참조. J.B. Leinaweaver (2009) 'Raising the Roof in the Transnational Andes: Building Houses, Forging Kinship', *Journal of the Royal Anthropological Institute, 15*, 777~796과 비교.

20 예를 들어, S. Dorow (2006) *Transnational Adoption: A Cultural Economy of Race,*

Gender, and Kinship (New York: New York University Press); J. Carsten (2013) 'Articulating Blood and Kinship in Biomedical Contexts in Contemporary Britain and Malaysia', in C.H. Johnson, B. Jussen, D.W. Sabean and S. Teuscher (eds) *Blood and Kinship: Matter for Metaphor from Ancient Rome to the Present* (Oxford: Berghahn), pp. 266~284 참조.

21 R. Kemper (1982) 'The Compadrazgo in Urban Mexico', *Anthropological Quarterly, 55*, 17~30; M. Carlos (1973) 'Fictive Kinship and Modernization in Mexico: A Comparative Analysis', *Anthropological Quarterly, 46*, 75~91 참조.

22 M. Strathern (1992) *Reproducing the Future: Anthropology, Kinship, and the New Reproductive Technologies* (New York: Routledge), p. 87.

23 D. Haraway (1990) *Primate Visions: Gender, Race, and Nature in the World of Modern Science* (London: Routledge); D. Haraway (1991) *Simians, Cyborgs, and Women: The Reinvention of Nature* (London: Routledge) 참조. 또한 이 저서와 비교해서 S. Franklin and H. Ragone (eds) (1997) *Reproducing Reproduction: Kinship, Power, and Technological Innovation* (Philadelphia: University of Pennsylvania Press) 참조.

24 A. Melucci (1989) *Nomads in the Present* (Philadelphia: Temple University Press). 또한 Y. Xie and K.A. Shauman (2003) *Women in Science: Career Processes and Outcomes* (Cambridge, MA: Harvard University Press) 참조.

25 U. Hannerz (1996) *Transnational Connections: Culture, People, Places* (London: Routledge).

26 Traweek, 'Faultlines'.

27 Bauman, *Liquid Modernity*, pp. 8*ff.*, 160*ff.*

28 '존'과의 인터뷰, Sweden, spring 2010. 이 인터뷰를 포함해 모든 인터뷰는 내가 번역한 것이다.

29 특히 A. Kerr and D. Lorenz-Meyer (2009) 'Working Together Apart', in U. Felt (ed.) *Knowing and Living in Academic Research* (Prague: Institute of Sociology of the Academy of the Sciences), pp. 127~167, esp. pp. 150*ff* 참조.

30 Traweek, *Beamtimes and Lifetimes*. Compare with A. Plagnol and J. Scott (2011) 'What Matters for Wellbeing: Individual Perceptions on Quality of Life before and after Important Life Events', *Applied Research Quality Life, 6*, 115~137; 또한 A. Plagnol, J. Scott and J. Nolan (2010) 'Perceptions of Quality of Life: Gender Differences across the Life Course', in J. Scott, R. Crompton, and C. Lyonette (eds) *Gender Inequalities in the 21st Century* (Cheltenham: Edward Elgar Publishing), pp. 193~212; K. Wolanik Boström and M. Öhlander (2011) 'A Doctor's Life Story: On Professional Mobility, Occupational Sub-Cultures and Personal Gains', in J. Isański and P. Luczys (eds) *Selling One's Favourite Piano to Emigrate: Mobility Patterns in Central Europe at the Beginning of the 21st Century* (Newcastle upon Tyne: Cambridge Scholars Publishing), pp. 205~222 참조.

31 V.L. Russo (2014) 'Life Course Narratives from U.S. Expatriates: Continuity Work', PhD thesis, Loyola University, Chicago; 또한 J.S. Osland (2000) 'The Journey Inward: Expatriate Hero Tales and Paradoxes' *Human Resource Management, 39*, 227~238 참조.

32 '엘리자베스'와의 인터뷰, spring 2010, Sweden.

33 A. Peixoto (2014) *De mest lämpade: En studie av doktoranders habituering på det vetenskapliga fältet* (Gothenburg: Gothenburg University).
34 '카렌'과의 인터뷰, spring 2010, Sweden.
35 Knorr-Cetina, Epistemic Cultures.
36 C. Hasse and S. Trentemøller (2008) *Break the Pattern! A Critical Enquiry into Three Scientific Workplace Cultures: Hercules, Caretakers and Worker Bees* (Tartu: Tartu University Press).
37 '카렌'과의 인터뷰, spring 2010, Sweden.
38 D.L. Chung (2005) *The Road to Scientific Success: Inspiring Life Stories of Prominent Researchers* (Hackensack: World Scientific Publishing Company); L. Hoddeson and V. Daitch (2002) *True Genius: The Life and Science of John Bardeen, the Only Winner of Two Nobel Prizes in Physics* (Washington, DC: Joseph Henry Press). Compare with H. Zuckerman (1977) *The Scientific Elite: Nobel Laureates in the United States* (New Brunswick: Transaction Publishers).

제12장. 세계는 한 가족

1 L. Basch, N.G. Schiller, and C.S. Blanc (2013) *Nations Unbound: Transnational Projects, Postcolonial Predicaments, and Deterritorialized Nation-States* (New York: Taylor and Francis); A. Portes and J. DeWind (2008) *Rethinking Migration: New Theoretical and Empirical Perspectives* (New York: Berghahn Books).
2 A. Saxenian (2005) 'From Brain Circulation: Transnational Communities and Regional Upgrading in India and China', *Studies in Comparative International Development, 40*, 2, 35~61; A. Ong (2005) 'Ecologies of Expertise: Assembling Flows, Managing Citizenship', in A. Ong and S.J. Collier (eds) *Global Assemblages: Technology, Politics, and Ethics as Anthropological Problems* (Malden: Blackwell Publishing), pp. 337~353.
3 Ong, 'Ecologies of Expertise', p. 336.
4 B. Xiang (2007) Global 'Body Shopping': *An Indian Labor System in the Information Technology Industry* (Princeton: Princeton University Press).
5 Ong, 'Ecologies of Expertise', p. 336.
6 Ong, 'Ecologies of Expertise', p. 336.
7 L. Fernandes (2006) *India's New Middle Class: Democratic Politics in an Era of Economic Reform* (Minneapolis: University of Minnesota Press).
8 A. Beteille (2003) 'The Social Character of the Indian Middle Class', in I. Ahmad and H. Reifeld (eds) *Middle Class Values in India and Western Europe* (New Delhi: Social Science Press), pp. 73~85; E. Sridharan (2004) 'The Growth and Sectoral Composition of India's Middle Class: Its Impact on the Politics of Economic Liberalization', *India Review, 3/4*, 405~428; A. Vanaik (2002) 'Consumerism and New Classes in India', in S. Patel, J. Bagchi and K. Raj (eds) *Thinking Social Science in India: Essays in Honour of Alice Thorner* (New Delhi: Sage Publications), pp. 227~234.
9 W. Mazzarella (2005) 'Middle Class', in R. Dwyer (ed.) *South Asia Keywords* (London:

Centre of South Asian Studies, University of London), p. 3; Fernandes, *India's New Middle Class*, pp. 176~205.

10 S. Lakha (1999) 'The State, Globalization, and the Indian Middle Class', in M.J. Pinches (ed.) *Culture and Privilege in Capitalist Asia* (New York: Routledge), pp. 251~274; S. Radhakrishnan (2011) *Appropriately Indian: Gender and Culture in a New Transnational Class* (Durham, NC: Duke University Press); S.R. Shukla (2003) *India Abroad: Diasporic Cultures of Postwar America and England* (Princeton: Princeton University Press).

11 G. Prakash (1999) *Another Reason: Science and the Imagination of Modern India* (Princeton: Princeton University Press).

12 W. Mazzarella (2003) *Shoveling Smoke: Advertising and Globalization in Contemporary India* (Durham, NC: Duke University Press).

13 Radhakrishnan, *Appropriately Indian*.

14 P. Chatterjee (1993) *A Nation and its Fragments: Colonial and Postcolonial Histories* (Princeton: Princeton University Press).

15 Chatterjee, A Nation and its Fragments; B. Zachariah (2005) *Developing India: An Intellectual and Social History, c.1930~1950* (New Delhi: Oxford University Press).

16 B. Khadria (2007) 'Tracing the Genesis of Brain Drain in India through State Policy and Civil Society', in N. Green and F. Weil (eds) *Citizenship and Those Who Leave: The Politics of Emigration and Expatriation* (Urbana: University of Illinois Press), pp. 265~282; A. Khandekar (2013) 'Education Abroad: Engineering, Privatization, and the New Middle Class in Neoliberalizing India', *Engineering Studies, 5*, 179~198.

17 A. Aneesh (2006) *Virtual Migration: The Programming of Globalization* (Durham, NC: Duke University Press); Xiang, *Global 'Body Shopping'*.

18 W. Mazzarella (2003b) '"Very Bombay": Contending with the Global in an Indian Advertising Agency', *Cultural Anthropology, 18* (1), 33~71: 34, 57.

19 A. Appadurai (1996) *Modernity at Large: The Cultural Dimensions of Globalization* (Minneapolis: University of Minnesota Press).

20 V. Prashad (2000) *The Karma of Brown Folk* (Minneapolis: University of Minnesota Press).

21 Shukla, *India Abroad*.

22 글로벌 인도인 개념에는 또 다른 계보가 있다. 마차렐라(Mazzarella)의 *Shoveling Smoke*는 글로벌 인도인이 여러 인도 기업이 동원한 브랜드 아이덴티티로 출현하는 것을 추적한다. 1990년대 초반에 일어난 경제자유화의 여파로, 인도의 인기 있는 소비자 브랜드들은 인도 시장에서 점점 더 이용 가능해지는 국제적 브랜드들과 경쟁하고 있다는 것을 갑자기 깨닫게 되었다. 그들의 독특함을 표명하는 한 가지 방법은 인도인이 글로벌하고 세계주의적임에도 불구하고 정신적으로 본질적인 인도인의 정체성을 주장하는 것이었다. A. Khandekar and G.J. Otsuki (2011) 'Remediation and Scaling: The Making of Global Identities', in R. Chopra and R. Gajjala (eds) *Global Media, Culture, and Identity: Theory, Cases, and Approaches* (New York: Routledge), pp. 128~141.

23 Chatterjee, *A Nation and its Fragments*, p. 9.

24 L. Cohen (1998) *No Aging in India: Alzheimer's, the Bad Family, and Other Modern Things* (Berkeley: University of California Press).

25 Cohen, *No Aging in India.*

26 공적인 것과 사적인 것 간의 구별을 역사적으로 중재해 온 구성체인 여성성은 명백하게 근대 인도인성 개념이 치열하게 논의되어 온, 독특하지만 관련되는 영역이다. P. Chatterjee (1989) 'Colonialism, Nationalism, and Colonialized Woman: The Contest in India', *American Ethnologist, 16*, 622~633. 라다크리쉬난(Radhakrishnan)의 연구는 이 역동성의 현대적 출현을 추적한 것으로 이해할 수 있다. Radhakrishnan, Appropriately Indian.

27 S. Lamb (2010) *Aging and the Indian Diaspora: Cosmopolitan Families in India and Abroad* (Bloomington: Indiana University Press).

28 이 에세이는 *Swadesh: Amhi Marathi NRI* (*'My country: We are Marathi NRIs'*)라는 제목으로 편집 출판된 저서의 일부이다. 이 저서는 마라티(Marathi)에서 출판된 수필집으로서 인도 밖에서 장기간 거주하다가 결국 돌아온 인도인들의 내레이션으로 구성되어 있다. 여기서 NRI라는 용어는 '둥지로 돌아온 인도인(Nest Returned Indians)'을 의미하며, 인도 밖에서 5년 이상 거주하고 있는 인도인 국외거주자를 식별하는 '비거주 인도인(Non-Resident Indians)'의 법적-요식적 범주에 관한 익살이다. 그 저자들 몇몇은 인도로 돌아가기 전까지 여러 해 동안 미국에서 살았고, 다른 저자들은 서유럽과 동남아시아 나라들에 기반을 두고 있었다. 대대수의 저자가 과학자와 엔지니어로 훈련받고 일했지만, 일부 저자는 그래픽 디자인이나 고등 및 중등교육 같은 분야에서 일하고 있었다. 개별적 서사들의 세부적 내용은 다르지만, 인도의 뿌리와 계속 연결되어 있기 원한다는 느낌이 개개 서술에서 두드러지게 보인다. 때로는 애국심에 바탕을 두고 있더라도, 저자들은 인도 문화 안에서 아이들을 키우고 싶다는 욕망을 더 자주 강조한다. 줄줄이 이어지는 서사에서 인도성과 서구성의 분명한 구분이 입증될 수 있으며, 많은 기술이주자를 고향으로 돌아오게 했다고 말하는 것은 인도인성을 유지하려는 욕구이다. 압헤이의 것도 그런 서사의 한 예이다. A. Patil (2007) 'Born Again Citizens', in B. Kelkar (ed.) *Swadesh: Amhi Marathi NRI* (Mumbai: Granthali), pp. 1~7. Translated by the author from the original, in Marathi.

29 *Atithi Devobhav*(아티티 데보바브하브)는 '(예상치 못한) 손님은 신과 동등하다'는 산스크리트어 구절로서, 일반적으로 그러한 맥락에서 인도의 환대 규범을 독특하게 나타내기 위한 표현이다.

30 M. Tuck (2008) *India Top Receiver of Migrant Remittances in 2007; Followed by China and Mexico* (Washington, DC: World Bank).

31 Reserve Bank of India (2006) *Invisibles in India's Balance of Payments* (New Delhi: Division of International Finance, Department of Economic Analysis and Policy, Reserve Bank of India).

32 신중산층과 인도 정부의 관계에 대한 역사적 전개를 대략 살피려면 A. Khandekar and D.S. Reddy (2015) 'An Indian Summer: Corruption, Class, and the Lokpal Protests', *Journal of Consumer Culture, 15*, 221~247 참조. 보다 포괄적인 개요를 보려면 Fernandes, *India's New Middle Class* 참조.

33 R. Joshi (2007) 'Vichar Vishwacha, Kruti Sthanikashi (Thinking Globally, Acting Locally)', in Kelkar, *Swadesh: Amhi Marathi NRI*, pp. 103~110.

34 Chatterjee, 'Colonialism, Nationalism, and Colonialized Woman'.

35 Radhakrishnan, *Appropriately Indian*.

36 Cohen, *No Aging in India*; Lamb, *Aging and the Indian Diaspora*; C.J. Fullerand H. Narasimhan (2007) 'Information Technology Professionals and the New-Rich Middle Class in Chennai (Madras)', *Modern Asian Studies, 41*, 121~150.

37 예를 들면, 가르 칼리(Ghar Kali, 세상의 종말) 이미지에 대한 가슴 아픈 이야기는 Lawrence Cohen, *No Aging in India*, p. 159 참조. "노모에 대한 서사들은 …… 노모를 학대하는 며느리의 비열함과 그녀가 그렇게 하게 놔두는 아들의 약점을 강조하는데, 절대 용서할 수 없다. 19세기 캘커타(Calcutta)에서 이 …… 서사는 가르 칼리, 즉 세상의 종말로서, 파투아(patua) 화가와 목판 화가들의 예술에서 시각적으로 재현되었다. 아내는 남편을 조종하며 머리숱 없는 그의 어머니는 아들이 쥐고 있는 목줄에 질질 끌려간다. …… 가르 칼리는 …… 종말론적 의식을 말하고 있다. 어머니를 홀대하는 이미지 속의 젊은 부부는 도처에 있는 게 아니라 특정한 곳에 있다. 바로 영국 통치 아래에서 벼락부자가 된 인도 공무원 바부(Babu)와 그의 아내이다. 노모에 대한 홀대, 아들의 번지르르한 멋부림, 근대적 아내의 이기적인 무례함은, 신흥 도시 엘리트들을 칼리 유가(Kali Yuga)의 상징으로 풍자하는 핵심 이미지를 구성한다. 칼리 유가는 인류의 가장 타락한 시대에서 가장 부패한 마지막 순간이다."

38 중매결혼 제도에 대한 자세한 설명은 D.J. Johnson and J.E. Johnson (1992) *Through Indian Eyes* (New York: Apex Press) 참조.

39 Shaadi.com Matrimonials (2015) *Shaadi.com: The World's No. 1 Matchmaking Service*, http://www.shaadi.com, date accessed 21 February 2015; Bharat Matrinony.com(2015) *Bharat Matrimony: For Happy Marriages*, http://www.bharatmatrimony. com, date accessed 21 February 2015.

제13장. 후기

1 물론 이 시기와 그 이전 시기들에서 '과학'과 그와 같은 종류의 용어는 오늘날과는 다소 다른 것을 의미했다. 그것은 주로 수학과 신학 같은 '확실한 지식(certain knowledge)'을 지칭하는 데 사용되었고, 오늘날 우리가 '과학'이라고 부를 수 있는 많은 것은 '자연사', '자연철학' 등과 같은 용어로 언급되었다. 그러나 나는 단순함을 위해 '과학'이라는 단어를 근대적 의미로 사용할 것이다.

2 S. Shapin (1988) 'The House of Experiment in Seventeenth-Century England', *Isis*, 79, 373~404 참조. 여기에서는 과학에서의 여성사를 연구하는 학자들이 중요한 역할을 했다. 그들은 과학을 위한 가정 공간의 사용에 관한 다수의 유용한 출처를 인용했다. 예를 들어, L. Schiebinger (1989) *The Mind Has No Sex? Women in the Origins of Modern Science* (Cambridge, MA: Harvard University Press); many of the articles in L. Hunter and S. Hutton (eds) (1997) *Women, Science and Medicine 1500~1700: Mothers and Sisters of the Royal Society* (Stroud: Sutton); A. Rankin (2013) *Panaceia's Daughters: Noblewomen as Healers in Early Modern Germany* (Chicago: University of Chicago Press); A. Cooper (2012) 'Women and Science', in M. King (ed.) *Oxford Bibliographies: Renaissance and Reformation* (New York: Oxford University Press), http://www. oxfordbibliographies.com/ (home page), date accessed 24 October 2014 참조. 보다 일반적으로 그 주제에 관해서는 A. Cooper (2006) 'Homes and Households', in K. Park and L.

Daston (eds) The Cambridge History of Science, Vol. 3: *Early Modern Science* (Cambridge: Cambridge University Press), pp. 224~237 참조.

3 관측을 수행했던 가족 구성원들에 대해서는 예를 들어, R. Iliffe and F. Willmoth, 'Astronomy and the Domestic Sphere: Margaret Flamsteed and Caroline Herschel as Assistant-Astronomers', in Hunter and Hutton, *Women, Science and Medicine 1500~1700*, pp. 235~265; E. Reitsma (2008) *Maria Sibylla Merian and Daughters: Women of Art and Science* (Zwolle: Waanders) 참조. 초기 근대과학가구의 하인들과 조수들에 관해서는 S. Shapin (1989) 'The Invisible Technician', *American Scientist, 77*, pp. 554~563; J.R. Christianson (2000) *On Tycho's Island: Tycho Brahe and His Assistants, 1570~1601* (Cambridge: Cambridge University Press) 참조.

4 가족 안에서의 과학지식과 의학지식의 상속에 관해서는 G. Algazi (2003) 'Scholars in Households: Refiguring the Learned Habitus, 1400~1600', *Science in Context, 16*, 9~42: 25; F.W. Euler (1970) 'Entstehung und Entwicklung deutscher Gelehrtengeschlechter', in H. Rössler and G. Franz (eds) *Universität und Gelehrtenstand 1400~1800* (Limburg: C.A. Starke Verlag), pp. 183~232; Cooper, 'Homes and Households', pp. 232~233 참조. 다음은 특정 가족에 대한 사례 연구들이다. D. Harkness (2001) 'Tulips, Maps, and Spiders: The Cole-Ortelius-Lobel Family and the Practice of Natural Philosophy in Early Modern London', in R. Vigne and Charles Littleton (2001) *From Strangers to Citizens: Foreigners and the Metropolis, 1500~1800* (Eastbourne: Huguenot Society and Sussex Academic Press), pp. 184~196; A. Cooper (2013) 'Picturing Nature: Gender and the Politics of Natural-Historical Description in Eighteenth-Century Gdańsk /Danzig', *Journal of Eighteenth-Century Studies, 36*, 519~529.

5 D. Harkness (1997) 'Managing an Experimental Household: The Dees of Mortlake and the Practice of Natural Philosophy', *Isis, 88*, 247~262.

6 R. Müller (1996) 'Student Education, Student Life', in H. de Ridder-Symoens (ed.) *Universities in Early Modern Europe, 1500~1800* (Cambridge: Cambridge University Press), 345~346; Cooper, 'Homes and Households', pp. 230~231. 물론 이것은 대학 운동을 일으키는 데 도움을 준 [프랑스의 피터 아벨라르(Peter Abelard) 같은] 원조 방랑학자들(wandering scholars), [에라스무스(Erasmus) 같은] 여행 인문학자, 또는 떠돌이 연금술사처럼 '떠돌이 가구(itinerant households)'라 부를 수 있는 것에도 해당한다. 이 요점에 대해 브리지트 반 티겔렌에게 감사드린다.

7 J. Farr (2000) *Artisans in Europe, 1300~1914* (Cambridge: Cambridge University Press); M. Kowaleski and J.M. Bennett (1989) 'Crafts, Gilds, and Women in the Middle Ages', in J. M. Bennett, E.A. Clark, J. F. O'Barr, B.A. Vilen, and S. Westphal-Wihl (eds) *Sisters and Workers in the Middle Ages* (Chicago: University of Chicago Press), pp. 11~38; M. Cabré (2008) 'Women or Healers? Household Practices and the Categories of Health Care in Late Medieval Iberia', *Bulletin of the History of Medicine, 82*, 18~51. 중세 초기에 처음 설립된 수도원들은 가구(household) 모형으로 조직되었다고 간주될 수 있다.

8 'Hypatia of Alexandria' (2000), in M.B. Ogilvie and J. Harvey (eds) *Biographical Dictionary of Women in Science: Pioneering Lives from Ancient Times to the Mid-Twentieth Century*, Vol. 1 (New York: Routledge), pp. 637~639; M. Dzielska (1995)

Hypatia of Alexandria, trans. F. Lyra (Cambridge, MA: Harvard University Press).

9 예를 들어, 학술지 ≪히파티아(Hypatia)≫는 페미니스트 철학에 초점을 맞추고 있으며, 과학계의 여성에 관한 다음 책의 제목은 히파티아의 상징적 지위를 명확히 증명한다. M. Alic (1986) *Hypatia's Heritage: A History of Women in Science from Antiquity to the Late Nineteenth Century* (London: The Women's Press). 흔히 그렇듯이 그녀의 공헌에 대한 위키피디아(Wikipedia) 항목은 과학사에 대한 대중-문화적 전용의 훌륭한 시작점 역할을 하며, 그녀의 인생 이야기를 바탕으로 한 놀라운 소설과 또 다른 작품들을 나열한다. Wikipedia contributors (2014) 'Hypatia', in *Wikipedia: The Free Encyclopedia*, http://www.wikipedia.org/ (home page), date accessed 24 October 2014.

10 Farr, *Artisans in Europe, 1300~1914*; Kowaleski and Bennett, 'Crafts, Gilds, and Women in the Middle Ages'; and Cabré, 'Women or Healers?' 참조.

11. 예를 들어, 키레네의 아레테(Arete of Cyrene)의 경우 그녀의 아버지 아리스티포스(Aristippus)는 그녀에게 철학을 가르쳤고, 그녀는 그녀의 아들 아리스티포스(Aristippus the Younger)와 '어린 의사 동생을 돕기 위해 의학을 공부한' 에밀리아(Aemilia)를 가르쳤다. 아리스토텔레스(Aristotle)의 아내 피디아스(Pythias)는 그의 『동물지(Historia animalium)』를 위한 해양 표본 수집을 도왔다고 전해지며, 피타고라스(Pythagoras)의 딸로 추정되는 다모(Damo)의 경우는 진짜가 아닐 가능성이 많다. Ogilvie and Harvey, *Biographical Dictionary of Women in Science*, Vol. 1, pp. 50, 11; Vol. 2, p. 1062; Vol. 1, pp. 323~324 참조.

12 '집안 내력인' 과학직업과 의학직업의 경향에 대해서는 역사가들은 물론 동시대 사람들도 원로(Elder), 젊은(Younger), 시니어(Senior), 주니어(Junior), 그리고 심지어 I, II, III, 그리고 IV 같은 이름표를 자주 사용할 필요가 있다. Cooper, 'Homes and Households', p. 232 참조.

13 화산 폭발에 관한 토론에 대해서는 Pliny the Younger (1915) Letters, trans. W. Melmoth (London: Heinemann), pp. 474~483, 489~497 (letters VI.16 and VI.20) 참조.

14 J.F. Healy (1999) *Pliny the Elder on Science and Technology* (Oxford: Oxford University Press); R.K. Gibson and R. Morello (eds) (2011) *Pliny the Elder: Themes and Contexts* (Leiden: Brill).

15 R.P. Hymes (1987) 'Not Quite Gentlemen? Doctors in Sung and Yuan', *Chinese Science, 8*, 9~76: 15~16, 21, 38, 53. 나는 이 참조에 대해 Carla Nappi에게 빚지고 있다.

16 예를 들어 C. Furth (1999) *A Flourishing Yin: Gender in China's Medical History, 960~1665* (Berkeley: University of California Press); F. Bray (1997) *Technology and Power: Fabrics of Power in Late Imperial China* (Berkeley: University of California Press) 참조.

17 C. Franzoni and H. Sauermann (2014) 'Crowd Science: The Organization of Scientific Research in Open Collaborative Projects', *Research Policy, 43*, 1~20; A.I.T. Tulloch, H.P. Possingham, L.N. Joseph, J. Szabo and T.G. Martin (2013) 'Realising the Full Potential of Citizen Science Monitoring Programs', *Biological Conservation, 165*, 128~138; G. Cook (2011) 'How Crowdsourcing is Changing Science', *Boston Globe*, 1 November 2011, http://www.bostonglobe.com(home page), date accessed 24 October 2014.

Abir-Am, P. and Outram, D. (eds) (1987) *Uneasy Careers and Intimate Lives: Women in Science, 1789~1979* (New Brunswick: Rutgers University Press).

Algazi, G. (2003) 'Scholars in Households: Refiguring the Learned Habitus, 1400~1600', *Science in Context*, 16, 9~42.

Ariès, P. and Duby, G (eds) (1992~1998) *A History of Private Life*, 5 Vols. (Cambridge, MA: Harvard University Press).

Beer, G. (1996) *Open Fields: Science in Cultural Encounter* (Oxford: Clarendon).

Berg, A., Florin, C. and Wisselgren, P. (eds) (2011) *Par i vetenskap och politik: Intellektuella äktenskap i moderniteten* (Umeå: Boréa).

Bergwik, S. (2014) 'An Assemblage of Science and Home: The Gendered Lifestyle of Svante Arrhenius and Twentieth-Century Physical Chemistry', *Isis*, 105, 265~291.

Blunt, A. (2005) 'Cultural Geography: Cultural Geographies of Home', *Progress in Human Geography*, 29, 505~515.

Bray, F. (1997) *Technology and Power: Fabrics of Power in Late Imperial China* (Berkeley: University of California Press).

Brickell, B. (2012) 'Mapping and Doing Critical Geographies of Home', *Progress in Human Geography*, 36, 225~244.

Browne, J. (2002) *Charles Darwin: The Power of Place* (London: Alfred Knopf).

Bucchi, M. (2013) *Il Pollo Di Newton. La Scienza in Cucina* (Parma: Mauri Spagnol).

Butsch, R. (1998) 'Crystal Sets and Scarf-pin Radios: Gender, Technology, and the Construction of American Radio Listening in the 1920s', *Media, Culture & Society*, 20, 557~572.

Carroll, V. (2004) 'The Natural History of Visiting: Responses to Charles Waterton and Walton Hall', *Studies in History and Philosophy of Biological and Biomedical Sciences*, 35, 31~64.

Carsten, J. (2004) *After Kinship* (Cambridge: Cambridge University Press).

Chapman, A. (1998) *The Victorian Amateur Astronomer: Independent Astronomical Research in Britain, 1820~1920* (New York: John Wiley & Sons).

Christianson, J.R. (2000) *On Tycho's Island: Tycho Brahe and his Assistants, 1570~1601* (Cambridge: Cambridge University Press).

Coen, D.R. (2007) *Vienna in the Age of Uncertainty: Science, Liberalism, and Private Life* (Chicago: University of Chicago Press).

Coen, D.R. (2014) 'The Common World: Histories of Science and Domestic

Intimacy', *Modern Intellectual History*, 11, 417~438.

Cooper, A. (2006) 'Homes and Households', in Park, K. and Daston, L. (eds) *The Cambridge History of Science*, Vol. 3: *Early Modern Science* (Cambridge: Cambridge University Press), 224~237.

Cooper, A. (2007) *Inventing the Indigenous: Local Knowledge and Natural History in Early Modern Europe* (Cambridge: Cambridge University Press).

Cowan, R.S. (1983) *More Work for Mother: The Ironies of Household Technology from the Open Hearth to the Microwave* (New York: Basic).

Davidoff, L. and Hall, C. (1987) *Family Fortunes: Men and Women of the English Middle Class, 1780~1850* (Chicago: University of Chicago Press).

de Chadarevian, S. (1996) 'Laboratory Science versus Country-House Experiments: The Controversy between Julius Sachs and Charles Darwin', *British Journal for the History of Science*, 29, 17~41.

Endfield, G. and Morris, C. (2012) '"Well weather is not a girl thing is it?" Contemporary Amateur Meteorology, Gender Relations and the Shaping of Domestic Masculinity', *Social & Cultural Geography*, 13, 233~253.

Felt, U. (ed.) (2009) *Knowing and Living in Academic Research* (Prague: Institute of Sociology of the Academy of the Sciences).

Findlen, P. (1994) *Possessing Nature: Museums, Collecting, and Scientific Culture in Early Modern Italy* (Berkeley: University of California Press).

Findlen, P. (1995) 'Translating the New Science: Women and the Circulation of Knowledge in Enlightenment Italy', *Configurations*, 3, 167~206.

Franzoni, C. and Sauermann, H. (2014) 'Crowd Science: The Organization of Scientific Research in Open Collaborative Projects', *Research Policy*, 43, 1~20.

Galison, P. and Thompson, E. (eds) (1999) *The Architecture of Science* (Cambridge, MA: MIT Press).

Gee, B. (1989) 'Amusement Chests and Portable Laboratories: Practical Alternatives to the Regular Laboratory', in James, F.A.J.L. (ed.) *The Development of the Laboratory: Essays on the Place of Experiment in Industrial Civilization* (New York: American Institute of Physics), 37~60.

Gooday, G. (1991) '"Nature" in the Laboratory: Domestication and Discipline with the Microscope in Victorian Life Science', *British Journal for the History of Science*, 24, 307~341.

Gooday, G. (2008a) 'Placing or Replacing the Laboratory in the History of Science?', *Isis*, 99, 783~795.

Gooday, G. (2008b) *The Domestication of Electricity: Technology, Uncertainty and Gender, 1880~1914* (London: Pickering & Chatto).

Gould, P. (1997) 'Women and the Culture of University Physics in LateNineteenth Century Cambridge', *British Journal for the History of Science*, 30, 127~149.

Grayzel, S.R. (1999) 'Nostalgia, Gender, and the Countryside: Placing the "Land Girl"

in First World War Britain', *Rural History*, 10, 155~170.
Hannaway, O. (1986) 'Laboratory Design and the Aim of Science: Andreas Libavius and Tycho Brahe', *Isis*, 77, 585~610.
Harkness, D.E. (1997) 'Managing an Experimental Household: The Dees of Mortlake and the Practice of Natural Philosophy', *Isis,* 88, 247~262.
Hitt, J. (2012) *Bunch of Amateurs: A Search for the American Character* (New York: Crown).
Horwood, C. (2007) *Potted History: The Story of Plants in the Home* (London: Frances Lincoln).
Hunter, L. and Hutton, S. (eds) *Women, Science and Medicine 1500~1700: Mothers and Sisters of the Royal Society* (Stroud: Sutton Publishing).
Johnson, C.H., Jussen, B., Sabean, D.W. and Teuscher, S. (eds) *Blood and Kinship: Matter for Metaphor from Ancient Rome to the Present* (Oxford: Berghahn).
Jones, C.G. (2009) *Femininity, Mathematics and Science*, 1880~1914 (Basingstoke: Palgrave Macmillan).
Jordanova, L. (1999) *Nature Displayed: Gender, Science and Medicine*, 1760~1820 (London: Longman).
Keene, M. (2014) 'Familiar Science in Nineteenth-Century Britain', *History of Science*, 52, 53~71.
Kerber, L.K. (1988) 'Separate Spheres, Female Worlds, Woman's Place: The Rhetoric of Women's History', *The Journal of American History*, 75, 9~39.
Khandekar, A. (2013) 'Education Abroad: Engineering, Privatization, and the New Middle Class in Neoliberalizing India', *Engineering Studies*, 5, 179~198.
Kohlstedt, S.G. (1990) 'Parlors, Primers, and Public Schooling: Education for Science in Nineteenth-Century America', *Isis,* 81, 425~445.
Kohlstedt, S.G. (2010) *Teaching Children Science: Hands-on Nature Study in North America, 1890~1930* (Chicago: University of Chicago Press).
Landes, J.B. (ed.) (1998) *Feminism, the Public and the Private* (Oxford: Oxford University Press).
Latour, B. (1992) 'The Costly Ghastly Kitchen', in Cunningham, A. and Williams, P. (eds) *The Laboratory Revolution in Medicine* (Cambridge: Cambridge University Press), 295~303.
Leavitt, S.A. (2002) *From Catharine Beecher to Martha Stewart: A Cultural History of Domestic Advice* (Chapel Hill: University of North Carolina Press).
Lilti, A. (2005) *Le monde des salons. Sociabilité et mondanité à Paris au XVIIIe siècle* (Paris: Fayard).
Lindsay, D. (1998) 'Intimate Inmates: Wives, Households, and Science in Nineteenth-Century America', *Isis*, 89, 631~652.
Livingstone, D.N. (2003) *Putting Science in Its Place: Geographies of Scientific Knowledge* (Chicago: University of Chicago Press).

Livingstone, D.N. and Withers, C.W.J. (eds) (2011) *Geographies of Nineteenth-Century Science* (Chicago: University of Chicago Press).
Lougee, C.C. (1976) *Le Paradis Des Femmes: Women, Salons, and Social Stratification in Seventeenth-Century France* (Princeton: Princeton University Press).
Lundqvist, Å. (2007) *Familjen i den svenska modellen* (Umeå: Boréa).
Lundqvist, Å. and Roman, C. (2008) 'Construction(s) of Swedish Family Policy, 1930~2000', *Journal of Family History*, 33(2), 216~236.
Lykknes, A., Opitz, D.L. and Van Tiggelen, B. (eds) (2012) *For Better or for Worse? Collaborative Couples in the Sciences* (Basel: Birkhäuser).
Messbarger, R. (2010) *The Lady Anatomist: The Life and Work of Anna Morandi Manzolini* (Chicago: University of Chicago Press).
Milam, E.L. and Nye, R.A. (eds) (2015) *Scientific Masculinities, Osiris, 15*, forthcoming.
Moores, S. (2000) *Media and Everyday Life in Modern Society* (Edinburgh: Edinburgh University Press).
Myers, G. (1989) 'Science for Women and Children: The Dialogue of Popular Science in the Nineteenth Century', in Christie, J. and Shuttleworth, S. (eds) *Nature Transfigured: Science and Literature, 1700~1900* (Manchester: Manchester University Press), 171~200.
Noble, D.F. (1992) *A World without Women: The Christian Clerical Culture of Western Science* (New York: Alfred A. Knopf).
Nye, M.J. (1997) 'Aristocratic Culture and the Pursuit of Science: The De Broglies in Modern France', *Isis*, 88, 397~421.
Ong, A. and Collier, S.J. (eds) *Global Assemblages: Technology, Politics, and Ethics as Anthropological Problems* (Malden: Blackwell Publishing).
Opitz, D.L. (2006) '"This House is a Temple of Research": Country-House Centres for Late-Victorian Science', in Clifford, D., Wadge, E., Warwick, A. and Willis, M. (eds) *Repositioning Victorian Sciences: Shifting Centres in Nineteenth-Century Scientific Thinking* (London: Anthem Press), 143~153.
Opitz, D.L. (2016) 'Domestic Space', in Lightman, B. (ed.) *Blackwell Companion to the History of Science* (Oxford: Wiley-Blackwell), forthcoming.
Otis, L. (2001) *Networking: Communicating with Bodies and Machines in the Nineteenth Century* (Ann Arbor: University of Michigan Press).
Outram, D. (1996) 'New Spaces in Natural History', in Jardine, N., Secord, J.A. and Spary, E.C. (eds) *Cultures of Natural History* (Cambridge: Cambridge University Press), 249~265.
Page, J.W. and Smith, E.L. (2011) *Women, Literature, and the Domesticated Landscape: England's Disciples of Flora*, 1780~1870 (Cambridge: Cambridge University Press).
Pang, A.S.-K. (1996) 'Gender, Culture, and Astrophysical Fieldwork: Elizabeth

Campbell and the Lick Observatory-Crocker Eclipse Expeditions', *Osiris*, 11, 17~43.

Peterson, M.J. (1989) *Family, Love, and Work in the Lives of Victorian Gentlewomen* (Bloomington: Indiana University Press).

Pettersson, H. (2011) 'Gender and Transnational Plant Scientists: Negotiating Academic Mobility, Career Commitments and Private Lives,' *Gender*, 1, 99~116.

Prebble, J. and Weber, B. (2003) *Wandering in the Gardens of the Mind: Peter Mitchell and the Making of Glynn* (Oxford: Oxford University Press).

Pycior, H.M., Slack, N.G. and Abir-Am, P. (eds) (1996) *Creative Couples in the Sciences* (New Brunswick: Rutgers University Press).

Rankin, A. (2013) *Panaceia's Daughters: Noblewomen as Healers in Early Modern Germany* (Chicago: University of Chicago Press).

Reitsma, E. (2008) *Maria Sibylla Merian and Daughters: Women of Art and Science* (Zwolle: Waanders).

Rentetzi, M. (2007) *Trafficking Materials and Gendered Experimental Practices: Radium Research in Early 20th Century Vienna* (New York: Columbia University Press).

Richmond, M.L. (2006) 'The "Domestication" of Heredity: The Familial Organization of Geneticists at Cambridge, 1895~1910', *Journal of the History of Biology*, 39, 565~605.

Rossiter, M. (1982) *Women Scientists in America: Struggles and Strategies to 1940* (Baltimore: Johns Hopkins University Press).

Rossiter, M. (1993) 'The [Matthew] Matilda Effect in Science', *Social Studies of Science*, 23, 325~341.

Sabean, D. (1998) *Kinship in Neckarhausen*, 1700~1870 (Cambridge: Cambridge University Press).

Sahlins, M. (2011) 'What Kinship Is (Part One)', *Journal of the Royal Anthropological Institute*, 17, 2~19.

Schaffer, S. (1998) 'Physics Laboratories and the Victorian Country House', in Smith, C. and Agar, J. (eds) *Making Space for Science: Territorial Themes in the Shaping of Knowledge* (Basingstoke: Macmillan), 149~180.

Schiebinger, L. (1989) *The Mind Has No Sex? Women in the Origins of Modern Science* (Cambridge, MA: Harvard University Press).

Sconce, J. (2000) *Haunted Media: Electronic Presence from Telegraphy to Television* (Durham, NC: Duke University Press).

Secord, J.A. (1985) 'Newton in the Nursery: Tom Telescope and the Philosophy of Tops and Balls, 1761~1838', *History of Science*, 23, 127~151.

Shapin, S. (1988) 'The House of Experiment in Seventeenth-Century England', *Isis*, 79, 373~408.

Shapin, S. (1994) *A Social History of Truth: Civility and Science in Seventeenth-Century England* (Chicago: University of Chicago Press).

Sheffield, S.L.-M. (2006) 'Gendered Collaborations: Marrying Art and Science', in Shteir, A.B. and Lightman, B. (eds) *Figuring it Out: Science, Gender, and Visual Culture* (Lebanon, NH: Dartmouth College Press), 240~264.

Shteir, A.B. (1996) *Cultivating Women, Cultivating Science: Flora's Daughters and Botany in England*, 1760~1860 (Baltimore: Johns Hopkins University Press).

Smith, C. and Agar, J. (eds) (1998) *Making Space for Science: Territorial Themes in the Shaping of Knowledge* (Basingstoke: Macmillan).

Stage, S. and Vincenti, V.B. (eds) (1997) *Rethinking Home Economics: Women and the History of a Profession* (Ithaca, NY: Cornell University Press).

Tampakis, K. (2012) 'Science Education and the Emergence of the Specialized Scientist in Nineteenth Century Greece', *Science & Education*, 22, 789~805.

Terrall, M. (1995) 'Gendered Spaces, Gendered Audiences: Inside and Outside the Paris Academy of the Sciences', *Configurations*, 5, 207~232.

Terrall, M. (2014) *Catching Nature in the Act: Réaumur and the Practice of Natural History in the Eighteenth Century* (Chicago: University of Chicago Press).

Tosh, J. (1999) *A Man's Place: Masculinity and the Middle-Class Home in Victorian England* (New Haven: Yale University Press).

Traweek, S. (1988) B*eamtimes and Lifetimes: The World of High Energy Physicists* (Cambridge, MA: Harvard University Press).

Vickery, A. (1993) 'Golden Age to Separate Spheres? A Review of the Categories and Chronology of English Women's History', *Historical Journal*, 36, 383~414.

Vlahakis, G. (2000) 'Introducing Sciences in the New States: The Establishment of the Physics and Chemistry Laboratories in the University of Athens', in Nicolaidis, E. and Chatzis, K. (eds) *Science, Technology and the 19th Century State* (Athens: Institute for Neohellenic Research, National Hellenic Research Foundation), pp. 89~106.

Von Oertzen, C., Rentetzi, M. and Watkins, E. (eds) (2013) 'Beyond the Academy: Histories of Gender and Knowledge', *Special issue of Centaurus*, 55(2).

Wein, R. (1974) 'Women's Colleges and Domesticity, 1875~1918', *History of Education Quarterly*, 14, 31~47.

White, P. (2003) *Thomas Huxley: Making the 'Man of Science'* (Cambridge: Cambridge University Press).

Widmalm, S. (2008) 'Forskning och industri under andra världskriget', in Widmalm, S. (ed.) *Vetenskapens sociala strukturer: Sju historiska fallstudier om konflikt, samverkan och makt* (Lund: Nordic Academic Press), 53~95.

옮긴이의 글

이 책의 저자들은 주로 근대 유럽의 다양한 맥락에서 인류학, 젠더학, 지리학, 사회학, 과학사를 비롯한 여러 분야의 관점을 통해 가내성과 근대과학이 어떤 모습으로 얽혀 있는지를 추적한다. 이 책에서 다루는 주제들에 익숙한 독자라면, 이 책에 등장하는 서신과 대담 등의 다양한 자료와 설명을 접하면서 이러한 주제에 대해 재고할 기회를 가질 수 있을 것이다. 이러한 주제에 익숙하지 않은 독자라면, 새로운 영역에 대한 생각의 문을 여는 기회를 가질 수 있을 것이다. 그럼에도 불구하고 이 책에서 다루는 주제가 여전히 낯설다면 이 책의 서론이나 후기만으로는 주제나 문제를 파악하는 데 충분하지 않을 것 같아 옮기면서 중요하다고 재인식한 점들을 짚으며 이 책을 안내하고자 한다.

이 책은 18세기부터 오늘날까지 이루어진 근대 과학 형성이라는 굵은 줄기에서 몇 줄기를 뽑아낸 것으로, 뽑아낸 줄기는 과학의 제도화와 전문화가 아닌, 가내 영역, 가구, 가정, 가족, 생물학적 또는 '유사' 친족을 아우르는 가내성을 보여준다. 서론과 후기를 제외한 열두 편의 논문은 천문학, 화학, 원예학, 공학, 기상학, 자연사, 해양학, 물리학 및 무선기술의 영역에서 일어난 근대 과학 가정과 가구들의 사례를 조명하고 있다. 여기서 등장하는 사람들은 가족이라는 울타리에서 '과학자'로 간주했던 사람뿐만 아니라 아내, 아들, 딸 같은 다른 가족 구성원, 나아가 하인, 조수, 또는 다른 가구 구성원도 포함한다. 가내성은 화학반응에서 생성물이 만들어지는 반응에 개입하고 참여하는 반응물과 같다고 할 수 있다. 이 책은 열두 편의 논문을 통해 가내성이 근대과학의 형성에서 물질적, 사회적, 상징적인 기질을 드러낸다는 사실을 여실히 보여준다.

이 책이 다루는 문제들에 익숙하지 않은 독자들은 후기를 가장 먼저 읽고 서론을 그다음에 읽은 다음, 열두 편의 논문을 차례로 읽는 것이 좋을 것이다. 후기는 서양 고대부터 중세, 근대에 이르는 동안 각 시대에서 가내-기반 과학이라 할 수 있었던 사례들을 설명하면서, 새로운 과학공간이 출현하더라도 가내-기반의 과학이 줄곧 번성해 왔다는 점에 주목한다. 나아가 재택근무도 가능한 컴퓨터 과학기술시대에 또 다른 가내-기반 과학이 등장할 가능성을 점검하면서 이로 인해 제기될 수 있는 질문과 제안들을 검토한다. 그중에서도 "'공적', '사적'에 대한 인식의 변화가 가내 환경에서 이루어지는 과학적 실천에 어떤 영향을 주었는가?"라는 질문은 이 책을 읽는 동안 놓치지 말아야 할 질문일 것이다. 서론에서는 그동안 과학사학이 진행되어 온 연구전통의 방향과 한계를 토대로 근대과학 형성에서 가내성을 탐구하는 연구가 등장한 배경을 설명한다. 그런 다음 열두 편 논문의 주제와 내용을 간략하게 설명한다.

1부의 논문들은 찰스 다윈을 비롯하여 메리 서머싯, 마담 뒤피에리, 헨데리나 스콧과 허사 에어턴 등과 같은 인물의 가내 공간과 과학적 실천을 네트워크 접근법을 통해 탐구한다. 근대의 과학적 실천은 제도화된 실험실 너머로 멀리 나아갔는데, 이처럼 과학적 실천이 이전과 다른 형태로 교차한 과학적 실천 장소 중 하나가 가구 및 가정이다. 남아 있는 많은 논문, 서신, 메모들은 가내의 장소, 물질, 행위자가 과학적 네트워크와 연결되었음을 보여주는 증거들이다. 이러한 증거들은 하나의 가구 및 가정이 지닌 동료 간 협력, 신뢰, 지위가 과학적 네트워크를 생성하고 유지하는 데 토대가 되었음을 보여준다. 물론 이런 네트워크 속에서도 특히 여성들의 가내 작업은 저평가되었지만, 가내공간이 여러 가지 제약과 한계에도 불구하고 제도권 밖의 여성 과학자들에게 여전히 유용한 공간이었다는 점을 놓치지 말아야 한다.

가내 공간에서 독자적으로 생산되고 제도권에서 승인받은 지식의 경우를 보자. 스콧은 당대의 타임-랩스 기법을 사용한 동영상 사진들로 식물의 운동을 보여주었고, 에어턴은 유리통에 담긴 모래와 물로 실험을 시연하면서 잔물결 자국의 기원을 설명했으며, 포켈스는 부엌 싱크대에서 표면장력을 발견했다. 이들의 과학은 실험실에서 생산된 전문과학과 대조하면 '홈메이드 과학'이다. 연구주제나 장비나 실험 면에서 홈메이드 과학은 제한적일 수밖에 없었고 평가에서도 성차별이 개입했다. 그럼에도 불구하고, 사례에서 보듯 홈메이드 과학은 근대과학에서 독자적인 하나의 줄기를 형성했다. 이처럼 가내성은 근대과학의 형성에 크게 얽혀 있다(찰스 다윈의 사례가 가장 널리 알려진 사례이다). 1부의 논문들에서는 제도권의 남성 과학자들이 어떻게 가내 공간과 교차하며 과학 작업을 수행했는지도 눈여겨봐야 할 것이다.

2부의 세 논문은 가내성을 역동적인 개념으로 포착한다. 가내 영역과 공적 영역, 가내성과 공공성은 시대의 흐름 속에서 끊임없이 상호 협상한다. 가내성은 영역에 대한 성별분리 이데올로기를 담고 있는데, 이 이데올로기는 도시나 농촌의 다른 환경이나 맥락에서 다르게 작동했다. 예를 들어 영국과 미국에서는 1900년 전후 수십 년 동안 농업과 원예학에서 여성교육운동이 진행되었는데, 이 운동은 가내성의 이데올로기를 통해 과학적 실천을 장려하는 전략적 방편이었다. 여성 농업교육의 제도화는 가내성이 교육의 체계와 내용은 물론 대학의 배치, 직업, 선구적 여성에 대한 상징적인 특징으로까지 스며드는 과정을 보여준다.

제6장 라디오의 가내화에 대한 논문은 1920년대에 싸구려 펄프잡지에 실린 여러 이야기를 들려주는데, 이를 통해 과학기술이 가정에 들어올 당시 남편이나 아내가 펼쳤던 협상을 엿볼 수 있다. 저자는 기술의 가내화가 남성 정체성이나 여성 정체성에 영향을 준다는 통념에서 벗어나 과학기술의 가내화에 수반되는 활발한 젠더적 협상을 포착하라고 말한다.

제7장 홈메이드 기상과학에 대한 논문은 여러 대담자의 경험을 분석하면서 '홈메이드 기상과학'을 가내성과 과학이 공동 구축한 개념으로 소개한다. 살고 있는 집이 기상 관측과 기록을 하기에 으뜸인 장소인데도 가정에서 기후지식을 생산하는 데 장애가 많았으며, 장비와 관련된 어려움을 극복했더라도 가족의 협력이 없었다면 기상관측을 할 수 없었을 것이라고 밝힌다. 여기서 '홈메이드'는 장소를 의미하기보다 가족의 협력과 역학을 의미한다고 할 수 있다.

3부의 다섯 논문은 과학적 실천의 내면보다는 외면에서 과학적 실천과 가족을 연결시킨다. 3부에서는 혈연관계인 과학가족, '유사 친족'으로 개념화된 과학가족, 가족 안에서의 협업, 기술 상속, 가족의 이동과 관련된 역학이 과학자의 삶과 지식 형성을 어떻게 구체화했는지 고찰한다. 19세기 그리스 과학관행에서는 특정 가문들이 반복적으로 나타나는데, 이는 과학의 출현과 공고화가 같은 가족의 행위자들에게 의존했음을 말해준다.

제8장의 논문은 당시 영향력 있는 가문이었던 오르파니디스 가족과 크리스토마노스 가족을 통해 이 가문들과 과학분야의 동시 형성을 탐구한다. 저자는 자본과 경기장으로 대표되는 피에르 부르디외의 개념을 빌려

가족의 사적 관계들은 경제, 문화, 사회, 과학 전반에서 여러 형태의 자본이 생산되고 유지되는 맥락이 되었음을 보여준다. 저자는 이런 가족의 역할을 연고주의로 설명한다면 19세기 그리스 과학장 형성에서 이루어진 과학적 실천과 가족의 결합을 놓칠 것이며 그 이후에 과학장이 발생하고 협상된 다중적이고 복잡한 과정 또한 놓칠 것이라고 일침한다.

제9장은 20세기 초 스웨덴의 해양학자 오토 페테르손과 아들 한스 페테르손 부자간의 지식 상속에 대해 다룬다. 당시 스웨덴에서는 유력한 극소수의 행위자가 서로 경쟁하면서 학계를 통제하고 과학자는 가족의 우두머리로서 가족 안에서 과학을 전수하는 관행이 학자들 간에 반복되고 있었다. 동시에 20세기 학문 기관들도 설립되고 있었다. 이 논문은 과학상속이 특수한 역사적 맥락에서 이루어지고 있다는 점을 강조하면서 그 상속 과정을 자세하고도 흥미진진하게 밝히고 있다. 아버지 오토 페테르손은 자원을 계속 제공하고 아들 한스 페테르손은 독창적인 연구 의지를 고집하며 이에 맞섰지만, 다른 과학집단과 경쟁적인 상황에서는 가족으로 함께 뭉쳤다. 결국 아들은 아버지의 기반구조와 기업가적 양식은 물려받았지만 아버지의 관심사는 답습하지 않음으로써 연구에 대한 독자적인 공헌을 요구하는 당시의 학문기관에도 잘 안착한다.

제10장은 20세기 전반기 스웨덴에서 전개된 가족정책과 과학정책의 상관관계와 모순을 하나의 사례를 통해 밝힌다. 당시 스웨덴에서는 여성에 대한 고용권이 확대되었고 결혼과 출산 후에도 직업을 유지할 권리가 주어졌으며 과학과 산업 간에 긴밀한 연계가 형성되고 있었다. 저자는 스웨덴의 유명한 물리화학자 데오도르 스베드베리의 네 번에 걸친 결혼생활과 그가 추진했던 덜 권위적인 실험실 조직의 실상을 미시사적으로 세세하게 폭로하면서, 과학적 협업과 결혼이 결합된 과학가족에서의 젠더

문제와 현대적이고 덜 권위적인 이상화된 실험실에서의 젠더 문제도 드러낸다. 과학기술 분야에서는 지식의 권력자원이 젠더화되어 여성을 계속 배제했고 여성 과학자를 인적자본으로 활용하려는 관심도 매우 적었기에 가족정책과 과학정책이 교차하는 데 실패했다는 것이다.

제11장은 오늘날 유목적이고 세계적인 연구 환경에서 일하는 식물학자들의 삶에서 나타나는 '유사 친족관계'를 살펴봄으로써, '과학가족'이 생물학적 경계를 넘어 지식 중심으로 형성되는 문화적·사회적 개념으로도 확장될 수 있다는 점을 환기시킨다.

마지막 논문인 제12장은 인도의 고숙련 기술이주자들의 삶을 통해 그들이 이념적으로나 실천적으로 '가족'과 맺는 관계를 검토한다. 기술이주자들은 '글로벌 인도인성'과 '진정한 인도인성', '서구성'과 '인도성'을 오가면서 자신의 정체성을 규명하는데, 가족 공간은 이 모든 경험이 관리되는 곳이다. 그들은 청소년 자녀를 양육하거나 부모를 부양하는 상황에서 인도인의 정체성에 대한 의문이 제기될 때 인도로 되돌아간다. 이처럼 가족은 초국가적인 인도의 기술이주 회로가 기능하는 데서 핵심적이다.

과학이 집단적인 기획임은 분명하다. 그런데 과학은 가내적인 기획이기도 할까? 이 책은 그렇다는 대답을 하기 위한 시도일 수 있다. 이 책을 편집한 학자들은 가내성과 과학 간의 관계를 엮은 이 책이 너무 설명적이거나 피상적이라는 비판을 받을 수 있다는 점을 인정한다. 그러면서도 가내성과 과학 간 관계 연구라는 이 책의 탐구 영역을 이 책에서 다루고 있는 유럽, 영국, 미국의 근대와 현대를 넘어, 동아시아에 위치한 더 이전 세기와 지형으로까지 확대하자고 제안한다.

이 책은 근대의 제도적인 실험실이 과학적 탐구의 특권적인 장소로서 상징적인 지위를 얻은 후에도 가내성은 과학지식의 형성 과정과 떼어질 수 없었다는 점을 보여준다. 오늘날에도 가내 공간과 가족의 친족관계는 연구공동체를 국지적으로나 세계적으로 연결하기도 한다. 이런 문제의식을 가지고 이 책을 읽기를 바란다. 또한 단번에 읽을 만큼 흥미로운 사례들 속에서 가정의 문턱을 넘나드는 가내성의 줄기를 찾을 수 있기를 바란다.

지은이(수록순)

도널드 오피츠(Donald L. Opitz)는 시카고 드폴 대학교의 뉴러닝스쿨의 부교수이다. 최근 출판물로는 『더 나은 것을 위해 아니면 더 나쁜 것을 위해? 과학에서의 협력적 커플(For Better or For Worse? Collaborative Couples in the Sciences)』(2012)이 있다.

스타판 베리비크(Staffan Bergwik)는 스웨덴 스톡홀름 대학교의 과학사 및 사상사 부교수 겸 사상사 조교수로 재직하고 있다. 연구 관심사는 20세기 초의 젠더와 과학 그리고 개인 및 전문 과학자로서의 삶을 포함한다. 최근 프로젝트는 20세기 지리학과 해양학에서의 과학정서를 다루고 있다.

브리지트 반 티겔렌(Brigitte Van Tiggelen)은 미국 필라델피아 화학유산재단의 유럽 운영 디렉터이며 벨기에 라뇌브에 있는 루뱅 카톨릭 대학교의 과학사연구센터에 소속된 독립 학자이다.

줄리 데이비스(Julie Davies)는 호주 멜버른 대학교의 박사 수료자이며 국제 지성사학회의 공지사항 편집자이다. 출간물로는 자연철학이 글랜빌의 설교, 사목적 돌봄, 초자연적 현상에 대한 과학적 탐구를 촉진하려는 시도에 미친 영향을 탐구한 자료들이 있다.

이자벨 레모농(Isabelle Lémonon)은 프랑스 파리 사회과학고등연구원과 파리 알렉상드르 코이레 센터의 박사과정 학생이다. 유럽 계몽주의 시대의 과학여성들, 특히 과학에서의 그 여성들의 역할과 네트워크에 연구 초점을 맞추고 있다.

로랑 다메쟁(Laurent Damesin)은 프랑스 파리 사회과학고등연구원의 사회인류학 및 민족지학 박사과정 학생이다.

폴 화이트(Paul White)는 다윈 서신프로젝트의 편집자이며 케임브리지 대학교에서 과학사를 강의하고 있다. 『토머스 헉슬리: '과학 지식인'의 탄생(Thomas Huxley: Making the 'Man of Science')』(2002)의 저자이며, 빅토리아 시대 영국의 과학, 문학, 문화에 관해 여러 편의 논문을 썼다.

클레어 존스(Claire G. Jones)는 영국 리버풀 대학교 인문사회과학부에서 역사와 철학을 가르치고 있다. 특히 19세기와 20세기 초를 중심으로 과학사의 여성과 젠더에 관해 폭넓게 출판했다. 연구논문 「여성성, 수학 및 과학, 1880~1914(Femininity, Mathematics and Science c.1880~1914)」(2009)는 2010년 여성사 네트워크 도서상(Women's History Network Book Prize)을 수상했다.

케이티 프라이스(Katy Price)는 영국 런던 퀸메리 대학교의 근대와 현대문학 강사로, 『빛보다 빠른 사랑: 아인슈타인 우주에서의 로맨스와 독자들(Loving Faster than Light: Romance and Readers in Einstein's Universe)』(2012)의 저자이다. 지금은 20세기에서의 미디어와 예언적 꿈의 관계에 연구 초점을 맞추고 있다.

캐럴 모리스(Carol Morris)는 영국 노팅엄 대학교 지리학과의 농촌환경 지리학 부교수이다. 최근 조지나 엔드필드와 함께 '아마추어 기상학과 현대 기후지식의 생산(Amateur Meteorology and the Production of Contemporary Climate Knowledge)'이라는 제목으로 영국 아카데미가 후원하는 프로젝트를 마쳤다.

조지나 엔드필드(Georgina Endfield)는 영국 노팅엄 대학교 지리학과의 환경사 교수이며, 『식민지 멕시코의 기후와 사회: 취약성에 관한 연구(Climate and Society in Colonial Mexico: A Study in Vulnerability)』(2008)의 저자이다.

콘스탄티노스 탬파키스(Konstantinos Tampakis)는 그리스 국립헬레닉연구재단 역사연구연구소의 박사후 연구원이다. 연구는 19세기 과학 공동체의 출현과 통합, 그리고 유럽 변경에서의 과학의 문화적 및 이데올로기적 역할에 초점을 맞추고 있다.

조지 블라하키스(George Vlahakis)는 그리스 헬레닉 개방대학교의 그리스 역사와 철학 부교수이다. 그리스 계몽주의의 역사 및 근대 그리스 국가에서의 과학적 학문 분야들의 확립에 대해 광범위하게 출판했다. 지금은 과학과 문학 간 그리고 과학과 종교 간의 역사적 대화에 연구 초점을 맞추고 있다.

스벤 비드말름(Sven Widmalm)은 스웨덴 웁살라 대학교의 과학사 및 사상사 교수이다. 18세기 이후 스웨덴 과학의 문화, 정치, 사회사에서의 광범위한 주제들을 연구했으며, 지금은 양 세계대전 중의 과학과 정치에 대해, 특히 독일 제3제국 동안 스웨덴의 친독 과학자들의 네트워크에 대해 연구 초점을 두고 있다.

헬레나 페테르손(Helena Pettersson)은 스웨덴 우메오 대학교 문화와 미디어학과의 민족지학 부교수이다. 민족지학, 과학기술학, 젠더학의 교차를 연구하며, 특히 과학에서의 학문적 이동성에 초점을 맞추고 있다.

알록 칸데카르(Aalok Khandekar)는 문화인류학, 과학기술학, 남아시아학 분야를 전문으로 연구하는 학제간 사회과학자이다. 다양한 연구 프로젝트에서 현대 인도에서의 과학, 기술, 문화의 상호작용을 중점적으로 다루고 있으며, 오늘날 세계화 상황에서의 전문지식의 구축과 유통에 특별한 관심을 갖고 있다.

앨릭스 쿠퍼(Alix Cooper)는 미국 뉴욕 주립대학교 스토니브룩에서 과학, 의학, 환경의 역사에 중점을 두고 유럽사를 가르치고 있다. 출간물로는 『원주민 발명: 초기 근대 유럽에서의 현지지식 및 자연사(Inventing the Indigenous: Local Knowledge and Natural History in Early Modern Europe)』(2007)가 있다.

옮긴이

한정라 이화여자대학교에서 철학을 공부했으며, 미국 미네소타 대학교에서 사회과학 방법론에 관심을 기울이며 철학 박사과정과 페미니즘 연구 과정을 수료했다.

한울아카데미 2445

근대과학 형성과 가내성
과학사에서의 가족생활과 가내 장소에 대한 연구

엮은이 | 도널드 오피츠·스타판 베리비크·브리지트 반 티겔렌 옮긴이 | 한정라
펴낸이 | 김종수 펴낸곳 | 한울엠플러스(주) 편집 | 신순남
초판 1쇄 인쇄 | 2023년 4월 5일 초판 1쇄 발행 | 2023년 4월 25일

주소 | 10881 경기도 파주시 광인사길 153 한울시소빌딩 3층 전화 | 031-955-0655
팩스 | 031-955-0656 홈페이지 | www.hanulmplus.kr 등록번호 | 제406-2015-000143호

Printed in Korea.
ISBN 978-89-460-7445-3 93400

※ 책값은 겉표지에 표시되어 있습니다.